Peter Pfister

Natürliche Partnerschaft mit Pferden

Einbandgestaltung: Kornelia Erlewein
Titelfoto: Eva Wiesner

Bildnachweis:
Sandra Bach: S. 139 oben, 231; Petra Herrmann: S. 7, 65, 148, 150; Götz Konrad: S. 21, 27 links, 28, 156 oben, 158, 184; Lothar Lenz: S. 239; Sabine Neumann: S. 33, 165; Steffi Schade: S. 18, 19, 23 11–15; Eva Wiesner: S. 3, 26 oben rechts und untere Reihe, 27 rechts, 46 unten, 66, 138, 175, 178, 185, 191, 206 oben, 212; Johanna Wiesner: S. 14, 186, 217, 225
Alle übrigen Fotos stammen von Gabriele Schmitt.

Alle Angaben in diesem Buch wurden nach bestem Wissen und Gewissen gemacht. Sie entbinden den Pferdehalter nicht von der Eigenverantwortung für sein Tier. Für einen eventuellen Missbrauch der Informationen in diesem Buch können weder der Autor noch der Verlag oder die Vertreiber dieses Buches zur Verantwortung gezogen werden. Eine Haftung des Autors oder des Verlages und seiner Beauftragten für Personen-, Sach-, und Vermögensschäden ist ausgeschlossen.

ISBN 978-3-275-01936-6

Copyright © 2014 by Müller Rüschlikon Verlag
Postfach 103743, 70032 Stuttgart
Ein Unternehmen der Paul Pietsch Verlage GmbH & Co. KG
Lizenznehmer der Bucheli Verlags AG, Baarerstr. 43, CH-6304 Zug

1. Auflage 2014

Sie finden uns im Internet unter www.mueller-rueschlikon-verlag.de

Nachdruck, auch einzelner Teile, ist verboten. Das Urheberrecht und sämtliche weiteren Rechte sind dem Verlag vorbehalten. Übersetzung, Speicherung, Vervielfältigung und Verbreitung, einschließlich Übernahme auf elektronische Datenträger wie CD-ROM, Bildplatte usw. sowie Einspeicherung in elektronische Medien wie Bildschirmtext, Internet usw. sind ohne vorherige schriftliche Genehmigung des Verlages unzulässig und strafbar.

Lektorat: Claudia König
Innengestaltung: Kornelia Erlewein
Druck und Bindung: Gorenjski tisk storitve, Kranj
Printed in Slovenia

- *Das Geheimnis erfolgreicher Pferdeausbildung*
- *Faszination Freiheitsdressur*
- *Zirzensische Lektionen*

| 1. | Vorwort | 6 |

Die Basis — 10

2.	Schöne Philosophien reichen nicht	10
3.	Pferdeausbildung ist wie Häusle bauen	11
4.	Horsemanship – ein jeder versteht es ein wenig anders	12
5.	Durch Klarheit zum Erfolg – Horsemanship als Lebenshilfe	14
6.	Wider das Anwenderprinzip	16
7.	Wer auch immer mit einem Pferd umgeht, wird zum Ausbilder	18
8.	Weniger ist mehr – die Sache mit der Kommunikation	20
9.	Das Pferd ist weder bös noch gut, es kommt darauf an, wer's reiten tut – der Mensch als Problempferdeausbilder	24
10.	Die Missachtung der Spielregeln – Problemauslöser Vermenschlichung	27
11.	Hat mein Pferd auch Spaß bei der Arbeit?	30
12.	Das Pferd und die Bedürfnisse der Menschen	31
13.	Nur, wer sich bewegt, kommt weiter	31
14.	Prüfe alles, das Beste aber behalte	32
15.	Ungeduldige haben es schwerer	32
16.	Wer keine Argumente mehr hat, schlägt drauf – Gewalt ist kein guter Ratgeber	33
17.	Vier tragende Säulen – nicht nur für die Pferdeausbildung	34
18.	**Säule A – Autorität**	**36**
18.1	Frau Huber hatte einen Traum	39
18.2	Die graue Mathilda	40
18.3	Wer das erste Knopfloch verfehlt, kommt mit dem Zuknöpfen nicht zurande	42
18.4	Eine Autorität ist eine Persönlichkeit von hohem Ansehen	42
19.	**Säule V – Vertrauen**	**45**
19.1	Vertrauen muss man sich verdienen	45
19.2	Vertrautheit ohne Respekt führt zur Vertraulichkeit	45
19.3	Fritz, ein sympathisches Schlitzohr	47
20.	**Säule S – System**	**48**
20.1	Pferdeausbildung braucht klare Strukturen	48
20.2	Wie sag ich's meinem Pferd?	48
20.3	Reizen heißt nicht ärgern	49
20.4	Vier Auslöser	49
20.5	Der Weg zur feinen Kommunikation	51
20.6	Es sind die Pausen zwischen den Noten, die die Musik machen	52
20.7	Die Kunst der kleinen Schritte	52
20.8	Der Balanceakt zwischen Sensibilisierung und Desensibilisierung	53
20.9	Leichter lernen durch Lernverstärkungen	55
20.10	Auf den richtigen Ton kommt es an (wie bei Dackel Waldi)	56
20.11	Schlagender Unsinn	57
20.12	Leckerli, die stärkste Form der positiven Lernverstärkungen	58
20.13	Durch negative Bewertung Positives bewirken	58
20.14	Erfolgslosigkeit als Vermeidungsstrategie	59
20.15	Ein mahnendes Wort zur richtigen Zeit kann Schlimmeres verhindern	59
20.16	Tätliche Sanktionen	60
20.17	Net g'meckert isch g'nug g'lobt	60
20.18	Wer immer lobt, lobt nie	61
21.	**Säule K – Konsequenz – ein unkomfortables Wundermittel**	**62**
21.1	Konsequent zu leben heißt, Verantwortung zu übernehmen	62
21.2	Ausnahmen können klug sein	63
22.	Stellen Sie sich einmal darunter – drei ethische Grundsätze	63
22.1	Mut zur Demut	64
22.2	Respekt und Achtung für das Pferd	65
22.3	Achtung vor dem Schöpfer	65

Gehen wir an die Arbeit – Praxisteil — 66

23.	Pferdeausbildung nach dem Baukastenprinzip	67
24.	Wer hohe Türme bauen will, sollte besonders lange beim Fundament verweilen	67
25.	Gute Argumente – sinnvolle Hilfsmittel	68
26.	Auf den Standpunkt kommt es an – Positionen, die für Klarheit sorgen	71

27.	Distanz schafft Respekt	72
28.	Durch lose Führung zur festen Bindung	74
29.	Nur lieb alleine reicht nicht	76
30.	Platzanweisung durch Körpersprache	78
31.	Rollenspiele	82
32.	Schmusen ist sehr wichtig, aber bitte richtig	84
33.	Drücke, die beeindrucken – das Druckpunkttraining	86
34.	Das Maul vom Gaul	88
35.	Der Nacken, eine wichtige Schaltstelle	93
36.	Die seitliche Mobilität	95
37.	Die Schweifrübe – ein Indikator für den mentalen Zustand eines Pferdes	99
38.	Wider die Halsstarrigkeit	102
39.	Fassen Sie das Pferd an der Nase	104
40.	Leichtes Lösen in der Hinterhand	106
41.	Längsachsenbiegung – Lassen Sie das Pferd mit der Nase am Schweif riechen	107
42.	Die Brummkreisélübung	110
43.	Verfängliche Situationen	112
43.1	An den Vorderbeinen	113
43.2	Im Genick	114
43.3	So kann es richtig heftig werden	114
43.4	An den Hinterbeinen	117
43.5	Zirkuläre Umspannungen	120
44.	Arbeitsauftrag auf Distanz	121
44.1	So schicke ich mein Pferd auf die »Umlaufbahn«	124
44.2	Stop and go	126
44.3	Richtungswechsel	130
44.4	Rückwärts	135
45.	Erschreckende Dinge – von Plastikplanen, Sprühflaschen und anderem	139
45.1	Planen Sie ein Planentraining	140
45.2	Gutes aus der Dose	144
45.2	Im Regenwald – Beschirmt, aber nicht behütet	146

Faszination Freiheitsdressur
Der Tanz mit dem Pferd – die Kunst der feinen Kommunikation am Boden 148

1.	Scheinbar wie von Zauberhand	149
2.	Erfolg erklärt sich von alleine	150
3.	Freiheit will gelernt sein – die Systematik der freien Arbeit	151
4.	Der Tanz beginnt – vorwärts, halt und rückwärts	152
5.	Der Tanz geht weiter – einmal hin, einmal her, links herum, das ist nicht schwer	156
6.	Schritt für Schritt gemeinsam – von Appell und Handwechsel	158
7.	Kommen und gehen – folgen und weichen	164
8.	Seitwärtige Tanzschritte – die Hinterhandverschiebung	165
9.	Auch so kann Seitwärts gehen	175
10.	Der Rückwärtsgang von hinten	178
11.	Der Walzer	181
12.	Der Außenzirkel – Kreisverkehr mal anders	182
13.	Horsedancing als Programm	184

Zirzensische Lektionen 186

1.	Alles Zirkus oder was?	187
2.	Die Prominenz kommt über den roten Teppich	187
3.	Ballspielen kann begeistern	190
4.	Beine kreuzen ist lustig	191
5.	Das Plie, eine Verbeugung der besonderen Art	196
6.	Ja, wo is er denn? Versteckenspielen mit gymnastizierender Wirkung	199
7.	Ja, nein, lachen, gähnen – jede richtig gestellte Frage bringt die richtige Antwort	200
8.	Ein bisschen apportieren	204
9.	Über den Spanischen Schritt	206
10.	Kompliment und Co. – die Lektionen nach unten	212
11.	Das Kompliment, eine Referenz an das Publikum	216
12.	Vom Kompliment zum Knien und Liegen	222
13.	Vom Flachliegen und Sitzen	225
14.	Steigen ist toll, aber bitte nur auf Abruf	227
15.	Der Tanz auf dem Tisch – die Podestarbeit – showy und gymnastisch	231
16.	Miteinander rauf und runter – die Wippe und ihre Möglichkeiten	237

Schlusswort 239

1. Vorwort

Liebe Leserinnen und Leser

»Natürliche Partnerschaft mit Pferden«, so lautet der Titel dieses Buches. Hardliner werden jetzt möglicherweise sagen: »Papperlapapp, was heißt hier natürlich? Natürlich wäre, wenn Ihr das Pferd in Ruhe ließet und es dort leben könnte, wo sein natürlicher Ursprung ist.«

Möglicherweise haben die Kritiker recht, nur dafür ist es zu spät. Der Mensch hat das Pferd bereits vor mehreren tausend Jahren aus seinem natürlichen Lebensraum herausgeholt und es domestiziert. In der Geschichte zwischen Mensch und Pferd ist inzwischen viel passiert. Das Pferd hat die Menschheitsgeschichte maßgeblich mit geprägt. Ohne das Pferd, wäre vieles nicht denkbar gewesen. In der Beziehung zum Pferd hat sich der Mensch allerdings oft nicht mit Ruhm bekleckert. Für vieles musste es herhalten, wurde geschunden, ausgenutzt und getötet. Oft ließen äußere Zwänge es nicht anders zu, aber die Zeiten haben sich geändert und die Nutzungsweisen der Pferde auch. Mussten sie in früheren Zeiten hart in der Landwirtschaft, im Transportwesen, als Reittier für die Oberschicht oder als Kriegspferde arbeiten, finden sie in diesen Bereichen heute keine Verwendung mehr. Heute dienen sie als Sportkameraden oder Freizeitpartner und wären vielleicht schon ausgestorben, wenn der Mensch diesen neuen »Verwendungszweck« für Pferde nicht gefunden hätte.
Reiten ist zum Breitensport und für viele zur Lebenseinstellung geworden. Was sich in früheren Zeiten nur Privilegierte leisten konnten, kann heute der normale Bürger. Schön so, aber nun ist der Mensch dran, dem Pferd ein klein wenig von dem zurückzugeben, was er von ihm bekommen hat. Und das ist neben einer naturorientierten Unterbringung und einer verantwortungsvollen Versorgung auch eine gute Ausbildung und Erziehung. Das gibt dem Pferd Lebensperspektive und verhilft dem Menschen zu einer Erfolgsstory. Dieses Buch will dem interessierten Leser einen Weg aufzeigen, wie er, am Pferd und an dessen Bedürfnissen orientiert, mit diesem zu einer Partnerschaft kommen kann, die für beide Parteien erfolgreich ist.

Vor über zehn Jahren entstand mein erstes Buch mit dem Titel »Ranch-Reiten, eine alte Reitweise – neu entdeckt«. Es ist ein Buch, das meinen bis dahin gegangenen Lebensweg mit den Pferden beschreibt, meine Einstellung zu ihnen, meine Erfahrungen und meine Arbeitsweise. In der Zwischenzeit hat sich viel ereignet. Ich habe viele hundert Kurse gehalten, ich habe mit vielen tausend Pferden gearbeitet sowie mit den dazu gehörenden Menschen. Ich habe Jungpferde ausgebildet, Problempferde korrigiert und mich bemüht, mich selbst mit meinen eigenen Pferden auf den unterschiedlichsten Gebieten weiterzuentwickeln – und das immer nach meinem altbewährten Motto: Prüfe alles, das Beste aber behalte. Als Fachautor habe ich mit verschiedenen Pferdezeitschriften zusammengearbeitet, habe Fachartikel verfasst und weitere Bücher geschrieben.

Das Leben mit Pferden ist spannend, und wer da meint, als langjähriger Trainer im Pferdesport schon alles zu wissen, betrügt sich selbst. Das Grundprinzip ist immer dasselbe, aber jedes Pferd ist anders und das macht die Arbeit mit Pferden zu einer so großen Herausforderung. Jeden Tag erlebe ich neue Herausforderungen, hier heißt es, beweglich zu bleiben.

Mein Buch »Ranch-Reiten« war in seiner Aufmachung an die Geschichte der amerikanischen Rancher und ihren Pferden angelehnt. Pferde waren Teil der gebildeten, ländlichen Oberschicht des amerikanischen Westens um die vorletzte Jahrhundertwende. Die Rancher hatten einen zum Teil sehr einfühlsamen und auch anspruchsvollen Umgang mit ihren Pferden. Er war nicht geprägt von der Notwendigkeit, mit diesen ihr tägliches Brot verdienen zu müssen. Stattdessen war er geprägt von Leidenschaft und Passion. Sie konnten es sich leisten, einfach nur aus Freude zu reiten. Hier fand ich viele Parallelen zur heutigen Freizeitreiterei und zu meiner eigenen Einstellung zum Pferd. In diesem Zusammenhang entstand auch der Titel dieses Buches. Gar manchem wurde das Buch »Ranch-Reiten« inzwischen zu einem Wegweiser für

Das Leben mit Pferden ist spannend, und wer da meint, als langjähriger Trainer im Pferdesport schon alles zu wissen, betrügt sich selbst. Das Grundprinzip ist immer dasselbe, aber jedes Pferd ist anders und das macht die Arbeit mit Pferden zu einer so großen Herausforderung.

eine andere Einstellung zu seinem Pferd. Vielen blieb es aber auch verschlossen, da die Titelformulierung zu Missverständnissen führte. Sie hielten es irrtümlich für eine Westernreitlehre und waren daher nicht interessiert.

In diesem neuen Buch, das Sie nun in den Händen halten, greife ich die Thematik des Ranch-Reitbuches erneut auf, halte es aber von seinem Titel bewusst neutral, denn es geht ums Pferd, um dessen Ausbildung und die Einstellung des Menschen, der mit ihm umgeht. Der Kern bleibt derselbe, hat sich meine Philosophie doch im Laufe der vielen Jahre Arbeit mit Pferden immer wieder bestätigt und als richtig erwiesen. Noch ausführlicher gehe ich hier auf eine klar nachvollziehbare Struktur ein, auf praktizierbare Herangehensweisen und leicht verständliche Erklärungen.

Ganz wichtig ist mir dabei die Basis, mit der ich mich ausführlich im ersten Teil dieses Buches beschäftige, also die Grundeinstellung zum Pferd, und was wir Menschen aus dieser Partnerschaft lernen können – auch im Hinblick auf das menschliche Miteinander. Diese Basis ruht auf vier Säulen: der Autorität in der Leitungsfrage, dem Vertrauen im Miteinander, dem System zum besseren Verstehen und der Konsequenz für klare Ergebnisse.

Im zweiten Teil des Buches geht es um das faszinierende Thema der Freiheitsdressur. Ein Thema, dem sich heute immer mehr Menschen widmen, weil es begeistert und uns ganz neue Wege für ein Miteinander mit dem Partner Pferd zeigt.

Im dritten und letzten Teil befasse ich mich mit der Erarbeitung von Zirkuslektionen, einem spannenden Thema, von dem eine große Faszination ausgeht.

Auch wenn dieses Buch ein reines Bodenarbeitsbuch geworden ist, so ist doch der Basisteil genau der, den ich auch für das zukünftige Reitpferd brauche. Denn ein Fundament legt man am Boden.

Diese Basis ruht auf vier Säulen: der **Autorität** in der Leitungsfrage, dem **Vertrauen** im Miteinander, dem **System** zum besseren Verstehen und der **Konsequenz** für klare Ergebnisse.

Die Basis

2. Schöne Philosophien reichen nicht

Reite Dein Pferd mit der Kraft Deines Geistes, lenke Dein Pferd mit der Macht Deiner Gedanken, nutze die Macht des positiven Denkens.
So oder so ähnlich lesen wir es in manchen Büchern oder Artikeln. Verschiedene Trainer oder selbst erwählte »Pferde-Gurus« versuchen, ihren Schülern die Kunst der Kommunikation mit Pferden auf geistiger Ebene näherzubringen. Andere wiederum versuchen sich seit einigen Jahren in der Kunst des Pferdeflüsterns. Ein Mythos, der sich Ende der neunziger Jahre des letzten Jahrhunderts mit dem Erscheinen des gleichnamigen Romans etabliert hat und einen speziellen Umgang mit Pferden zu vermitteln versucht.

Wieder andere versuchen, den Zugang zum Pferd durch fernöstliche Lebensphilosophien zu finden oder durch schamanistische oder naturreligiöse Zugänge. Alles gut gemeinte Ideen und Ansätze, die unter bestimmten Voraussetzungen vielleicht einzelnen Erleuchtung, Unterstützung oder auch Förderer sein können. Nur: Wohlklingende Philosophien helfen niemandem, wenn sie nicht nachvollziehbar und im täglichen Leben umsetzbar sind. In einer Fachzeitschrift las ich neulich einen Artikel über ein Ausbildungsthema, der so intellektuell verfasst war, dass ihn sicher die Wenigsten verstanden haben. Ich wage zu bezweifeln, dass der Verfasser ihn selbst verstanden hat. Wer so schreibt, dient nicht dem Leser mit hilfreichen Informationen, sondern betreibt meines Erachtens Exhibitionismus.

»It has to work«, sagt der Amerikaner.

Ein Ausbildungsprogramm muss funktionieren, es muss umsetzbar sein.

»It has to work«, sagt der Amerikaner. Ein Ausbildungsprogramm muss funktionieren, es muss umsetzbar sein. Es ist ein wunderbares Ziel, die hohen Weihen der Reitkunst anzustreben und eine Kommunikation, bei der die Sensoren zwischen Reiter und Pferd so fein eingestellt sind, dass der Mensch nur noch denkt und das Pferd tut. Aber das stellt sich nicht von alleine ein. In der Regel gilt: Je leichter, je spielerischer etwas aussieht, umso mehr Arbeit hat sich jemand damit gemacht.

»Das Handwerk geht der Kunst voraus«, heißt es. Kein Künstler wird ein Kunstwerk herstellen können, ohne dass er die dafür notwendigen handwerklichen Techniken beherrscht und das dafür benötigte Werkmaterial kennt. Kein Bildhauer wird ein Kunstwerk in Stein hauen können, wenn er nicht weiß, wie Hammer und Meißel zu führen sind und wie die Beschaffenheit des Steines ist, den er bearbeiten möchte. Kein Maler wird ein Gemälde herstellen können, wenn er nicht über Farben Bescheid weiß und über die Art, einen Pinsel richtig einzusetzen. Kein Glasbläser wird seine filigranen Kunstfiguren herstellen können, ohne über die Verarbeitung von Glas Bescheid zu wissen und über das Bedienen seiner Glasbläserwerkzeuge. Und nicht anders ist es mit dem Holzschnitzer, dem Kunstschmied oder auch dem Baumeister, der ein Kunstbauwerk errichten möchte.

3. Pferdeausbildung ist wie Häusle bauen

Ich vergleiche Pferdeausbildung gerne mit dem Bau eines Hauses. Jeder Architekt, jeder Baumeister weiß, dass zum Bau eines guten Hauses ein stabiles Fundament Bedingung ist und dieses gehört bekanntlich in den Boden. Nur, wenn der Baumeister um die Beschaffenheit des Bodens, um die Art des Werkstoffes und um dessen Verarbeitung Bescheid weiß und eine Vorstellung von der Art des geplanten Bauwerkes hat, wird er das Fundament so gestalten können, wie es notwendig ist, damit das Haus auch Bestand hat.
»Wer hohe Türme bauen will, sollte besonders lange beim Fundament verweilen«, las ich neulich in einem weisen Buch. Ein guter Rat. So ist es auch in der Pferdeausbildung. Nur, wenn ich ein gutes Fundament mit meinem Pferd erarbeitet habe, wenn ich viele Fundamentbausteine zusammengetragen, diese entsprechend bearbeitet und zusammengefügt habe, kann daraus die Basis für ein ordentliches Haus entstehen. Und wenn das Fundament in Ordnung ist, kann ich darauf die unterschiedlichsten Häusertypen bauen und diese mit der Zeit so fein gestalten, dass daraus ein Kunstbauwerk wird. Aber bevor es dazu kommen kann, braucht es einen guten Plan, gutes Handwerkszeug, das nötige Baumaterial und den Willen, etwas Gutes daraus zu machen.
So will dieses Buch Bauanleitung für einen guten Hausbau in Sachen Pferd sein. Dem interessierten Leser eine Struktur an die Hand geben, die Pferdeausbildung verständlich und nachvollziehbar darstellt. Ihm eine Idee für das »Baumaterial« Pferd vermitteln und Werkzeuge, die er einsetzen kann, damit das ganze Bauwerk gelingt, ja, vielleicht sogar einmal die Basis für ein Kunstbauwerk wird.

Wir reden hier also über Pferdeausbildung nach dem Baukastenprinzip, in dem sich bestimmte Werkzeuge befinden und Basisbausteine, derer wir uns bedienen können, um daraus ganz individuell unser Bauwerk zu gestalten. Es ist ein Basisbuch, mit dessen Hilfe wir ein Fundament errichten können, das sowohl tragfähig ist, um daraus eine anspruchsvolle Kommunikation unter dem Sattel zu entwickeln, aber auch eine Verständigung am Boden, die so fein werden kann, dass sie an einen Tanz zwischen Mensch und Pferd erinnert.

»Reiten ist das Zwiegespräch zweier Körper und zweier Seelen, das dahin zielt, einen vollkommenen Einklang miteinander herzustellen«, so definiert Waldemar Seunig das Reiten. Eine wunderschöne Definition, es geht ihm um ein Gespräch, eine Unterhaltung, die von zwei recht unterschiedlichen Wesen geführt wird. Das Ziel ist die Einheit, ist das Verstehen ohne Worte. Und wenn hier von Reiten die Rede ist, so ist für mich Reiten doch sehr viel mehr als die bloße Kommunikation unter dem Sattel, für mich geht es hierbei um jeglichen Umgang mit dem Pferd – und der fängt am Boden an.

4. Horsemanship – ein jeder versteht es ein wenig anders

Globalisierung, World Wide Web, weltweite Vernetzung, jeder ist mit jedem verbunden, Ländergrenzen sind aufgehoben, Kommunikation und Information ohne Grenzen. Eine gesamte Weltstruktur verändert sich, nationaler Individualismus weicht immer mehr einem alles gleichmachenden Denken. Mit diesen Tendenzen stark verbunden ist auch eine Änderung in unserem Sprachgebrauch. Man unterhält sich nicht mehr miteinander, sondern man chattet. Soll eine Vereinbarung gelöscht werden, dann wird sie gecancelt. Beim Arzt lässt man sich nicht mehr untersuchen, sondern durchchecken und eine Veranstaltung heißt Event. Auch in der Reiterei findet das seinen Niederschlag. Wir sprechen von Rope, wenn wir ein Seil meinen, vom Kimblewick, wenn es um die Springkandare geht, und aus einem runden eingezäunten Longierplatz ist ein Roundpen geworden, in dem man Pferde »joint«. Und nicht selten meinen wir, mit dem neuen Sprachgebrauch auch eine neue Philosophie gefunden zu haben.

So verhält es sich auch mit dem Wort Horsemanship. Sollte in der Welt des Pferdesports ein Begriff zum »Wort des Jahres« gekürt werden, hätte Horsemanship sicher gute Chancen. Viele benutzen es für ihre Belange, zugegeben, es klingt auch gut. Nur können sich die wenigsten wirklich etwas darunter vorstellen. Übersetzen wir es wörtlich, heißt es Pferd-Mann-Gemeinschaft. Da könnte jetzt der weibliche Anteil unter den Pferdeleuten Einspruch erheben. Immerhin besteht ein nicht unbeträchtlicher Teil davon heute aus Frauen. Besser wäre es, den Begriff in Pferd-Mensch-Gemeinschaft – also Horsehumanship – umzubenennen, was sich aber nicht so gut anhört. Also bleiben wir bei Horsemanship, ohne den weiblichen Pferdemenschen deswegen ausschließen zu wollen.

Da sagt man nun von jemandem, er habe ein gutes Horsemanship und meint damit viel Know-how (schon wieder so ein Anglizismus), also wörtlich übersetzt viel »Gewusst-wie« im Umgang mit Pferden. Mitunter wird dieser Begriff dann kombiniert mit dem Namen eines Trainers, einer Bewegung oder einer Philosophie. Ausdrücken möchte man damit, dass diese oder jene Person oder Bewegung ein hohes Maß an Kompetenz im Umgang mit Pferden hat und erfolgreich mit seiner Methode und den Pferden umgeht. Spätestens hier stellt sich die Frage, woran denn ein erfolgreicher Umgang mit Pferden zu messen ist und was der Schlüssel oder besser das Geheimnis dafür ist. Denn Erfolg ist eine Größe, die jeder für sich anders definiert. Für den Einen drückt er sich aus im Erringen von Titeln, Schleifen oder Pokalen, für den anderen in Partnerschaft, gegenseitigem Vertrauen und Verstehen, Leichtigkeit und Harmonie. Wobei sich diese beiden Positionen nicht unbedingt widersprechen müssen.

Den Schlüssel dazu gibt uns Henry Ford. Der bekannte amerikanische Automobilhersteller war ein sehr weiser und ein überaus erfolgreicher Geschäftsmann. Er wurde einmal nach dem Geheimnis seines großen Erfolges gefragt. Seine Antwort war erstaunlich: »Das Geheimnis des Erfolges ist es, den Standpunkt des anderen zu verstehen.« Eine gute und weise Aussage, die uns auch in der Reiterei weiterhelfen kann, denn der andere ist in unserem Fall das Pferd.

Seit einigen Jahren gibt es in deutschen Ställen den Trend: Zurück zur Natur. Eine Bewegung, die sich hauptsächlich im Bereich des Westernreitens und der Freizeitreiterei findet, aber auch im konventionellen Pferdesport sprießen inzwischen einige zarte Pflänzchen in diese Richtung. Bekannt ist diese Philosophie unter dem Begriff »Natural Horsemanship«. Hier geht es darum, das Pferd als Pferd zu verstehen, seine Lebensbedürfnisse kennen zu lernen, ihm in seiner Sprache zu begegnen, um so einen besseren Zugang zu ihm zu finden. Man versucht also, den Standpunkt des Pferdes zu verstehen, eine pferdeorientierte und somit naturorientierte Beziehung aufzubauen, um dadurch zu einem besseren Miteinander zu kommen. Und wie so vieles, kommt auch diese Bewegung aus Amerika.

Ich spüre, wie sich Widerstand bei mir regt: Müssen wir alles nachmachen, was die Amis uns zeigen? Haben wir nicht eine eigene, viel ältere, ausgereiftere und strukturiertere Reitkultur in Deutschland? Haben wir nicht genug eigene gute Vorbilder, alte Reitmeister und Pferdemänner, an denen wir uns orientieren können?
Ja, die haben wir. Hier wären viele zu nennen, einen möchte ich zitieren, es ist *Waldemar Seunig. Er schrieb das Buch*

»Das **Geheimnis** des **Erfolges** ist es, den **Standpunkt** des **anderen** zu verstehen.« *Henry Ford*

»Von der Koppel bis zur Kapriole«, das 1941 erschienen ist. Hier fordert er auf Seite 24 wörtlich: »*Ein richtiger Pferdemann muss nicht nur Kenner sein – er muss auch als Pferd denken und fühlen können, es also nicht als mit Menschenverstand ausgestattet wissen wollen. Das Wort Pferdemann oder Pferdemensch sagt, dass ein solcher Pferd und Mensch zugleich sein soll – ein Zentaur nicht nur im körperlichen, sondern auch im seelischen Sinn.*«

Das hört sich doch aktuell an – oder was meinen Sie? Es ist also alles schon da gewesen. Nur schade, dass dieses alte Wissen nach dem Krieg in vielen Fällen verlorenging. Man konzentrierte sich mehr auf das Pferd als Sportgerät und vergaß dabei, dass dieses eigene individuelle Bedürfnisse hat, die über das Satt- und Sauberprinzip hinausgehen. Manchmal ist es notwendig, dass Menschen aus anderen Kontinenten kommen, um uns wieder an unsere eigene Kultur zu erinnern. Hoffen wir, dass das Denken, das Pferd Pferd sein zu lassen, immer mehr Raum in den Köpfen von Pferdeleuten einnimmt und hoffentlich auch im Bereich der modernen Sportreiterei bald richtige Wurzeln schlägt. Eine gute naturorientierte Horsemanship-Arbeit ist Lebenshilfe für Mensch und Pferd. Es klärt Positionen zueinander, verhilft dem Menschen zu einer guten Leitungskompetenz, wodurch dieser wiederum den Respekt seines Pferdes erhält. Und Respekt ist bekanntlich die Basis für Vertrauen. Das Pferd ist auch nach einigen tausend Jahren der Domestizierung Fluchttier geblieben – eines unserer größten Probleme im Umgang mit ihm. Nur wenn das Pferd vertraut, werden wir eine Partnerschaft mit ihm aufbauen können, die auch Extremsituationen aushält.

5. Durch Klarheit zum Erfolg – Horsemanship als Lebenshilfe

Ein Pferd will in Klarheit leben. Die Reiterei wurde in unseren Breiten maßgeblich durch die Militärreiterei geprägt. Der überwiegende Teil der Reitpferde früherer Zeiten tat seinen Dienst als Soldatenpferd. Hier herrschten klare Strukturen. Nicht nur das Leben im Militärdienst, sondern auch das Leben an sich war sehr autoritär strukturiert. Das muss man nicht

Nur wer klar ist, ist berechenbar. Und nur auf den, der berechenbar ist, kann man sich verlassen – auch in herausfordernden Situationen wie hier während einer Show.

mögen, ich mag das auch nicht. Aber diese Strukturen hatten neben vielen weniger schönen Aspekten einen großen Vorteil, es herrschte Klarheit. Jeder wusste um seine Position. Es herrschte eine eindeutige Rangordnung, man wusste, wo man hingehörte.

Immer wieder habe ich es bei meinen Kursen oder auch bei der Arbeit mit Korrekturpferden mit gefährlichen Situationen oder mit gefährlichen Pferden zu tun. Oft ist der Grund dafür eine Distanzlosigkeit und Respektlosigkeit dieser Pferde gegenüber dem Menschen. Diese Pferde haben keine Grenzen kennengelernt. Die dazugehörigen Besitzer waren entweder nicht in der Lage, für klare Verhältnisse zu sorgen, oder sie wussten nicht um deren Notwendigkeit. Übernehme ich dann diese Pferde, kann es sein, dass ich zunächst einmal sehr nachdrücklich werden muss. Sehr deutlich zeigen mir dann diese Pferde oft, dass es ihnen gar nicht gefällt, Privilegien aufgeben zu müssen, die sie wider den Menschen erworben haben. Je mehr es mir aber gelingt, ihnen die Autorität des Menschen klarzumachen, umso entspannter werden sie dann. Es ist erstaunlich, dass ich dann meist nach sehr kurzer Zeit ein Pferd vorfinde, das gelöst, kooperativ und zufrieden ist. Das in entspannter Körperhaltung und in respektvollem Abstand zum Mensch warten kann, bis es aufgefordert wird, etwas zu tun und dieses dann in der Regel auch gerne tut. Das Pferd hat gelernt, wo seine Position im Leben ist, und das gibt ihm Klarheit und somit Sicherheit.

Leo war ein kerngesunder, riesiger Warmblüter mit imponierendem Körperbau. Er gehörte einer Tierfreundin, die bisher eigentlich gar nichts mit Pferden zu tun hatte. Die vorherige Besitzerin von Leo hatte ihn an Bärbel verschenkt, mit dem Hinweis: Wenn Du ihn nicht nimmst, geht er zum Metzger. Leo hat seine Geschichte. Innerhalb kürzester Zeit hatte er in drei unterschiedlichen Reitställen gelebt, aber nie sehr lange, keiner wollte ihn haben, denn er war gefährlich. Das Reiten war in diesem Fall wohl weniger das Problem, es war der ganz normale Umgang am Boden, der nicht funktionierte. Angeblich stieg er, trat aus, war nicht zu führen, riss sich los und griff Menschen an. Wir arbeiteten mit ihm. Er absolvierte ein ganz normales Horsemanship-Training am Boden, in dem wir ihm klar seine Position anwiesen, auf klare Anfragen klare Antworten forderten und in dem wir darauf achteten, mit ihm klar nach den Regeln der Natur umzugehen.
Leo war uns als wahres Monster beschrieben worden und imponierte durch seine riesige körperliche Präsenz. Entsprechend hatten auch wir zunächst unsere Vorbehalte. Aber nichts passierte, natürlich versuchte er, mal in kleinen Anfragen herauszufinden, ob das denn alles so umzusetzen sei, was wir forderten. Aber darauf ließen wir uns gar nicht ein, sondern korrigierten diese Anfragen gleich im Ansatz, was er gerne und willig akzeptierte. Wir waren erstaunt über die Kooperationsbereitschaft von Leo, über seine Umsichtigkeit, wenn wir etwas von ihm forderten, und über sein Vertrauen auch in Schrecksituationen.

Leo hätte eigentlich zum Metzger gesollt, seine Tage waren schon gezählt, dies war seine letzte Chance, denn er hatte manchen Menschen in gefährliche Situationen gebracht. Ein einfaches, klares und am Pferd orientiertes Horsemanship-Training ließ aus ihm einen zufriedenen und verlässlichen Partner werden, mit dem es sich nun leicht umgehen ließ. Horsemanship wurde zur Lebenshilfe für Mensch und Pferd. Heute lebt Leo in einer kleinen Herde bei seinen neuen Besitzern, bereitet diesen viel Freude, denn er ist ein umgänglicher Partner geworden, der gerne für entspannte Ausritte ins Gelände zur Verfügung steht. Wichtig ist, dass die mit ihm umgehenden Menschen auch in Zukunft die Spielregeln einhalten, damit Leo weiß, wo er hingehort, und es nicht mehr nötig hat zu provozieren.

Jasmin war eine selbstbewusste junge Haflingerdame, sie begegnete mir bei einem Kurs. Marion, ihre Besitzerin, war der Meinung, man könne mit ihr nicht mittels Gerten oder Kontaktstock kommunizieren, weil ihr Pferd panische Angst davor habe. Ich bat sie darum, mit ihrem Pferd arbeiten zu dürfen und begann zunächst damit, ihr mit dem Kontaktstock über das Fell zu reiben. Damit hatte Jasmin offensichtlich kein Problem. Als ich allerdings damit begann, sie mit Hilfe dieses Hilfsmittels longieren zu wollen, begann sie wüst mit den Hinterbeinen nach mir auszutreten. Da sie sich in einer entsprechenden Entfernung von mir befand, ließ ich mich nicht davon beeindrucken und trieb sie weiter vorwärts. Man konnte Jasmin regelrecht ansehen, wie sie sich darüber ärgerte, dass ihre Strategie keinen Erfolg zeigte. Es dauerte nicht lange und ihre Kickattacken wurden weniger. Schließlich zog sie ohne Probleme ihre Runden, ohne auch nur den Ansatz von Opposition zu zeigen.

Ein paar Tage später schrieb Marion mir eine E-mail mit folgendem Inhalt: »Seit dem Kurs verhält sich Jasmin unglaublich ruhig. Da ich jetzt keine Angst mehr vor ihren »Panikattacken« habe und ihr insgesamt mehr zutraue, entwickelt sie sich super.« Marion hatte Jasmins Verhalten als Panik vor Gerten gedeutet. In Wirklichkeit hatte diese sich nur nicht bewegen lassen wollen und einen hysterischen Aufstand veranstaltet. Sie hatte Hysterie zur Strategie gemacht.

6. Wider das Anwenderprinzip

Nun könnten Sie sagen: »Was soll ich mir Gedanken über die Ausbildung von Pferden machen, nur weil ich reiten möchte. Ich kaufe mir ein ausgebildetes Pferd, das bereits all das gelernt hat, was ich reiten möchte. Um mit einem Computer zu arbeiten, muss ich doch auch nicht wissen, wie dieser programmiert wird.« Das ist richtig, aber Sie müssen wissen, wie das Ding funktioniert. Wenn im Sprachgebrauch der Computerfreunde von einem DAU gesprochen wird, meint man damit den »**D**ümmsten **A**nzunehmenden **U**ser« (Benutzer oder Anwender). Als solchen würde ich mich auch bezeichnen. Ich besitze einen einigermaßen modernen PC mit einer recht ordentlichen Software. Dieser PC hat eine Menge Funktionen, mit ihm könnte ich viele tolle Dinge machen, wenn ich wüsste, wie diese Funktionen zu bedienen sind. Stattdessen beschränke ich mich auf die einfachsten Anwendungen. Natürlich könnte ich mir Mühe geben, mich im Bereich der Computerbedienung fortzubilden, aber dazu habe ich keine Lust. Somit bleibt mir die Welt der vielen Möglichkeiten verschlossen.

Bei einem Pferd ist das genauso. Weiß ich nicht, wie ein Pferd richtig bedient wird, werde ich nicht weit mit ihm kommen. Jemand hat mal gesagt: »Ein Pferd ist eine eigene Meinung auf vier Beinen.«
Selbst wenn ich mich im Bereich der »Pferdebedienung« entsprechend weiterbilde, kommt das noch erschwerend hinzu. Ein Pferd ist ein Lebewesen mit einer eigenen Lebenseinstellung, diese ist geprägt durch natürliche Vorgaben. Mache ich bei einem Computer Bedienungsfehler, wird dieser einfach nicht funktionieren. Passiert das bei einem Pferd, kann das weitreichende Folgen haben.

Das Pferd als Fluchttier hat neben manchen anderen Bedürfnissen ein fundamentales Bedürfnis – das Bedürfnis nach Sicherheit, denn es steht als Beutetier immer in der Gefahr, zu Schaden zu kommen. Das Pferd ist aber auch ein Herdentier, als solches lebt es in einer Herdengemeinschaft mit klar hierarchisch geprägten Strukturen. Diese Herdengemeinschaft wird von einem Leittier angeführt. Diesem Leittier gilt es, sich unterzuordnen. Ein Leittier ist deshalb Leittier, weil es bestimmte Leitungskompetenzen hat. Je stärker das Leittier in seinem Leitungsvermögen ist, und Stärke hat in diesem Zusammenhang nichts mit Muskelmasse zu tun, umso besser ist der Herdenbestand geschützt und das Überleben des einzelnen Herdenmitgliedes gesichert.
Eine solche Herdengemeinschaft könnte man auch als Zweckgemeinschaft bezeichnen. Man dient einander in unterschiedlicher Weise, das Leittier hat dabei wesentlich mehr Rechte als einfache Herdenmitglieder, aber auch größere Pflichten, es trägt die Verantwortung für die Herde. Als solches ist es ständig gefordert.

Nun kommt es immer wieder vor, dass die Rolle des Leittieres von anderen Herdenmitgliedern hinterfragt wird, weil sie wissen wollen, ob dieses denn noch immer genug Kompetenz für die Herdenführung hat und ob es noch für deren Sicherheit sorgen kann. Zeigt dieses hier Schwächen, ist seine Position gefährdet. Ein Leittier mit nachlassender Kompetenz ist nicht mehr lange Leittier, denn es kann nicht mehr genügend für die Sicherheit der Herde sorgen. Hier gelten andere Regeln, als in unserem menschlichen Sozialsystem, wo aus sozialen oder ethisch-moralischen Gründen auch schon mal schwache oder schwach gewordene Menschen durch bestimmte Positionen getragen werden, aber eigentlich ihre Funktion nicht mehr wirklich ausfüllen können. Zeigt ein vierbeiniges Leittier Schwäche, ist es seine Position los, denn es geht ums Überleben des gesamten Bestandes. Ein anderes Tier wird sofort nachrücken und dessen Funktion übernehmen.

Das Wissenwollen um die Führungsstärke des Leittieres ist sicher ein Grund, weshalb ein Leittier von anderen Herdenmitgliedern immer wieder hinterfragt wird. Ein anderer Grund könnte das Bestreben von einzelnen, vielleicht jüngeren Herdenmitgliedern sein, dem Chef den Posten streitig zu machen, um selbst Leittier zu werden. Oder auch das natürliche Provokationsbedürfnis junger Pferde, die auf diesem Weg herausfinden wollen, wo ihr Platz im Leben ist und ob sie sich möglicherweise eine höhere soziale Position erstreiten können. All das sind ganz natürliche Vorgänge, die nichts damit zu tun haben, dass ein Pferd, welches provoziert oder hinterfragt, ein schlechtes Pferd wäre, denn schließlich geht es ums Überleben. Auch können diese Anfragen an das Leittier in ihrer Art sehr unterschiedlich sein, denn jedes Pferd ist in seiner Persönlichkeitsstruktur anders.
Möchte ein Mensch nun eine Gemeinschaft oder Partnerschaft mit einem Pferd aufbauen, gelten für ihn dieselben Regeln. Will er, dass sein Pferd sich ihm unterordnet, muss er lernen

zu leiten. Bezieht er hier nicht klar Stellung, kann es zu Turbulenzen kommen. Vermittelt er keine klare Leitung, wird sein Pferd ihn abfragen. Hat er dann keine Argumente, ist die Gefahr groß, dass er in eine arge Schieflage gerät.

Denn: Wer leitet, entscheidet!
Das Pferd hat andere Ideen vom Leben als der Mensch. Muss sich der Mensch wegen mangelnder Leitungskompetenz dem Pferd unterordnen, wird dieses entscheiden, was beide miteinander tun oder nicht tun können. So ist ein zufriedenstellendes Miteinander kaum möglich. Aus diesem Grund hat ein Miteinander nach dem Anwenderprinzip eine schlechte Zukunft. Weiß der Mensch nicht, wie im Konfliktfall die Argumente lauten müssen, die für Klarheit sorgen, kommt er leicht ins Hintertreffen.

Wer leitet, entscheidet!

7. Wer auch immer mit einem Pferd umgeht, wird zum Ausbilder

Jeder Umgang mit dem Pferd ist Ausbildung. »Was ist Pferdeausbildung eigentlich?«, in meinen Seminaren stelle ich immer wieder diese Frage. Dann erhalte ich oft die unterschiedlichsten Antworten. Ein Kursteilnehmer meinte: Pferdeausbildung ist, wenn sich das Pferd meiner Meinung anschließt. Ein anderer fand, dass es darum ginge, eine gemeinsame Sprache zu finden. Weitere Aussagen waren: Pferdeausbildung ist die Sozialisierung des Pferdes mit dem Menschen, oder die Bedürfnisse des Pferdes umlenken. Hier könnte ich nun noch eine Menge weiterer Antworten anfügen, dabei höre ich immer wieder die tollsten Formulierungen. Alle diese Antworten sind sicher nicht ganz falsch und enthalten gewisse Wahrheiten, sind aber alle schon deutlich zu weit gedacht. Ich möchte mit meinem Denkansatz sehr viel weiter vorne anfangen.

Pferde sind Flucht- und Beutetiere, als solche wurden sie geschaffen, um anderen als Nahrung zu dienen. Das hat sie gelehrt, sehr wachsam zu sein, ständig zu beobachten und auch innerhalb ihres Herdenverbandes eine Form der Kommunikation zu gebrauchen, die möglichst lautlos ist. Dabei bedienen sie sich der Körpersprache. Aus diesem Grund sind Pferde mit sehr guten Wahrnehmungsorganen ausgestattet. Ihre Art der Kommunikation ist sehr effektiv und so bedarf es meist nur kleiner körpersprachlicher Gesten und der andere weiß, woran er ist. Sie teilen sich einander über ihren Körper mit.

Auch heute, nach vielen tausend Jahren des Zusammenlebens mit dem Menschen, ist das Pferd in seinem Wesen Fluchttier geblieben. Sein Verhalten macht uns das immer wieder deutlich. Wer schon länger mit Pferden umgeht, weiß, dass gerade ihr Fluchtansatz eins unserer größten Probleme im Umgang mit ihnen ist. Von den großen Wildpferdebeständen in Amerika oder auch Australien wissen wir, dass diese alle aus bereits domestizierten, aber entlaufenen Hauspferden entstanden sind. Schon nach ganz kurzer Zeit waren diese Pferde wieder in ein totales Wildverhalten zurückgekehrt. Das zeigt uns, dass alle unsere unterschiedlichen Hauspferderassen auch heute noch sehr viel Ursprünglichkeit in sich tragen und in ihrem Wahrnehmungsvermögen keineswegs verkümmert oder dem Menschen angepasst sind.

Jeder, der mit einem Pferd umgeht, wird automatisch zu seinem Ausbilder. Der gute Ausbilder wird das Pferd noch besser machen, bei einem schlechten wird sich das Pferd in seinem Können verschlechtern. Auch Kinder können mit einer entsprechenden Anleitung Pferden gut etwas beibringen.

Nehmen wir diese Tatsache nicht wahr, bleibt uns das Pferd in seinem Wesen, in seiner Wahrnehmung und in seiner Art zu kommunizieren verschlossen. Das hat zur Folge, dass wir wichtige Reaktions- und Verhaltensweisen des Pferdes schlecht oder überhaupt nicht einschätzen lernen und somit falsch oder gar nicht bewerten.

Das heißt im Klartext: Wenn immer ich mit einem Pferd umgehe, gehe ich mit diesem eine Herdengemeinschaft ein. In dieser Gemeinschaft gelten die gleichen Regeln wie in einer vierbeinigen Herdengemeinschaft. Wenn ich mit meinem Pferd etwas tue, ja selbst, wenn ich in Anwesenheit meines Pferdes etwas tue, kommuniziere ich, sende ich ihm Mitteilungen. Das Pferd liest diese und wird sein Verhalten mir gegenüber danach bestimmen. Mein Verhalten ist also maßgeblich für das Verhalten meines Pferdes verantwortlich, es spiegelt mich. Das umso mehr, als dass wir wissen, dass Pferde Spezialisten in Sachen Körpersprache sind. Hier gilt in noch wesentlich stärkerem Maße die Aussage, die ich einmal in einem Kommunikationsseminar für Zweibeiner gelernt habe: In Anwesenheit eines anderen Menschen kannst du nicht nicht kommunizieren, also in Anwesenheit Deines Pferdes kannst Du ebenfalls nicht nicht kommunizieren.

Wer hingegen meint, sich mit seinem Pferd über Worte verständigen zu können, kommt nicht weit. Diese Art der Verständigung hat die Natur für das Pferd nicht vorgesehen. Ich kann einem Pferd nichts mit Worten erklären, diese kann es in seiner Bedeutung nicht verstehen. In ganz geringem Umfang kommunizieren Pferde zwar auch über Laute miteinander. Je ursprünglicher sie aber leben, umso weniger tun sie dies. Und tatsächlich mache auch ich immer wieder die Erfahrung, dass die Stimme zwar eine gewisse Unterstützung

Jeder Umgang mit dem Pferd ist Ausbildung. Lasse ich mich beim Mistaufsammeln von meinem Pferd zur Seite schieben, ist das eine Anfrage an meinen Leitungsposten.

Das Pferd spiegelt Dich in Deinem Verhalten und wird sein Verhalten danach bestimmen, was es bei Dir liest.

bei der Ausbildung von Pferden sein kann, aber nie alleiniges Verständigungsmittel. Verbale Kommunikation mit Pferden funktioniert nur in Verbindung mit Körpersprache. Wer da also meint, seinem Pferd etwas erzählen zu können, kommt sehr bald an seine Grenzen.

Akzeptieren wir also, dass die Sprache der Pferde die Körpersprache ist und dass wir in dessen Anwesenheit nicht nicht kommunizieren können, stellt sich uns ein ganz anderes Bild des Informationsaustauschs dar. Dann erhalten die ganz einfachen, ja für viele banalen oder unwichtigen Dinge im Umgang mit dem Pferd eine ganz andere Bedeutung. Dann wird die richtig gewählte Führposition plötzlich genauso wichtig, wie die sauber gerittene Traversale und das disziplinierte Stehenbleiben am Anbindeplatz, wie meinetwegen der fliegende Galoppwechsel. Und wer nicht darauf achtet, dass die einfachen Dinge des Lebens vernünftig und für das Pferd nachvollziehbar gelebt werden, darf sich nicht wundern, dass sich dann bei gesteigerten Anfragen erst recht Schwierigkeiten ergeben.

Pferdeausbildung beginnt nicht in der Reithalle, auf dem Reitplatz oder im Roundpen. Pferdeausbildung beginnt im Stall, auf der Weide, im Auslauf und findet überall dort statt, wo ich in Anwesenheit meines Pferdes etwas tue. Läuft beispielsweise jemand mit angstvollen Blicken, eingezogenem Kopf und auf große Distanz zum Pferd achtend über die Weide, wird er diesem signalisieren, dass er Angst hat. Jemand der Angst hat, den muss man nicht achten. Sammelt jemand Pferdeäpfel im Auslauf ab und lässt sich dabei von einem Pferd von seinem Platz verdrängen oder vielleicht sogar durch die Gegend schubsen, akzeptiert er, dass das Pferd mit ihm Rangordnungsspielchen treibt. Lässt jemand zu, dass sein Pferd ihm mit angelegten Ohren das Futter abnötigt, dokumentiert er damit klar, dass er sich diesem unterordnet, denn das Futter gehört immer dem Chef. Lässt sich jemand von seinem Pferd anrempeln und geht diesem dann auch noch respektvoll aus dem Weg, darf er sich nicht wundern, das dieses in Zukunft immer respektloser wird, denn wer weicht, ordnet sich unter, und Untergeordneten muss man nicht Gehorsam leisten. Oder lässt sich jemand beim Führen seines Pferdes von diesem durch die Gegend ziehen, agiert das Pferd aus der ranghöheren Position, denn der, der den anderen bewegt, ist Chef, der, der sich bewegen lässt, ordnet sich unter. Hier ließen sich noch eine Menge weiterer Beispiele anfügen.

8. Weniger ist mehr – die Sache mit der Kommunikation

Kommunikation kommt aus dem Lateinischen von communicare, was soviel heißt wie miteinander reden, ja, manchmal auch miteinander leben. Wenn zwei miteinander kommunizieren, stehen sie in einer Verbindung, sie teilen einander mit. Wenn Menschen miteinander reden, geht es allerdings längst nicht immer um einen reinen Informationsaustausch. Oft wird geredet nicht um des Mitteilens willen, sondern um des Redens willen. Man könnte auch sagen, es findet ein Wörteraustausch statt, ohne wichtigen Inhalt, oft noch begleitet von wildem Gestikulieren. Wir nennen das dann Konversation betreiben.

Nehmen wir uns einmal die Zeit, Pferde beim Kommunizieren zu beobachten, sieht das anders aus. Hier sind es ganz knappe Gesten, das Zucken eines Ohres, das kaum merkliche Anheben des Kopfes, das Anheben eines Beines oder auch nur ein Blick. Es ist erstaunlich, was sie damit alles bewegen können. Und wenn diese minimalen Gesten vom anderen nicht beachtet werden, kommt es meist zu einer knappen, aber deutlichen Zurechtweisung mit nachhaltiger Wirkung. Selten verschwenden Pferde dabei mehr Energie, als unbedingt notwendig. Diese Art der Kommunikation ist sehr effektiv. Meint der Mensch nun, seine Art der Kommunikation auch beim Pferd anwenden zu können, kann das recht nachteilige Folgen haben. Diese entspricht nicht der Kommunikationsweise der Pferde. Wer ständig redet, dem hört man irgendwann nicht mehr zu. Ständiges Einwirken kann zunächst eine Irritation hervorrufen, mit der Zeit aber mit Sicherheit eine Abstumpfung. Oft gilt: *Wir reden zu viel und sagen zu wenig.* Wir gestikulieren, wir plappern, wir wirken ständig auf unsere Pferde ein, schaffen damit eine Reizüberflutung in unkontrollierter Weise und machen sie dadurch stumpf und unsensibel für die Aufnahme von wirklich notwendigen Signalen und Hilfen.

Hier sollten wir von den Pferden lernen, weniger ist mehr. Wer sich ständig hyperaktiv, wuselig oder gar fahrig verhält, sendet außerdem Unsicherheit und Ängstlichkeit. Wer sich hingegen gelassen, ruhig und geschmeidig bewegt, dabei seine Anweisungen in knapper und verständlicher Weise weitergibt, sendet Selbstsicherheit, Überlegenheit und Führungsstärke. *Sparsame Kommunikation ist effektive Kommunikation.*

Wer sich hingegen gelassen, ruhig und geschmeidig bewegt, dabei seine Anweisungen in knapper und verständlicher Weise weitergibt, sendet **Selbstsicherheit, Überlegenheit und Führungsstärke**.

Genauso wie unsere Pferde uns in unserer Körpersprache lesen, so sollten auch wir als gute Partner lernen, ...

① Die Ohren sind gespitzt, das Pferd schaut sehr konzentriert nach vorne, dort ist etwas, was seine Aufmerksamkeit sehr in Anspruch nimmt.

② Dieses Pferd hat die Ohren seitlich und leicht nach hinten gestellt. Es signalisiert damit Unterordnung und Kommunikationsbereitschaft.

③ Ist ein Ohr nach vorne und das andere zur Seite gestellt, sprechen wir von einer gespaltenen Aufmerksamkeit. Das Pferd kann sich noch nicht entscheiden, ob es seine Aufmerksamkeit nach vorne oder doch besser zu seinem Menschen lenken soll.

④ Dieses Pferd ist frustriert und verunsichert, es befindet sich in einem starken Konflikt. Dabei sind die Ohren nach hinten gestellt und stark angewinkelt. Die Nüstern sind gebläht, die Maul- und Kinnpartie ist stark zusammengekniffen und das Auge zeigt einen Weißanteil.

⑤ Die angelegten Ohren sind immer Ausdruck von Aggression oder Verteidigungsbereitschaft, sie gehören sowohl zu den Phasen des aggressiven als auch des defensiven Drohens. Da dieses Pferd auch noch das Maul geöffnet hat und die Zähne zeigt, handelt es sich um einen Akt des aggressiven Drohens.

⑥ Dieses Pferd richtet seine Aufmerksamkeit nach hinten. Die Ohren sind nach hinten gestellt, ähnlich wie bei Bild 4, allerdings sind dabei seine Maul- und Nasenpartie entspannt und sein Blick gelassen.

⑦ Hier handelt es sich um eine Stresssituation von vorne. Das Pferd hat den Kopf hochgerissen, Maul- und Nasenpartie sind verspannt und die Augen weit aufgerissen.

⑧ Leckt sich ein Pferd in Verbindung mit einer Lernsituation durch den Menschen das Maul oder beginnt es zu kauen, ist dies immer ein Zeichen, dass es das soeben Erlebte akzeptiert, verstanden hat und abspeichert.

⑨ Dieses Pferd flehmt, eine Mimik, die wir oft bei Hengsten sehen können, wenn sie die Witterung einer rossigen Stute aufnehmen. Aber auch andere Pferde tun dies schon mal in Verbindung mit seltsamen Gerüchen oder Geschmäcken. Flehmen kann aber auch ein Pferd, das Schmerzen hat.

... die Pferde in ihrer Körpersprache zu verstehen. Hier einige Beispiele:

So kann ein gestresstes Pferd aussehen. Der Gesichtsausdruck verrät Verspanntheit, die Nüstern sind stark gebläht, dabei beißt es in die Luft oder schlägt nervös die Lippen gegeneinander.

So tun sich Pferde einander gut, indem sie Zeit miteinander verbringen, zusammen stehen und, wie hier, sich gegenseitig mit den Zähnen das Fell kraulen.

Raufen die männlichen Tiere miteinander, kann es schon mal rau hergehen. Dabei versuchen sie, sich gegenseitig in die Beine zu beißen, um den anderen zu unterwerfen.

Diese beiden raufen schon recht hitzig miteinander. Nicht selten tragen Pferde bei solchen Raufereien deutliche Blessuren davon.

Hier sehen wir einen heftig ausgeführten aggressiven Angriff. Das rangniedrige Pferd hat dem ranghöheren immer aus dem Weg zu gehen, tut es das nicht, kann es schon mal zu solchen Attacken kommen.

Das linke Pferd deutet Verteidigungsbereitschaft an, die Ohren sind angelegt, ein Hinterbein ist deutlich angehoben. Wir sehen eine Phase im defensiven Drohvorgang.

Aggressiv verfolgt der Schwarze den Schimmel. Um sich zu wehren, startet dieser sogar im Galopp einen Verteidigungsangriff.

9. Das Pferd ist weder bös noch gut, es kommt darauf an, wer's reiten tut – der Mensch als Problempferdeausbilder

Jeglicher Umgang mit dem Pferd ist Ausbildung, haben wir weiter oben gelesen. Hier unterscheide ich zwischen einer positiven, als einer von mir gewollten Ausbildung, und einer negativen, als einer von mir nicht gewollten Ausbildung. Denn auch Problempferde werden nicht als solche geboren, sondern sie werden dazu ausgebildet. Diese Ausbildung geschieht in der Regel durch menschliches Fehlverhalten, durch Unwissenheit, Ignoranz und manchmal durch Dummheit. Wir leben heute in einer sehr extremen Welt. Dies können wir sowohl im normalen täglichen Leben feststellen als auch in den unterschiedlichen Pferdeszenen. Die einen betrachten das Pferd als Sportgerät, das funktionieren muss. Nicht umsonst spricht man in dieser Szene von Material, wenn es um Pferde geht. Da wird dieses »Material« zu bestimmten Leistungen genötigt, oft schon in sehr jungen Jahren, denn es geht um sportliche Erfolge und nicht selten damit verbunden um Ehre, Ansehen und Geld. Das »Material« scheint dabei eine zweitrangige Rolle zu spielen, ist es zerschlissen, wird es eben ausgetauscht.

In der anderen Szene wird das Pferd allzu oft vermenschlicht und rangiert bei ganz extremen Pferdefanatikern in seiner Wertigkeit mitunter noch vor dem Menschen. Beides sind Extreme, die dem Pferd in seiner Natürlichkeit nicht gerecht werden. In diesen Einstellungen liegt viel Problempotential. Im ersten Fall sind es meist die Haltungsbedingungen, welche total wider die Bedürfnisse des Pferdes als Flucht-, Herden- und Steppentier gehen. Das Pferd als Steppentier braucht regelmäßige Bewegung, das Pferd als Herdentier braucht Sozialkontakt mit Gleichgesinnten. Da ist ein Pferd ein Leben lang in einer Box eingesperrt und raus kommt es nur, wenn der Mensch mit ihm arbeiten möchte, aber auch hier wird es wieder in einen bestimmten Rahmen gezwungen. Dazu wird dem Pferd oft eine unverhältnismäßig hohe Kraftfutterdosis verabreicht, denn es soll ja sportliche Leistungen erbringen. So, seinen natürlichen Bedürfnissen beraubt, entwickeln sich diese Pferde dann mitunter zu regelrechten Zeitbomben, die jeden Moment »hochgehen können«. Um diese Zeitbomben dann wiederum kontrollieren zu können, werden bestimmte Zwangsmaßnahmen vorgenommen, die auch nicht das Vertrauensverhältnis zwischen Mensch und Pferd fördern. Hier wird das Pferd allzu oft als Gegner betrachtet, der jeden Tag neu bezwungen werden muss. Manche Pferde akzeptieren das, weil sie eine hohe Toleranzschwelle oder auch eine hohe Leidensbereitschaft haben, das sind dann die guten Pferde. Andere dagegen wehren sich, sie können diese Maßnahmen nicht verstehen und entwickeln gewisse Gegenmaßnahmen oder »Überlebensstrategien«. Diese wiederum machen dem Menschen Probleme. Schnell ist ein Problempferd entstanden, das Problem ist hier aber nicht das Pferd, sondern der Mensch. Fühlt sich ein Pferd nicht verstanden, überfordert oder falsch behandelt, können wir vier verschiedene Verhaltensweisen beobachten, die aber auch als Mischformen auftreten können:

1. Das eine Pferd beginnt zu kämpfen, es geht gegen den Menschen, um sich seiner zu entledigen. Dabei kann es als Warnung gewisse Drohgebärde einsetzen, wie zum Beispiel das Anlegen der Ohren, Beißandrohungen, Stampfen mit einem Vorderbein oder das Zudrehen der Hinterhand. Kommt es zu einem tatsächlichen Angriff von Seiten des Pferdes, kann das entweder ein frontales Attackieren des Menschen mit angelegten Ohren, weit aufgerissenem Maul und tatsächlichem Zubeißen sein. Es kann ein Angriff mit den Vorderbeinen sein, indem das Pferd entweder mit einem Vorderbein gezielt gegen den Menschen nach vorne schlägt oder beide Vorderbeine einsetzt und diesen steigend mit beiden Vorderbeinen angreift. Es kann aber auch ein Angriff mit den Hinterbeinen sein als ein gezieltes Ausschlagen, hier reden wir dann von einem Verteidigungsangriff. Versucht ein Pferd kämpferweise einen Reiter unter dem Sattel loszuwerden, geschieht das meist durch Buckeln oder Steigen. Mitunter versucht auch ein Pferd schon mal, einem Reiter ins Bein zu beißen.

2. Ein anderes Pferd versucht sich durch Flucht zu entziehen. Am Boden versucht es dabei, vor dem Menschen wegzulaufen. Es möchte sich nicht anfassen lassen und möchte sich dem Kontakt mit dem Menschen, wann immer es geht, entziehen. Beim Führen oder beim Longieren reißt es sich vielleicht los. Oder es ist an der Longe nicht mehr anzuhalten, es kann sich zwar nicht durch direktes Weglaufen entziehen, weil der Mensch es gut festhält, stattdessen betreibt es eine Flucht auf dem Zirkel. Unter dem Sattel versuchen diese Pferde zu flüchten, indem sie durchgehen und manchmal kaum mehr zum Anhalten zu veranlassen sind. Andere Pferde betreiben das Durchgehen unter dem Sattel in einer abgemilderten

Form, indem sie einem »unter dem Hintern davonlaufen«. Das kann sowohl im Schritt, im Trab oder im Galopp sein. Sie neigen, egal in welcher Gangart, zu einem stets übereilten Tempo, dabei sind sie sehr angespannt und hören dem Reiter schlecht zu.

Seit einigen Jahren besitze ich einen wunderschönen, spanischen Schimmel. *Michel*, so nenne ich ihn, ist ein außergewöhnliches Pferd, er ist sehr menschenbezogen, etwas frech, sehr showy und kann sich toll bewegen. Er kam zu mir, weil seine Vorbesitzerin ihn loswerden wollte, er war zu teuer geworden. Der Grund war ein scheinbar chronischer Gangfehler in der Hinterhand, der auch mit viel Aufwand nicht zu therapieren war. Er hatte die Angewohnheit, sich während des Reitens sehr stark im Genick aufzurollen und den Kopf zwischen die Vorderbeine zu stecken.

Ich richtete ihn vorne auf und das unregelmäßige Treten verschwand spontan. Was nicht verschwand, war ein ständig übereiltes Tempo, egal in welcher Gangart. Das ist zwar im Laufe der Jahre etwas besser geworden, aber wann immer ich die Anforderungen an ihn beim Reiten etwas steigere, bekommt er Stress, verspannt sich und beginnt davonzueilen. Verursacht haben das die Leute, bei denen er eingeritten wurde. Hier hat man ihn derbe mit Schlaufzügeln vorne runtergezwungen und gleichzeitig mit viel Beineinsatz gegen die Hand geritten. Eine solche Reiterei hinterlässt Spuren an Körper und Seele. Michel wurde regelrecht unter dem Sattel »geknackt«. Das ist reiner physischer und psychischer Missbrauch, der starke Traumen hervorrufen kann. Körperlich scheint er diese überwunden zu haben, seelisch noch lange nicht, er ist heute noch auf der Flucht.

3. Die dritte Möglichkeit, mit Konfliktsituationen umzugehen, ist das Erstarren eines Pferdes als eine Strategie des Boykotts oder der stummen Verweigerung. Diese Pferde ziehen sich dann in sich selbst zurück, sie schotten sich gegen Einwirkungen von außen einfach ab und »frieren ein«. Sie zeigen dann nur sehr schlechte oder auch überhaupt keine Reaktionen auf äußere Reize, sie sind einfach nicht ansprechbar. Diese Art der Konfliktbewältigung ist zwar für den Menschen nicht so gefährlich wie die beiden zuvor genannten, dennoch ist es kein Verhalten, das zu einem guten, leichten und vertrauensvollen Miteinander beiträgt.

Sugar war ein Painthorse. Er kam als Korrekturpferd, weil sein neuer Besitzer ihn beim Reiten kaum vorwärts bekam, er reagierte einfach nicht auf seine Hilfen. Dabei war er keineswegs unangenehm im Umgang. Er macht auf den ersten Blick einen ruhigen, ja sehr gelassenen Eindruck. Wann immer Pferde zu uns kommen zur Ausbildung oder zur Korrektur, beginnen wir zunächst am Boden, mit ihnen zu arbeiten. So können wir sie zum einen gut vorbereiten für die spätere Arbeit unter dem Sattel, zum anderen bietet sich uns gerade auch bei Korrekturpferden dadurch die Möglichkeit, eine Art Bestandsaufnahme zu machen, um erste Hinweise auf mögliche Probleme zu erhalten. So war es auch bei Sugar.

Der Schweif, besser gesagt die Schweifrübe, ist ein wichtiger Indikator für den mentalen Zustand eines Pferdes. Sie gehört zur Wirbelsäule des Pferdes und ist quasi deren hinterer Ausläufer. Lässt sich diese frei und locker bewegen, zeugt das von einem Zustand guter mentaler Entspanntheit. Ist sie hingegen stark eingeklemmt und kaum zu bewegen, gibt das Auskunft darüber, dass sich ein Pferd in einem Zustand starker innerer Anspannung befindet. Bei Sugar war die Schweifrübe so starr, dass ich sie kaum bewegen konnte. Hier lag auch der Schlüssel für sein Problem. Als stark introvertiertes Pferd »fraß« er Probleme in sich hinein und verschloss sich. Was er erlebt hatte, ließ sich nicht mehr zurückverfolgen. Aber durch ein entsprechendes Training konnte ich ihn aus seinem Zustand herausholen. Er entspannte sich zusehends. Danach zeigte er sich als angenehmes Reitpferd, welches wohl auch mal eine ganz ordentliche Grundausbildung genossen hatte.

4. Die vierte und letzte Möglichkeit ist das Sich-Aufgeben eines Pferdes. Diese Pferde sind gebrochen, sie wurden mental zerstört, sie haben sich aufgegeben. Ein gebrochenes Pferd ist eine äußerst traurige Angelegenheit. Hier handelt es sich um versklavte und erniedrigte Wesen. Wir kennen heute noch im englischsprachigen Raum den Ausdruck »to break a horse«, wenn es um das Einreiten eines Pferdes geht. Das heißt, man versucht einem Pferd durch brutale und erniedrigende Maßnahmen den Willen zu brechen, um so bei diesem eine absolute Unterwerfung zu erreichen. Diese Pferde sind tot, obwohl sie noch leben. Solche Pferde finden wir aber leider auch in unseren Breiten. Durch dauernden Drill, extreme Überforderung und harte Strafmaßnahmen sollen Pferde dazu gebracht werden, dass sie einen sogenannten Kadavergehorsam leisten, der dahin zielt, in allen Situationen

Habe ich ein Pferd nach klaren und an seiner Natur orientierten Bedürfnissen ausgebildet, kann daraus nicht nur ein vertrauensvoller **Partner und Freund**, sondern auch ein echtes **»Familienpferd«** werden.

die absolute Kontrolle über diese zu erreichen. Manches Pferd hält das nicht aus und zerbricht. Von einem bekannten Westerntrainer hörte ich einmal die Aussage: »Ein Pferd soll nicht schön gehen, es soll funktionieren.« Dazu wird mitunter zu rüden Mitteln gegriffen, denn das »Material« hat zu gehorchen. In der Regel ist es der Mensch, der aus einem Pferd ein Problempferd macht. Es sind Reaktionen auf menschliche Vorgehensweisen. Folgenden Spruch habe ich kürzlich aufgelesen: »Ein Pferd ist weder bös' noch gut, es kommt darauf an, wer's reiten tut.« Oder wie einmal jemand anderes sagte: »Das Problem sitzt immer oben.«

10. Die Missachtung der Spielregeln – Problemauslöser Vermenschlichung

Der zweite Fall ist nicht weniger problematisch. Zu mir kommen immer wieder Problempferde zur Korrektur oder Ausbildung, die zum Problem geworden sind, weil Menschen die Spielregeln der Natur nicht eingehalten haben. Die Vermenschlichung von Pferden ist meiner Meinung nach eine der häufigsten Gründe für das Entstehen von Problempferden.

Gerade bei weiblichen Pferdebesitzern finden wir mitunter ein sehr starkes Harmoniebedürfnis. Sie scheuen den Konflikt und möchten am liebsten mit ihren Pferden in einer Art gleichberechtigten Partnerschaft leben.

Harmonie ist toll und konfliktfreies Miteinander ein hohes Ziel. Aber damit ein Miteinander harmonisch werden kann, braucht es Regeln. Und nur, wenn diese Regeln eingehalten werden, und zwar von allen beteiligten Parteien, kann dieses Ziel erreicht werden.

Dummerweise richten sich dabei die wenigsten Pferde nach den Wünschen des Menschen. Sie haben ihre eigenen Regeln, nach denen sie leben. Hier ist der Mensch gefragt, sich mit diesen Regeln zu beschäftigen, sich auf den Weg zu machen, das Pferd als Pferd zu verstehen. Frei nach dem schon weiter oben zitierten Erfolgsrezept von Henry Ford: Das Geheimnis des Erfolges ist es, den Standpunkt des anderen zu verstehen. Richtig verstandene Pferdeliebe orientiert sich am Pferd und an dessen Bedürfnissen und die lauten leider: klare Rangordnung, klare Ansagen und im Bedarfsfall auch einmal unattraktive Vorgehensweisen anwenden. Nur so kann eine Beziehung harmonisch werden, ob uns das gefällt oder nicht.

Da lacht das Pferd. Ist es gut ausgebildet, hat nicht nur der Mensch Freude, sondern auch das Pferd selbst.

»Ich bin Eure Spaßbremse, glaubt ja nicht, dass Euer Pferd Euer Freund ist«, pflegt ein mir gut bekannter Kollege gelegentlich zu Beginn eines Kurses seinen Schülern mitzuteilen. Das meint er zunächst scherzhaft, aber doch mit einer gewissen Portion an Wahrheit. Pferde folgen dem, von dem sie profitieren können und vor dem sie Respekt haben. Freundschaft, sich aufeinander einlassen, harmonisches Miteinander gibt es nur im Befolgen der Regeln.

Ich hatte schon viele Jahre mit Pferden verbracht und auch schon vieles über sie gelernt. Und doch hatte ich immer wieder das Gefühl, dass mir der Schlüssel zu ihnen fehlte. Oft betrachtete ich sie mit menschlichen Augen und verstand sie in manchen Verhaltensweisen nicht. Erst als ich anfing, das Pferd als Pferd verstehen zu lernen, hatte ich das Gefühl, den Schlüssel gefunden zu haben.

Wotan, ein kleiner Norwegerhengst, wurde auf einem Pensionspferdehof geboren. Wotan war schon früh sehr selbständig und selbstbewusst. Seine Mutter interessierte ihn wenig, dafür aber die Kinder auf dem Hof, die allzu gerne mit diesem kecken Kerl spielten. Solange Wotan klein und handlich war, ging das auch recht gut. Mit zunehmendem Alter wurde er aber stärker und lernte, sich gegen die Kinder durchzusetzen. Eines Tages stand er vor einem erwachsenen Mann auf den Hinterbeinen und bedrohte ihn. Hätte dieser nun nicht beherzt zugegriffen und die Dinge mit Wotan geklärt, wäre Wotan in seiner Position noch gewachsen und bald zu einem echten Problem geworden.

Ich habe die Erfahrung gemacht, dass die schwierigsten Pferde die sind, die gelernt haben, sich mit Erfolg gegen den Menschen durchzusetzen. Beginne ich mit diesen Pferden zu arbeiten, heißt das zunächst, dass sie lernen müssen, gegen den Menschen erworbene Privilegien aufzugeben – und das kann schon mal problematisch werden.

Immer mal wieder sind mir Pferde begegnet, die mit der Flasche großgezogen wurden, weil sie ihre Mutter verloren hatten. Hier sollte man jetzt meinen, dass diese einen besonders freundschaftlichen Umgang mit dem Menschen praktizieren würden. Oft ist das Gegenteil der Fall. Durch die zu starke Nähe zum Menschen verlieren sie den nötigen Respekt und werden distanzlos. Versäumt der Mensch, diesen Fohlen die nötigen Lebensregeln beizubringen, können sie als Erwachsene zu echten Problempferden werden.

Ein Pferd lernt immer das, womit es Erfolg hat. Und wir bekommen immer das, was wir zulassen.

Ein **Pferd** lernt immer das, womit es **Erfolg** hat.

Und wir bekommen immer das, was wir zulassen.

11. Hat mein Pferd auch Spaß bei der Arbeit?

Häufig erreichen mich Anfragen von Pferdefreunden oder Reitern, die zu bestimmten Themen oder Problemen meine Meinung hören möchten. So auch nachfolgende, in der eine Pferdefreundin wissen wollte, ob ein Pferd Spaß daran hat, geritten zu werden. Da diese Anfrage genau das vorab besprochene Thema betrifft, möchte ich Ihnen diese und auch die dazugehörige Antwort nicht vorenthalten.

Frage:

Lieber Herr Pfister,

schon vor einiger Zeit habe ich Sie um Rat gefragt wegen dem Pferd, für das ich sorge, weil es beim Longieren immer ausgebrochen ist. Sie haben mir gut geholfen! Danke dafür.

Heute habe ich eine ganz andere Frage an Sie. Ich reite schon viele Jahre und es macht mir riesigen Spaß. Seit einiger Zeit beschäftigt mich folgende Frage. Weil mir Ihre Ansichten zum Reiten und dem Lebewesen Pferd gegenüber sehr gefallen, möchte ich Ihre Meinung dazu gerne erfahren.

Ich habe darüber nachgedacht, ob es den Pferden Spaß macht, geritten zu werden. Und ob sie dabei auch glücklich sind. Ich denke mir, dass das perfekte Pferdeleben in freier Wildbahn stattfindet, was heute jedoch so gut wie unmöglich ist. Und ich habe auch schon ein bisschen im Internet und in Zeitschriften nachgelesen. Dort steht, dass es nicht heißt, wenn Pferde wiehern, wenn man kommt, dass sie einen vermisst haben, sondern dass sie sich auf Abwechslung oder aufs Futter freuen. Ich weiß, dass die Tiere wahrscheinlich nicht so eine Liebe für Menschen empfinden, wie es manche Menschen tun, aber denken Sie, dass Pferde Spaß an ihrer Arbeit haben? Dass es sie auch fröhlich macht?

Ich hoffe, Sie verstehen, was ich meine und können mir helfen, eine Meinung zu bilden.

Mit freundlichem Dank und lieben Grüßen,

Maria Weier

Antwort:

Liebe Frau Weier,

bei den Pferden ist es wie bei den Menschen, manche arbeiten gerne und haben Spaß an einer guten Leistung und manche nicht. Ob Pferde dabei Spaß im menschlichen Sinne empfinden, weiß ich nicht. Aber ich erlebe immer wieder, dass Pferde, die in guter naturorientierter Weise ausbilderisch gefördert, aber auch gefordert werden, immer motivierter und freudiger ihre Arbeit tun. Selbstverständlich spielt hierbei der Mensch eine wichtige Rolle. Leistungen, die über Zwangsmaßnahmen oder gar Schmerzen erzwungen werden, motivieren ein Pferd sicher nicht für eine freudige Mitarbeit. Andererseits funktioniert ein Miteinander auch nicht nach dem reinen Lustprinzip, eine Portion Disziplin und eine Portion Akzeptanz von Seiten des Pferdes gehört auch dazu. Aber das ist immer eine Sache, die der Mensch fordern muss.

Sie haben vielleicht auch nicht immer Lust, Ihren Job zu machen und müssen es dann doch, sonst wäre Ihre Existenz vermutlich gefährdet. Ein Leben in absoluter Freiheit und ohne Verpflichtungen geht weder beim Menschen noch beim Pferd. Ist es in der freien Natur für das Pferd als Flucht- und Beutetier die Herausforderung, nicht gefressen zu werden, so ist es in der Domestikation die Herausforderung, für den Menschen arbeiten zu müssen, der für seine Sicherheit und seinen Lebensunterhalt sorgt.

Selbstverständlich tragen wir Menschen dabei eine große Verantwortung. Richtig verstandene Liebe hilft dem anderen in der Welt, in der er lebt, zurechtzukommen. Die Verpflichtung des Menschen muss sein, dem Pferd sein Bestes zu geben und das ist neben einer guten Versorgung in jeglicher Weise eine gute Erziehung und Ausbildung. Mit einem Pferd, das eine gute Erziehung und Ausbildung hat, möchte man gerne umgehen, es hat somit normalerweise eine recht gute Lebensperspektive. Ein Pferd ohne Ausbildung und Erziehung ist gefährlich, mit dem möchte man nicht umgehen, dieses wandert oft von einer Hand in die andere und irgendwann zum Metzger. Ein Pferd gut auszubilden fordert neben vielen anderen Dingen ein hohes Maß an Konsequenz. Konsequenz zu leben und beim anderen anzuwenden, ist nicht immer attraktiv und oft ein harter Job. Aber sie hilft in gut gemeinter Weise dem anderen eine Lebensgrundlage zu finden, die ein Leben in der Gemeinschaft angenehm macht.

Vielleicht hilft Ihnen das.

Herzlichst

12. Das Pferd und die Bedürfnisse der Menschen

Zeit meines Lebens sind Pferde meine Leidenschaft, eine Leidenschaft, die viele andere Menschen mit mir teilen. Warum das so ist, vermag man oft nicht richtig zu ergründen. Ich denke, dass es eine ganze Reihe von Sehnsüchten sind, die das Pferd bei den Menschen anspricht. Diese können durchaus unterschiedlich sein. Die einen sehnen sich nach Freiheit und Abenteuer, es ist die Kraft des Pferdes verbunden mit Wildheit, Verwegenheit und Schnelligkeit und dem Wunsch nach Unabhängigkeit und dem Überschreiten von Grenzen, was sie fasziniert. Andere suchen im Pferd Ursprung, Natur und in sich ruhende Stärke als Lebensphilosophie und Orientierung.

Dann gibt es die, die durch das Pferd Heilung, Trost und Lebenshilfe suchen. Es ist die Sehnsucht danach, getragen zu werden, nach Anlehnung, Wärme und Schutz. Sich der Kraft eines großen, starken und edlen Wesens anzuvertrauen und sich loslassen können. Das sind oft Menschen, die von anderen Menschen tief enttäuscht oder verletzt wurden.
Natürlich gibt es auch die, die ganz nüchtern und zweckorientiert das Pferd nur als Fortbewegungs- und Transportmittel oder Sportgerät betrachten ohne großen philosophischen Anspruch. Aber auch denen täte es gut, sich losgelöst von ihrer Zweckorientiertheit auch einmal dem Pferd als Lebewesen mit gewissen Grundbedürfnissen zu begegnen. Für wieder andere ist das Pferd lediglich Statussymbol ohne weiteren Hintergrund, man hat eben ein Pferd und das ist chic.

Egal, welches Bedürfnis der Einzelne hat oder welchen Zweck er mit seinem Umgang mit dem Pferd anstrebt, es ist immer lohnenswert, sich mit den Grundwerten oder -prinzipien rund ums Pferd zu beschäftigen. Dadurch wird der Mensch nicht nur zu einem besseren Verständnis und somit auch Verhältnis zu seinem Vierbeiner kommen, sondern auch eine Menge über sich selbst lernen. Das hilft, Mensch und Pferd zu gleichen Teilen besser miteinander auszukommen und ganz neue Perspektiven für ein verständnisvolleres Miteinander zu finden.

13. Nur, wer sich bewegt, kommt weiter

Als Kind hatte ich nicht viele Möglichkeiten, in einen direkten Kontakt mit Pferden zu kommen. Natürlich wurde in unserem Dorf Landwirtschaft betrieben, aber dafür wurden in unseren Breiten Kühe eingesetzt. Ein wenig später, es war die Zeit des einsetzenden Weltwirtschaftswunders, änderte sich das. Den Menschen ging es wirtschaftlich zusehends besser, in ihren Betrieben verdienten sie genug, um gut leben zu können. Sie hatten es nicht mehr nötig, mit ihren kleinen Nebenerwerbslandwirtschaften die Nahrung selbst erwirtschaften zu müssen. Nach und nach verschwanden die Kühe aus dem Ortsbild und einzelne Pferde zogen ein. Was bis dahin für mich Traum gewesen war, wurde langsam Wirklichkeit.

Seither sind viele Jahre vergangen, heute blicke ich auf beinahe ein halbes Jahrhundert zurück, in dem ich mich aktiv mit Pferden beschäftige. Viele Wege bin ich gegangen und vieles habe ich ausprobiert. Dabei war der sportliche Wettkampf mit Pferden für mich nie eine Herausforderung. Mein Thema war und ist es bis heute, dem Pferd als Partner zu begegnen. Es in seinem Wesen verstehen zu lernen und so mit ihm eine Basis zu schaffen, die viele Dinge zulässt. Und noch immer staune ich täglich über die vielen Möglichkeiten und die Tiefe, die sich einem durch eine gute und naturorientierte Pferd-Mensch-Beziehung erschließen.

Dabei ist mir eine gesunde Neugierde, aber auch ein gewisses Maß an kritischem Hinterfragen erhalten geblieben. Das Leben mit Pferden ist spannend, aber es ist auch eine »never ending story«, eine Geschichte, die nie endet. Hier heißt es, in Bewegung zu bleiben. Wer immer auch anfängt, festzulegen und zu dogmatisieren, hat zu wachsen aufgehört. Festlegen und urteilen führt zu einem erstarrten Bewusstseinszustand. Es ist immer gefährlich und unbequem, in Bewegung zu bleiben. Natürlich gibt es gewisse Grundprinzipien, die auch grundsätzlich auf alle Pferde passen. Aber jedes Pferd ist anders und so besteht die Herausforderung eines jeden guten Trainers darin, unter Berücksichtigung der Grundprinzipien einen individuellen Weg für jedes Pferd zu finden.
Heute, im Zeitalter der globalen Vernetzung und der kurzen Transport- und Informationswege, haben wir das Phänomen, dass wir nicht nur Menschen, sondern auch Pferde aus aller

Welt bei uns beherbergen. Es gibt sicherlich keine Pferderasse auf dieser Welt, die heute nicht auch bei uns anzutreffen ist. Und mit dem Import dieser Rassen werden auch immer ein Stück weit die Reitweisen und Philosophien der Ursprungsländer im Umgang mit ihren Pferden importiert. Da dieser Prozess nun schon ein paar Jahrzehnte anhält, hat er auch meinen Werdegang mit den Pferden maßgeblich geprägt.

14. Prüfe alles, das Beste aber behalte

Meine Neugierde und mein Suchen nach Mehr haben mich viele Wege ausprobieren lassen. Ob es als Kind die ersten Begegnungen mit den Shetlandponys meines Nachbarn waren, oder als Heranwachsender die Eindrücke der damals noch sehr preußisch geprägte Landes Reit- und Fahrschule in Dillenburg mit ihren stattlichen Warmbluthengsten. Bald danach schon war es die Westernreiterei, die in Deutschland Einzug hielt oder die darauf folgende Barockreiterei. Da war es die Beschäftigung mit der Zirkusarbeit, aber auch mit manchen anderen Bodenarbeitsweisen. Viele deutsche und ausländische Trainer gaben ihr Stelldichein mit vielen unterschiedlichen Ideen, Philosophien und Herangehensweisen.
Alles wollte ich lernen, vieles probierte ich aus. Einiges hat mich wirklich begeistert, anderes wiederum sprach mich weniger an. Wirklich identifizieren konnte ich mich mit keiner Reitweise. Ich war immer getrieben von den Drang nach Mehr, wobei mir meine persönliche Ungeduld oft sehr im Wege stand. Ich war begeistert und enttäuscht, ich legte fest und verwarf. Dabei war ich oft irritiert von den unterschiedlichen Ansätzen und Ausführungen der maßgeblichen Leute.
Aber alle diese scheinbaren Irrwege hatten ihren Grund. Ich lernte viel Unterschiedliches kennen und letztendlich auch bewerten. Der Apostel Paulus empfiehlt an einer Stelle des Philipperbriefes den Leuten: Prüfet alles, das Beste aber behaltet. Hier ging es zwar um Fragen der Theologie, aber auch für mein Leben mit den Pferden wurde mir das zu einem wichtigen Leitspruch. Daraus entwickelte sich eine Lebenseinstellung. Und wann immer Ihnen jemand was vom Pferd erzählen möchte, fragen Sie nach dem Wieso und dem Warum. Antworten wie: »Das war schon immer so, das habe ich so gelernt« oder »Das macht man eben so«, sollten dabei keine zufriedenstellenden Erklärungen sein.

Einem Pferd beizubringen, sich mit allen Vieren auf solch ein kleines Podest zu stellen, braucht viel Geduld und eine klare Vorgehensweise. Mühsam musste ich diese Geduld lernen. Wenn die Dinge dann gelingen, ist es umso schöner.

15. Ungeduldige haben es schwerer

Oft werde ich in meinen Kursen und bei meiner Arbeit mit Pferden für meine scheinbare Geduld bewundert. Einmal fragte eine Journalistin, die einen Artikel über meine Arbeit schrieb, nach meiner größten Schwäche. Prompt kam die Antwort meiner Frau: »Seine Ungeduld.« Ja, deshalb verbrenne ich mir heute noch ständig den Mund beim Essen, weil ich nicht warten kann, bis es kalt ist.
Ich musste lernen, dass ich mit Ungeduld und Zeitdruck nicht weiterkomme. Emil Oesch, ein schweizer Zeitgenosse, hat einmal gesagt: Zum Erfolg gibt es keinen Lift, du musst die Treppe benutzen. Das war eine wichtige, wenn auch schwere Erkenntnis für mich. Oft hatte ich Pferden durch meine Ungeduld Unrecht getan. Bis dahin hatte ich immer gedacht, es müsse einen Trick oder eine »Zauberformel« geben, mit deren Hilfe ich zu schnellen und erfolgreichen Ergebnissen kommen würde. Ich überforderte sie, begann, sie zu puschen, wurde ärgerlich und kam doch nicht weiter.

Den Pferden die Zeit zu geben, die sie brauchen, um Dinge zu verstehen, ist wichtig. Ihnen durch einzelne, kleine Lernschritte meinen Wunsch erklären. Diese durch öfteres Wiederholen zu festigen um daraus ein verlässliches Verhaltensmuster zu gestalten. Dabei nicht ins Exerzieren zu kommen, sondern die Kunst des Kreierens zu lernen, war für mich eine überaus wichtige Erkenntnis.

Und auch heute noch kann ich mich immer wieder nur in Demut und aufs Neue der Bitte von Antoine Saint-Exupéry, dem Erfinder des kleinen Prinzen, anschließen:
Herr, lehre mich die Kunst der kleinen Schritte.

16. Wer keine Argumente mehr hat, schlägt drauf – Gewalt ist kein guter Ratgeber

Eine weitere wichtige Erkenntnis war die Tatsache, dass Reiten in erster Linie Denksport ist. »Reiten beginnt nicht im Hintern, sondern im Kopf«, musste ich lernen. Dazu gehört eine Menge an Wissen. Reiten und jeglicher Umgang mit dem Pferd ist eine komplexe Angelegenheit. Da gilt es, das Pferd als Pferd zu verstehen. Zu wissen, was es braucht, damit es dem Menschen vertraut. Zu verstehen und zu akzeptieren, dass bestimmte Lebensbedingungen nötig sind, damit es sich wohlfühlt. Eine Idee zu haben, wie ich mich dem Pferd mitteilen kann. Um über reiterliche Hilfen, Hilfsmittel und Ausrüstungsgegenstände Bescheid zu wissen. Und zu begreifen, wie wichtig Konsequenz ist.

Gewalt beginnt, wo Wissen endet. Wer keine Argumente mehr hat, schlägt drauf, sagt der Volksmund. Gewalt ist nie ein guter Ratgeber und Gewalt erzeugt Gegengewalt. Abgesehen davon, dass der, der mit Gewalt argumentiert, sich moralisch ins Abseits stellt und damit eine Art intellektuelle Ohnmacht demonstriert, kann es auch sehr dumm sein, sich mit Pferden auf der Gewaltschiene auseinandersetzen zu wollen. Pferde sind schnell, ausdauernd und stark und haben somit kräftemäßig die besseren Argumente. Leicht gerät der Mensch dabei ins Hintertreffen.

Wer argumentieren kann, ohne die Keule zu schwingen, wer vermitteln kann, ohne den anderen zu erniedrigen, wer sein Wissen nutzt, um in guter, klarer und verständlicher Weise dem Pferd seine Wünsche mitzuteilen, erhält dessen Wohlwollen, Respekt und Achtung.

Allerdings muss an dieser Stelle auch gesagt werden, dass es unter den Pferden auch solche gibt, die für gute Argumente und friedvollen Umgang mitunter nicht empfänglich sind. Dann bleibt einem manchmal keine andere Möglichkeit, auch kurzfristig mal mit härteren Argumenten arbeiten zu müssen, um Fronten zu klären. Das sollte aber eine Ausnahme bleiben.

> Wer sein Wissen nutzt, um in guter, klarer und verständlicherweise Weise dem Pferd seine Wünsche mitzuteilen, erhält dessen **Wohlwollen, Respekt und Achtung.**

17. Vier tragende Säulen – nicht nur für die Pferdeausbildung

Im Erkennen all dieser Zusammenhänge sind die vier Säulen zur erfolgreichen Pferdeausbildung entstanden. Vier Säulen, die gemeinsam das Bauwerk Pferdeausbildung tragen. Oft dachte ich darüber nach, wie ich meine Erfahrungen und Entdeckungen im Bereich der Pferdearbeit in Worte oder in eine nachvollziehbare Struktur fassen könne. Die vier Säulen sind die Antwort darauf. Immer wieder wurde mir in der Vergangenheit von einzelnen Seminarbesuchern die Frage gestellt, ob ich denn diese Ausführungen auch schon in Schulen oder Kindergärten gehalten hätte. Scheinbar waren sie der Meinung, dass es sich hier um ein Thema handele, das für Lehrer und Pädagogen genauso wichtig sei wie für Pferdebesitzer. Und tatsächlich gibt es hier starke Parallelen. Vielleicht sollte man das Ganze nicht eins zu eins übertragen. Aber wer an Hand dieser Strukturen lernt, erfolgreich mit seinem Pferd umzugehen, profitiert dabei nicht nur für seine eigene Persönlichkeitsentwicklung, sondern lernt auch viel über die Grundsätze menschlichen Zusammenseins.

Sicher werden sich in diesem Thema einzelne, weiter oben gemachte Aussagen wiederholen. Dennoch ist es mir wichtig, anhand der vier Säulen eine klare und nachvollziehbare Struktur darzustellen, die dem Einzelnen zu mehr Sicherheit und Kompetenz im Umgang mit seinem Pferd verhelfen soll. Sie sind quasi das Kernstück meiner Arbeit.

A – Autorität

Das Pferd als Herdentier ist auf Hierarchie programmiert, hier geht es um die Leitungsfrage. Wer führt wen, der Mensch das Pferd oder das Pferd den Menschen?

V – Vertrauen

Das Pferd ist ein Fluchttier, es vertraut sich nur dem an, der ihm Sicherheit geben kann.

S
System

Das Pferd versteht unsere menschliche Sprache nicht. Möchte ich mich ihm mitteilen, geht das nur über systematische, klare und für das Pferd nachvollziehbare Kommunikationsstrukturen.

K
Konsequenz

Nur, indem ich klar formuliere, was ich vom Pferd möchte oder nicht möchte und dies konsequent umsetze, werde ich zu klaren Ergebnissen kommen.

Wenn wir nun im Folgenden diese Säulen als **Einzelsäulen** betrachten, so ist es doch deren **Verbund, der das Ganze zu einer tragfähigen Einheit macht.**

Vier tragende Säulen – nicht nur für die Pferdeausbildung | 35

Autorität

Das Pferd als Herdentier ist auf Hierarchie programmiert, hier geht es um die Leitungsfrage. Wer führt wen, der Mensch das Pferd oder das Pferd den Menschen?

18. Säule A – Autorität

Die Säule A steht für Autorität. Sie steht nicht an erster Stelle, weil unser Alphabet mit A anfängt, sondern weil sie die wichtigste Säule ist. Ohne diese wahrzunehmen und in guter Weise umsetzen zu lernen, wird eine gute Arbeit mit Pferden kaum möglich sein.

Bereits seit geraumer Zeit grassiert in einigen Bereichen der Pferdeszene die Begrifflichkeit der Dominanz. Es wird von Dominanztraining gesprochen und absoluter Unterordnung, die nötig sei, um mit Pferden klar zu kommen. Gar manchem Pferdefreund ist bei dieser Sache nicht ganz wohl. Fragen wir den Duden zu dieser Begrifflichkeit, erfahren wir, dass es darum geht, eine Vorherrschaft zu erlangen. Zugegeben, das Ganze hat den Geschmack von totalitärem Absolutheitsanspruch. Das erinnert an Kolonialismus und totalitäre Regierungssysteme. Gerade erst hatten wir doch geglaubt, diesen Systemen entkommen zu sein. Das kann doch jetzt nicht der Weg sein, auf dem ich die Partnerschaft mit meinem Pferd aufbauen soll, stellt gar mancher verwundert fest. Und Recht hat er damit.

Dennoch sollten wir die Sache nicht ganz beiseite schieben. Pferde sind Herdentiere. Als solche sind sie in einer autoritären Lebensstruktur beheimatet. Sie sind genetisch auf Rangordnung programmiert. Eine Pferdeherde ist eine Lebensgemeinschaft, die auf klare hierarchische Strukturen aufgebaut ist. Auch ich musste das zunächst akzeptieren lernen. Jedes Pferd hat seinen Platz in dieser Gemeinschaft und es ist wichtig, dass es diesen Platz kennt. Ein Platz, der ihm zwar Grenzen aufweist, der ihm aber auch Schutz und Sicherheit in der Sozialgemeinschaft Herde gewährt. Hier darf es sein, hier gehört es hin, hier ist sein Platz im Leben. Aber keine Lebensgemeinschaft funktioniert ohne Regeln, auch nicht unter den Pferden. Hier heißt es: Leiten oder geleitet werden. Und ob uns das gefällt oder nicht, eine gleichberechtigte Partnerschaft hat die Natur nicht vorgesehen. Wer schon einmal versucht hat, ein Pferd in eine bestehende Herde einzugliedern, wird das bestätigen können. Hier kommt es oft zu harten Auseinandersetzungen um Rangordnung und Herdenposition. Dabei geht man meist nicht zimperlich miteinander um.

Vor kurzem kam S p i k e zu uns, ein achtjähriger Norikermischling. Er sollte für eine gewisse Zeit bei uns eingestellt werden. Nachdem er bereits ein paar Wochen zur Eingewöhnung auf der Nachbarweide gestanden hatte, sollte er jetzt in die Herde integriert werden. Dabei ist es von Vorteil, dass eine Weide entsprechend weitläufig ist, damit die Möglichkeit des Ausweichens besteht. Es war nicht schön anzuschauen, wie der arme Kerl Prügel bezog. Die ganze Herde stürzte sich auf ihn und er hatte seine Mühe, den Attacken der anderen Pferde zu entkommen. Lange musste er im Abseits stehen. Näherte er sich den anderen Pferden, wurde er sofort aggressiv vertrieben. Mit der Zeit ließen einzelne Pferde dann etwas mehr Nähe zu, andere attackierten ihn noch eine ganze Weile. Es war ein regelrechtes »Spießrutenlaufen«, dem sich der arme Spike unterziehen musste. Dabei wollte er doch niemandem etwas tun, er wollte doch nur in die Gemeinschaft aufgenommen werden.

Heute ist er dort angekommen. Spike ist in die Herde aufgenommen worden, er hat seinen Platz gefunden, wird in Ruhe gelassen und fühlt sich sichtlich wohl. Aber dazu musste er zunächst einiges einstecken. Er musste lernen, Regeln zu akzeptieren und sich unterzuordnen. Aus unserer menschlichen Sicht würde man ein solches Verhalten zu Recht als unsozial und unmoralisch verurteilen.

N o r a war eine junge Haflingerstute, die zum Einreiten kam. In früheren Zeiten pflegte ich die Berittpferde in unsere Stammherde zu integrieren,

Keine Lebensgemeinschaft funktioniert **ohne Regeln**, auch nicht unter den Pferden.

Hier heißt es: **Leiten oder geleitet werden.**

damit sie nicht alleine stehen mussten. Allerdings war es von dieser Zeit an gefährlich, sich als Mensch in der Herde zu bewegen. Nora mischte die ganze Herde auf, kam ihr ein anderes Tier etwas näher, wurde dieses sofort attackiert. Sie trat, sie biss, sie griff an, so dass man als Mensch ständig auf der Hut sein musste, nicht von anderen flüchtenden Herdenmitgliedern überrannt zu werden. Dies ging einige Zeit so. Nach etwa zwei Wochen war plötzlich Ruhe in der Herde eingekehrt. Während dieser Zeit hatte ich ja bereits einige Trainingseinheiten mit Nora absolviert und hatte dabei festgestellt, dass sie ein recht aggressiv veranlagtes Pferd war. Diese Eigenschaft spiegelte sich auch in ihrem Verhalten in der Herde wieder. So hatte sie ihrer Art entsprechend zunächst frei nach dem Motto gehandelt: Bevor mich einer schlägt, schlage ich alle oder Angriff ist die beste Verteidigung. Sie hatte ihre Aggressivität benutzt aus Unsicherheit. Sie wusste nicht, wo ihr Platz in der Herde, man könnte auch sagen im Leben, war. Als sie diesen gefunden hatte, ging es ihr gut, sie wusste, wo sie hingehörte, das gab ihr Sicherheit. Ähnlich reagieren auch manche Menschen, wenn sie nicht wissen – woran sie sind – sie schlagen zunächst einmal um sich.

*Anders ging es mit **Survivor**, einem meiner Pferde. Der war sich seiner Position bewusst, darüber ließ er von vornherein keinen Zweifel aufkommen. Er machte keinen langen Prozess. Beim Integrieren in die neue Herde packte er kurzerhand das amtierende Leittier im Genick, hob ihn hoch, schüttelte ihn ein paar Mal, ließ ihn wieder los und die Sache war erledigt. Er kam als Sieger. Natürlich versuchte daraufhin auch kein anderes Tier aus der Herde mehr, ihm seine Position streitig zu machen.*

So ist es auch bis heute geblieben: Wann immer ein neues Pferd in die Herde einzog, ließ er von vornherein keinen Zweifel daran, dass er der Chef ist. Allerdings kommt Survivor doch so langsam in die Jahre, wo man sich nach etwas mehr Ruhe sehnt. Und schon rückt die junge Generation nach. Immer wieder beobachte ich, wie er Boas, einem jungen Andalusier, einfach aus dem Weg geht, wenn dieser versucht, ihn zu provozieren. Noch vor kurzem hätte dieser für seine Frechheit mächtig Prügel bezogen.

So denke ich, liebe Leser, wird mancher von euch ähnliche Beobachtungen und Erfahrungen gemacht haben, die meine oben beschriebenen Feststellungen unterstreichen. Und wenn ein Mensch mit einem Pferd eine Partnerschaft eingehen möchte, kommt das einer Herdengemeinschaft gleich, in welcher dieselben Regeln gelten, wie in einer rein vierbeinigen Herde. Warum sollte ein Pferd in der Verbindung mit dem Menschen plötzlich genetisch fixiertes Verhalten aufgeben? ***Ein Pferd will wissen, wo sein Platz im Leben ist.*** Bezieht der Mensch hier nicht ganz klar Position, wird das Pferd ihn »abfragen«. Leicht wird dann ein Pferd verurteilt als böse, schlecht und gefährlich. Verursacher für dieses Verhalten ist aber der Mensch, der seine Hausaufgaben nicht gemacht hat. Er hat versäumt, seinem Pferde eine klare Platzanweisung zu geben. Übernimmt der Mensch nicht die Leitung, wird das Pferd versuchen zu leiten. ***Und wer leitet, entscheidet***, heißt es. Da Pferde aber andere Ideen vom Leben haben als Menschen, können diese dabei schnell ins Schleudern geraten.

Immer wieder höre oder lese ich von Menschen, die gleichberechtigte Partnerschaft mit dem Pferd propagieren, ja mitunter ganze Bücher darüber schreiben. Oft sind das Menschen, die bisher mit wenigen Pferden gearbeitet haben und mit diesen ohne nennenswerte Konflikte zurechtkamen. Vermutlich waren diese Pferde von der Art, die es dem Menschen gerne recht machen, mit denen gut umzugehen ist und die auch schon mal Fehler verzeihen. Nun meinen diese Menschen, alle Pferde seien so in ihrem Verhalten und geben ihre Weisheit als allgemein gültige an andere Ratsuchende

weiter. Nach dem Motto: Du musst Dein Pferd nur lieb genug haben, dann vertraut es Dir und tut alles für Dich. Schön wäre es, solche Aussagen sind fahrlässig und können gläubige Nachahmer in rechte Schwierigkeiten bringen. Es ist zu gefährlich, mit Pferden in ungeklärten Verhältnissen zu leben.

18.1 Frau Huber hatte einen Traum

Frau Huber hatte einen Traum, den Traum vom eigenen Pferd. Als Jugendliche hatte sie einige Zeit Reitunterricht genommen. So, wie es damals eben üblich war mit Schulpferden und Abteilungsreiten. Danach ließ ihr Lebensweg eine weitere Beschäftigung mit Pferden nicht zu. Die Sehnsucht nach Pferden und der Reiterei war aber deswegen nicht verschwunden. Irgendwann sollte es ein eigenes sein. Inzwischen war sie altersmäßig bereits gut in der Lebensmitte angekommen. Sie war etwas rundlich geworden, mit der Sportlichkeit war es auch nicht mehr so wie damals, dazu hatte sich eine gewisse Ängstlichkeit in ihrem Leben eingestellt. Jetzt oder nie mehr, dachte sie bei sich, und ging ans Werk. Ihr Traum war ein schmuckes Sportpferd, so, wie sie es in ihrem Unterricht in der Jugend geritten hatte, dazu noch jung an Jahren, um es nach ihren Vorstellungen formen zu können.

*Bald schon fand sie **I v a n**, einen jungen Trakehner. Dieser war vierjährig, kam vom Züchter und bisher nur auf der Weide gewesen. Mit einer Grunderziehung war es nicht allzu weit her. Allein das Führen von Ivan stellte sich für Frau Huber als großes Problem dar. Aber wie wollte sie je zu einem vernünftigen Miteinander kommen, wenn sie ihr Pferd noch nicht einmal von A nach B führen konnte. Ihre Not war groß. So entschloss sie sich, bei Anna, einer jungen Trainerin aus der Nähe, Hilfe zu suchen. Diese kam auch einige Male, erklärte ihr die natürlichen Umgangsregeln und arbeitete praktisch mit den beiden. Daraufhin wurde der Umgang miteinander gleich erheblich besser. Das waren die Regeln, die Ivan in seiner Herde kennengelernt hatte, das war seine Sprache, die verstand er.*

Auf Grund dieses Erfolges beschloss Frau Huber dann auch, Ivan auf dem Hof von Anna einreiten zu lassen. Die Ausbildung verlief sehr unproblematisch. Nach einer guten Vorbereitung am Boden, schloss sich die Arbeit unter dem Sattel an, es folgte ein Geländetraining, zunächst noch mit einem Begleitpferd und später auch alleine. Ivan wurde ein williges und angenehmes Reitpferd. Frau Huber wurde immer wieder mit in das Training ihres Pferdes einbezogen, begleitete dieses regelmäßig und wurde entsprechend auf Ivan eingewiesen. Nach Beendigung seiner Grundausbildung zog Ivan zurück zu seiner Besitzerin, die einen Platz für ihn in einem Pensionsstall gefunden hatte.

Es dauerte nicht lange und es kam ein erster Hilferuf. Frau Huber hatte versucht mit ihrem Pferd auszureiten, was beim ersten Mal wohl auch noch ganz leidlich funktionierte, beim nächsten Mal aber kräftig misslang. Auch mit dem Führen war sie überfordert, was sich auf den gesamten Umgang mit Ivan negativ auswirkte. Weitere Hilferufe folgten, aber alle guten Ratschläge zeigten keinen Erfolg, weil Frau Huber nicht in der Lage war, diese umzusetzen. Für Frau Huber gab es nun zwei Möglichkeiten, entweder sich von Ivan zu trennen, was sie aber nicht wollte oder ihr Pferd und sich in eine begleitete Obhut zu begeben.

So kam es, das Ivan nach einigen Monaten als Einstellpferd in seinen Ausbildungsstall zurückkehrte. Ivan, der in der Grundausbildung willig und kooperativ gewesen war, zeigt sich mit einem Mal von einer ganz anderen Seite. Er war aufsässig, distanzlos, undiszipliniert und zeigte sich als ganz unsicheres Reitpferd. Der Grund für Ivans anderes Verhalten war schnell gefunden, er hatte zwei Beine und hieß Frau Huber. Trotz aller guter Erklärungen und praktischer Anleitung hatte Frau Huber nicht realisiert, dass ein Pferd klare Anleitung braucht. Sie war nicht in der Lage, die einfachsten Grundregeln praktisch umzusetzen.

Kam Ivan ihr beim Führen zu nahe, ging sie diesem schnell aus dem Weg, um nicht angerempelt zu werden. Baute Ivan sich aus irgendeinem Grund einmal vor ihr auf, wich sie angstvoll rückwärts. Beim Putzen band sie Ivan nicht an, was dieser dann nutzte, um grasen zu gehen, währenddessen lief Frau Huber putzend hinter ihm her. Manchmal blieb Ivan beim Führen einfach stehen, er hatte keine Lust weiterzugehen. Dann ging Frau Huber zu ihm, tätschelte ihn und versuchte ihn mit sanften Worten zum Weitergehen zu überreden. Ein anderes Mal kam er alleine vom Spaziergang zurück, er hatte sich einfach losgerissen und war seine eigenen Wege gegangen. Beim Longieren lief Frau Huber um Ivan herum, anstatt umgekehrt, so wollte sie ihn antreiben. Und wenn sie mal versuchte zu reiten, ging Ivan einfach seines Weges, weil Frau Huber nicht in der Lage war, ihn an die Hilfen zu stellen und ihm klare Anweisungen zu geben.

Frau Huber hatte einen großen, starken Freund gesucht, der sie durchs Leben trägt. Stattdessen war es anders herum gekommen. Ihr Traum war zum Alptraum geworden. Anna hatte alle Mühe, Ivan wieder einigermaßen zu korrigieren, er hatte sich ja inzwischen Privilegien erworben und die wollte er nicht so ohne Weiteres aufgeben. Bis heute ist die Beziehung zwischen Frau Huber und Ivan schwierig und funktioniert nur unter ständiger Begleitung von Anna. Lernt Frau Huber nicht ganz klar, Leitungsverantwortung zu übernehmen, wird diese Beziehung schwierig bleiben. Hier gilt: *Wer nicht leitet, der leidet oder wer nicht leitet, wird geleitet.*

Pferde haben ihre eigenen Regeln, lernen wir Menschen nicht, diese zu akzeptieren und praktisch zu leben, werden wir nicht weit miteinander kommen. Eine dieser Regeln lautet: Wer weicht, ordnet sich unter und der, der den anderen bewegt, ist Chef. Betrachten wir das Verhalten von Frau Huber, können wir klar erkennen, dass es immer Ivan war, der bewegt hat und Frau Huber, die gewichen ist und sich bewegen ließ. Wenn Sie nun meinen, verehrte Leser, diese Geschichte sei konstruiert, irren Sie, sie entspricht einer wahren Begebenheit, lediglich die Namen sind geändert. Solche oder ähnliche Begebenheiten begegnen mir in meiner Arbeit mit den Pferden und den dazugehörigen Menschen leider allzu oft.

18.2 Die graue Mathilda

M a t h i l d a, *wir nannten sie so, weil ihr Besitzer uns ihren Namen nicht mitgeteilt hatte, war eine hübsche, kleine graue Criollostute. Ein Bauer hatte sie für seine ängstliche Tochter gekauft, weil ihm jemand erzählt hatte, Criollos seien besonders sichere Anfängerpferde. Der Händler, bei dem sie gekauft worden war, hatte sie auch vorreiten lassen, dabei trug sie keinen Sattel, aber eine riesige Kandare im Maul. »Die können Sie sogar ohne Sattel reiten«, mit diesen Worten pries er Mathilde als besonders geeignet an. Das überzeugte den Bauern.*

In ihrem neuen Zuhause angekommen, sollte sie dann auch gleich ausprobiert werden. Sie wurde gesattelt und gezäumt, was sie willig, wenn auch nicht ganz entspannt, über sich ergehen ließ. Und noch bevor die junge Frau richtig im Sattel saß, lag sie bereits auf der Wiese. Mathilda hatte sich mit einem riesigen Bocksprung ihrer entledigt. Somit war alles Vertrauen zu Mathilda dahin. Das nächste Jahr verbrachte die Stute auf der Wiese. Weil der Bauer nun endlich wissen wollte, was mit seinem Pferd los war, gab er sie für einige Zeit in unsere Obhut.

Mathilda war ein reizendes kleines Pferdchen, wenn wir sie denn einmal hatten. Denn sie wollte sich partout nicht einfangen lassen. Beim Horsemanship-Training am Boden zeigte sie sich willig, dabei aber so verspannt, dass es nicht möglich war, ihren Hals auch nur ansatzweise zur Seite zu biegen. Ihr gesamter Körper war bretthart vor Anspannung. Mit der Zeit löste sie sich und wurde durchlässiger.

> Wer weicht, ordnet sich unter und der, der den anderen bewegt, ist Chef.

Wir begannen, sie langsam an den Sattel zu gewöhnen. Mit diesem arbeiteten wir mit ihr noch einige Zeit vom Boden. Wir hängten alle möglichen Gegenstände an den Sattel, um sie auch hieran zu gewöhnen. Irgendwann hatten wir den Eindruck, sie sei bereit für den Reiter. Das erste Aufsitzen akzeptierte sie gut, wir führten sie einige Meter und beendeten das Training. Währenddessen befand sich das ganze Pferd in einem sehr starken Verspannungszustand. Am anderen Tag versuchten wir es wieder. Wir bereiteten sie gut am Boden vor, um sie zum Abschluss des Trainings noch einige Augenblicke mit dem Reiter zu konfrontieren. Dieses Mal war es anders, bereits während des Aufsitzens ging die Post ab, durch starkes Buckeln versuchte sie, den Reiter loszuwerden. Zum Glück gelang ihr das nicht. Wir ritten sie wieder eine kurze Zeit, um dann das Training zu beenden. So setzten wir unsere Arbeit mit ihr fort. Nur sehr schwer löste sich Mathilda und immer wieder kam es zu Buckeleien, wenn sie ihren inneren Druck nicht mehr aushielt. Lange bewegten wir sie nur im Schritt. Irgendwann versuchten wir es im Trab, das gleiche Desaster begann von vorne. Sie verspannte sich so, als wäre sie aus einem Stück Holz gehauen. Während der gesamten Arbeit mit ihr unter dem Sattel arbeiteten wir zu zweit. Während ich mich bemühte, Mathilda vom Boden aus zu kontrollieren, saß Steffi auf ihr und versuchte, sie dabei möglichst wenig zu stören. Dabei konnte der leichteste Störfaktor wieder ein Abbocken auslösen.

Mathilda hätte viel Zeit gebraucht und einen Menschen, der sich mit viel Liebe um sie kümmert. Sie war ein wirklich liebes Pferd, aber die Arbeit mit ihr war gefährlich. Der Grund dafür war nicht bei ihr zu suchen, es waren Menschen, die dafür verantwortlich waren. Mathilda kam aus Argentinien. Das Einreiten junger Pferde geht dort oft so vonstatten: Das Pferd wird aus der Herde heraus eingefangen. Dann wird es von mehreren Männer festgehalten oder mit Stricken verschnürt, während andere ihm einen Sattel aufschnallen. Dazu legt man ihm noch eine riesige Kandare ins Maul. Ein junger, wagemutiger Gaucho mit langen Sporen an den Stiefeln wird auf das Pferd gehoben. Sitzt er richtig, werden beide in die Pampa losgelassen. Dabei wird das junge Pferd gnadenlos vorwärtsgeritten. Egal, ob es sich dabei verweigern möchte, buckelt, bockt oder durchgeht, es wird so lange getrieben, bis es aufgibt. Es wird regelrecht gebrochen. Manche Pferde halten das aus und lernen dadurch, den Menschen als Herrn zu akzeptieren. Andere geben nicht auf und werden zu gefährlichen Kämpfern. Wieder andere ziehen sich in sich zurück, sie erstarren, sie schotten sich nach außen ab, um sich zu schützen. Dann gibt es die, die zu gefährlichen Durchgängern werden oder die, die sich einfach aufgeben. Und manche halten den inneren Druck nicht mehr aus und explodieren. So wird es wohl mit Mathilda gewesen sein. Über das Thema Gewalteinwirkung bei Pferden und den möglichen Folgen habe ich schon in Kapitel 9 geschrieben.

> **Merke:**
>
> **Gewalt zerstört den anderen**
>
> **oder macht ihn zu meinem Gegner.**

18.3 Wer das erste Knopfloch verfehlt, kommt mit dem Zuknöpfen nicht zurande

»Wer das erste Knopfloch verfehlt, kommt mit dem Zuknöpfen nicht zurande«, hat Goethe einmal gesagt. Und das erste Knopfloch im Umgang mit Pferden heißt: Kläre die Leitungsfrage. Hier ist es genau wie bei der verknöpften Knopfleiste: Ist das erste Knopfloch verfehlt, wird sie nie mehr gerade, es sei denn, man öffnet sie wieder und führt eine Korrektur durch. Ist die Leitungsfrage im Umgang mit Pferden nicht eindeutig zugunsten des Menschen geklärt, wird dieser mit seinem Pferd nicht weiterkommen. Es sei denn, er besinnt sich auf seine Leitungsverantwortung und lernt, diese auch praktisch wahrzunehmen.

Wir wissen, dass Pferde Herdentiere sind, daran gibt es keinen Zweifel. Als solches müssen wir auch akzeptieren, dass bei ihnen Leitung eine wichtige Rolle spielt. Wir haben weiter oben gehört, dass die Natur eine Gleichberechtigung nicht vorgesehen hat und an dem ganz praktischen Beispiel von Frau Huber und Ivan gesehen, dass sie auch nicht funktioniert. Unterordnung ist ein wichtiges Thema, ich würde sagen, das Thema. Ohne die Unterordnung des Pferdes unter den Menschen endet das Miteinander meist in einem Desaster. Das bedeutet aber nicht, dass der Mensch nun willkürlich mit dem Pferd umgehen darf. Wird diese Unterordnung als Unterwerfung, Erniedrigung oder Zerstörung des anderen betrieben, ist das ebenfalls kein Weg, der ein gutes und vertrauensvolles Miteinander möglich macht.

»Das Leben ist wie ein Pferd, entweder Du reitest es oder es reitet Dich.« Diesen Spruch fand ich neulich als Aushang an der Wand eines Reiterstübchens. Markige Worte, aber wahr, sowohl was das Leben an sich betrifft, aber auch den Umgang mit Pferden – hier heißt es: leiten oder geleitet werden.

> »Das Leben ist wie ein Pferd, entweder Du reitest es oder es reitet Dich.«

18.4 Eine Autorität ist eine Persönlichkeit von hohem Ansehen

Als ich begann, mich mit den natürlichen Lebensstrukturen der Pferde zu beschäftigen, stolperte auch ich über die Begrifflichkeit der Dominanz. Ein Ausdruck, der bei mir unsympathisch und negativ ankam, mit dem ich mich nicht identifizieren mochte. Ich suchte eine Alternative und fand den Begriff der Autorität. Eine Autorität ist eine Persönlichkeit von hohem Ansehen, sagt der Duden. Das wollte ich werden. Eine Persönlichkeit vor dem der andere Achtung hat, dem er sich anvertrauen und an dem er sich orientieren möchte. *Eine Autorität ist nicht autoritär, sie unterdrückt nicht, aber sie leitet. Und darauf kommt es eben, wie wir nun bereits des Öfteren gehört haben, in der Pferd-Mensch-Beziehung an.* **Einen anderen zu leiten heißt nicht, ihn zu dominieren. Wer leitet, hat nicht mehr Rechte, sondern eine größere Verantwortung.** *Leiten muss man wollen. Leitungsverweigerung kann auch heißen, sich aus der Verantwortung zu stehlen. Leiten heißt, Verantwortung übernehmen und soziale Kompetenz leben. Leiten kann unbequem sein, kann heißen, unattraktive Entscheidungen fällen und auch umsetzen zu müssen. Kann heißen, sich unbeliebt zu machen, das wollen manche nicht.*

Bevor ich meine Leidenschaft für die Pferde zu meinem Hauptberuf machte, arbeitete ich einige Jahre in einer kleinen diakonischen Einrichtung. Bedingt durch soziale Veränderungen in unserer Gesellschaft wurde eines Tages per Gesetzesänderung verfügt, dass alle diese kleinen diakonischen Einrichtungen zu einer gemeinsamen großen, flächendeckenden Einheit zusammengeschlossen werden sollten, um so die Bevölkerung besser versorgen zu können. Gemeinsam mit einem Kollegen hatte ich wegbereitend diesen Umstellungsprozess vorbereitet. Ich bewarb mich für die Leitung

Eine Autorität ist **nicht autoritär**, sie **unterdrückt nicht**, **aber sie leitet**. Und darauf kommt es eben in der **Pferd-Mensch-Beziehung** an.

dieser neuen Einrichtung, während mein Kollege die Stellvertretung übernahm. Wir hatten bestimmte Vorstellungen, wie das Ganze zu laufen hätte. Aber das Leben ist manchmal anders, als wir uns das wünschen, und so wurden wir vor Herausforderungen gestellt, die größer waren, als wir uns das vorgestellt hatten. Es dauerte nicht lange und besagter Kollege gab seine Leitung ab. Er wollte keine Verantwortung übernehmen, er hatte gedacht, er hätte mit seiner Leitungsposition mehr Rechte, stattdessen hatte er mehr Pflichten und eine größere Verantwortung. Aber nicht nur, dass er sich aus der Leitungsverantwortung stahl, er blockierte von nun an alle Entwicklungen der Einrichtungen, was mir als Leiter die Arbeit wesentlich erschwerte. *Leiten heißt bewegen, nur wer bewegt, kann lenken – nur wer sich bewegen lässt, kann gelenkt werden.* Besagter Mitarbeiter wollte nicht leiten, das war ihm zu mühsam, er wollte sich aber auch nicht leiten lassen, er wollte nicht bewegt werden. Er wurde mein stärkster Kontrahent.

Zurück zu den Pferden. Wenn der Pferdemensch lernt, an der Natur orientiert und die natürlichen Bedürfnisse des Pferdes achtend, für seinen Partner Pferd zu einem kompetenten zweibeinigen Leittier zu werden, erhält er dessen Respekt und Achtung. Respekt und Achtung aber sind die Basis für Vertrauen.

Viele von Ihnen, verehrte Leserinnen und Leser, werden in irgendeinem Angestelltenverhältnis stehen und sich somit einem Chef unterordnen müssen. Unter was für einem Chef möchten Sie am liebsten arbeiten. Unter einem, der versucht, sich mit der Belegschaft gleich zu machen, der durch Kumpeltum versucht, sich den Mitarbeitern anzubiedern? Einem, der Entscheidungen scheut, der nicht wirklich in der Lage ist, Verantwortung zu übernehmen, der schwach und inkompetent ist? Einem solchen Chef werden sie sich nicht unterordnen und nicht anvertrauen wollen, möglicherweise werden sie ihn sogar verachten. Der kann kein Garant für eine sichere Zukunft sein. Bei dem ist auch Ihre Existenz und Sicherheit in Frage gestellt. Aber auch der Chef, der versucht, durch Unterdrückung und Erniedrigung seine Mitarbeiter zu beherrschen und auszubeuten, wird nicht Ihr Wohlwollen, Ihr Vertrauen und Ihre Achtung finden. Unter dem arbeitet auch keiner gerne und motiviert. Solche Arbeitgeber sind extrem unbeliebt oder sogar verhasst.

Vielleicht ist dieser Vergleich mit der realen Arbeitswelt für Einzelne von Ihnen nicht sehr attraktiv, aber es trifft den Kern der Sache. Betrachten wir das Pferd als unseren vierbeinigen Mitarbeiter, dem wir Achtung schulden und dem wir unseren Respekt geben, wird dieser Mitarbeiter sich auch uns gegenüber entsprechend verhalten. Missachtet der Mitarbeiter aber die Regeln, muss der Chef auch in der Lage sein, in klarer und kompetenter Weise sein Recht einzufordern. Das macht ihn zu einer Autorität, zu einer Leitungspersönlichkeit, bei dem der andere weiß, woran er ist. Solch einem Vorgesetzten möchte man es recht machen, unter dem arbeitet man gerne, ihm kann man sich anvertrauen.

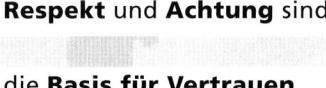

Respekt und **Achtung** sind die **Basis für Vertrauen**.

Vertrauen

Das Pferd ist ein Fluchttier, es vertraut sich nur dem an, der ihm Sicherheit geben kann.

19. Säule V – Vertrauen

Pferde sind Fluchttiere und somit geborene Feiglinge. Freiwillig begeben sie sich nicht in gefährliche Situationen. Wann immer es geht, versuchen sie sich diesen durch Flucht oder große Umwege zu entziehen. Nun hat der Mensch aber gewisse Vorstellungen, was das Pferd für ihn oder mit ihm tun soll. Dabei stellt er es oft vor Herausforderungen, denen sich das Pferd von Natur aus nie aussetzen würde. In früheren Jahren war es vielfach die Verwendung des Pferdes im Krieg, die es in gefährliche und lebensbedrohliche Situationen brachte. Heute ist es meist die Konfrontation mit Straßenverkehr, landwirtschaftlichen Maschinen, wehenden Plastikplanen oder auch sportlichen Events, die es an den Rand seiner Belastbarkeit bringen. Wenn wir Menschen möchten, dass das Pferd sich gemeinsam mit uns diesen Herausforderungen stellt, muss es lernen, uns zu vertrauen.

19.1 Vertrauen muss man sich verdienen

Vertrauen muss man sich verdienen, es ist das Ergebnis einer gut gelebten Leitungskompetenz. Da jedes Pferd anders ist, stellen sich einem hier allerdings auch wieder unterschiedliche Herausforderungen. Das eine ist grundsätzlich misstrauisch und möchte sich nicht so schnell auf einen einlassen. Das andere möchte gerne, weil es aber von seiner Veranlagung her sehr unsicher und ängstlich ist, steht es sich dabei gerne selbst im Weg. Das nächste ist eine so starke Persönlichkeit, dass es sich nicht unterordnen möchte und lieber auf sich selbst vertraut. Ein anderes wiederum lässt sich leicht und gerne auf einen ein, wenn man nur ein bisschen Leitungskompetenz zeigt. Und dann gibt es die, die einem gleich von Beginn eine Menge Vorschussvertrauen schenken, dafür muss man sich dann allerdings im Nachhinein bewähren. Und es gibt solche, die ein großes Herz und viel Selbstbewusstsein haben und so gutmütig sind, dass sie auch schon mal einen schwachen Chef durch unsichere Situationen des Lebens tragen, ohne dies auszunutzen. Die haben wir am liebsten, sind aber leider die wenigsten.

Vertrauen ist akzeptierte Abhängigkeit, diese Aussage habe ich einmal von einem Arzt gehört, der über das Arzt-Patienten-Verhältnis referierte. Genau das trifft auch in der Pferd-Mensch-Beziehung zu. Wer vertraut, macht sich freiwillig von einem anderen abhängig, um von dessen positiver Stärke, man könnte auch sagen von dessen Kompetenz, zu profitieren. Dabei führt ein über längere Zeit praktiziertes gutes, vertrauensvolles Verhältnis zu einem Zustand von Vertrautheit, das eine enorme Nähe zulässt, bei der man sich aufeinander einlässt und beieinander loslässt.

Für mich ist es eines der erhebensten Gefühle, wenn sich meine Pferde in fremder Umgebung, auf Messen oder irgendwelchen Showvorführungen auf meine Aufforderung hin ablegen. Wenn sie sich dann noch flach auf die Seite legen, befinden sie sich in einem Zustand, bei dem sie keinerlei Kontrolle des Umfeldes mehr wahrnehmen können, weil das eine Auge zum Boden, das andere zum Himmel gerichtet ist. Sie liefern sich dabei total einer bedrohlichen und pferdefeindlichen Umgebung aus. Lege ich mich dann dabei noch zu ihnen, entsteht ein Bild von Vertrautheit, das manches Auge feucht werden lässt. Solche Dinge sind nur möglich, weil wir vertraut miteinander sind, weil wir gelernt haben, dass wir uns aufeinander verlassen können.

19.2 Vertrautheit ohne Respekt führt zur Vertraulichkeit

Kommt der Vertrautheit allerdings der nötige Respekt abhanden, kann dies leicht zu einem Zustand von Vertraulichkeit führen. Wird jemand vertraulich, wird er distanzlos, dabei

Eine respektvolle Vertrautheit ist die Basis für ein anspruchsvolles Miteinander.

Ohne gegenseitiges Vertrauen wären diese Dinge nicht möglich.

leidet dann meist die Achtung gegenüber dem anderen. Ein Mitarbeiter, der seinem Vorgesetzten gegenüber vertraulich wird, nutzt dessen Wohlwollen aus, um sich Vorteile zu verschaffen. Das ist unmoralisch und zerstört ein gutes Verhältnis. Hier ist nun der Chef gefragt, wieder für klare Verhältnisse zu sorgen und seinem Mitarbeiter mit aller Konsequenz auf seinen Platz zu verweisen. Nimmt er diese Verpflichtung nicht wahr, wird sein Untergebener sich zusehends gegen ihn positionieren und bald nicht mehr untergeben sein. Im Volksmund würde man sagen: Da sägt einer am Stuhlbein des Chefs, mit dem Ziel, ihn zu Fall zu bringen.

19.3 Fritz, ein sympathisches Schlitzohr

Mein kleiner Schecke **F r i t z** war ein sehr charmantes kleines Pferd. Mit ihm war ich lange Jahre unterwegs und zeigte mit ihm so manche Show. Wir hatten ein ganz besonderes Verhältnis. Sollte ich Fritz beschreiben, würde ich sagen, er war ein sympathisches Schlitzohr. Er war nie offen oppositionell, aggressiv oder aufsässig. Trotzdem hatte er seine eigene Einstellung zum Leben und versuchte, diese mit seiner ihm eigenen Art zu realisieren. Er konnte sehr zärtlich sein. Dabei näherte er sich mir mit seinen Nüstern, berührte meine Wange und hauchte mich zart an. Ich genoss das, wohl wissend, dass ich mich jetzt in einen »Graubereich« begab. Eigentlich fing er gerade an, Tabus zu brechen, aber ich ließ ihn gewähren. Als nächstes begann er, zärtlich mit der Lippe am Ohrläppchen zu spielen und zu knabbern – das war schön. Aber je mehr ich zuließ, um so dreister wurde der Kerl, er nutze es aus, dass ich ihn nicht zurechtwies. Nun begann er, sich genüsslich an mir zu schubbern. Er wurde zusehends vertraulicher. In ganz charmanter Weise ignorierte er immer mehr von mir gegebene Anweisungen. Er wollte ausprobieren, wie weit er gehen kann.

Spätestens jetzt kam die Zurechtweisung von mir, ich schickte ihn auf Distanz. Ohne Murren akzeptierte er diese dann. Dabei hatte er einen Gesichtsausdruck, als wollte er sagen: »Na ja, man kann es ja mal probieren.« Das war seine Art, Grenzen auszutesten, nett zwar, aber dennoch respektlos. Hätte ich dem keinen Riegel vorgeschoben, hätte er dieses Spiel fortgesetzt.

Auch Michel ist solch ein Schlitzohr, er wird gerne einmal zu vertraulich und dann auch bald respektlos.

System

Das Pferd versteht unsere menschliche Sprache nicht. Möchte ich mich ihm mitteilen, geht das nur über systematische, klare und für das Pferd nachvollziehbare Kommunikationsstrukturen.

20. Säule S – System

Die Sprache der Pferde ist nicht die der Worte, daher fehlt uns in der Kommunikation mit ihnen die Möglichkeit, verbale Erklärungen abzugeben. Tatsächlich beobachte ich immer wieder Menschen, die ganze Redeschwalle über ihre Pferde ergießen, um diesen etwas zu erklären. Sie erreichen damit lediglich, dass ihre Vierbeiner auch für die wenigen möglichen verbalen Kommandos noch abgestumpft werden, verstehen dabei aber rein gar nichts. Es scheint für viele Menschen schwierig zu sein, Mitteilungen machen zu wollen, ohne dabei Worte benutzen zu können. Ich persönlich sehe darin eher einen Vorteil, macht doch die Kommunikation mit Pferden an Ländergrenzen keinen Halt. Die Sprache der Pferde ist weltweit die gleiche. Ob ich mit Pferden in Deutschland, Spanien, Amerika, Tunesien oder sonst wo auf der Welt umgehe, überall sprechen sie die gleiche Sprache. Und diese Sprache ist klar strukturiert, kommt mit wenig Aufwand aus, fordert den Menschen auf, sich von sprachlichen Schnörkeln und Uneindeutigkeiten zu lösen und sich auf das Wesentliche zu konzentrieren.

Manchmal fragte ich die Teilnehmer in meinen Seminaren nach ihrer Meinung, wie Pferde lernen. Dann erhalte ich oft die Antworten: durch Erfahrung, durch Lob oder durch Wiederholungen. Diese Antworten sind nicht grundsätzlich falsch, aber sie sprechen nur einen Teil des ganzen Prozesses an. Damit ich das Pferd mit etwas Erfahrungen machen lassen kann, damit ich es für etwas loben kann und damit ich etwas wiederholen kann, brauche ich zunächst einmal ein Ergebnis. Habe ich kein Ergebnis, kann ich nicht damit umgehen. Auch erlebe ich immer wieder Menschen, die wollen, dass ihr Pferd etwas für sie tut. Nur haben sie selbst keine klare Vorstellung von dem, was sie eigentlich von ihrem Vierbeiner erwarten und wundern sich dann, dass ihre Kommunikation nicht klappt.

20.1 Pferdeausbildung braucht klare Strukturen

Pferdeausbildung braucht eine klare Struktur, systematisches Vorgehen und eine genaue Vorstellung von dem, was ich von meinem Pferd erwarte. *»Wenn Du nicht weißt, wo Du hin willst, brauchst Du Dich nicht zu wundern, wenn Du ganz woanders ankommst«*, lautet ein schlauer Spruch aus der Wirtschaft, das gilt auch für die Pferdeausbildung. Habe ich mir eine genaue Vorstellung verschafft, kommt es darauf an, wie ich sie meinem Pferd mitteile. Dabei ist es wichtig, dass ich geplante Ausbildungsziele zunächst in viele einzelne und überschaubare Teilziele aufgliedere, die alle einzeln und für sich erarbeitet werden müssen, um letztendlich zusammengesetzt ein Ganzes zu ergeben. Hier kommen wir wieder zu unserem Baukastenprinzip, das ich anfangs schon erwähnt habe, und einem dazugehörigen Bauplan, damit die einzelnen Bauteile in der richtigen Weise eingesetzt werden.

20.2 Wie sag ich's meinem Pferd?

Um meinem Pferd zu erklären, welches Verhaltensmuster ich auf welches Signal hin von ihm haben möchte, brauche ich eine Möglichkeit, mich diesem mitzuteilen. Da uns hier die menschliche Sprache nicht zur Verfügung steht, müssen wir andere Wege der Verständigung gehen, damit mein Pferd all das lernt, was nötig ist, damit wir zu einer gemeinsam funktionierenden Einheit werden. Lernen ist eine Verknüpfung von Reiz und Reaktion in Verbindung mit immer gleichen Signalen, in der Reiterei sprechen wir von Hilfen. Dadurch entsteht eine Änderung im Verhaltensmuster. Im besten Fall so, wie wir es anstreben. Im schlechtesten Fall als Problemverhalten. Dieses Verhaltensmuster wird durch Übung, also durch vielmaliges Wiederholen gefestigt und somit automatisiert. So heißt es im Fachjargon.

Natürlich können Pferde auch auf anderen Wegen lernen, etwa durch nachahmen oder durch zufällige entstandene Erfolge oder Misserfolge. Wollen wir aber gezielt und strukturiert Pferde für bestimmte Nutzungsweisen ausbilden, kommen wir mit dem Zufallsprinzip nicht wirklich weiter. Hier bietet uns das Reiz-Reaktionsprinzip den besten Weg.

20.3 Reizen heißt nicht ärgern

Wenn wir in diesem Zusammenhang von Reiz sprechen, so ist damit nicht das Reizen gemeint im Sinne von jemanden provozieren oder ärgern. Diesen Reiz kann man auch als Auslöser bezeichnen, mit dem ich beim Pferd eine von mir gewünschte Reaktion auslösen möchte. Habe ich also über einen Reiz die entsprechende Reaktion auslösen können, erhalte ich das Ergebnis, von dem ich weiter oben schon geschrieben habe. Wichtig ist dabei, dass der Reiz sofort weggenommen wird, wenn das Pferd in richtiger Weise reagiert oder auch nur den Ansatz zur gewünschte Reaktion zeigt. So macht dieses eine erste wichtige Erfahrung, es lernt, wenn es in dieser oder jener Weise reagiert, ist das, was es da zuvor tangiert hat, plötzlich weg. Verknüpfe ich diese richtige Reaktion noch mit einem Lob, erhält das Pferd eine weitere Bestätigung, die es zusätzlich motiviert, beim nächsten Mal das gleiche Verhalten sofort wieder zu zeigen. Durch öfteres Wiederholen dieses Vorgangs wird das Pferd immer schneller und leichter die gewünschte Reaktion zeigen, die letztlich dann zu einem festgefügten Verhaltensmuster oder einem Automatismus wird.

20.4 Vier Auslöser

Grundsätzlich stehen uns in der Pferdeausbildung vier Reizarten zur Verfügung, mit deren Hilfe wir beim Pferd Reaktionen auslösen können. Der wichtigste und auch in der Reiterei am meisten genutzte ist dabei der Kontaktreiz. Ob es nun der Reiterschenkel, die Gerten- oder Peitscheneinwirkung am Pferdekörper, der Zügelkontakt oder auch die Berührung mit der Menschenhand ist, alles, was dazu dient, über einen direkten Körperkontakt beim Pferd eine Reaktion auszulösen, zählt zu dieser Reizgruppe. Die zweite Reizart ist die der optischen Reize. Alle Reaktionen des Pferdes, die über optische Einwirkungen erzielt werden, zählen hierzu. Jegliche Art von Körpersprache wäre da zu nennen, aber auch die Einwirkung mittels bestimmter Gegenstände, die dazu dient, dem Pferd zeichenhafte Mitteilungen zu machen. In manchen Fällen kann ein Kontaktreiz soweit verfeinert werden, dass der Mensch letztendlich nur noch auf eine bestimmte Körperstelle des Pferdes deuten muss und dieses zeigt die gewünschte Reaktion.

Die nächsten beiden Reizarten sind zum einen der akustische Reiz, zum anderen der Futterreiz. Mit beiden kann man gewisse Erfolge erzielen, spielen aber in der Pferdeausbildung eine weniger wichtige Rolle, als die beiden ersten. Weiter oben haben wir bereits gehört, dass ein Pferd gesprochene Worte nicht versteht, also fällt die Möglichkeit der verbalen Erklärung oder Aufforderung weg. Manche Menschen dementieren das und wollen mir erzählen, dass sie sehr wohl ihr Pferd z. B. nur mit Worten longieren können. Fordere ich sie dann auf, sich außerhalb des Longierzirkels zu stellen, um von dort die Kommandos zu geben, funktioniert das nicht. Oder der Mensch stellt sich innerhalb des Longierzirkels auf, gibt aber die Kommandos alle im gleichen monotonen Tonfall ohne sichtbare körpersprachliche Beteiligung, funktioniert das auch nicht. Tatsächlich ist es der Ton, der unserem Körper einen gewissen Ausdruck gibt und somit die Information für das Pferd darstellt. Möchte beispielsweise jemand sein Pferd vom Galopp in den Trab durchparieren, benutzt man gewöhnlich dazu das Wort Trab, aber mit einem langgezogenen **e** hinter dem **T**. So entsteht das Kommando Teeerab. Dies wird aus dem Bauchraum heraus gesprochen und bewirkt eine deutliche körperliche Entspannung beim Kommandogebenden. Das sensible Pferd reagiert direkt darauf und pariert durch. Möchte hingegen jemand sein Pferd vom Schritt zum Antraben auffordern, benutzt er das gleiche Kommando nur mit einer anderen Betonung. Er spricht das Terab aus der Brust heraus in einer kurzen auffordernden Weise. Dabei nimmt er eine angespannte und aufgerichtete Körperhaltung ein, die das Pferd dazu veranlasst, schneller zu gehen. Darüber hinaus benutzen wir oft unbewusst, eine bestimmte Körperposition zum Pferd hin, verbunden mit einem Einwirken auf bestimmte Körperteile. Der Mensch denkt, er habe verbal mit dem Pferd kommuniziert, tatsächlich war die Kommunikation aber körpersprachlicher Natur.

Natürlich können Pferde auch lernen, gewisse Kommandos nur auf Zuruf zu verstehen und umzusetzen. Dies ist dann aber durch ein langwieriges Training über taktile Reize in Verbindung mit Wortkommandos dem Pferd beigebracht worden und von der Kapazität sehr begrenzt. Bei Holzrückepferden ist das ein wichtiges und sinnvolles Training, beschränkt sich aber auf vielleicht sechs verschiedene Kommandos.

Wenn es auch nicht möglich ist, einem Pferd über akustische Reize etwas beizubringen, so ist es doch möglich, ihm damit etwas abzugewöhnen. Nehmen wir einmal an, ein Pferd hat die dumme Angewohnheit, am Anbindeplatz ständig mit den Hufen zu scharren. Das ist nicht nur nervig, sondern kann sich auch schädigend auf Huf und Gelenke auswirken und sollte dem Pferd abgewöhnt werden. Würde ich das versuchen, indem ich jedes Mal zum Pferd hineile und dieses ermahne, hätte es eigentlich sein Ziel erreicht, es bekommt Aufmerksamkeit. So wird es nie lernen, dieses unerwünschte Tun zu lassen. Hier wäre es wesentlich effektiver, eine Sanktion aus der Entfernung anbringen zu können, die das Pferd dazu veranlasst, das Scharren einzustellen. Ich mache das manchmal so: Ich gehe in den Stall, vor dem das Pferd angebunden ist. Immer, wenn es nun zu scharren beginnt, schlage ich fest mit einer Gerte an die Holzwand. Durch das damit entstehende knallende Geräusch erschrickt das Pferd und unterbricht seine unerwünschte Handlung. Solange es still hält, bleibe ich passiv, sobald es erneut zu scharren beginnt, ertönt sofort der unangenehme Knall. So ist die Chance groß, dass das Pferd über diese Verknüpfung lernt: Scharren hat unangenehme Folgen, darum lasse ich es. Ähnlich konditioniert mich mein Auto. Immer, wenn ich aussteigen möchte, der Lichtschalter aber noch eingeschaltet an ist, ertönt ein unangenehmer Brummton. Da ich diesen nicht mag, schaue ich immer zuerst auf den Lichtschalter, bevor ich aussteige.

Kommen wir zum Futterreiz als Auslöser für bestimmte Lernvorgänge. Benutzen wir Futter, um das Pferd zu gewissen Verhaltensweisen zu veranlassen, ist das immer ein Arrangement, bei dem das Pferd die Konditionen vorgibt. Nehmen wir einmal an, jemand möchte mit seinem Vierbeiner Verladetraining machen und benutzt dazu als Lockmittel seinen Hafereimer. Hat er ein Pferd, welches sehr verfressen ist, kann das gelingen. Allerdings bestimmt das Pferd, ob es mitmacht oder nicht. Lässt dieses sich nun während des Trainings in den Hänger locken, heißt das allerdings noch lange nicht, dass es das auch tut, wenn tatsächlich ein Transport ansteht. Dann sind meist die Umstände anders: am Hänger befindet sich ein Zugfahrzeug, eine gewisse Nervosität liegt in der Luft und dem Pferd verschlägt es den Appetit. Es spricht nicht auf den Hafereimer an und ist somit auch nicht dazu

> Natürlich können Pferde auch lernen, gewisse Kommandos nur auf Zuruf zu verstehen und umzusetzen.

zu bewegen, in den Anhänger zu steigen. Verlässt sich der Mensch hier ausschließlich auf den Futterreiz als Auslöser, so ist er leicht verlassen. Hat er keine anderen Argumente, sein Pferd zum Einsteigen zu bewegen, muss er zu Hause bleiben.

20.5 Der Weg zur feinen Kommunikation

Ich glaube, jeder von uns wünscht sich ein Pferd, das auf feinste Signale leicht und spielerisch reagiert. Nur, solch ein Verhalten bekommen wir in den wenigsten Fällen geschenkt, wir müssen es uns mit Hilfe eines guten Systems erarbeiten. Der Leitspruch hierzu heißt: *So wenig wie möglich, aber auch so viel wie nötig.* Das heißt, wann immer ich mittels Reizanwendung eine bestimmte Reaktion bei meinem Pferd auslösen möchte, werde ich diesen zunächst so fein wie möglich gestalten. Reagiert das Pferd nicht, werde ich den Reiz immer mehr verstärken, bis die gewünschte Reaktion kommt. Ist sie da, muss der Reiz sofort beendet werden. Jetzt bekommt das Pferd eine Pause. Diese ist sehr wichtig, gibt sie doch dem Pferd ein sofortiges Lob als sogenannte Komfortzeit, aber auch die Möglichkeit, das soeben gemachte Erlebnis zu verarbeiten und zu speichern. Nach einer kleinen Pause, in der man häufig beobachten kann, dass das Pferd plötzlich anfängt zu kauen oder sich das Maul zu lecken, beginne ich den Vorgang nach dem gleichen Prinzip von neuem. Dieses Kauen und Lecken in Zusammenhang mit ausbilderischen Vorgängen ist ein sichtbarer Ausdruck dafür, dass ein Pferd gerade gemachte Erfahrungen verarbeitet und akzeptiert.

Und jedes Mal, wenn ich von neuem mit meiner Übung beginne, tue ich das mit so wenig Einwirkung wie möglich und steigere das Ganze soweit wie nötig, bis das Pferd auf meine Frage antwortet. So bekommt dieses jedes Mal die Chance, auf eine ganz feine Anfrage zu reagieren, tut es das nicht, kommt mehr. Es macht die Erfahrung: Reagiere ich nicht auf wenig, kommt mehr, also reagiere ich doch lieber gleich. Es ist faszinierend zu beobachten, wie schnell Pferde nach diesem Prinzip Dinge verstehen und nach kurzer Zeit auf eine ganz feine Einwirkung umsetzen.

Nehmen wir an, ich möchte meinem Pferd vom Boden aus mit Hilfe einer Gerte die Vorderhandwendung erklären. Eine Vorderhandwendung ist eine Wendung auf der oder um die Vorderhand. Dabei bewegt sich die Hinterhand seitlich um die Vorderhand. Dazu stelle ich mich seitlich an den Kopf des Pferdes und fixiere diesen mit einer Hand. Die andere führt die Gerte. Ich beginne zunächst durch ganz sanftes Touchieren in der Flanke das Pferd zu bitten, seine Hinterhand seitlich wegzunehmen. Reagiert es nicht, wird mein Touchieren etwas deutlicher. Stellt sich auch jetzt kein Erfolg ein, werde ich meine Einwirkung langsam weiter steigern und das so weit, bis mein Vierbeiner in gewünschter Weise reagiert. In Einzelfällen kann das bedeuten, dass ich die Gerte auch schon mal sehr nachdrücklich einsetzen muss, um zu dem angestrebten Ergebnis zu kommen. Augenblicklich muss die Einwirkung aufhören und das Pferd erhält die bereits erwähnte Pause.

Sollte es bei einem einzelnen Pferd tatsächlich einmal nötig sein, die Gerte sehr stark einzusetzen, so ist dies doch eine Sache von kurzer Dauer. Das ist die Konsequenz von »so viel wie nötig«. Ohne ein entsprechendes Ergebnis wird mein Pferd nicht lernen, was ich von ihm möchte. Wenn ich nicht konsequent die erwünschte Antwort einfordere, tritt leider das Gegenteil ein, das Pferd lernt, wenn es nur lange genug die Antwort verweigert, muss es nicht antworten. Ein Pferd lernt immer, ent-

> Wenn deine Aktion keine Reaktion hervorbringt, war deine Lektion nicht nur nutzlos, sondern sogar schädlich.

weder das Richtige oder das Falsche, verantwortlich dafür ist der Mensch. Ein Merksatz hierzu lautet: Wenn deine Aktion keine Reaktion hervorbringt, war deine Lektion nicht nur nutzlos, sondern sogar schädlich.

20.6 Es sind die Pausen zwischen den Noten, die die Musik machen

Die Wichtigkeit der Pause ist vielen Ausbildern nicht oder nicht genügend bewusst. Gebe ich dem Pferd nicht diese Pause, hat es keine Chance, die gemachten Erfahrungen in ausreichendem Maße zu verarbeiten. Es lernt schlecht oder gar nicht. Überfalle ich vielleicht sogar ein Pferd mit zu vielen und ständig neuen Reizen, ohne die entsprechende Pause zu geben, bekommt dieses Stress. Unter Stress lernen Pferde nicht, weil sie sich mental auf der Flucht befinden. Zum Lernen braucht es eine gute, ruhige Atmosphäre und Zeit, nur dann ist dieses nachhaltig. Ist die Pause am Anfang sehr wichtig, wird sie mit zunehmendem Verstehen des Pferdes jedoch immer mehr entbehrlich. Zum Schluss ist sie nicht mehr nötig, da sich das angestrebte Verhalten automatisiert hat, es ist zu einem festen Verhaltensmuster geworden.

20.7 Die Kunst der kleinen Schritte

Antoine de Saint-Exupéry bittet in seinem Buch vom kleinen Prinzen: *Herr, lehre mich die Kunst der kleinen Schritte.* Dieser Bitte kann ich mich immer nur anschließen. Es ist tatsächlich eine Kunst, diesen Weg der kleinen Schritte zu leben. Wollen wir zu viel auf einmal, erhalten wir oft genug nichts. Gerade das sofortige Wegnehmen des Reizes bei erfolgter Reaktion, oder vielleicht auch nur beim ersten zögerlichen Ansatz dieser, ist ein wichtiges erstes positives Feedback an das Pferd. *Die Kunst besteht darin, im richtigen Moment mit dem Reiz aufzuhören, um das Aufhören des Reizes zur Belohnung für die richtige Reaktion werden zu lassen und somit zu einer Motivation zum Lernen*. Bleibe ich hingegen zu lange mit meinem Reiz am Pferd, obwohl dieses schon längst reagiert hat, geht das meist auf Kosten des Verstehens. Der Lernerfolg ist in Frage gestellt. Stellen wir immer wieder dieselbe Frage, obwohl unser Gegenüber schon längst geantwortet hat, wird es bald nicht mehr hinhören oder ärgerlich protestieren. Ständiges Einwirken stumpft ab oder bringt Abwehrmechanismen in Gang. Hier ist es wie überall: Das richtige Timing entscheidet über den Erfolg. Timing heißt, im richtigen Moment das Richtige zu tun.

Stellen wir uns vor, jemand möchte seinem jungen Pferd beibringen, auf den Impuls seiner Schenkel anzutreten. Das Pferd reagiert auch willig auf dieses Signal. Jetzt wäre es wichtig, auf diese richtige Reaktion den Reiz sofort wegzunehmen, um somit dem Pferd eine Bestätigung für sein richtiges Verhalten zu geben. Wirkt der Reiter hingegen auch jetzt noch durch ein ständig aktiv treibendes Bein auf sein Pferd ein, nimmt er diesem die Chance zu erkennen, das seine Reaktion eigentlich richtig war. Dabei hat der Reiter nicht nur verpasst, seinem Pferd eine wichtige Lernerfahrung zu vermitteln, sondern erreicht durch das ständige Einwirken auch noch eine Abstumpfung. Bei sehr sensiblen Pferden könnte es aber auch zu Überreaktionen, Unwilligkeiten oder sogar offenem Widerstand kommen.

Zur besseren Verdeutlichung dieser Logik mache ich in meinen Seminaren gerne folgende Demonstration: Ich bitte einen Teilnehmer um Mitarbeit und frage diesen, ob ich meine Hände auf seine Schulter legen darf. Erklärt er sich dazu bereits, lege ich diese sanft dorthin und beginne damit sie langsam zu schließen. Dabei bringe ich einen zunächst leichten Druck auf dessen Nackenmuskulatur, den ich nach und nach verstärke. Mitunter muss ich dabei auch schon mal richtig zupacken und diesem fest in die Muskeln kneifen, um endlich eine Reaktion auf meine Einwirkung zu bekommen, dem Nachgeben nach unten. Sofort nehme ich den Druck weg, lächle meinen Mitarbeiter an, gebe diesem eine kleine Denkpause und streichele währenddessen die zuvor tangierte Stelle. Danach beginne ich den Vorgang von neuem, zunächst ganz sanft, dann langsam steigernd bis hin zum Kneifen. Manchmal braucht es auch bei der zweiten Anfrage noch eine Menge Druck um meinen Mitarbeiter zur erwünschten Reaktion zu veranlassen. Beim dritten Versuch kommt dieser langsam hinter meine Absicht und reagiert schon, bevor das Kneifen einsetzt. Beim nächsten Mal braucht es nur noch einen leichten Druck und letztlich lege ich nur noch meine Hand sanft auf dessen Schultern und prompt kommt die richtige Reaktion. Das ist die Logik der Sensibilisierung – demonstriert am Menschen. Habe ich zuvor zu diesem Thema ausführlich referiert, braucht es doch manchmal recht lang, bis der Mensch tatsächlich kapiert, dass es hier um das Gleiche geht wie bei der Ausbildung eines Pferdes. Hat er dieses Exempel am eigenen Körper gespürt, kann er viel besser nachvollziehen, was ich meine. Manchmal gibt es aber auch Mitarbeiter, die einfach nicht auf die Lösung meiner Anfrage kommen und stattdessen verärgert oder aggressiv reagieren. Das kommt sowohl bei den Zwei- als auch bei den Vierbeinern vor. Dann muss ich überlegen, wie ich meine Frage anders stellen kann, damit sie auch von diesen verstanden wird. In der Folge mache ich einen weiteren Versuch. Ich bringe meine Einwirkung an, und wenn mein Mitarbeiter reagiert, nehme ich diese nicht weg, sondern drücke weiter. Dieser gibt noch mehr nach, aber auch jetzt nehme ich meinen Druck nicht weg. Meinem Mitarbeiter bleibt letztlich nichts weiter übrig, als sich in seiner Muskulatur festzumachen und seine Reaktion einzufrieren, um sich vor meiner Einwirkung zu schützen. Durch mein falsches Verhalten und das fehlende Timing habe ich ihm keine Chance gegeben, zu verstehen, was ich eigentlich wollte. So erreiche ich eine unbewusste Desensibilisierung und damit ein Abstumpfen der Reaktionen.

20.8 Der Balanceakt zwischen Sensibilisierung und Desensibilisierung

Ständiges unreflektiertes und grobes Einwirken bringt kein fein auf die Reiterhilfen reagierendes Pferd hervor. Im Gegenteil, die Kommunikation wird zäh, mühsam, kraftaufwendig oder funktioniert überhaupt nicht. Ein schlecht reagierendes Pferd zu reiten, ist eine Quälerei, an der weder der Mensch noch das Pferd Freude haben kann. Ein sensibel auf die Hilfen reagierendes Pferd, das zudem noch gut erzogen ist, ist ein Genuss. Das zu erreichen, sollte man anstreben. Nun gibt es aber Pferde, die in manchen Bereichen übersensibel auf äußere Einwirkungen reagieren und dadurch unangenehm oder auch gefährlich im Umgang werden. Abhilfe kann hier ein gezieltes Desensibilisierungstraining schaffen. Entscheidend, ob ein Pferd für eine Sache sensibilisiert oder desensibilisiert wird, ist der Augenblick des Erfolges. Ein Pferd lernt bekanntlich immer das, womit es Erfolg hat. Hat es Erfolg damit, durch Bocken den unliebsamen Reiter loszuwerden, gibt ihm der Erfolg Recht und es wird weiterbocken. Lernt es, durch kicken mit den Hinterbeinen das Bein nicht geben zu müssen, wird es weiter kicken. Lernt es, sich durch hochreißen des Kopfes einer Berührung im Nacken und somit möglicherweise dem Aufhaltern zu entziehen, wird es weiter den Kopf hochreißen. Das könnte man beliebig so weiterführen. Die logische Folgerung, um das zu unterbinden,

Ein Pferd lernt immer das, womit es Erfolg hat.

Lässt sich ein Pferd nicht mit der Gerte an seinem Körper berühren, ist eine Kommunikation mit ihr unmöglich. Hier heißt es zunächst, das Tier durch ein gezieltes Desensibilisierungsprogramm an die Berührung zu gewöhnen.

wäre, dem Pferd mit solchen unliebsamen Verhaltensweisen keinen Erfolg zu gestatten, sehr wohl aber da, wo es diese Berührungen oder Einwirkungen akzeptiert und mit sich geschehen lässt. Das heißt, hier macht es Sinn, bewusst eine Abstumpfung herbeizuführen. In Kapitel 20.5 (Der Weg zur feinen Kommunikation) hatte ich das Prinzip der Sensibilisierung in Verbindung mit dem Erarbeiten der Vorhandwendung mittels Gerteneinsatz beschrieben. In meiner Praxis erlebe ich immer wieder Pferde, die auf eine Touchieranfrage mit der Gerte nicht oder nur sehr schlecht reagieren. Ich erlebe aber auch solche, die durch die bloße Berührung mit der Gerte oder auch nur durch den Anblick dieser in Panik verfallen. Unter diesen Umständen ist es unmöglich, die Gerte als Kommunikationshilfe einzusetzen. Hier muss zunächst durch eine gezielte Desensibilisierung dafür gesorgt werden, dass das betreffende Pferd lernt, die Gerte an seinem Körper zu akzeptieren. Lernt es nicht, diese zu akzeptieren, können wir mit ihr nicht kommunizieren, somit bleibt uns eine wichtige Möglichkeit der Verständigung vorenthalten. Die Reaktionsweisen der einzelnen Pferde sind dabei schon mal recht unterschiedlich. Ein Pferd versucht sich der Berührung mit der Gerte durch Flucht zu entziehen. Ein anderes, indem es mit dem Körper gegen diese drückt und somit dagegengeht. Und dann gibt es noch die, die aktiven Widerstand leisten, indem sie versuchen danach zu treten oder vielleicht sogar danach zu schnappen. Egal, ob ein Pferd vor der Gerte wegrennt oder ob es dagegen angeht, alle diese Verhaltensweisen lassen die Gerte als Kommunikationshilfe nicht zu.
Will ich ein Pferd also daran gewöhnen, die Gerte an seinem Körper zu akzeptieren, gehe ich folgendermaßen vor: Ich zäume es mit einem Knotenhalfter und befestige daran ein dickes, langes Arbeitsseil, so kann ich es im Konfliktfall besser kontrollieren. Ich positioniere mich in Höhe des Pferdekopfes und fixiere diesen mit einer Hand, die andere führt die Gerte. Kann ich den Kopf kontrollieren, kann ich in der Regel auch das ganze Pferd kontrollieren. Ich lege die Gerte an den Körper des Pferdes, um zu sehen, wie dieses sich verhält. Versucht es, sich durch Weglaufen der Gertenberührung zu entziehen, wäre es grundfalsch, diese wegzunehmen. Dadurch würde es lernen, dass Flucht eine Lösung ist, das unliebsame Ding loszuwerden. Richtig ist es, die Gerte am Körper des Pferdes zu belassen, auch dann, wenn dieses versucht davor wegzulaufen. Dabei gehe ich einfach

Manche Pferde lassen sich nicht gerne an den Ohren anfassen. Nicht selten reißen sie den Kopf dann heftig in die Höhe oder schlagen mit diesem, um sich einer Berührung zu entziehen.

Hier werde ich zunächst versuchen, eine Berührungsakzeptanz im Nacken zu erreichen. Je mehr mir das gelingt, umso mehr wage ich mich dann tatsächlich auch an das Ohr.

Und immer wenn das Pferd auf die Berührung an der unliebsamen Stelle mit Stillhalten reagiert, nehme ich den Reiz weg und lobe es an einer anderen Stelle.

mit dem Pferd mit, egal wie es sich dreht und wendet. Meist dauert es nicht lange, bis es realisiert, dass Flucht nicht den gewünschten Erfolg bringt, und innehält. Sofort nehme ich die Gerte von seinem Körper weg und lobe es ausgiebig. Nach einer kleine Pause beginne ich das Spiel von neuem. Es kann sein, dass ich diesen Vorgang einige Male wiederholen muss. Akzeptiert es schließlich die bloße Berührung, beginne ich mit der Gerte das Pferd am ganzen Körper abzustreichen und zu schubbern. Ich betreibe quasi ein »Fellchenkraulen«, also einen Sozialkontakt, und vermittle ihm somit, dass die Gerte ein ganz angenehmes »Gerät« ist. Dadurch erhält das Pferd seinen Erfolg da, wo es die Gerte an seinem Körper akzeptiert, und nicht da, wo es davonläuft. In genau der gleichen Weise gehe ich vor, wenn ein Pferd nicht vor der Gerte wegläuft, sondern wenn es gegen sie angeht. Sei es durch Gegendrücken mit dem Körper oder durch aktive Gegenwehr, z. B. durch kicken. Solange ich vorne am Kopf stehe, bin ich dabei immer in einer sicheren Position.

20.9 Leichter lernen durch Lernverstärkungen

Haben wir weiter oben gelesen, dass Pferde immer das lernen, womit sie Erfolg haben, so können wir durch den gezielten Einsatz von Lernverstärkungen das Lernen noch effektiver gestalten. Die Lernverstärkungen teilen wir in zwei Gruppen, die positiven Lernverstärkungen und die negativen Lernverstärkungen. Bei der ersten Gruppe geht es darum, durch die gezielte Vergabe von positiven Zuwendungen erwünschten Verhaltensweisen beim Pferd zu fördern. Das Pferd erhält quasi eine Erfolgsprämie. Dadurch soll es zu einer noch freudigeren Mitarbeit motiviert und Lernen noch schneller und engagierter gestaltet werden. *Den Nutzen haben hierbei beide Seiten, das Pferd hat mehr Erfolg, der Mensch mehr Leistung*. Das ist im Grunde genommen wie in einem gut funktionierenden Betrieb, in dem der Mitarbeiter am guten Betriebsergebnis beteiligt wird. Bei der zweiten Gruppe handelt es sich um die negativen Lernverstärkungen. Das sind Maßnahmen, die ein Pferd davon abhalten sollen, etwas Unerwünschtes zu tun. Den weitaus höheren Stellenwert haben allerdings die positiven Lernverstärkungen. Reagiert ein Pferd in erwünschter Weise auf meine Anfrage, so muss das erste positive Feedback die sofortige Wegnahme des Reizes sein, das haben wir bereits weiter oben besprochen. Auch über die Pause als Komfortzeit im Sinne von: »Mach mal Pause, hast einen guten Job gemacht« und natürlich auch als eine Zeit, gemachte Erfahrungen zu verarbeiten und zu speichern.

20.10 Auf den richtigen Ton kommt es an (wie bei Dackel Waldi)

Eine weitere Art der positiven Lernverstärkung ist das verbale Lob. Wobei auch hier gilt, was wir bereits in Kapitel 20.4 (Vier Auslöser) besprochen haben. Das Pferd versteht nicht das gesprochene Wort als solches, sondern der Ton entscheidet, ob eine Bewertung positiv oder negativ ankommt. Will ich also ein Pferd mit meiner Stimme loben, werde ich dazu ein langgezogenes, aus dem Bauchraum kommendes und weich betontes Wort benutzen. Dazu eignet sich etwa ein Braaav, Priiima, Feieiein oder Guuut. Ich könnte dieselben Worte auch anders betonen und sie würden nicht als Lob, sondern als Ermahnung oder Tadel ankommen. Ein kurzes, hartes, gepresstes und aus dem Brustraum gesprochenes Brav, Prima oder Fein ist eher Furcht einflößend als belohnend und zählt somit zu den negativen Lernverstärkungen. Wie ich bereits sagte: Das Pferd ist nicht in der Lage, den Sinn eines Wortes zu verstehen, sondern es zieht seine Informationen daraus, wie das Wort betont wird.

In anderer Weise beobachte ich immer wieder Menschen, die ihr ungezogenes Pferd mit sanft säuselnden Worten zu ermahnen versuchen. Auch das funktioniert nicht, dem Pferd wird etwas Falsches vermittelt. Der wohlige Tonfall wird vom Pferd wie eine Belohnung verstanden und es in keinem Fall dazu ermahnen, Unerwünschtes zu lassen, viel eher, sein Verhalten wie gehabt fortzusetzen. Das ist wie bei Dackel Waldi. Waldi ist ein notorischer Kläffer. Damit strapaziert er die Nerven der Nachbarn ganz erheblich. Deshalb muss sein Frauchen sich zunehmend Klagen aus der Nachbarschaft anhören. Um Waldi zu besänftigen und dieses lästige Gehabe abzustellen, versucht sie nun mit sanften und beschwörenden Worten ermahnend auf ihn einzureden. Dabei sieht sie ihn mit einem liebevoll sorgenden Blick an und streichelt ihm zärtlich über das Fell. So wird Waldi sein Gebell nie lassen. In ähnlicher Weise wie Waldis Frauchen reagieren manche Menschen

Einfach mal Pause machen. Miteinander »abhängen« nach einer anstrengenden und guten Arbeit kann eine Motivation dafür sein, sich auch zukünftig wieder Mühe zu geben.

allerdings auch in Konfliktsituationen mit ihren Pferden. Erschrickt ein Pferd vor etwas und ist im Begriff zu fliehen, hat es vor irgendeiner Situation Angst und verweigert sich, baut sich auf oder tänzelt auf der Stelle, weil etwas in der näheren Umgebung seine Aufmerksamkeit stark erregt, wäre es die falsche Vorgehensweise, dieses durch sanftes Zureden und Tätscheln am Hals beruhigen zu wollen. Das ist menschliche Logik, die beim Pferd in der Regel so nicht funktioniert. Auf ein ängstliches Kind kann ich sanft beruhigend einreden, denn es versteht meine Worte. Aber auch hier kann es sein, dass diese Worte nicht mehr durchkommen, weil das Kind in einen hysterischen Zustand geraten ist und nicht mehr hinhört. Dann kann es zunächst einmal nötig sein, dieses kräftig an der Schulter zu schütteln oder mit energischer Stimme aus seiner Hysterie herauszuholen, damit es für vernünftige Argumente wieder zugänglich wird.

Hier gilt das Gleiche wie oben: Das Pferd versteht nicht die Worte, sondern nur deren Klang und der wirkt bestätigend, ja sogar lobend und vermittelt somit die falsche Information. Hier wären klare und ermahnende Worte angebracht, wenn nötig sogar in Verbindung mit deutlichen körperlichen Einwirkungen, um das Pferd zu nötigen, aus seinem Zustand herauszukommen und dem Menschen seine Aufmerksamkeit zu geben. Und genau das wäre der Augenblick für ein freudiges Lob in bereits beschriebener Weise.

20.11 Schlagender Unsinn

Die Reiterei in unseren Breiten hat viele traditionelle Prägungen. Es werden traditionell Dinge praktiziert, die einem bei genauerem Hinschauen mitunter sehr unsinnig erscheinen können. Aber weil alle die gleichen unsinnigen Dinge tun, wird Unsinn zur Norm. So ist es normal, dass man Pferde für gute Leistungen am Hals klopft. Je besser die Leistung ist, umso mehr schlägt der Mensch zu. Fragt man Leute, warum sie das tun, erhält man meist folgende Antworten: Weil man das schon immer so getan hat; weil ich das so gelernt habe oder weil man das eben so tut. Eine vernünftige Erklärung hierfür konnte mir bisher niemand geben. Ich stelle mir vor, dass es eine Überlieferung aus dem militärischen Leben vergangener Zeiten ist. Diese Szene war damals ausschließlich Männern vorbehalten und unter Männern klopft man sich halt auf die Schulter als Anerkennung für besondere Leistungen. Da das für Männer eine nachvollziehbare Art des Lobes war, lag es nahe, dass sie diese auch bei Pferden praktizierten. Dieses Verhalten wurde dann als Norm auch für spätere Zeiten übernommen, ohne deren tieferen Sinn zu hinterfragen.

Schauen wir einmal weg von menschlichen Normen und betrachten diese Praktiken unter natürlichen Gesichtspunkten, wird uns deren Unsinnigkeit schnell bewusst. Wann immer Pferde in der Natur dumpfe Schläge auf den Körper empfangen, kommen diese von den Hinterbeinen eines Artgenossen. Dieser möchte damit keineswegs sein Wohlwollen oder seine Zufriedenheit ausdrücken. Es ist vielmehr eine Angriffshandlung oder ein aggressiver Übergriff. Wie können wir Menschen davon ausgehen, dass das Pferd die gleiche von uns ausgeführte Vorgehensweise als Lob empfindet? – Dumme Normen. Wann immer wir direkte körperliche Zuwendung als Lob für unsere Pferde anwenden wollen, sollten wir schauen, wie Pferde sich guttun. Sie tun dies, indem sie sich gegenseitig das Fell schubbern und einen ausgiebigen Körperkontakt miteinander pflegen. Davon sollten wir lernen. Also ist ein Streicheln, ein Schubbern mit den Fingernägeln oder Kraulen die viel sinnvollere Art, einem Pferd mitzuteilen, dass es einen guten Job gemacht hat. Diese körperliche Zuwendung ist eine weitere Art der positiven Lernverstärkung.

20.12 Leckerli, die stärkste Form der positiven Lernverstärkungen

Kommen wir zur stärksten Art der Lernmotivation, die der Leckerligabe. Die Sache mit den Leckerli wird teilweise sehr kontrovers diskutiert. Für die einen ist es ein absolutes Muss bei der Ausbildung von Pferden, für die anderen eine undenkbare Vorgehensweise. Die einen stopfen ihre Pferde ohne Sinn und Ziel damit voll, andere hingegen versuchen panisch eine Futtergabe aus der Hand zu vermeiden, wurde ihnen doch gelehrt, dass sie dadurch einen absoluten Respektverlust von Seiten ihres Pferdes erhalten. Ich habe tolle Leistungen mit Pferden gesehen, die ohne irgendeine Gabe von Leckerli erarbeitet wurden und ich habe eben solche gesehen, bei denen viel mit Futter belohnt wurde. Ich halte es mit der Mitte.

Für die normale Erziehungsarbeit, benutze ich keines, wohl aber als besondere Motivationshilfe bei extrem kniffligen oder herausfordernden Lektionen, wie sie z. B. im zirzensischen Bereich vorkommen. Das ist wie in der Kindererziehung. Ich kann mein Kind nicht mit Schokolade erziehen, sie aber sehr wohl als Belohnung für besondere Leistungen in Aussicht stellen.

Der Einsatz von Leckerli kann eine sehr starke Lernmotivation sein, braucht aber klare Strukturen und eine konsequente Vorgehensweise. Die unreflektierte Gabe dieser kann hingegen mehr Schaden als Nutzen bringen. Leckerli sollten nur in direkter Verbindung mit besonderen Leistungen gegeben werden. Je selbstverständlicher eine Leistung wird, umso mehr sollte die Leckerligabe wieder reduziert werden. Lassen Sie sich niemals von einem Pferd ein Leckerli abnötigen, es hat zu warten, bis es dieses gereicht bekommt. Halten Sie Ihr Pferd bei der Verabreichung von Leckerlis auf Distanz. Lassen Sie nicht zu, dass es in Ihren Taschen nach Futter sucht. Füttern Sie nur mit dem ausgestreckten Arm vor dem Pferd. Ist ein Pferd nur noch futterorientiert, lassen Sie dieses am besten ganz weg und arbeiten mit anderen Lobarten. Es gibt Pferde, die auf das Verabreichen von Leckerlis bissig oder sogar aggressiv reagieren, hier sollte ein absolutes Leckerli-Verbot gelten.

20.13 Durch negative Bewertung Positives bewirken

Wollen wir motivierte und freudig mitarbeitende Pferde haben, sind die positiven Lernverstärkungen der Schlüssel dafür. Und wie bereits betont, sollten sie den absoluten Vorrang in der Pferdeausbildung haben. Lernen über Verbote oder Drill zu gestalten, motiviert nicht und bringt keine guten Ergebnisse. Sollte allerdings ein Pferd Verhaltensweisen zeigen, die unangenehm, lästig oder auch gefährlich sind, kommen wir mit positiven Verstärkungen meist nicht weiter. Hier heißt es, klare Signale zu setzen, um diese Dinge einzudämmen oder auszumerzen. Dafür brauchen wir die negativen Lernverstärkungen. Ganz einfach könnte man das Thema mit den Lernverstärkungen auch so ausdrücken: Willst du, dass dein Pferd dies oder jenes für dich tut, mach es ihm angenehm. Willst du, dass dein Pferd dies oder jenes lässt, mach es ihm unangenehm. Wie wir einem Pferd etwas angenehm machen kön-

---

Der Einsatz von **Leckerli** kann eine sehr starke Lernmotivation sein, braucht aber **klare Strukturen** und eine **konsequente Vorgehensweise**.

nen, darüber haben wir uns oben unterhalten. In diesem Kapitel soll es nun darum gehen, wie wir einem Pferd etwas unangenehm machen können. Tun wir dies auch nicht gerne, kommen wir doch manchmal nicht daran vorbei. Denn wer zu lange freundlich ist und zu lange geduldig, steht in der Gefahr, dass er irgendwann nicht mehr ernst genommen wird. Ignoriert ein Pferd eine Anfrage, reagiert es nicht auf einen Reiz, ist die logische Folge daraus, diesen so weit zu verstärken, bis die angestrebte Reaktion kommt. Dabei kann es unter Umständen auch mal nötig sein, eine Einwirkung kurzzeitig wirklich unattraktiv stark zu gestalten. Ignoranz von Seiten eines Pferdes sollten wir nicht zulassen, denn sie kann sich im Extremfall bis hin zu einer Totalverweigerung auswachsen.

20.14 Erfolgslosigkeit als Vermeidungsstrategie

Die einfachste Form der negativen Lernverstärkung ist ganz einfach das Nicht-Belohnen, im Grunde genommen das Ignorieren, einer vom Pferd angebotenen Verhaltensweise. Dadurch erhält dieses keine Bestätigung und letztendlich auch keine Motivation für die Fortführung einer bestimmten Handlung. Nehmen wir einmal an, wir arbeiten in der Zirkusausbildung daran, einem Pferd ein Kompliment beizubringen. Diesem allerdings ist diese ganze »Verbeugerei« viel zu mühsam, deshalb legt es sich lieber gleich ganz hin. Würden wir dieses unaufgeforderte Ablegen nun dem Pferd durchgehen lassen oder es vielleicht sogar dafür belohnen, wäre das nicht nur inkonsequent, sondern würde vermutlich das Erlernen des Komplimentes stark in Frage stellen. Dem Pferd würden falsche Signale gesendet, es bekäme an der falschen Stelle seine Erfolge, es würde etwas falsches lernen. Hier wäre es sinnvoll, dieses augenblicklich aufzujagen, ihm mit dem ungefragten Hinlegen keinen Erfolg zu geben und es somit nicht zu motivieren, dieses wieder zu tun. Falsch wäre es allerdings, das Pferd an dieser Stelle zu bestrafen. Das würde die Lektion des Hinlegens möglicherweise für die Zukunft negativ belegen und blockieren. Ich bewerte also das Ergebnis gar nicht, weder positiv noch negativ, denn mittelfristig soll es diese Lektion ja auch lernen, nur gerade jetzt noch nicht. Wäre ich hier nicht konsequent, wäre das Erlernen der davor kommenden Lektionen gefährdet.

20.15 Ein mahnendes Wort zur richtigen Zeit kann Schlimmeres verhindern

Über die Bedeutung der Worte in Verbindung mit der Ausbildung eines Pferdes haben wir uns nun schon verschiedentlich unterhalten. Der Vollständigkeit halber möchte ich dieses Thema trotzdem noch einmal ansprechen, da die Stimme oder andere akustische Signale in entsprechend angewandter Weise auch zu den negative Lernverstärkung gehören. Wobei es keinen Sinn macht, in einem Konfliktfall ein Pferd mit langen Schimpftiraden zu überhäufen. Diese werden inhaltlich nicht von diesem verstanden und sind in Folge ihrer Länge auch nicht wirkungsvoll. Hier sind es kurze, scharf gesprochene Worte oder Laute, die dem Körper Ausdruck geben und die Wirkung ausmachen. Etwa ein warnendes He, Pass auf, Lass es, oder einfach nur ein A vielleicht in Verbindung mit einem erhobenen Zeigefinger. Zeigt diese Warnung Wirkung, entspanne ich mich augenblicklich in meiner Körperhaltung, was in der Regel von einem Pferd registriert und als ein positives Feedback gewertet wird. Wenn ich möchte, kann ich dazu auch noch ein bestätigendes Braaav oder Ähnliches verwenden. Zeigt die Warnung allerdings keine Wirkung, müssen dieser Taten folgen. Unterbleiben diese, ist meine Glaubwürdigkeit gefährdet, worunter mein Status als Leittier sehr leiden würde.

20.16 Tätliche Sanktionen

Die stärkste Form der negativen Lernverstärkungen sind tätliche Sanktionen durch aktive körperliche Einwirkungen. Solche Maßnahmen sind keineswegs attraktiv, manchmal aber leider unentbehrlich. Es gibt Situationen, die einfach nicht zu akzeptieren sind und die wir uns auch nicht leisten sollten. Mit einem Pferd in unklaren Verhältnissen zu leben, kann gefährlich sein. Ist ein Pferd respektlos und droht, den Menschen über den Haufen zu rennen, reißt es sich beim Führen los und geht einfach seiner Wege, schubst es den Menschen respektlos durch die Gegend, greift es jemanden an, ignoriert es Anweisungen und lässt sich auch durch andere Maßnahmen nicht zur Mitarbeit motivieren oder nehmen es äußere Umstände so in Anspruch, dass es den Menschen einfach nicht mehr wahrnimmt, kommen wir um solche Maßnahmen nicht herum.

Sputnik, ein junger, ziemlich großer Warmblutwallach kam zu mir, weil er sich einfach verselbstständigte, wenn ihm etwas nicht passte. Dabei machte er sich im Hals steif, nahm den Kopf etwas zur Seite und ging seines Weges. Sein Verhalten glich dabei dem eines Bergepanzers, er brach sich einfach seine Bahn. Hier war an ein Führen mit einem einfachen Stallhalfter nicht zu denken, der Bursche war einfach zu stark. Dabei war er keineswegs bösartig. Er befand sich in den Flegeljahren und wie Halbstarke eben sind, wollte er einfach austesten, wo seine Grenzen sind.

Sputnik musste zunächst lernen, auf deutliche Distanz hinter dem Menschen zu gehen und zu weichen, wenn er dazu aufgefordert wurde. Nette Worte reichten hier nicht, es brauchte einiges an tätlicher Überzeugungsarbeit, bis er diese Regeln akzeptierte. Eine andere Untugend von ihm war die Angewohnheit, beim Anziehen des Halfters langsam aber sichtlich provokativ den Kopf gegen die Hand des Menschen zu drücken. Tat man nichts dagegen, schob er einen einfach komplett zur Seite. Hier brauchte es einige kräftige »Watschen« bis er begriff, dass man sich so nicht benimmt. Wann immer wir gezwungen sind, körperliche Sanktionen an einem Pferd durchzuführen, ist es wichtig, dass diese sofort erfolgen. Nur durch eine direkte zeitliche Verknüpfung kann das Pferd die Verbindung zwischen seinem Fehlverhalten und der Sanktion richtig erkennen. Steht die Strafe in keinem direkten zeitlichen Zusammenhang mit der Tat, ist sie nicht nur wirkungslos, sondern erscheint dem Pferd als eine Willkürhandlung, die als Ergebnis einen Vertrauensverlust mit sich bringen kann. So wäre es zum Beispiel sinnlos, ein während eines Ausrittes stattgefundenes Fehlverhalten bei der Ankunft im heimischen Stall bestrafen zu wollen. Gleiches gilt übrigens auch bei Korrekturen und beim Loben.

Auch ist es keine angemessene Art des Bestrafens, ein Pferd blindwütig und sinnlos zu verprügeln. Eine bewährte Art des Sanktionierens ist es, ein Pferd sehr nachdrücklich rückwärts auf Distanz oder ihm in knackiger Weise die Hinterhand um die Vorderhand zu schicken. Gleiche Bewegungsmuster benutzen wir allerdings auch als Lektionen. Entscheidend, ob eine Einwirkung als Lektion oder Sanktion vom Pferd wahrgenommen wird, ist die Art der Durchführung. Eine Sanktion muss wie ein Donnerschlag erfolgen: sofort, kurz und heftig. Danach bieten wir dem Pferd eine kleine Denkpause an und gehen wieder freundlich zur Tagesordnung über. Bei einer Lektion arbeiten wir mit einem weichen Einstieg nach dem Motto »So wenig wie möglich« und steigern die Einwirkung langsam bis zum »So viel wie nötig«.

20.17 Net g'meckert isch g'nug g'lobt

Die Schwaben sind ein sehr ehrgeiziges, tugendsames und erfolgreiches Völkchen. Allerdings gilt es auch als das Volk der Minimalisten, das immer danach strebt, mit wenig viel zu erreichen. So haben sie auch ihre eigene Einstellung zum Loben, hier gilt: Net g'meckert isch g'nug g'lobt. Das meint: Nicht zu meckern ist genug des Lobes. Die höchste Anerkennung an eine Köchin für ein gelungenes Essen lautet: Ma kos ässe. Zu Deutsch: Man kann es essen. Diese Einstellungen können vielleicht von schwäbischen Arbeitnehmern oder Hausfrauen verstanden werden, ob sie dadurch zu besseren Leistungen motiviert werden, wage ich zu bezweifeln. Hier ist es wohl eher die deutsche Mentalität der Pflichterfüllung, die den wirtschaftlichen Erfolg dieser Region ausmacht.

Verfahren wir in der Pferdeausbildung nach diesem Motto, bringt das keine freudig und motiviert mitarbeitenden Pferde hervor. **Nicht-Bestrafen ist noch keine Belohnung**, lautet eine Aussage. Darüber sollten wir uns Gedanken machen. Immer wieder kommen mir Klagen zu Ohren, bei denen Mitarbeiter sich darüber beschweren, dass der Chef in ihrer Firma immer nur dann Stellung zu ihren Arbeitsleistungen nimmt, wenn mal etwas nicht so gut geklappt hat. Die gute Leistung hingegen wird nie erwähnt oder lobend anerkannt. Dabei würde ein Lob ihnen sehr guttun und sie für die Zukunft zu noch mehr Leistung und ein noch größeres Engagement in ihrem Betrieb anspornen. *Lob tut gut*. Eigentlich ist der Chef dumm, der das nicht tut. Und tut er es nicht aus Menschenfreundlichkeit, so macht es doch Sinn, es für ein besseres ökonomisches Ergebnis des Unternehmens zu tun. *Eine freundliche Anerkennung kostet kein Geld, bringt aber sehr viel bessere Ergebnisse.*

Vor einiger Zeit las ich ein Buch von Rob Parsons mit dem Titel: Erfolg auf ganzer Linie. Hier fand ich folgenden Bericht, der unser Thema in hervorragender Weise ergänzt und bestätigt: Im Jahr 1936 gab es nur zwei Menschen, die ein Gehalt von einer Millionen Dollar im Jahr bekamen: Walter Chrysler und Charles Schwab. Was brachte Andrew Carnegie dazu, Schwab dreitausend Dollar am Tag zu zahlen? Weil Schwab ein Genie war? Nein. Weil er mehr über die Stahlherstellung wusste als jeder andere? Nein. Charles Schwab erzählte mir, dass Leute für ihn arbeiteten, die sich besser damit auskannten als er. Laut Schwab bekam er dieses Gehalt vor allem wegen seiner Fähigkeit, mit Leuten umzugehen. Ich fragte ihn nach seinem Geheimnis. Er selbst hat es folgendermaßen ausgedrückt, in Worten, die man in Bronze gießen sollte und in jedem Haus, jeder Schule, in jedem Büro und in jedem Laden aufhängen sollte: »*Für eines meiner wichtigsten Güter halte ich meine Eigenschaft, andere zu begeistern, und das geht am besten, indem man ihre Leistungen anerkennt und sie zu mehr ermutigt.*«

Da haben wir es wieder. Die Einstellung »Der Bock muss, sonst bekommt er Haue« zeugt von keiner guten Einstellung. *Halten wir es mit Charles Schwab, haben wir nicht nur zufriedenere Pferde, sondern auch bessere Ergebnisse.*

20.18 Wer immer lobt, lobt nie

In diesem Zusammenhang sollten wir aber auch ein anderes Wort bedenken: Wer immer lobt, lobt nie. Ich habe einen lieben alten Bekannten, der immer für alle das Beste möchte. So ist es seine Art, alle Dinge, die man tut, mit glorreich lobenden Worten zu bewerten. Ich empfinde dabei, dass diese Worte nichts wert sind, denn es ist nicht immer alles gut, was ich tue. Ich mag mich gar nicht auf seine Aussagen einlassen. Nicht, dass mein Bekannter einem bewusst etwas vormachen möchte, das ist eben seine Art, aber ich empfinde seine Aussagen als nicht echt. Sie nützen mir nichts. Sie taugen nichts als realistische Bewertung für meine Leistungen.

Lob ist ein wichtiges Motivationselement, aber es muss angemessen sein.

K
Konsequenz

Nur, indem ich klar formuliere, was ich vom Pferd möchte oder nicht möchte und dies konsequent umsetze, werde ich zu klaren Ergebnissen kommen.

21. Säule K – Konsequenz – ein unkomfortables Wundermittel

Die Konsequenz hat viele Gesichter, aber immer hat sie was mit Klarheit und Berechenbarkeit zu tun. Sie gibt dem anderen eine klare Auskunft über mein Ziel und hilft ihm, dieses auch zu verstehen. Somit dient sie dem anderen. Das setzt voraus, dass ich selbst eine klare Vorstellung von dem habe, was ich möchte, dass ich klare Ziele vor Augen habe und auch den Willen, diese zu erreichen. Konsequenz zu leben heißt, für etwas zu stehen und auch Unbequemlichkeiten auf sich zu nehmen und unattraktive Entscheidungen treffen zu müssen, um dies zu erreichen. Konsequenz ist immer auch ergebnisorientiert. Eine konsequente Lebensführung entscheidet über meine Glaubwürdigkeit und mein Ansehen beim anderen.

Stelle ich an mein Pferd eine Anfrage, sollte ich darauf achten, dass diese auch in richtiger Weise beantwortet wird. Natürlich ist es meine Verpflichtung, die Anfrage so zu gestalten, dass sie auch vom Pferd verstanden werden kann. Ignoriert hingegen ein Pferd meine Anfrage, ohne dass ich etwas dagegen tue, wird es lernen, dass es mich nicht ernst zu nehmen braucht. Passiert dies immer wieder, werden meine Glaubwürdigkeit und mein Ansehen starken Schaden nehmen. Erarbeite ich mit meinem Pferd eine gewisse Verhaltensregel, achte aber nicht darauf, dass sie konsequent eingehalten wird, werde ich dieses verunsichern. Lasse ich Dinge heute so und morgen so zu, nehme ich meinem Pferd die Chance, klar zu erkennen, was von ihm gewünscht wird und was nicht.

Ein Pferd versteht auch keine Ausnahmen. Kläre ich meinetwegen mit meinem Vierbeiner, dass er sich beim Führen hinter mir einzuordnen hat, ist das eine Regel, die grundsätzlich gelten sollte. Werfe ich diese Regel morgen über Bord, weil ich gerade einen schlechten Tag, Kopfschmerzen und Ärger mit meinem Chef habe und mir gar nicht danach ist, jetzt auch noch mit meinem Pferd diskutieren zu müssen, ist das eine Situation, die zwar menschlich nachvollziehbar, für das Pferd aber nicht einsehbar ist. Das Pferd wird möglicherweise seine Lehren daraus ziehen und versuchen, auch übermorgen die Regel zu seinen Gunsten zu gestalten. Wer kann es ihm verdenken, zugelassen hat es der Mensch. In solch einem Fall sollte ich an diesem Tag am besten ganz die Finger vom Pferd lassen oder mein Unwohlsein überwinden zugunsten der aufgestellten Regeln.

Einem Kind oder auch einem Mitarbeiter in einer Firma kann ich mit Worten erklären, was von ihm erwartet wird und auch mögliche Konsequenzen aufzeigen, wenn es seinen Verpflichtungen nicht nachkommt. Werde ich im Falle der Nichteinhaltung seiner Aufgaben die angedrohten Konsequenzen nicht durchführen, wird mein Ansehen Schaden leiden. Passiert das wiederholt, wird der andere mich mit der Zeit nicht mehr ernst nehmen. Einem Kind oder auch Mitarbeiter kann ich aber auch mal Ausnahmen von der Regel erklären und es wird sie verstehen, weil wir über eine gemeinsame verbale Kommunikation verfügen. Diese steht mir beim Pferd nicht zur Verfügung.

21.1 Konsequent zu leben heißt, Verantwortung zu übernehmen

Konsequent zu leben heißt, Verantwortung zu übernehmen, gradlinig, entschlossen, unbeirrbar und mutig zu sein. Das ist oft mühsam, kann unbequem und hart sein und auch manchmal wehtun. Und in der Regel tut diese gelebte Konsequenz dem mehr weh, der sie anwenden muss, als dem, bei dem sie angewendet wird. Deshalb scheut sich auch manch einer davor, diese Sache ernsthaft anzupacken. Als Rechtfertigung werden dann oft Argumente wie »man möchte die Persönlichkeit des Pferdes nicht beeinträchtigen« und »man möchte das Vertrauen des Pferdes oder dessen Zuneigung und Liebe nicht verlieren«, herangezogen. Das Gegenteil ist der Fall. Nur auf den, der verlässlich, klar und berechenbar ist kann man sich verlassen, loslassen und einlassen, weil man weiß, woran man ist.

Eine konsequente Lebensweise hat nicht das Ziel, den anderen zu beeinträchtigen, sondern hilft ihm, Dinge zu verstehen und klar zu erkennen, somit kann sie für diesen Motivationshilfe und Hilfe zum Erfolg sein. Ja muss ja und nein muss nein sein, das schafft Verlässlichkeit und Klarheit. Gründe hingegen für inkonsequentes Verhalten können Unentschlossenheit und Gleichgültigkeit, aber auch Faulheit, Feigheit und Schwachheit Einzelner sein.

Neulich beobachtete ich eine Dame, die ihren jungen Warmblüter longierte. Dabei tat dieser gerade das, was er wollte. Er entschied, welche Gangart er gehen wollte, er legte fest, wann er die Richtung ändern wollte und zwischendurch wälzte er sich auch noch genüsslich. Und immer, wenn er eigenständig das Programm änderte, wurde prompt das Kommando dazu von seiner Besitzerin nachgereicht, indem sie so tat, als wäre es ihre Aufforderung gewesen. Auch das ist konsequent, aber konsequent falsch und führt auch nicht zu richtigen Ergebnissen. Diese Dame betrieb, entschuldigen Sie bitte die derbe Ausdrucksweise, im wahrsten Sinne des Wortes Selbstverarschung, sie betrog sich selbst. Ich glaube schon, dass ihr die Fehlerhaftigkeit ihres Verhaltens bewusst war und denke, dass sie aus Angst vor ihrem eigenen Pferd die Auseinandersetzung scheute. Dieses Verhalten spiegelt sich übrigens im gesamten Miteinander der beiden wieder – das Pferd hat sie voll im Griff.

21.2 Ausnahmen können klug sein

Allerdings muss an dieser Stelle auch gesagt werden, dass Konsequenz um jeden Preis auch nicht immer der richtige Weg ist, ja manchmal sogar töricht sein kann. Etwas um jeden Preis durchziehen zu wollen, dafür aber nicht die richtigen Voraussetzungen zu haben, kann gefährlich sein. So hat einmal jemand den Satz formuliert: Lieber fünf Minuten ein Feigling, als ein Leben lang tot sein. Mut an der falschen Stelle kann weh tun. In meiner langjährigen Arbeit mit Pferden ist es immer mal vorgekommen, dass Dinge nicht realisierbar waren, weil sie zu gefährlich wurden. Dann kann es durchaus sinnvoll sein, einen Vorgang abzubrechen, um zunächst einmal in aller Ruhe darüber nachzudenken, ob es einen besseren Weg gibt und wie dieser aussehen könnte. Auch das ist letztendlich konsequent. Hier verbissen einen unsinnigen oder unmöglichen Weg beschreiten zu wollen, hat nichts mit Konsequenz, sondern mit Sturheit oder Starrsinnigkeit zu tun und hilft niemandem. Konsequentes Handeln heißt auch, entschlossen neue Wege zu gehen, wenn sich alte als falsch erweisen.

22. Stellen Sie sich einmal darunter – drei ethische Grundsätze

Das Leben mit Pferden ist spannend, herausfordernd und lehrreich. Ich empfinde es als ein großes Geschenk und Vorrecht, Pferde zu haben und mit ihnen arbeiten zu dürfen. Hier sind Arroganz und Selbstüberschätzung fehl am Platz. Ein alter Pferdemann hat einmal gesagt: Lass dein Pferd dich in Demut lehren. Das heißt zunächst einmal, innehalten und diese Aussage auf sich wirken lassen.

Das Pferd als mein Lehrer? Jedes Pferd ist anders, so individuell und unterschiedlich

Auch so kann man sich unter die Dinge stellen oder besser legen.

22.1 Mut zur Demut

Reden wir von Demut, so mag uns dieser Begriff zunächst altbacken und unattraktiv vorkommen. Übersetzen wir ihn mit kritikloser Unterwürfigkeit, mag das stimmen. Betrachten wir dieses Wort allerdings näher, so steckt in ihm eine Menge Sprengstoff. Eine Sache, die echten Mut erfordert. Mut, sich selbst in Frage zu stellen; Mut zur Selbstkritik; Mut, Fehler bei sich selbst zu suchen; Mut, sich unter die Dinge zu stellen und den Mut, sich korrigieren zu lassen. Das Gegenteil von Demut ist Hochmut, und der führt bekanntlich schnell zum Fall. Wer sich in überheblicher Weise selbst als das Maß aller Dinge sieht, wird schnell stolpern. Es ist billig, in Konfliktsituationen gleich die Schuld dem anderen zuzuschieben. Diesen vielleicht von vornherein als dumm, unfähig oder faul abzuurteilen, nur um den Fokus nicht auf sich selbst richten zu müssen. Das hilft niemandem weiter, am allerwenigsten demjenigen selbst. Demut zu zeigen, ist ein Ausdruck von Stärke. Immer wieder komme auch ich bei der Ausbildung oder Korrektur von Pferden an meine Grenzen. Allzu gerne passiert es mir dann auch, dass ich diese vorschnell beurteile. Wirklich weitergebracht hat mich das bisher noch nicht. Die Lösung lag meist woanders. Meist kam sie dann, wenn ich mir die Zeit nahm, mich im wahrsten Sinne des Wortes neben mich selbst zu stellen, um mein eigenes Tun zu analysieren. Mich dann in die Rolle meines Gegenüber zu versetzen und zu überlegen, wie dies jetzt bei ihm angekommen sein muss. So erklären sich die Dinge meistens von alleine.

wie wir Menschen, so sind auch die Pferde geschaffen worden. Wenn auch Naturgesetze und Verhaltensregeln immer die gleichen sind, so hat doch jedes Pferd seinen eigenen Charakter.

Pauschale Vorgehensweisen und überhebliches Handeln bringen uns hier nicht weiter. Als verantwortungsbewusster Pferdemensch muss ich lernen, jedes Pferd in seiner individuellen Weise zu erkennen und den richtigen Weg für es zu finden. Dem ängstlichen Pferd Sicherheit und Vertrauen durch eine gute Führung zu geben, ist genauso wichtig, wie den rücksichtslosen Draufgänger in seine Schranken zu weisen. Dem verunsicherten Pferd muss ich beibringen, durch entsprechende Übungen und positive Konfrontationen wieder Selbstsicherheit zu gewinnen. Dem Traumatisierten in Sanftmut und liebevoller Zuwendung Hilfe zur Heilung geben, aber auch einem gnadenlosen Aggressor klar die Stirn bieten. Ich muss lernen, dem Großzügigen und Verantwortungsvollen die Freiheit zu geben, seine Gaben einsetzen zu können, dem Souveränen das Vertrauen, seine Unabhängigkeit nicht gegen mich zu verwenden und dem Mutigen die Chance, seine Stärke in guter Weise entfalten zu können.

22.2 Respekt und Achtung für das Pferd

Ich komme aus einfachen, ländlichen Verhältnissen. War es noch in meiner Kindheit eher ein Privileg der Reichen, sich ein Reitpferd zu halten, so ist das heute meistens auch den einfachen Leuten möglich. Das erfüllt mich mit Dankbarkeit. Ich muss nicht meinen Kindheitstraum vom eigenen Pferd weiter träumen, sondern ich darf ihn leben. Insofern bin ich ein Privilegierter, wie viele andere von uns auch. Wer aber meint, wir hätten damit das Recht erworben, das Pferd gewissenlos und rücksichtslos auszubeuten, liegt falsch.

In der Bibel lesen wir: Gott hat die Tiere den Menschen zu Untertanen gemacht. Diese Aussage ist kein Freifahrtschein für menschliche Willkür. Wenn Gott die Tiere dem Menschen zu Untertanen gemacht hat, so heißt das, dass wir uns um sie sorgen und Verantwortung für sie übernehmen müssen. Das ist nicht in erster Linie ein Vorrecht, sondern vielmehr eine Verpflichtung. Schade, dass der Mensch das oft anders sieht.

Dem Pferd mit Respekt und Achtung zu begegnen und Sorge für sein Wohlergehen zu tragen, ist mein zweiter ethischer Anspruch. Dazu gehört neben einer würdigen Unterkunft und Versorgung eine an seiner Natur orientierte Behandlung, und die Verpflichtung, es in bester Weise zu erziehen und auszubilden. Das gibt ihm Lebensperspektive und Freude am Dasein.

22.3 Achtung vor dem Schöpfer

Als Christ glaube ich an die Existenz eines Schöpfers. Ich kann es mir nicht vorstellen, dass diese wunderbare Welt nach dem Zufallsprinzip entstanden sein soll. Ich glaube vielmehr daran, dass dahinter ein großer göttlicher Bauplan steht. Der dritte und zugleich wichtigste ethische Anspruch ist für mich die Achtung vor dem Schöpfer, der Himmel und Erde geschaffen hat. Ihm verdanke ich, was ich bin, was ich kann und was ich habe.

Es ist unsere Pflicht, dem Pferd mit **Respekt** und **Achtung** zu begegnen.

Gehen wir an die Arbeit – Praxisteil

23. Pferdeausbildung nach dem Baukastenprinzip

Während wir uns im ersten Teil dieses Buches eher mit philosophischen Fragen beschäftigt haben, so wollen wir jetzt daran gehen, in ganz praktischer Weise die einzelnen Basisbausteine zusammenzutragen und zu bearbeiten. Dabei ist es mir wichtig, dass das Ganze eine klar nachvollziehbare Struktur und einen logischen Aufbau erhält. Dass die einzelnen Bausteine separat erarbeitet werden, um uns für ganz individuelle »Baumaßnahmen« in der Pferdeausbildung zur Verfügung zu stehen. Packen wir sie so erarbeitet in unseren Baukasten, stehen sie uns auch immer wieder einzeln zur Verfügung, wenn »Reparaturmaßnahmen« oder »Bauerweiterungen« nötig sind.

In der herkömmlichen Reiterei betrachtet man das Pferd als gesamte Bewegungseinheit, bei der alle Hilfen von vorneherein miteinander kombiniert und gleichzeitig gegeben werden. Dabei kommt es nicht selten zu einer Überforderung von Mensch und Tier. Da werden Hilfen, die sich eigentlich ergänzen sollten, gegeneinander eingesetzt. Das kann geschehen, weil es in diesem System nicht vorgesehen ist, weder dem Menschen noch dem Pferd, die einzeln geforderten Bewegungsmodule in separater Weise zu erklären und beizubringen. Da wird vorne gezogen und gleichzeitig hinten getrieben; da treibt der eine Schenkel das Pferd seitwärts, während der andere gleichzeitig verwahrend dagegenhält; da versucht man mit ein und derselben Vorgehensweise Unterschiedliches zu korrigieren. Egal, ob das Pferd den Kopf zu hoch, zu tief oder aufgerollt hält oder sich auf den Zügel stützt, die Maßnahme heißt immer: Reite Dein Pferd von hinten an den Zügel. Oft sieht das dann so aus, dass hinten mit den Beinen oder gar den Sporen geklopft, gestochen, gehämmert oder gebohrt, gleichzeitig aber vorne mit dem Zügel gesägt, geriegelt und gezwungen wird. So zusammengeschraubt weiß das Pferd nicht mehr wohin, resigniert entweder und zieht sich in sich zurück, wird stumpf und antriebslos oder es verkraftet diese Knebelei mental nicht mehr und wird zu einer unberechenbaren Zeitbombe. Andere arrangieren sich mit diese Behandlung, bringen aber nur die nötigsten Leistungen und sind keineswegs freudig motiviert bei der Arbeit. So hilft das niemandem und ist auch nicht wirklich nachvollziehbar. Das ist wie Autofahren mit angezogener Handbremse. Es wird eine Menge Energie verschwendet, das Material leidet und man kommt doch nicht vom Fleck. »Hand ohne Bein und Bein ohne Hand« fordert der französische Reitmeister Francois Baucher (1796–1873) in seiner 2. Manier, der Reitphilosophie, zu der er in seinen späten Jahren fand und die, so finde ich, die Basis für alles von Leichtheit geprägte Reiten darstellt. Frei nach diesem Motto will auch dieses Buch Wege aufzeigen, die dem interessierten Zweibeiner sowie dem dazugehörigen Vierbeiner systematisch und leicht nachvollziehbar Hilfe für Erziehung und Ausbildung sein können. Hierbei geht es darum, dem Pferd die von uns gewünschten Bewegungsmuster einzeln zu erklären. Diesem verständlich zu machen, was die Reiterhand von ihm möchte, ohne das gleichzeitig das Bein auch noch einwirkt und ebenso gewünschte Reaktionen des Reiterbeines ohne gleichzeitige Handbeteiligung. Lektionen werden quasi zerpflückt und dem Pferd in einzelnen kleinen Schritten beigebracht. So wird gewährleistet, dass diese auch verstanden und nachhaltig gespeichert werden. Dem Menschen wird ein Werkzeug an die Hand gegeben, mit dem auch er klar strukturiert und in kleinen Schritten seinem Pferd all die Dinge beibringen kann, die nötig sind, um aus diesem einen freudigen und willigen Partner zu machen. So einzeln erarbeitet und verstanden, können die gewünschten Bewegungsabläufe dann miteinander kombiniert und die unterschiedlichsten Lektionen daraus zusammengesetzt werden. Es kommt zu einem Zusammenspiel der Hilfen der Hand und des Beines, die eine faszinierende Leichtheit hervorbringen kann, ohne die Gefahr, dass die einzelnen Hilfen gegeneinander wirken und sich somit aufheben. Dabei will sich dieses Buch mit den für die Reiterei vorbereitenden Hilfen am Boden beschäftigen und gleichzeitig Wege für eine faszinierende und spielerische Freiheitsdressur aufzeigen.

24. Wer hohe Türme bauen will, sollte besonders lange beim Fundament verweilen

Es ist interessant, dass in manchen Bereichen der Reiterei die Bodenarbeit überhaupt keine Beachtung findet. Da wird der Mensch, der sich mit seinem Pferd am Boden beschäftigt, in arroganter Weise belächelt und manchmal fallen ironische Kommentare: »Ich dachte immer, ein Pferd sei zum Reiten da und nicht zum Nebenherlaufen.« Solche Verhaltensweisen sind ignorant, überheblich und dumm. Wer so redet, hat einiges noch nicht verstanden. Es hat mal jemand gesagt: »Du klärst die Verhältnisse mit dem Pferd am Boden oder nie.« Wobei ich manchmal schon erstaunt bin, dass manche Pferde am Boden den Menschen niedermachen, unter dem Sattel aber doch einigermaßen funktionieren. Dennoch kann das kein zufriedenstellendes Miteinander sein, hier wurde Entscheidendes versäumt. Jede vernünftige Fundament- oder Basisarbeit sollte am Boden beginnen. Das sollte für alle Reiter gelten, aber besonders für die, die hohe Ziele in der Reiterei anstreben, wie auch immer diese aussehen mögen. Wer hohe Ansprüche an seinen vierbeinigen Partner stellt, sollte auch die Zeit investieren, diesem ein gutes Fundament dafür mitzugeben. Wurde hier Wesentliches versäumt, passiert es eben, das hochdekorierte Dressurpferde beim Anstecken der Siegerschleife oder beim Applaus der Zuschauer so die Fassung verlieren, dass sie durchgehen und nicht mehr zu beruhigen sind. Dass erfolgreiche Sportpferde am Boden durch mehrere Helfer kontrolliert werden müssen, weil sie anders nicht zu führen sind oder zum Verladen regelmäßig Beruhigungsspritzen brauchen. Oder, dass in Reithallen absolutes Redeverbot auf den Zuschauertribünen herrscht, weil sich ansonsten die Pferde im Viereck erschrecken und unkontrollierbar werden.

25. Gute Argumente – sinnvolle Hilfsmittel

Wenn immer ich mich mit einem Pferd am Boden auseinandersetzen möchte, ist es wichtig, dass ich dazu gute Argumente habe. Dazu gehört neben einem guten Know-how sinnvolles Handwerkszeug, mit dessen Hilfe ich meine Argumente dem Pferd überzeugend nahebringen kann. Sei es, dass es darum geht, dieses in brenzligen Situationen besser kontrollieren oder ihm mit Unterstützung von bestimmten Hilfsmitteln meine Wünsche verständlicher mitteilen zu können. Ein für mich unentbehrliches Hilfsmittel bei der grundsätzlichen Erziehungsarbeit von Pferden ist das Knotenhalfter und ein etwa vier Meter langes, dickes Arbeitsseil, an dessen Ende sich eine Lederklatsche befindet. Hier sind es nicht etwas die Knoten am Halfter, welche eine bessere Durchsetzungsfähigkeit bewirken, sondern schlichtweg die Dünne des Seilmaterials. Benutze ich dazu das entsprechende Arbeitsseil, kann ich viel besser zupacken, wenn es darauf ankommt, aber auch mal Seil geben, ohne gleich die Kontrolle zu verlieren. Das Ende dieses Arbeitsseiles kann ich wie einen Propeller rotieren lassen und so auch mal treibend auf das Pferd einwirken. Mit einem herkömmlichen Stallhalfter und dem meist in Kombination dazu benutzten kurzen, dünnen Führseilchen werde ich im Fall eines Konfliktes ein Pferd nicht wirklich kontrollieren

Unentbehrliche Hilfsmittel bei der Basisarbeit am Boden sind für mich das Knotenhalfter und ein dickes, langes Arbeitsseil.

können. Ein Stallhalfter zu benutzen, das aus einem breiten Gurtmaterial besteht und am Nasenteil und Genickstück schön abgepolstert ist, ist zwar gut gemeint, aber zu kurz gedacht. Wie wir schon gehört haben, lernt ein Pferd immer das, womit es Erfolg hat. Hat es Erfolg damit, sich loszureißen, weil mein Handwerkszeug untauglich ist, lernt es auch, sich loszureißen. Die Folgen können nicht nur unangenehm, sondern ebenso gefährlich sein. Dabei spielt es keine Rolle, ob der Grund dafür Oppositionsverhalten oder Angst ist. Allerdings muss auch gesagt werden, dass mir das Ensemble aus Knotenhalfter und langem Arbeitsseil neben einem

Diese Hilfsmittel geben mir die Möglichkeit, meine Kommunikation mit dem Pferd zu optimieren. Von links: »Wundertüte«, Gerte, Bogenpeitsche, Kontaktstock, die dritte Hand.

Salopp ausgedrückt, dienen sie als Verlängerung des Reiterarmes oder -beines und können diesen helfen, Signale besser verständlich und mit weniger Aufwand ans Pferd zu bringen. Natürlich kann es auch einmal nötig sein, sie für züchtigende Einwirkungen zu benutzen, das sollte aber eine absolute Ausnahme sein. Ein anderes Hilfsmittel, welches ich gerne bei besonders respektlosen und ignoranten Pferden einsetze, ist die »Wundertüte«. Das ist eine einfache, an einem Stöckchen befestigte Einkaufstüte aus Plastik. Dieses Ding richtig eingesetzt, kann mir eine Menge Aufmerksamkeit von Seiten des Pferdes bringen. Denn hört ein Pferd nicht hin, kann ich mich nicht mit ihm unterhalten. Habe ich nicht den freien Kopf des anderen, ist jeder Versuch von Kommunikation sinnlos.

Die dritte Hand ist ein alter Handschuh, der an einem Stock befestigt ist. Mit der dritten Hand ist es mir möglich, ein Pferd auch dort »anzufassen«, wo es mir eventuell weh tun könnte.

besseren Durchsetzungsvermögen auch in der praktischen Durchführung vieler Lektionen von großem Nutzen ist. Dazu kommen wir aber später.

Ein Pferd an der Trense zu führen, ist aber auch nicht sinnvoll, da dessen Maul ein empfindliches Organ ist, mit dem ich sensibel umgehen sollte, dies besonders auch im Hinblick auf das Ziel einer feinen Kommunikation über den Zügel beim Reiten. Sinnvolle Hilfsmittel sind unterschiedliche Gerten, Peitschen oder Kontaktstöcke. Diese sind keineswegs als Züchtigungsmittel zu sehen, sondern vielmehr als Kommunikationshilfen.

Die Wundertüte kann sehr effektiv bei der Erziehung von respektlosen oder ignoranten Pferden eingesetzt werden.

Arbeite ich mit Knotenhalfter und langem Arbeitsseil, habe ich eine Menge Seilmaterial zu koordinieren. Hier ist es empfehlenswert, sich gleich die richtige Arbeitsstruktur anzugewöhnen, damit ich nicht immer erst einige Knoten lösen muss, bevor ich mein Pferd aufhalftern kann. Dabei lege ich mir das Arbeitsseil in doppelter Schlaufe über meine Ellenbeuge, das Nasenteil des Halfters über meinen Handrücken und die Nackenschnur zwischen meine Finger.

Nachdem ich mein Pferd begrüßt habe, schiebe ich meinen linken Arm unter dem Hals des Pferdes hindurch, greife mit meiner rechten Hand über dessen Hals und ergreife mit dieser die Nackenschnur des Halfters. Wie im weiteren Verlauf dieser Bildserie zu sehen ist, wird das Knotenhalfter nun am Kopf des Pferdes befestigt. Wichtig dabei ist, dass der Knoten, mit welchem die Nackenschnur mit der Backenschlaufe verbunden und das Halfter verschlossen wird, nicht oberhalb der Backenschlaufe, sondern um diese herumgelegt wird. So kann sich der Knoten nicht aufziehen und bleibt unverrückbar fest.

❶

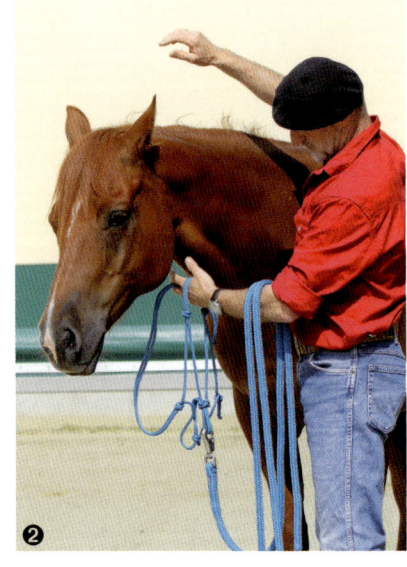
❷

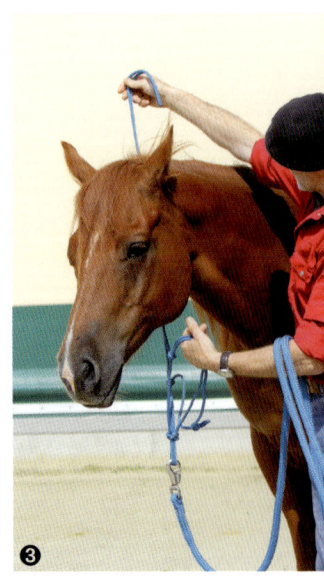
❸

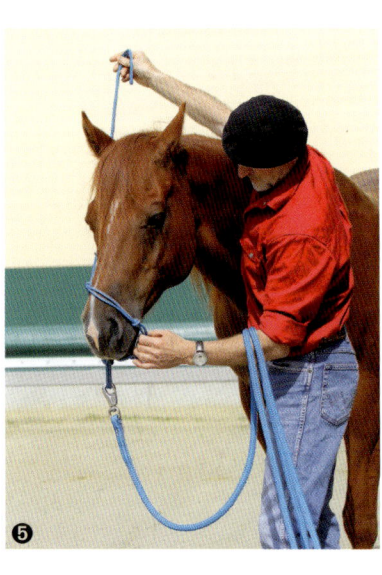
❺

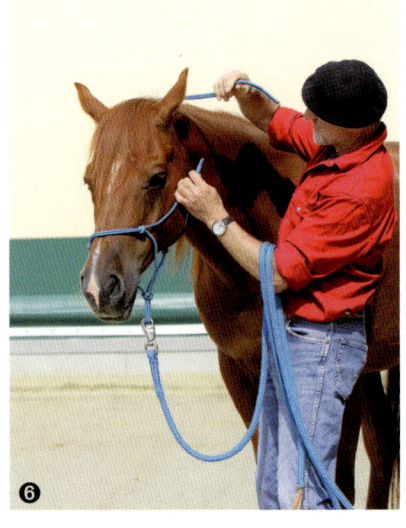
❻

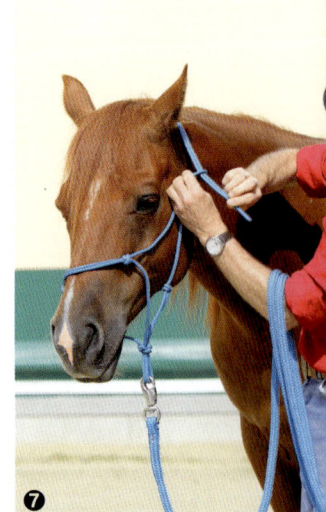
❼

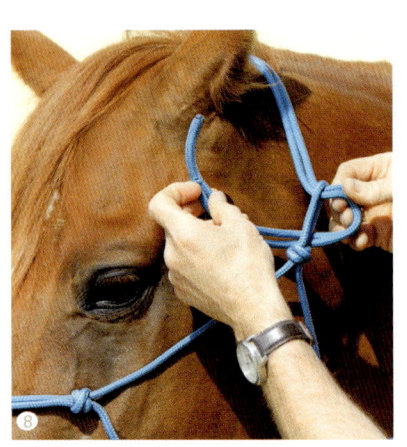
❽

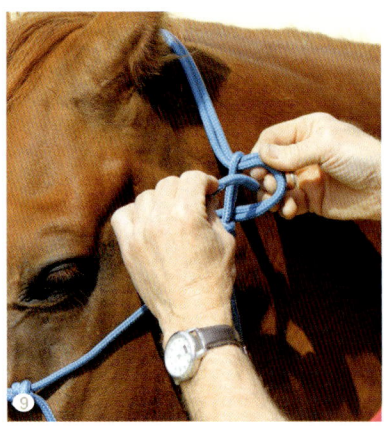
❾

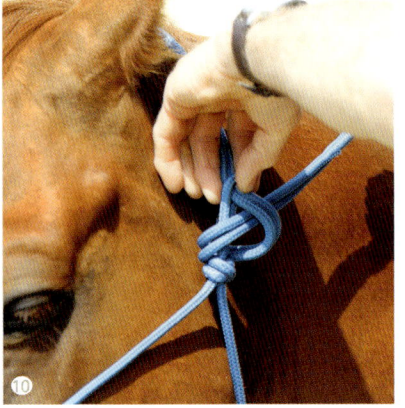
❿

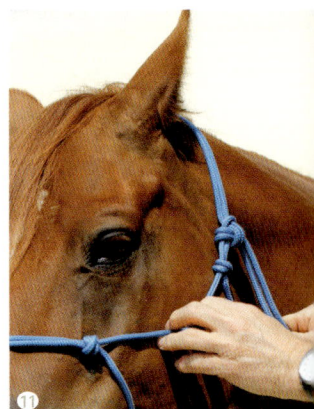
⓫

Gute Argumente – sinnvolle Hilfsmittel

26. Auf den Standpunkt kommt es an – Positionen, die für Klarheit sorgen

»Jeder Umgang mit dem Pferd ist Ausbildung«, diese Aussage haben wir bereits gehört. Also auch all die scheinbar banalen Dinge des Alltags, die wir mit und um das Pferd herum tun. Ob es dabei um das Misten des Auslaufs geht, um das Putzen des Pferdes oder das Führen zur Weide. Viele Pferdeleute sind der Meinung, dass hier auf Grund der Banalität dieser Tätigkeiten ein konsequentes Vorgehen nicht nötig sei. Hauptsache, das Pferd geht seine Traversale ordentlich, springt entsprechend hoch oder macht einen spektakulären Sliding Stop. Falsch gedacht, gerade diese kleinen und scheinbar unwichtigen Dinge sind es, die dem Pferd erste und wichtige Informationen über

Gerade das Thema des Führens ist nicht zu unterschätzen. Und gerade hier kommt es oft zu den ersten großen Missverständnissen zwischen Mensch und Pferd. Die Reiterei und der Umgang mit Pferden in unseren Breiten ist stark an Traditionen und Normen geknüpft. So ist es z. B. normal, dass man ein Pferd führt, indem sich der Mensch in Höhe von dessen linker Schulter positioniert und es mit ausgestrecktem Arm, kurz unterm Kinn gefasst, vor sich herführt. So war es beim Militär und so wird es heute noch gelehrt. Und dadurch, dass es alle so tun, wird etwas normal, nur richtig muss es deshalb noch lange nicht werden. Wollen wir uns am Pferd und an dessen Gesetzten orientieren, sollten wir nicht nach dem Normalen, sondern nach dem Natürlichen schauen. Und die Natur lehrt uns hier anderes. Die Position auf Höhe der Schulter und dahinter ist die des rangniedrigen Pferdes, hier darf sich der Untergeordnete aufhalten, es ist quasi die Dienstbotenposition. *Zieht sich der Chef auf die Dienstbotenposition zurück und schickt seinen Mitarbeiter in die Leitungsetage, darf er sich nicht wundern, dass dieser nun damit beginnt, den Ton anzugeben und zu sagen, wo es langgeht. Wer leitet, entscheidet und wer nicht leitet, wird geleitet.* Dann sehen wir Situationen, wo der Mensch vom Pferd durch die Gegend gezogen wird, wo der Vierbeiner den Zweibeiner respektlos anrempelt oder einfach niederrennt oder Ansagen vom Reiter einfach nicht vom Pferd umgesetzt werden.

Wollen wir vom Pferd ernst genommen werden, müssen wir uns an seinen Regeln orientieren. Eine dieser Regeln lautet: Der, der den anderen bewegt, ist Chef, der, der sich bewegen lässt, ordnet sich unter. Es geht also wieder um die Frage: Wer bewegt wen? Wer sagt, was gemacht wird und wer führt aus? Von der Natur lernen wir, dass es in einer ursprünglichen Pferdeherde zwei Verantwortungsträger, also zwei Leittiere gibt. Da ist die Leitstute, diese regelt die Abläufe des »Alltags«. Sie ist die Vorsteherin über alle anderen Stuten und deren Nachwuchs. Ist der Nachwuchs weiblich, darf er in der Herde bleiben, ist er männlich, muss er mit Eintreten der Geschlechtsreife die Herde verlassen. Die Leitstute führt die Herde an und bringt diese zu den neuen Weidegründen und Wasserstellen. Sie tut das, indem sie vorausgeht, die Herde folgt ihr im Abstand nach. Sie bewegt die Herde durch Führen. Das andere Leittier ist der Leithengst. Dieser ist natürlich zum einen für den Fortbestand der Herde zuständig,

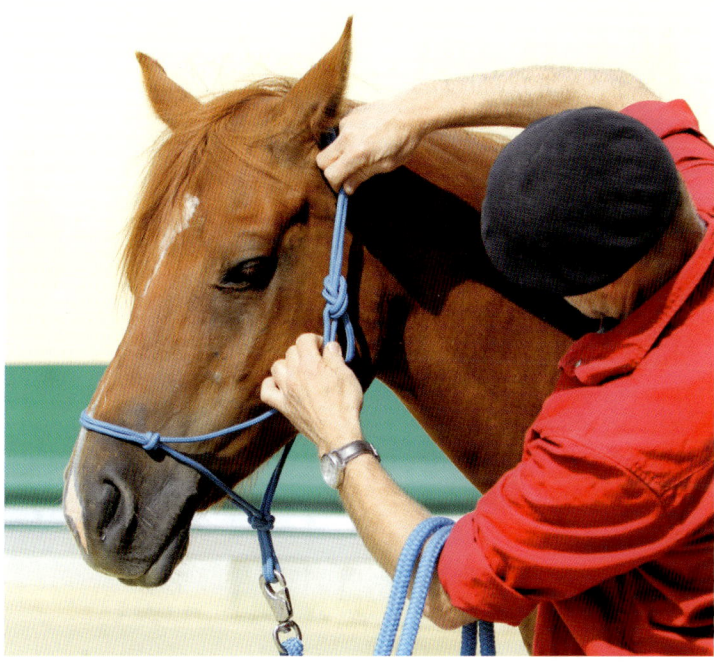

Wird der Verschlussknoten fälschlicherweise oberhalb der Backenschlaufe angebracht, kann sich dieser bei Belastung leicht nach unten aufziehen. Das Halfter wandert mit seinem Nasenteil zu tief auf die Nase des Pferdes oder fällt im Extremfall ganz von dieser herunter.

den Status des Menschen geben und somit entscheidend sind für dessen Anerkennung als ranghöheres Wesen. *Wer die Spielregeln bei den einfachen Dingen nicht lebt, darf sich nicht wundern, dass diese auch bei höheren Ansprüchen nicht eingehalten werden.*

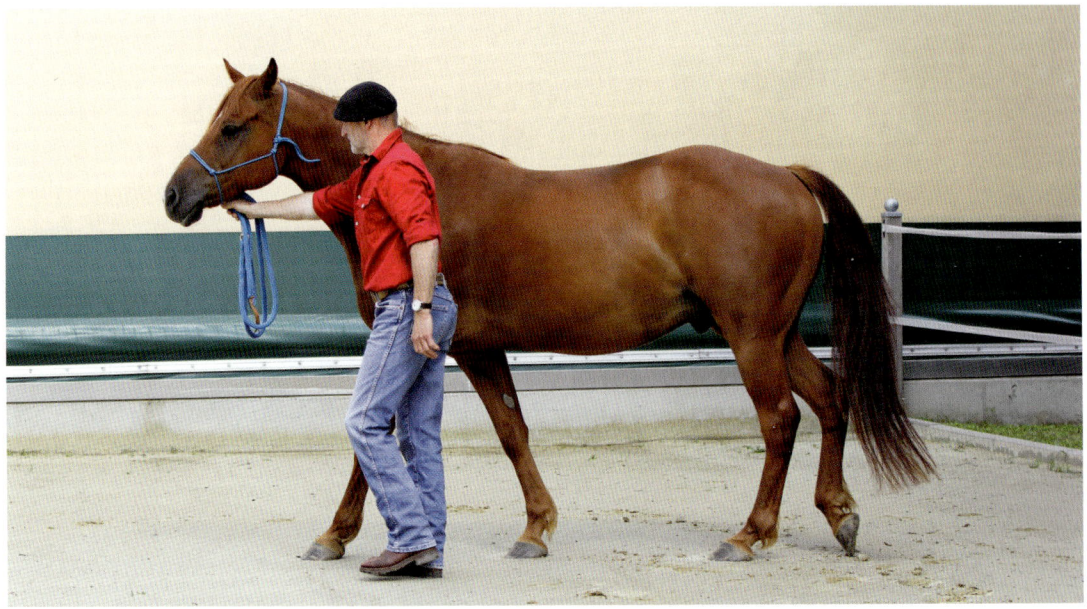

Befindet sich der Mensch beim Führen des Pferdes auf Höhe von dessen Schulter, begibt er sich freiwillig in eine rangniedrige Position, er schickt das Pferd damit in die Leitungsposition. Wer leitet, entscheidet!

indem er seinen Samen spendet. Er ist aber auch für die direkte Sicherheit der Herde zuständig. Er ist der Beschützer der Herde. Als solcher bildet er die Nachhut, er schirmt die Herde vor möglichen Angreifern ab. Kommt es zu gefährlichen Situationen, versucht er seine »Schäfchen« in Sicherheit zu bringen, indem er sie aus dem Gefahrenbereich heraustreibt. Er bewegt somit die Herde durch Treiben.

Das kann man in etwa vergleichen mit den Strukturen der alten orientalischen Gesellschaftsordnung. Da hat der Scheich je nach Wohlstand mehr oder weniger viele Frauen, die gemeinsam in einem Haushalt, einem Harem leben. Denen steht die Haremchefin vor. Diese ist meistens schon eine etwas ältere Dame mit gewissen Lebenserfahrungen und regelt das Miteinander unter den Damen. Dem Scheich gehören alle diese Damen, er darf sich mit ihnen vergnügen, er hat aber auch die Verantwortung für sie und muss sie beschützen. Er duldet keinen anderen Mann neben sich, auch seine Söhnen müssen weichen, wenn sie alt genug sind. Und vergreift sich einer von ihnen an einer Dame seines Harems, hat das weitreichende Folgen.

Aber kommen wir zurück zu unserem Leitungsthema. Wollen wir, dass unser Pferd uns als Leittier anerkennt, sind wir gut beraten, wenn wir uns an dessen Spielregeln orientieren. Hier heißt es, klar Position zu beziehen und dem Pferd unseren Standpunkt als Herdenchef in natürlicher Weise nahezubringen. Die Vorgaben dazu liefert uns das Pferd selbst. Alleine über das Praktizieren der natürlichen Führungspositionen ist uns ein Werkzeug gegeben, mit dem wir das Pferd unmissverständlich auf seinen Platz verweisen können, was uns eine Menge Respekt und Achtung einbringt. Dabei lernen wir, beim Führen die Position der Leitstute einzunehmen. Bei anderen Forderungen wiederum orientieren wir uns an den Vorgaben des Leithengstes, der die Herde durch treibende Einwirkungen bewegt. Sei es nun die treibende Longierpeitsche, der Kontaktstock, die Gerte oder auch der Reiterschenkel.

27. Distanz schafft Respekt

Freiwilligkeit bekommt man nicht immer geschenkt, manchmal muss man erst den anderen davon überzeugen, dass diese sehr viel angenehmer ist, als ständigen Reglementierungen ausgesetzt zu sein. Pferde, die in einem natürlichen Herdenverband aufgewachsen sind kennen die Spielregeln. Ist der Mensch bereit, diese auch zu akzeptieren und einigermaßen in der Lage, sie praktisch umzusetzen, hat er es meistens mit diesen Pferden nicht wirklich schwer. Sehr viel schwieriger wird es oft dann, wenn sich Pferde bereits durch falsches menschliches Verhalten Privilegien erworben und diese mit viel Erfolg gegen den Menschen eingesetzt haben. Diesen Pferden ihre Privilegien wieder zu nehmen, kann ein harter Job sein. *Wann immer ich damit beginne, mit einem mir unbekannten Pferd zu arbeiten, ist es mein erstes Ansinnen, diesem klar und unmissverständlich seine Position anzuzeigen.* Dabei arbeite ich nach dem Leitstutenprinzip. Das

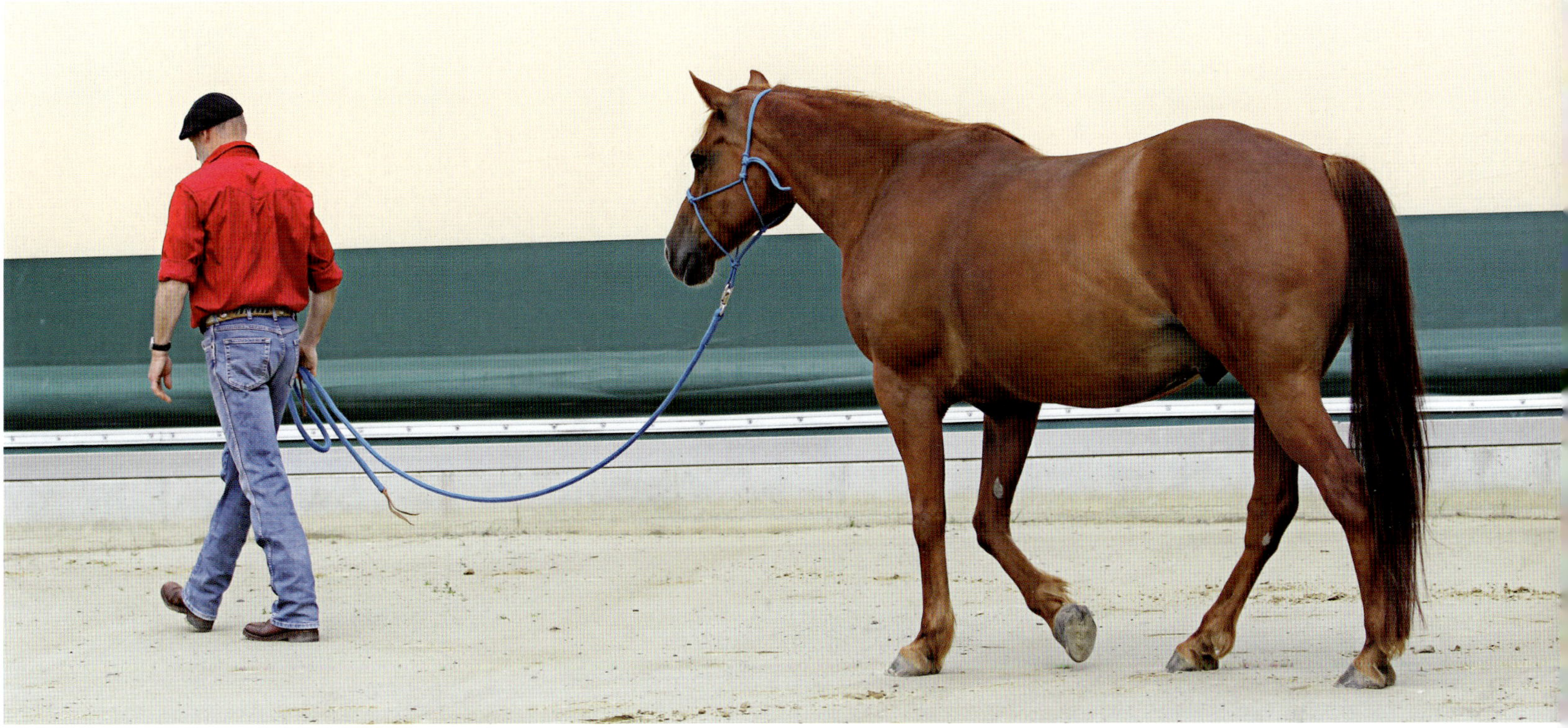

Um von Anfang an für klare Verhältnisse zu sorgen, lasse ich mein Pferd beim Führen zunächst deutlich hinter mir gehen. Es soll lernen, auf mich zu achten, mich in meinen Vorgaben zu spiegeln und mir durch einen bestimmten Abstand seinen Respekt zu erweisen.

Haben wir die Führungsrolle miteinander geklärt, kann ich mein Pferd auch so führen, dass es sich mit seinem Kopf auf Höhe meiner Schulter befindet. Auch in dieser Position bin ich für mein Pferd der Chef. Sollte ein Pferd allerdings versuchen, sich dabei langsam an mir vorbei und wieder vor mich zu schieben, besteht die Gefahr, dass meine Führungsposition ins Wanken gerät. Hier sollte ich nicht zögern, das Pferd unverzüglich auf seinen Platz hinter mir zu schicken.

Distanz schafft Respekt | 73

Pferd muss lernen, den Platz hinter mir zu akzeptieren und diesen auch auf Dauer eigenverantwortlich einzuhalten. Dabei muss es mir seine ganze Aufmerksamkeit geben. Es soll antreten, wenn ich losgehe, stehenbleiben, wenn ich es tue, und rückwärts weichen, wenn ich rückwärts auf es zugehe. Dabei achte ich sehr darauf, dass der von mir vorgegebene Abstand auch wirklich eingehalten wird. Distanz schafft Respekt. Diese Distanz ist mir gerade am Anfang wichtig, sind die Verhältnisse darüber geklärt, kann ich auch wieder mehr Nähe zulassen. Ich führe mein Pferd so, dass sich sein Kopf in Höhe meiner Schultern befindet, auch das ist noch eine dominante Führposition. Ich beobachte aber auch immer mal wieder, dass es versucht, sich sukzessive an mir vorbeimogeln zu wollen, um sich so langsam in eine bessere und mich in eine schlechtere Position zu manövrieren. Je mehr ihm das gelingt, umso mehr Eigenwilligkeiten nimmt es sich wieder heraus. In diesem Fall hilft dann nur ein konsequenter Platzverweis auf die ihm zustehende Position, um wieder Klarheit herzustellen. Wer angebotene Nähe für seinen Vorteil ausnutzt, sollte sofort wieder auf Distanz geschickt werden.

28. Durch lose Führung zur festen Bindung

Zum praktischen Führtraining statte ich das Pferd mit Knotenhalfter und Arbeitsseil aus. Dieses soll nun lernen, in einem Abstand von zwei bis drei Metern hinter mir zu gehen. Die Länge des Arbeitsseiles gibt mir die Möglichkeit, dieses mit einem lose durchhängenden Seil und dem entsprechenden Abstand führen und doch kontrollieren zu können. Wichtig ist, dass ich mir dabei meine Führungsposition bewusst mache und das auch körpersprachlich entsprechend darstelle. Eingezogene Schultern, ein hängender Kopf, angstvoll nach hinten gerichtete Blicke und eine zusammengesunkene Körperhaltung zeugen nicht von einem Führungsbewusstsein, sondern senden vielmehr Angst und Unsicherheit. Hier heißt es den aufrechten Gang zu üben und körperlich Präsenz zu zeigen, alleine das beeindruckt schon die meisten Pferde. Gehe ich los, tue ich das in einer aufrechten Haltung und mit selbstsicheren Schritten. Versucht nun das Pferd, mich dabei zu überholen, wende ich einfach ab und gehe in eine andere Richtung. Wieder ist dieses hinter mir. Das ist eine erste und konfliktlose Möglichkeit, meine Führungsposition wieder herzustellen. Allerdings sollte ich wissen, dass diese Vorgabe nicht wirklich dazu taugt, den Respekt eines Pferdes

Praktiziere ich das Führtraining so, dass ich mit angstvoll nach hinten gerichtetem Blick mein Pferd beobachte und an Tempo zulege, wenn es den Abstand verringert, bewegt in Wirklichkeit das Pferd mich, es treibt mich vor sich her. So erreichen wir eine Umkehr der Dinge, das Pferd agiert aus der ranghohen Position.

zu bekommen. Ich gehe einen Schlingerkurs, der vielleicht dazu taugt, kurzfristig einem Problem aus dem Weg zu geben, der aber nicht wirklich die Verhältnisse klärt. Diese Vorgehensweise kann ich dort praktizieren, wo es durch äußere Umstände nicht ratsam ist, sich mit dem Pferd auf eine Diskussion einzulassen. Das können Situationen sein, wo die Gefahr besteht, andere Personen zu gefährden oder in der Nähe von parkenden Autos, gefährlichen Engpässen usw.

Mit der zweiten Möglichkeit werden ich schon deutlich konkreter. Dabei fasse ich das Arbeitsseil etwa achtzig Zentimeter vom Ende. Bei Bedarf kann ich dieses Seilende nun wie einen Propeller rotieren lassen. Kommt mir ein Pferd beim Führen zu nahe, beginne ich meinen Propeller zu drehen, zunächst langsam, macht das keinen Eindruck, können die Rotationen auch deutlich gesteigert werden. Drängt ein Pferd dabei trotzdem weiter nach vorne, wird es in den Propeller hineinlaufen und sich einen Schlag auf die Nase abholen. Spätestens jetzt sollte es gemerkt haben, das es wesentlich komfortabler ist, hinter dem Chef zu gehen. Lässt ein Pferd sich auch hiervon

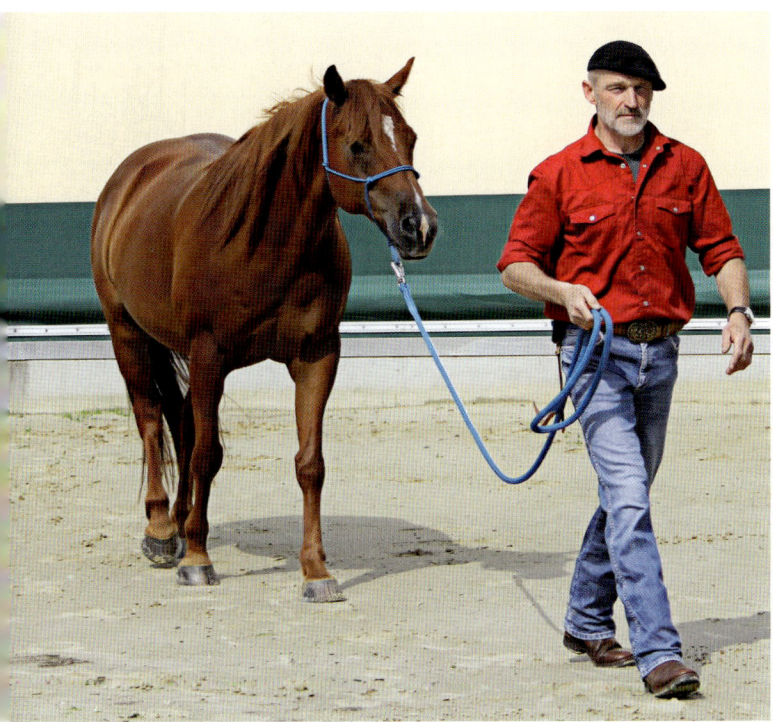

Ein aufrechter und selbstsicherer Gang signalisiert meinem Pferd, dass ich eine gewisse Führungsstärke besitze.

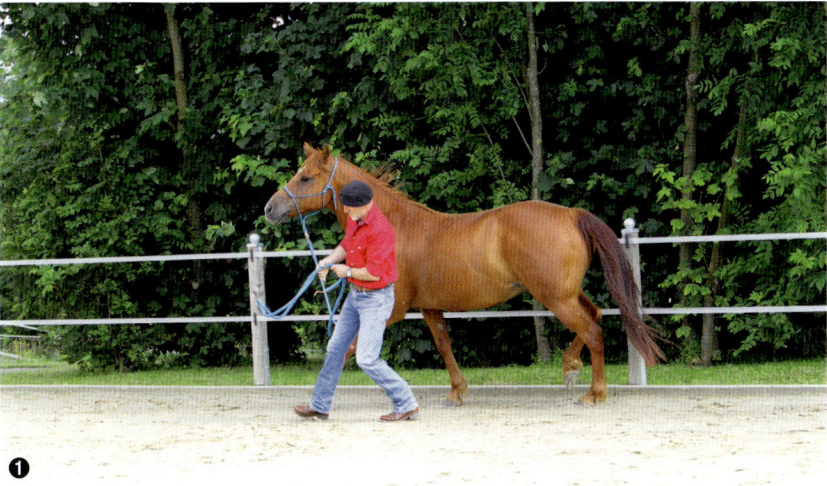

Versucht mein Pferd mich beim Führen zu überholen, ...

... könnte es eine Möglichkeit sein, es durch einen Richtungswechsel ...

... wieder hinter mich zu bringen.

nicht beeindrucken, wird es Zeit für eine ganz konkrete Ansage. Dabei drehe ich mich zu diesem um, baue mich körperlich auf, nehme eine bedrohliche Haltung an und setze das Seilende rotierend gegen die Brust des Pferdes ein. Zeigt auch das keinen Erfolg, werde ich bedrohlich auf das Pferd zugehen, dabei die Intensität der Propellerrotationen deutlich erhöhen und wenn nötig das Seilende nachdrücklich auf dessen Brust aufklatschen lassen.

Das tue ich so lange und so intensiv, bis das Pferd deutlich nach hinten weicht. Augenblicklich stelle ich meine Aktion ein, entspanne mich total im Körper und gebe dem Pferd ein Pause. Diese Pause ist wichtig als belohnendes Element aber besonders auch als Zeit, das gerade Erlebte zu verarbeiten und zu speichern. Oft können wir beobachten, das Pferde dabei spontan anfangen zu kauen oder sich die Lippen zu lecken. Dies ist immer ein sehr schöner Ausdruck dafür, dass ein Pferd lernt, dass bei ihm etwas angekommen ist und dass es damit beginnt, dieses zu akzeptieren. Ich möchte noch einmal auf die Wichtigkeit dieser Pause hinweisen, halten wir sie nicht ein, verpassen wir wichtige Lernelemente. Während dieser Pause sollte ich genau darauf achten, dass das Pferd auf dem

Eine weitere Möglichkeit, ein Pferd am Überholen zu hindern, ist die Verwendung des Seilpropellers. Setze ich diesen rotierend vor der Nase des Pferdes ein, wird es sich genau überlegen, ob es sinnvoll ist, weiter nach vorne zu stürmen.

angewiesenen Platz so lange wartet, bis es zum Weitergehen aufgefordert wird. Dabei ist es wichtig, jeden Schritt, den das Pferd ohne Aufforderung tut, zu korrigieren, indem ich es sofort mit Nachdruck zurück auf seinen Platz schicke. Augenblicklich erhält es wieder seine Pause. Verhält sich ein Pferd hier sehr penetrant, scheue ich mich auch nicht, einmal kräftig eine »Bombe platzen zu lassen«, d. h. durch heftigste Einwirkungen diesem zu vermitteln, dass ich es wirklich ernst meine. Das reinigt die Luft, klärt die Verhältnisse und sorgt dafür, dass das Pferd mich auch wirklich ernst nimmt. Es ist interessant, wie vorher aufsässige Pferde plötzlich entspannt in drei Meter Entfernung am durchhängenden Seil warten können. Oft habe ich den Eindruck, dass sie dann regelrecht erleichtert sind, so als wollten sie sagen: »Endlich weiß ich, wo mein Platz ist, sag mir Chef, wenn's weitergeht.« Sorge ich so am Anfang einer Begegnung gleich für Klarheit, werde ich es danach wesentlich leichter haben.

Monika hatte eine etwas ignorante und eigensinnige Warmblutstute, bei der wir während eines Kurses einiges an Überzeugungsarbeit leisten mussten, um ihr ihren Platz anzuweisen. Einige Zeit darauf schrieb Monika ganz erstaunt: »Ich habe mit meiner Dixie während der letzten Tage das Führen geübt. Und es beeindruckt mich, was aus diesem Führen entsteht. Mein Pferd nimmt mich auf einmal wahr, nicht etwa ängstlich, sondern freundlich. Es macht wirklich Freude, das erfahren zu dürfen.«

29. Nur lieb alleine reicht nicht

In meinen Kursen habe ich auch immer mal wieder solche Pferde, die es »wissen wollen«. Die Besitzer, die sich vorher irgendwie mit ihrem Pferd arrangiert hatten, sind mit solchen Situationen dann völlig überfordert. Gerne geben sie ihren Vierbeiner dann auch schon mal an mich ab. Werde ich in solchen Fällen massiv, kann ich regelrecht hören, wie die Leute im Kurs die Luft anhalten und zunächst sehr irritiert sind. Umso erstaunter sind sie dann, wenn ihr Pferd plötzlich respektvoll Abstand hält, willig und freundlich mit sich umgehen lässt und immer entspannter wird. Natürlich wollen wir immer lieb

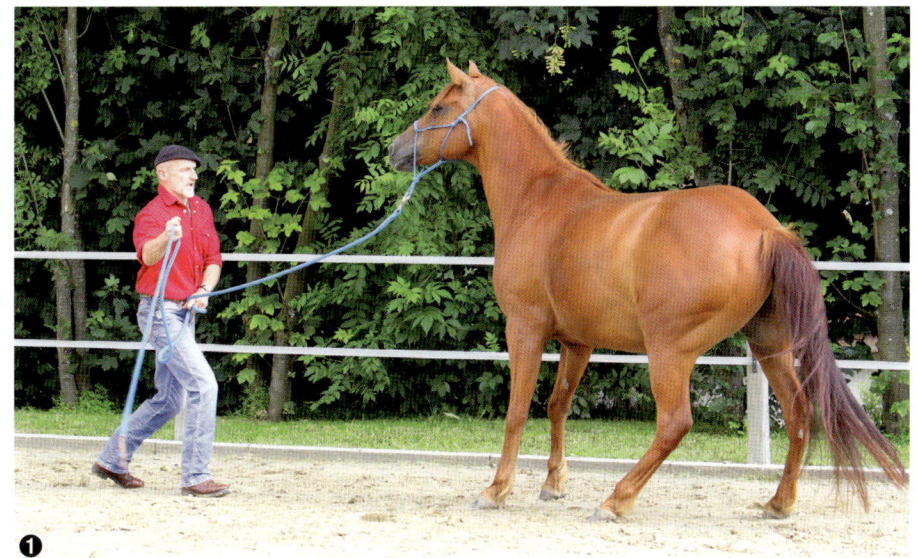

Bei ganz penetranten Pferden kann es auch einmal nötig sein, wirklich eine »Bombe platzen zu lassen«. Will ein Pferd partout seine Position nicht akzeptieren, bin ich gezwungen, auch einmal zu etwas unangenehmeren Mitteln greifen. Der frontal auf die Pferdebrust gerichtete Seilpropeller kann für sehr viel Nachdruck sorgen.

mit unseren Pferden sein, nur können viele Pferde damit nicht umgehen. Margret, eine etwas ältere Wiedereinsteigerin, berichtete uns während einer Vorstellungsrunde zu einem Kurs Folgendes: »Ich hatte immer gedacht, wenn ich nur lange genug lieb zu meinem Pferd bin, dann ist es auch lieb zu mir. Leider musste ich schmerzhaft feststellen, dass dem nicht so ist.«

Das Pferd will in Klarheit leben und vor Lieb muss Klar kommen, dann hat die Liebe eine Basis. Nur lieb alleine reicht nicht. Die größte Pferdeliebe ist es, meinem Vierbeiner einen Platz im Leben anzuweisen und ihn in fairer und klarer Weise zu behandeln. Und wenn es einmal nötig ist, deutlichere Worte zu reden, werden sie mir nicht in menschlichem Sinne »böse sein«, sondern mir mit umso mehr Achtung und Respekt begegnen, was ihr Vertrauen zu mir festigt und sie anregt, sich in noch viel stärkerer Weise an mich zu binden.

*So war es mit Sarah und ihrem **Friesenhengst**. Sie hatte sich zu einem Horsemanship-Kurs angemeldet. Schon während sie mit ihm die Halle betrat, kreiste dieser permanent um Sarah herum, was sich so auch in der Halle fortsetzte. Auf meine Frage, warum sie ihr Pferd denn ständig um sich herumkreisen ließe, antwortete sie: »Weil es nicht auf der Stelle stehenbleiben kann und es so am ehesten ruhig wird. So kann ich es besser kontrollieren.« »Im Stall oder auf dem Paddock kann Dein Pferd doch auch ruhig auf der Stelle stehen, warum sollte es das hier nicht auch können?«, war mein Einwand.*

Sie gab ihn mir zur Korrektur. Ich holte den Friesen von seiner Umlaufbahn und schickte ihn in oben beschriebener Weise auf Distanz. Erstaunt nahm er mich plötzlich wahr, hielt inne und schaute mich mit großen Augen an. An seinem Gesicht konnte man sehen, wie es in seinem Kopf arbeitete. Nach kurzer Zeit versuchte der Hengst aufs Neue, seinen Platz zu verlassen, sofort kam die Korrektur. Wieder schaute er mich verblüfft an, schluckte kurz, begann zu kauen, die Lippen zu lecken und senkte entspannt den Kopf. Plötzlich konnte er auf der Stelle stehen und warten, es ging ihm gut damit. Es hatte nur ein paar Augenblicke gedauert und ich hatte ein zufriedenes Pferd im Kurs und eine ebenso zufriedene Kursteilnehmerin. Eine liebe Freundin erzählte mir von einer Bekannten mit ihrem unerzogenen, nörgelnden, ständig unzufriedenen, fünfjährigen Kind, das Erwachsenen ständig ins Wort fiel, sie anrempelte und wenn es nicht die nötige Beachtung fand, auch nicht davor zurückschreckte, seiner Mutter erbost ans Schienbein zu treten. Dieses Kind tyrannisierte in seiner Ungezogenheit eine ganze Erwachsenengesellschaft, entriss älteren Damen die Handtaschen und räumte diese frech aus, bemalte die Tischplatte mit dem dort gefundenen Lippenstift und stelle noch eine Menge weiterer Ungehörigkeiten an. Die Mutter tat nichts dagegen, sie ließ das Kind gewähren und machte keinerlei Anstalten, diese kleine Tyrannin auch nur zu ermahnen. Sie war ihrem Kind total unterlegen. Irgendwann wurde das Ganze so unerträglich, dass meiner Freundin der Kragen platzte. Erbost fasste sie das Kind an den Schultern, schüttelte es kräftig und wies es mit deutlichen Worten zurecht. Damit hatte die Kleine nicht gerechnet, bisher hatte sie nur gelernt, dass man Erwachsene tyrannisieren kann, ohne dass diese etwas dagegen tun. Das hinterließ einen starken Eindruck bei ihr, auf einmal konnte sie sich benehmen. Das vorher chronisch unzufriedene Kind war mit einem Mal wie verändert.

Egal, ob Pferd, Kind oder Mitarbeiter, gutes Benehmen muss man manchmal einfordern. Höflichkeit und gute Manieren sorgen für einen angenehmen und respektvollen Umgang.

30. Platzanweisung durch Körpersprache

Die dritte und auch natürlichste Möglichkeit, einem Pferd seinen Platz hinter mir anzuweisen, ist die durch Körpersprache. Dabei soll das Pferd lernen, meine körpersprachlichen Vorgaben eigenverantwortlich zu spiegeln. Das setzt voraus, dass es mit seiner ganzen Aufmerksamkeit bei mir ist. Habe ich das erreicht, habe ich ein Pferd, das angenehm im Umgang ist und mir willig und am durchhängenden Seil überallhin folgt. Ich brauche nicht mehr ziehen, zerren, stoßen oder gar schlagen, um meinen Vierbeiner beim Führen zu kontrollieren. Gleichzeitig ist das Erreichen dieses Zustandes eine wichtige Voraussetzung für das Erarbeiten einer guten Freiheitsdressur. Es ist erstaunlich, wie umsichtig Pferde dabei werden können. Meine kleine Enkelin Anna, gerade mal so des eigenen Laufens mächtig, hatte bei Opa gesehen, wie der seine Pferde führt. Das wollte sie auch, energisch forderte sie sich das Führseil, ich gab es ihr und ließ sie gewähren. Es war faszinierend zu sehen, wie willig und behutsam ihr der große

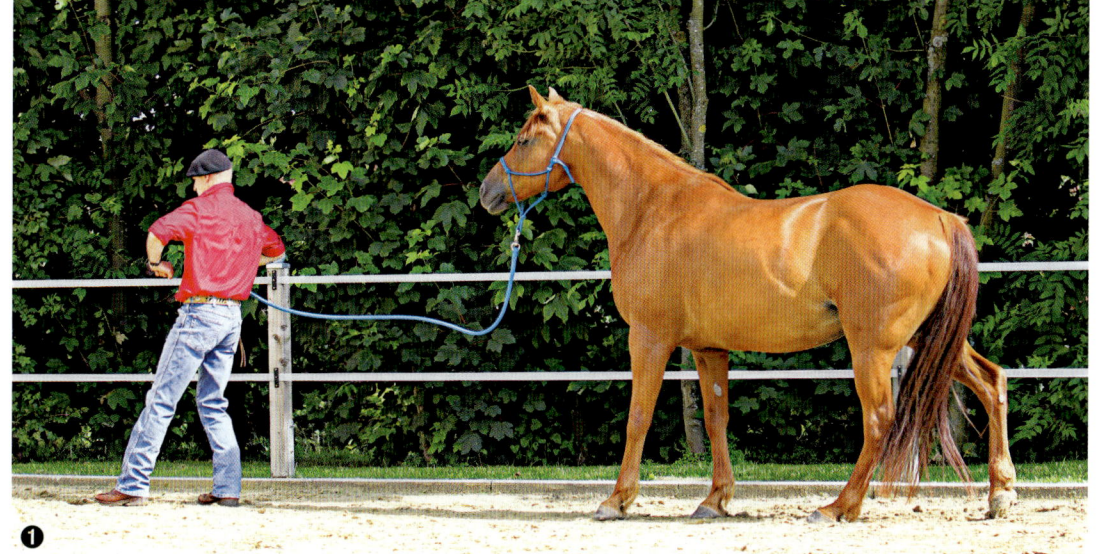

Hat ein Pferd gelernt, beim Geführtwerden auf mich zu achten, kann ich es alleine über meine Körpersprache hinter mir halten oder auch anhalten. Dazu setze ich zu Beginn meine Energie so ein, dass ich den Absatz meines Stiefels energisch in den Boden ramme und mich gleichzeitig in den Schultern und Ellbogen breit mache.

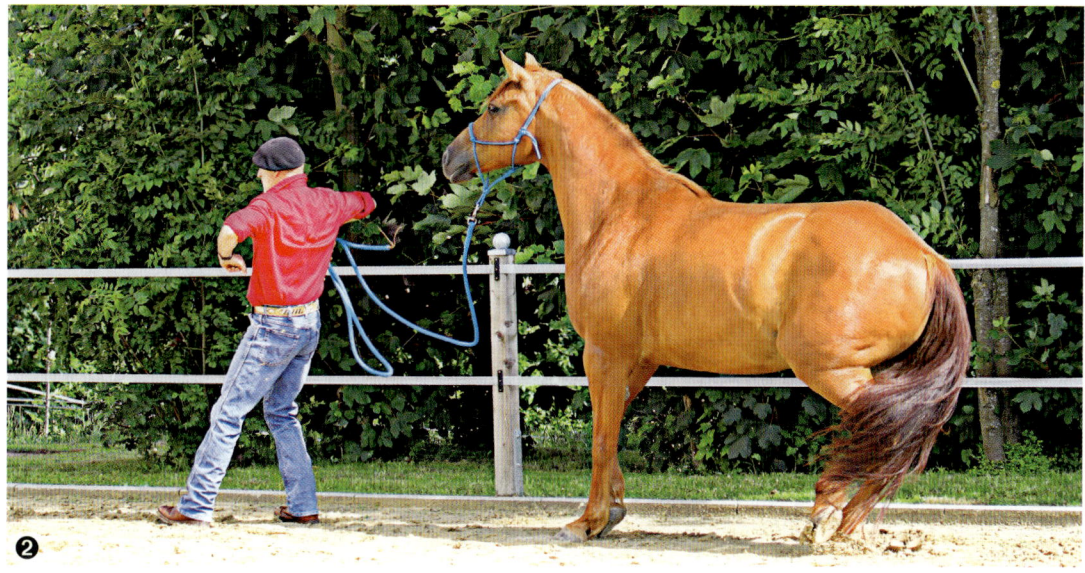

Reagiert ein Pferd im Schritt auf diese körpersprachliche Einwirkung gut, kann ich sie auch bei einem höheren Tempo einsetzen.

Schimmel am anderen Ende des Seiles folgte. Stolperte sie und fiel hin, wartete er in gebührendem Abstand, bis sie sich wieder sortiert hatte, dann ging es weiter. Forderte ich sie auf, etwas betont rückwärts zu gehen, wich er sogar nach hinten aus. Ich möchte nicht damit sagen, dass solche Knirpse Pferde ausbilden können, es soll lediglich zeigen, wie leicht der Umgang mit einem Pferd werden kann, wenn eine gute Erziehung zugrunde liegt.

Beobachten wir einmal Pferde im Alltag, stellen wir fest, dass diese sich eher langsam, ruhig und geschmeidig bewegen. Das hält sie sensibel für schnelle und plötzliche Einwirkungen von außen. Verhalten wir uns ebenso, entspricht das ihrer Art, gleichzeitig erhalten wir sie sensibel für körpersprachliche Mitteilungen unsererseits. Das mache ich mir beim Führtraining zunutze. Ich positioniere mich entsprechend vor dem Pferd und gehe in aufrechter Haltung los. Dabei soll mein Vierbeiner, wie oben beschrieben, zwei bis drei Meter hinter mir gehen. Möchte ich, dass er anhält, werde ich impulsartig meine Ellenbogen breit machen, meine Schultern hochziehen und meinen Absatz in den Boden rammen. Zu Beginn diese Trainings werde ich das mit viel Energie und in ausdrucksvoller Weise machen. So kann ich sehen, wie ein Pferd auf meine

Sollte die Körpersprache allein beim Durchparieren nicht ausreichen, kann ich hierbei auch die »Wundertüte« oder den Kontaktstock zur Unterstützung verwenden. Während des Führens halte ich diese Hilfsmittel vor mich, die Spitze zeigt zum Boden. Im Augenblick des Durchparierens nehme ich sie impulsartig nach hinten in Richtung Pferdebrust, um damit meiner körpersprachlichen Einwirkung größeren Nachdruck zu verleihen.

❶

❷

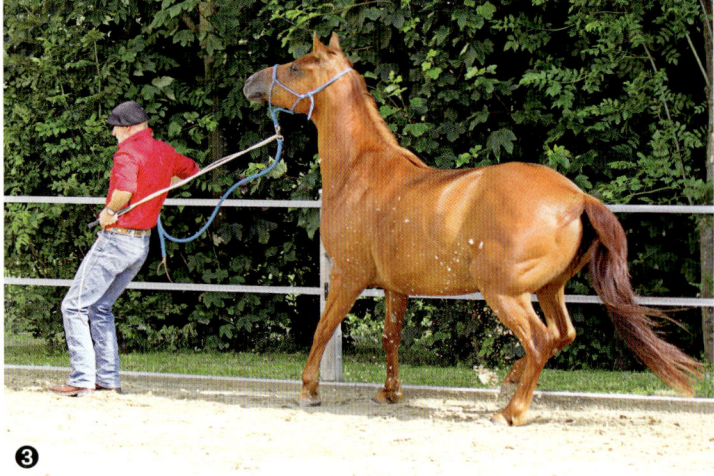

❸

Körpersprache reagiert, diesem aber auch gleichzeitig meine Entschlossenheit demonstrieren. Stoppt es nun prompt, weiß ich, dass ich beim nächsten Mal mit weniger Energie arbeiten kann. Bald schon kann ich ohne übertriebenen Körpereinsatz meine Vorgabe machen und das Pferd hält an. Sollte allerdings die Spontanität in der Reaktion des Pferdes nachlassen, werde ich vorübergehend wieder zu mehr Impuls kommen müssen, um dieses zu korrigieren. Von besonderer Wichtigkeit ist es auch hier, dem Pferd nach Erhalt der erwünschten Reaktion, die bereits erwähnte Pause als positive Lernverstärkung und Denkzeit zu geben. Dabei nehme ich einfach die Spannung aus meinem Körper und warte ein wenig.

Reagiert ein Pferd schlecht oder gar nicht, wäre zunächst die Seilpropellermethode anzuwenden, um dieses zu mehr Aufmerksamkeit und Akzeptanz zu nötigen. Garantiert habe ich danach ein Pferd, welches auch auf meine direkten körpersprachlichen Reize deutlich besser reagiert. Eine andere Möglichkeit, um meinem Körpereinsatz mehr Nachdruck zu verleihen, wäre das Hinzunehmen bestimmter Hilfsmittel. Das kann die oben beschriebene »Wundertüte« sein, aber auch der Kontaktstock, eine Bogenpeitsche oder eine Gerte. Diese halte ich beim Führen mit zu Boden gerichteter Spitze so vor meinen Körper, dass das Pferd sie nicht sehen kann. Im Augenblick des Stoppens, werde ich diese nun, unerwartet für meinen Vierbeiner, impulsartig nach hinten gegen die Brust des

Möchte ich, dass mein Pferd auf meine Körpersprache hin rückwärts weicht, mache ich mir die Logik des defensiven Drohens zunutze. Betont und in bedrohlich wirkender Weise gehe ich rückwärts auf mein Pferd zu.

Reicht auch hier meine Körpersprache allein nicht aus, kann mir wiederum der Kontaktstock oder auch die »Wundertüte« helfen, meine Einwirkung zu verstärken, indem ich ihn/sie rhythmisch und synchron mit meiner Beinaktion gegen das Pferd einsetze.

Pferdes nehmen. In der Natur kennen wir als eine Phase des defensiven Drohens das Anheben eines Hinterbeines, wenn ein Pferd einem anderen in unerwünschter Weise von hinten zu nahe kommt. Diese Vorgehensweise simuliert das drohende Hinterbein eines sich verteidigen wollenden Pferdes. Reicht diese Drohgebärde nicht aus, um den geforderten Abstand herzustellen, kann es auch nötig sein, das besagte Hilfsmittel in akzentuierter Weise, rückwärts gehend gegen die Brust des Pferdes zu schwingen. Das schafft bei unaufmerksamen, distanzlosen oder aufsässigen Pferden meistens eine Menge Eindruck.

Manchmal höre ich den Einwand, dass diese Führmethode viel zu gefährlich sei, da ein Pferd einen im Falle eines Erschreckens von hinten umrennen könnte. Natürlich kann ein Pferd sich auch hier erschrecken, aber wenn ich ihm meine Position überzeugend nahegebracht habe, hat es gelernt, dass es absolut tabu ist, ungefragt in die angegebene Persönlichkeitszone des zweibeinigen Leittieres einzudringen, auch nicht, wenn es erschrickt. Dazu kommt, dass so trainierte Pferde sehr viel weniger erschrecken, weil sie gelernt haben, den Menschen in seinem Führungsanspruch anzuerkennen, was ihnen Sicherheit und Losgelassenheit gibt. Solange ich mir aber noch nicht ganz sicher bin, ob ein Pferd meine Führposition auch wirklich anerkannt hat, sollte ich immer wieder mal durch einen Schulterblick nach hinten kontrollieren, dass es meine Vorgabe auch wirklich einhält.

31. Rollenspiele

Immer wieder habe ich auch mit Pferden zu tun, die gar nicht das Bedürfnis haben, mich beim Führen überholen oder auch nur den Abstand hinter mir verringern zu wollen. Ganz im Gegenteil, diese verweigern einfach das Nachfolgen oder lassen sich hemmungslos am Führseil ziehen. Das kann zwei Gründe haben. Entweder war der zweibeinige Führer in seinem Leitungsbestreben zu dominant, was gerade bei ängstlichen und unsicheren Pferden zu Angstblockaden und Nachfolgeverweigerungen führen kann. Oder es handelt sich um ein dominantes, vielleicht auch stures Pferd, welches sich einfach nicht auf diese Weise bewegen lassen möchte, weil das ja Unterordnung bedeutet. Also verweigert es die Aufforderung des Menschen zum Nachfolgen. Im ersten Fall sollte ich mein Auftreten weniger dominant gestalten und so dem unsicheren Pferd wieder mehr Vertrauen für die Nachfolge geben.

Im zweiten Fall kann es nötig sein, in einer Doppelrolle gleichzeitig die führende Leitstute und den treibenden Leithengst zu spielen. Dabei kann mir der Kontaktstock eine große Hilfe sein. Ich nehme die führende Position der Leitstute ein. In einer Hand halte ich das Führseil, in der anderen den Kontaktstock. Dieser wird zunächst vor meinem Körper geführt. Gehe ich nun los und das Pferd kommt nicht freiwillig nach, kann es zunächst einmal hilfreich sein, einfach einen leichten Zug am Arbeitsseil aufzubauen. Dieser Zug überträgt sich vom Seil auf das Halfter und damit den Nacken des Pferdes. Hat ein Pferd über ein gezieltes Druckpunkttraining gelernt, im Nacken nachzugeben, ist die Chance groß, dass es nun auch dem Nackendruck des ihn Haltenden nachgibt und sich in Bewegung setzt. Sofort sollte der Druck im Nacken weg sein.

Erfolgt keine Reaktion, werde ich die Spannung des Seils verstärken und somit den Druck erhöhen. Erfolgt auch hierauf keine Reaktion, kommt der »Hengst« zum Einsatz. Dieser arbeitet nach dem Prinzip des aggressiven Drohens vom Schauen – zum Zeigen – zum Tun. Das heißt, er schaut zunächst auf den oder das, was er bewegen möchte. Dann deutet er durch das Vornehmen seiner Nase dorthin, gleichzeitig legt er die Ohren drohend an. Dann setzt er sich in

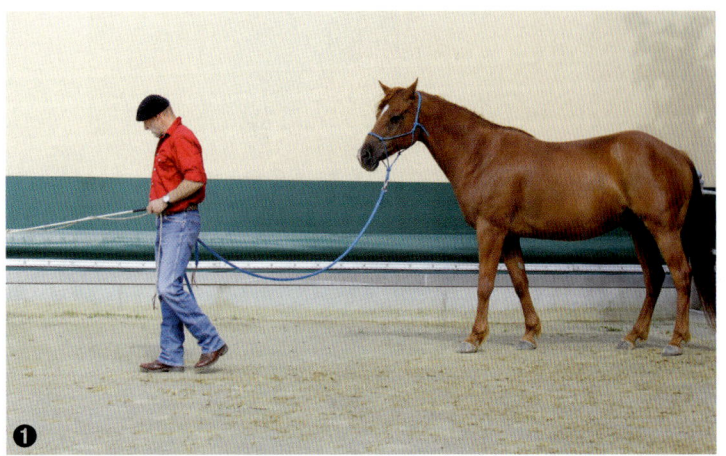

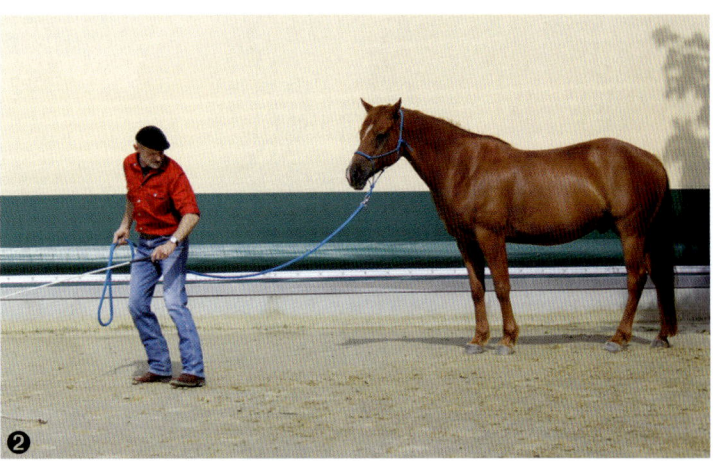

Hier spiele ich eine Doppelrolle, zum einen die Rolle der Leitstute, die von vorne führt, und gleichzeitig die Rolle des Hengstes, der von hinten treibt. Dazu benutze ich den Kontaktstock als treibende Hilfe.

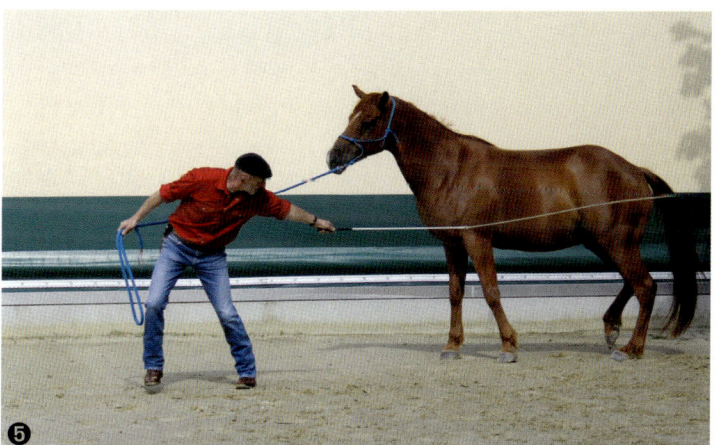

Bewegung, öffnet währenddessen das Maul, zeigt die Zähne als Beißandrohung und wenn immer noch keine Reaktion des anderen erfolgt, kommt der Biss als tätige Einwirkung.

Möchte auch ich nach diesem Prinzip verfahren, sieht das praktisch so aus: Ich habe meine Position vor dem Pferd eingenommen und gehe los. Verweigert es mir die Nachfolge, werde ich zunächst mit einer deutlichen Kopfbewegung nach außen und hinten dem Pferd auf die Hinterhand schauen. Dann kommt der Kontaktstock ins Spiel, indem ich mit diesem in einer deutlichen Bewegung von vorne ausgehend zur Seite und nach hinten auf die Hinterhand zeige. Daraufhin kommt der Zubiss als ein Schlag mit dem Seilchen des Kontaktstockes von hinten auf die Hinterhand. Dies ist mir möglich, indem ich den Kontaktstock in einem seitlichen weit ausholenden Bogen von vorne nach hinten führe. Wichtig ist auch hier, dass ich meinem Pferd zunächst die Chance gebe, sich durch meinen Blick in Bewegung zu setzen, bevor ich die nachdrücklicheren Einwirkungen steigere. So wird es bald lernen, alleine durch meinen Blick auf die Hinterhand loszugehen. Der Kontaktstock ist dann nicht mehr nötig. Allerdings sollte ich mich auch nicht scheuen, diesen wieder zur Hand zu nehmen, wenn mein Pferd in seiner Reaktion nachlässt.

Dabei arbeite ich nach dem Prinzip des aggressiven Drohens – vom Schauen – zum Zeigen – zum Tun – und wirke so von vorne auf die Hinterhand des Pferdes ein.

Rollenspiele | 83

32. Schmusen ist sehr wichtig, aber bitte richtig

Scheuert sich Ihr Pferd an Ihnen oder schubst Sie sogar an, ist das kein Zeichen von Sympathie, sondern von Respektlosigkeit.

Lassen Sie das zu, ist Ihre Leitungsrolle in Frage gestellt, denn am Chef scheuert man sich nicht.

Häufig kommt es vor, dass ich Pferde beobachte, die sich genüsslich den Kopf am Rücken oder an der Schulter ihrer Menschen scheuern. Diese freuen sich dann, weil sie meinen, es handele sich hier um eine Sympathiebezeugung ihres Pferdes, das mit ihnen schmusen wolle. Hier liegt ein großer Irrtum vor. Es hat einmal jemand gesagt: Wenn du zulässt, dass dein Pferd sich an dir scheuert, bist du für dieses nicht mehr, wie für die Sau die Scheuereiche. Mit anderen Worten: Das Pferd benutzt den Menschen als Kratzbaum, um sich das juckende Fell zu kratzen. Lassen wir das zu, lassen wir Respektlosigkeit zu. Am Chef kratzt man sich nicht. Das tut kein rangniedriges Pferd an seinem Leittier in der Herde. Würde es das dennoch versuchen, müsste es mit starken Sanktionen rechnen. Was aber wiederum nicht heißt, dass ein ranghohes Pferd keinen Sozialkontakt braucht. Sich zu berühren, aneinander zu scheuern und das Fellchen zu kraulen ist ein wichtiges Grundbedürfnis für das Herdentier Pferd und fördert ungemein dessen Wohlbefinden. Allerdings gibt es auch hierfür Regeln.

In der Natur sieht das so aus, dass das ranghohe Tier das rangniedrige zum gegenseitigen Fellchenkraulen auffordert. Hat dieses dann genug gekrault, wird das rangniedrige Pferd wieder entlassen. Man könnte sagen: Das ranghohe Tier benutzt das rangniedrige, um sein Bedürfnis nach körperlichem Wohlbefinden zu befriedigen und das nur so lange, wie es ihm dienlich ist. Im übertragenen Sinne heißt das: Stellt der Mensch sich als »Kratzbaum« zur Verfügung, agiert sein Pferd aus der ranghohen Position. Er selbst stellt sich als Rangniedriger zur Verfügung, er wird benutzt. Der Mensch lässt eine Umkehr in der Führungsrolle zu, welche wiederum den Aspekt eines klaren Umgangs miteinander in Frage stellt. So eine Ermutigung zu ranghohem Tun lässt so manches Pferd auf die Idee kommen, seine Kompetenzen auch in anderen Dingen zu überschreiten. Je klarer ich hier lebe, umso weniger wird mein Vierbeiner ermutigt, an meiner Position »zu kratzen«. Nicht selten beobachte ich, dass auf das An-sich-scheuern-Lassen, ein Den-Mensch-mit dem-Kopf-durch-die-Gegend-Schubsen folgt – dann wird es richtig bedenklich.

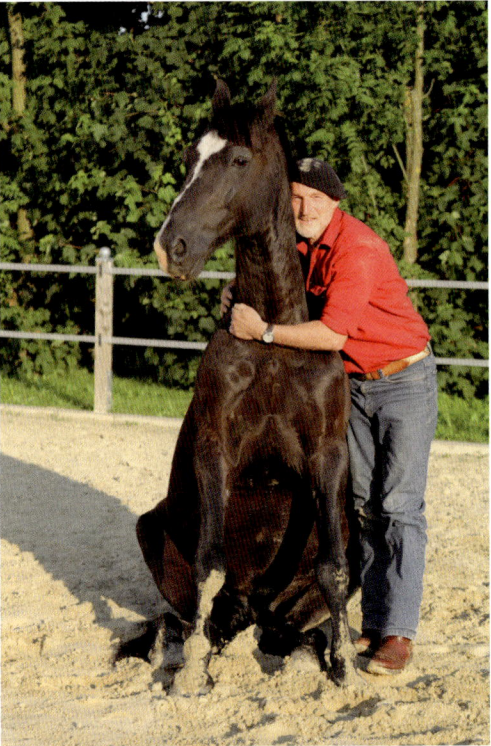

Schmusen kann man in jeder Körperposition, auch im Sitzen.

Die körperliche Kontaktpflege mit Ihrem Pferd ist ein wichtiges Thema. Fassen Sie es überall an, tun Sie das mit allen möglichen Gegenständen.

Dennoch sollten Sie nicht auf Schmusen und Sozialkontakt mit Ihrem Pferd verzichten. Tun sie es, tun Sie es viel und tun Sie es mit allem, was Ihnen zur Verfügung steht, mit den Händen, dem Arbeitsseil, der Gerte, dem Kontaktstock oder meinetwegen auch mit Ihrem Bauchnabel. Das ist nicht nur für das Wohlbefinden unseres Vierbeiners wichtig, sondern auch für das vieler Pferdebesitzer und sorgt zusätzlich für Vertrauen und Nähe. Nur – achten Sie auf die Regeln. Das Pferd hat es nicht an Ihnen zu vollziehen und es nicht an Ihnen zu fordern.

Sie können aus diesem Bedürfnis nach Sozialkontakt ein Begrüßungsritual oder auch ein Check up entwickeln oder es einfach zwischendurch tun. Wann immer Sie dabei feststellen, dass Ihr Pferd Körperstellen hat, an denen es sich nicht anfassen lassen möchten, klären Sie, was der Grund dafür ist. Liegt möglicherweise eine Verletzung vor, sollten Sie sich darum kümmern. Ist der Grund eine mangelnde Akzeptanz für Be-

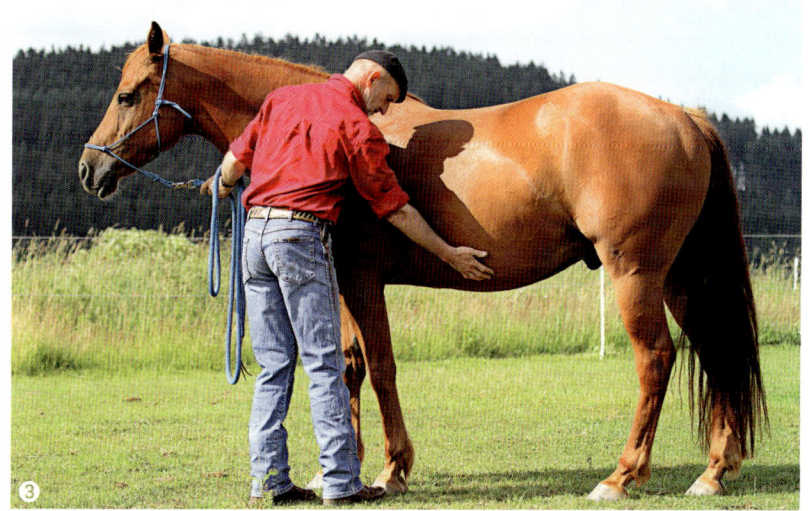

Kraulen, streicheln oder schubbern Sie es, das tut Ihnen und Ihrem Pferd gleichermaßen gut und sorgt für Nähe. Achten Sie dabei aber auf die Spielregeln.

Lassen sie nicht zu, dass Ihr Pferd unaufgefordert in Ihre Persönlichkeitszone eindringt. Wünschen Sie mehr Nähe, fordern Sie Ihren Vierbeiner aktiv zum Näherkommen auf.

Eine andere Möglichkeit der Kontaktaufnahme ist das aktive Zum-Pferd-Hingehen von Seiten des Menschen.

Gerne dürfen Sie dann auch Ihr Pferd freundlich begrüßen und ihm durch Streicheln oder Schubbern Gutes tun.

rührung, sollten Sie das nach dem bereits beschriebenen Desensibilisierungsprinzip klären. Bei manchen Pferden ist das Sich-an-dem-Menschen-Scheuern zu einer zwanghaften Handlung geworden. Sobald sich ein Mensch in der Nähe ihres Kopf aufhält, beginnt sofort das Scheuerverhalten. Hier hilft nur eins: Schicken Sie Ihr Pferd auf Distanz. Wie das gehen kann, habe ich bereits in den Kapiteln über das Führen beschrieben. Und wenn Ihr Pferd einer freundlichen Aufforderung dazu nicht nachkommt, werden Sie deutlich.

Generell gilt: Schicken Sie ein Pferd auf einen Platz, achten Sie darauf, dass es den Platz auch einhält. Versucht es diesen unaufgefordert zu verlassen, schicken Sie es sofort dorthin zurück, im Zweifelsfall mit Nachdruck, das sorgt für Ihre Glaubwürdigkeit. Sie als Chef legen einen Individualbereich oder auch eine Persönlichkeitszone fest, in die Ihr Pferd nicht einfach einzudringen hat.

Möchten Sie Ihr Pferd wieder mehr in der Nähe haben, fordern Sie es durch ein aktives Heranholen mit dem Seil dazu auf oder gehen Sie zu diesem hin. Die Initiative sollte immer von Ihnen ausgehen. So können Sie übrigens auch einem Pferd beibringen, sich verlässlich parken zu lassen.

Gestatten sie mir auch hier den Vergleich mit einem Chef in einer Firma. Dieser hat sein eigenes Büro als persönliche Domäne. Würde es dieser Chef nun zulassen, dass jeder Mitarbeiter oder auch jeder Besucher unaufgefordert in dieses Büro hineinlatscht, es sich dann möglicherweise auch noch auf dessen Schreibtischkante bequem macht oder sich in dessen Sessel flegelt, wäre sein Ansehen nicht viel wert. Will der Chef ernst genommen werden, muss er sich auch als solcher verhalten. Lässt er Distanzlosigkeit zu, bekommt er sie. Einem Chef, den man nicht wirklich ernst nimmt, muss man auch nicht unbedingt Folge leisten. Ist ein Chef hingegen souverän und sich seiner Position bewusst, wird er für einen klaren Umgang miteinander sorgen. Jeder, der etwas von ihm will, sollte dabei zunächst höflich an die Bürotüre klopfen und die Reaktion des Chefs abwarten. Ist es ein Mitarbeiter, wird der Chef vermutlich von seinem Schreibtisch aus diesen zum Eintreten auffordern. Ist es ein Besucher, wird er diesen persönlich an der Bürotüre abholen, begrüßen und hereinbitten. Jeder Chef, der mehr zulässt, muss sich darüber im Klaren sein, dass er sich möglicherweise auf dünnes Eis begibt.

33. Drücke, die beeindrucken – das Druckpunkttraining

Dieses Training ist ein wichtiges Element in der Bodenarbeit. Durch kleine Einwirkungen an unterschiedlichen Körperstellen des Pferdes erzielen wir große Wirkungen, wobei diese Einwirkungen immer drei wichtige Eigenschaften haben.
1. Sie festigen unseren Leitungsanspruch. Sie lassen das Pferd in unterschiedliche Richtungen weichen. Wir wissen: wer

Durch einen langsam steigenden Druck an dieser Stelle veranlasse ich mein Pferd zum Rückwärtstreten.

weicht, ordnet sich unter. Wir arbeiten somit an der Leitungsfrage. 2. Wir erklären unserem Pferd die reiterlichen Hilfen vom Boden aus und schaffen zugleich die Voraussetzung für eine weiterführende feine Kommunikation am Boden. Somit haben sie einen kommunikativen und zugleich sensibilisierenden Charakter. 3. Wir gymnastizieren unser Pferd und machen es damit durchlässig und mobil für die weiterführende Arbeit. Bei der ersten Übung möchte ich das Pferd lehren, durch eine punktuelle Einwirkungen am Nasenbein rückwärts zu weichen. Bei all diesen Übungen gilt selbstverständlich immer das bereits erwähnte Motto: **So wenig wie möglich, aber auch so viel wie nötig.** Dabei stelle ich mich auf die linke Kopfseite des Pferdes und greife mit meiner rechten Hand in das Halfter. Das ist nötig, um ein Pferd im Bedarfsfall besser kontrollieren zu können. Selbstverständlich kann man sich auch auf die andere Seite des Kopfes stellen, dann sind die Vorgänge eben spiegelbildlich zu tun. Meine linke Hand wandert über das Nasenbein des Pferdes und sucht die Stelle, an der dieses noch knöchern ist. Würde ich weiter unten einwirken, würde ich dem Pferd die Nase zu- und somit die Luft abdrücken. Ich positioniere Daumen und Zeigefinger links und rechts der Knochenleiste des Nasenbeines und beginne mit einem sanften Druck meiner Fingerkuppen an dieser Stelle ein-

Zeigt mein Pferd die von mir angestrebte Reaktion und weicht einen Schritt rückwärts, nehme ich augenblicklich den Druck weg, gebe ihm eine Pause und streichle es an der Stelle, an der ich zuvor eingewirkt habe.

Drücke, die beeindrucken – das Druckpunkttraining

zuwirken. Erfolgt keine Reaktion, was am Anfang völlig normal ist, werde ich meine Einwirkung zunehmend verstärken, so lange, bis mein Vierbeiner mit einem Schritt rückwärts reagiert. Möglicherweise muss ich am Anfang auch mal vorübergehend meine Fingernägel kneifend einsetzen. Das sollte aber wirklich nur eine kurzfristige und vorübergehende Vorgehensweise sein. Sobald das Pferd nach hinten weicht, vielleicht auch nur den Ansatz davon zeigt, nehme ich augenblicklich die Einwirkung weg. Dadurch erhält dieses eine sofortige Bestätigung für die richtige Reaktion als erstes wichtiges positives Feedback. Ich streichele es zusätzlich an der Stelle, an der ich zuvor eingewirkt habe und gebe ihm eine kleine Pause. Beides sind positive Lernverstärkungen, die dem Pferd einen zusätzlichen Gewinn vermitteln und es dazu motivieren sollen, beim nächsten Mal in gleicher Weise oder vielleicht noch schneller zu reagieren. Außerdem ist diese Pause unbedingt wichtig, um die soeben gemachte Erfahrung zu verarbeiten und zu speichern. Würde ich nicht in dieser Weise vorgehen, hätte das Pferd kaum eine Chance, die von mir angestrebte Lektion zu verstehen, da mir ja bekanntlich nicht die Möglichkeit der verbalen Erklärung zur Verfügung steht. So vermittele ich meinem Vierbeiner eine erste Idee für das, was ich von ihm möchte. Nach besagter Pause beginne ich den gleichen Vorgang von neuem. Verfahre ich hier konsequent nach dem gleichen Muster, wird mein Pferd bald gelernt haben, auf allerfeinste Einwirkung leicht und willig die von mir angestrebte Reaktion zu zeigen. Allerdings sollte ich bei dieser Übung, wie auch bei allen weiteren, die Häufigkeit der Wiederholungen nicht übertreiben. Wir wollen nicht exerzieren, sondern kreieren. Eine drei- oder viermalige Wiederholung während einer Trainingseinheit für eine Lektion ist ausreichend. Lieber wenig und mit guter Qualität, als zu viel und den Bogen überspannen. Auch hier ist weniger mehr. Je leichter und feiner mein Pferd nun die Lektion umsetzt, umso länger kann ich die einzelnen Reprisen gestalten. War es am Anfang ein Schritt, werden es danach zwei oder drei und später vielleicht viele mehr sein. Dann werden auch die anfangs sehr wichtigen Pausen immer weniger wichtig, und letztlich kann ich sie ganz weglassen. Die Lektion hat sich dann automatisiert und ist zu einem festen Verhaltensmuster geworden.

Lässt ein Pferd sich leicht und willig rückwärts richten, ist das ein starkes Zugeständnis an meinen Leitungsanspruch. Rückwärtsgehen kann auch eine wunderbare Gymnastik sein, bei der das Pferd seine Hinterhand gut unter den Körper schiebt und sich im Rücken aufwölbt. Außerdem lernt das Pferd bei dieser Übung nicht nur, sich rückwärts zu bewegen, sondern es lernt das Rückwärtsdenken. Gemeint ist damit jegliche Art von gangvermindernden Einwirkungen, im Fachjargon als durchparieren bezeichnet. Auch das Durchparieren von einer höheren in eine niedrigere Gangart ist letztendlich Rückwärts. Ob vom Galopp zum Trab, vom Trab zum Schritt, vom Schritt zum Halt und vom Halt zum Rückwärts, alles ist Rückwärts. Man könnte auch sagen: Das eigentliche Rückwärtsrichten ist nur der Gipfel des Rückwärts. Sensibilisiere ich das Pferd entsprechend am Nasenrücken, steht mir diese Möglichkeit sowohl für jede Art der gebisslosen Reiterei, für fortführende Bodenarbeitslektionen, aber auch für eine bessere Kontrolle beim einfachen Führen zur Verfügung.

34. Das Maul vom Gaul

Das Maul des Pferdes spielt bei den allermeisten Reitweisen eine wichtige Rolle, pflegt man doch über dieses einen wichtigen Teil der Kommunikation zu führen. Dabei spielen die sogenannten Zügelhilfen am Anfang meist eine relativ große Rolle, mit zunehmendem Verlauf einer Ausbildung sollten diese aber immer mehr in den Hintergrund treten. Leider bleibt das bei vielen Reitern eine Theorie. Die Zügelhilfen heißen so, weil sie dem Reiter helfen sollen, mit Hilfe des Zügels eine Kommunikation mit seinem Vierbeiner zu führen. Bekanntlich stellt dieser ja die Verbindung zwischen der Reiterhand und dem im Pferdemaul liegenden, meist eisernen, Mundstück dar. Nun ist das Pferdemaul ein ganz empfindliches Organ, in das man nicht einfach ein Eisenteil packen und ungeschützt daran herumziehen sollte. Eine gute Vorbereitung auf dieses Mundstück ist eine sinnvolle Angelegenheit und dem Pferd gegenüber nur fair. Dabei möchte man erreichen, dass dieses das sogenannte Gebiss nicht nur duldet, sondern auch darauf kaut. Dieses Kauen sollte aber nicht ein Kauen sein, wie es beim Fressen praktiziert wird, man könnte es eher als ein Kosten bezeichnen. Es entspricht in etwa dem Vorgang, den wir Menschen praktizieren, wenn wir ein Bonbon lutschen. Dieses Kauen möchte man aus einem guten Grund. Wir wissen, wer kaut, kann nicht die Zähne zusammenpressen und ist somit nicht nur im Maul gelöst, sondern auch in der Nacken- und Rückenmuskulatur. Außerdem wird über das Kauen die Ohrspeicheldrüse zur Abgabe von Speichel angeregt. Dieser

Speichel fließt in die Maulhöhle und dient dort normalerweise als verdauungswirksames Sekret, indem es beim Kauen mit Futter vermengt und heruntergeschluckt wird. Schlucken mit nach oben gestreckter Nase geht schlecht, das können Sie an sich selbst ausprobieren. Deutlich besser geht es mit heruntergenommenem Kinn. Fließt also durch das Anregen der Ohrspeicheldrüse Speichel ins Pferdemaul, löst dieser einen unwillkürlichen Schluckreflex aus. Dadurch bedingt wird das Pferd sein Kinn nach unten nehmen, um besser schlucken zu können, automatisch kommt es dabei in eine Art Beizäumung. Egal, ob es sich um ein junges Pferd handelt, das erst mit dem »Fremdkörper« Trense in seinem Maul bekannt gemacht werden muss oder um ein älteres, das vielleicht schlechte Erfahrungen mit der Reiterhand gemacht hat, diese Übung ist für beide gut. Dabei gehe ich folgendermaßen vor: Ich stelle mich links neben das Pferd in Höhe des Halses. Mit der linken Hand fasse ich ins Halfter, um den Kopf besser kontrollieren zu können, falls mein Pferd unwillig reagieren möchte. Das Arbeitsseil liegt wohl sortiert über meiner Ellbeuge. Die Finger meiner rechten Hand nehme ich so, dass Daumen und Zeigefinger gespreizt sind und der Mittelfinger im rechten Winkel dazu abgestellt ist, Ring- und kleiner Finger sind geschlossen.

Diese Hand strecke ich nun unter dem Pferdekopf hindurch und schiebe den Mittelfinger vorsichtig in den Maulspalt des Pferdes, dorthin, wo normalerweise die Trense liegt. Natürlich kann das genauso gut von der anderen Seite gemacht werden und ist dann spiegelbildlich durchzuführen. Wer sich ein wenig im Pferdemaul auskennt, weiß, dass ein Pferd hier keine Zähne hat, somit besteht auch nicht die Gefahr, gebissen zu werden. Allerdings sollte man sich hüten, den Mittelfinger zu weit nach oben in den Bereich der Backenzähne zu nehmen, das könnte schmerzhaft werden. Deswegen liegen Daumen und Zeigefinger gespreizt auf der Wange des Pferdes, um hier ein Widerlager zu bilden, welches dem Mittelfinger eine sichere Position im Maul meines Vierbeiners gibt. Mit der Fingerkuppe dieses Mittelfingers berühre ich das Pferd nun seitlich an der Zunge, was bei den allermeisten Pferden sofort ein Kauen auslöst. Bei den wenigen, bei denen das nicht der Fall ist, hat meist schon eine, durch grobe Menschenhände verursachte, Abstumpfung stattgefunden.

Meinen abgespreizten Mittelfinger lege ich seitlich in die äußere Maulspalte des Pferdes. Daumen und Zeigefinger ruhen währenddessen als Widerlager an der Wange des Pferdes. Mit meiner linken Hand am Halfter kontrolliere ich meinen Vierbeiner, sollte dieser beginnen, mit dem Kopf zu schlagen.

Daumen und Zeigefinger sind abgespreizt, der Mittelfinger im rechten Winkel dazu abgewinkelt, das ist meine erste »Trense«, besser gesagt, die Hälfte davon.

Maularbeit ist Vertrauensarbeit und wer schon öfters eine so richtig »ins Maul bekommen hat«, wird sich hüten, sich erneut auf den Verursacher einzulassen. Dieser versucht sich zu schützen, indem er, im wahrsten Sinne des Wortes, das Maul

Kitzele ich mit meiner Fingerkuppe nun das Pferd seitlich an der Zunge, wird es vermutlich gleich anfangen, sich im Maul zu lösen und zu kauen. Am Anfang kann das etwas heftig ausfallen, mit der Zeit wird das Kauen dann aber entspannter.

verschließt. Hier kann ein Streicheln seitlich an der Zunge helfen, diese wieder zu lösen. Im Extremfall kann ich auch mal meine Fingerspritze mit Honig präparieren, um dem Pferd das Kauen zu »versüßen«.

Bei einem jungen Pferd oder einem mit schlechten Erfahrungen, kann es durchaus sein, dass dieses beginnt, mit dem Kopf zu schlagen oder ihn hochzureißen. In diesem Fall bin ich gut beraten, wenn ich meine andere Hand tatsächlich am Halfter habe, um das zu kontrollieren. Wenn möglich, sollte es dem Pferd dabei nicht gelingen, meine Finger in seinem Maul loszuwerden. Bei ganz schwierigen Fällen kann es sogar nötig sein, zunächst einfach nur die flache Hand von außen auf die Wange des Pferdes zu legen und zu warten, bis diese Berührung akzeptiert wird, erst dann werde ich damit beginnen, den Mittelfinger auch tatsächlich ins Maul einzuführen.

Akzeptiert mein Vierbeiner nun widerstandslos meinen Finger in seiner Maulspalte, werde ich damit beginnen, gleichzeitig und in gleicher Weise den Mittelfinger meiner anderen Hand in den gegenüberliegenden Maulspalt zu schieben. So entsteht eine simulierte Trense, mit der ich das Pferd auf das Einlegen der tatsächlichen Trense vorbereiten kann. Es lernt, diese als Fremdkörper in seinem Maul zu akzeptieren und sich gleichzeitig im Maul zu lösen, um zu einem guten Abkauen zu kommen, aber auch, sich erst einmal bereitwillig die Trense ins Maul schieben zu lassen.

Akzeptiert das Pferd die eine Hälfte meiner nachgestellten Trense im Maul, kommt auch der zweite Teil dazu. Das sieht dann ähnlich aus wie eine Knebeltrense.

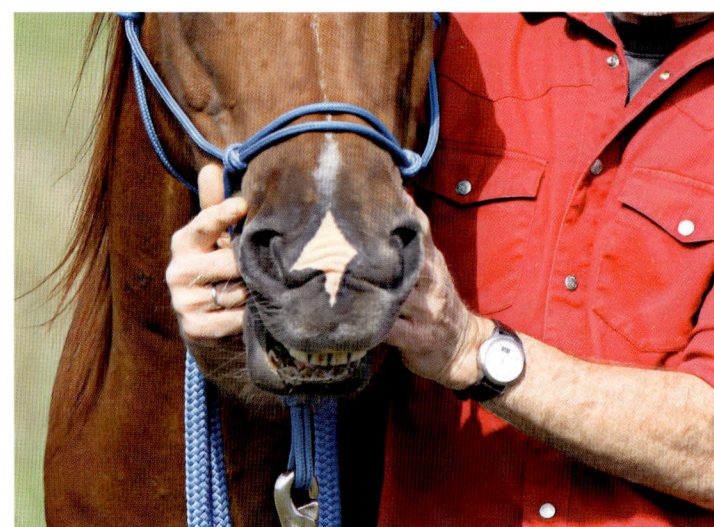

Nun sind beide Trensenteile in die Maulwinkel meines Pferdes eingeführt und meine Finger nehmen immer mehr den Charakter einer tatsächlichen Trense an.

Stellt die bloße Existenz meiner »Fingertrense« im Maul meines Pferdes kein Problem mehr dar, kann ich damit beginnen, Einfluss auf die Kopfhaltung meines Vierbeiners zu nehmen. Das Ziel ist, dass dieser den Kopf nach unten in die Dehnungshaltung fallen lässt. So richtig weiß der Fuchs gerade noch nicht, was ich von ihm möchte.

Durch eine zunehmende Verstärkung meiner Einwirkung auf die Unterkieferladen hat das Pferd verstanden, was ich von ihm möchte und mit dem Kopf nach unten nachgegeben. Augenblicklich muss nun der Druck weggenommen werden.

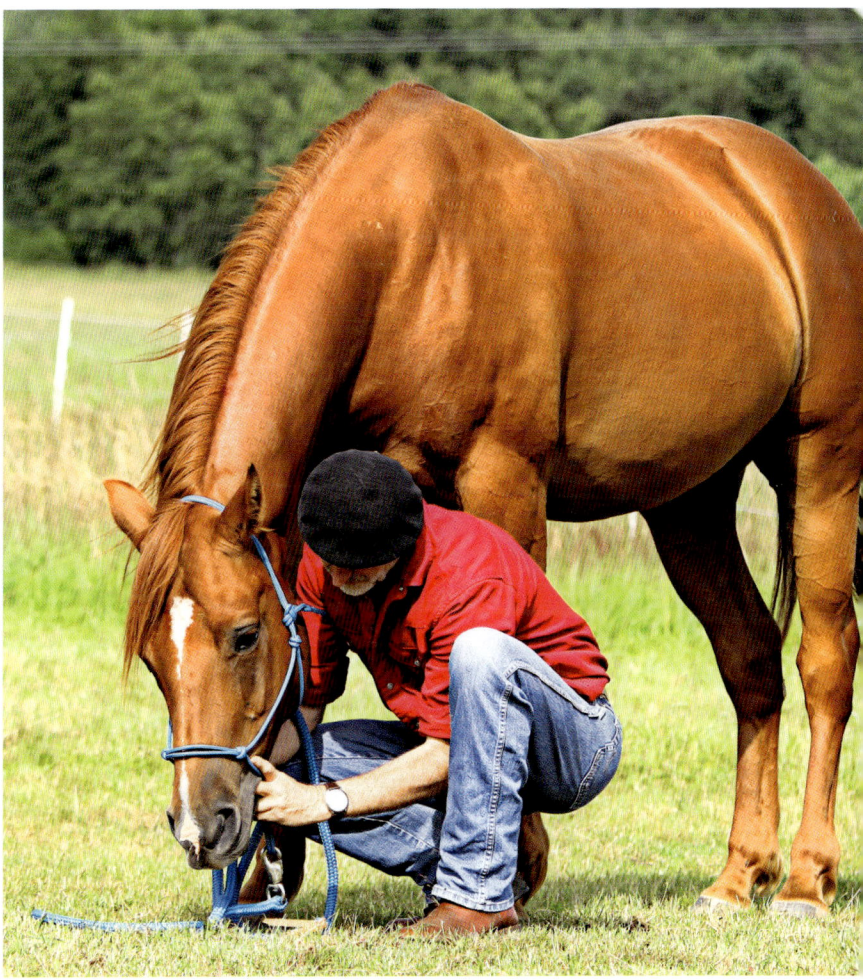

Sehr schön ist hier zu sehen, wie sich mein Pferd mit dem tief gehaltenen Kopf nach unten streckt und die Idee der Dehnung angenommen hat.

Das Maul vom Gaul | *91*

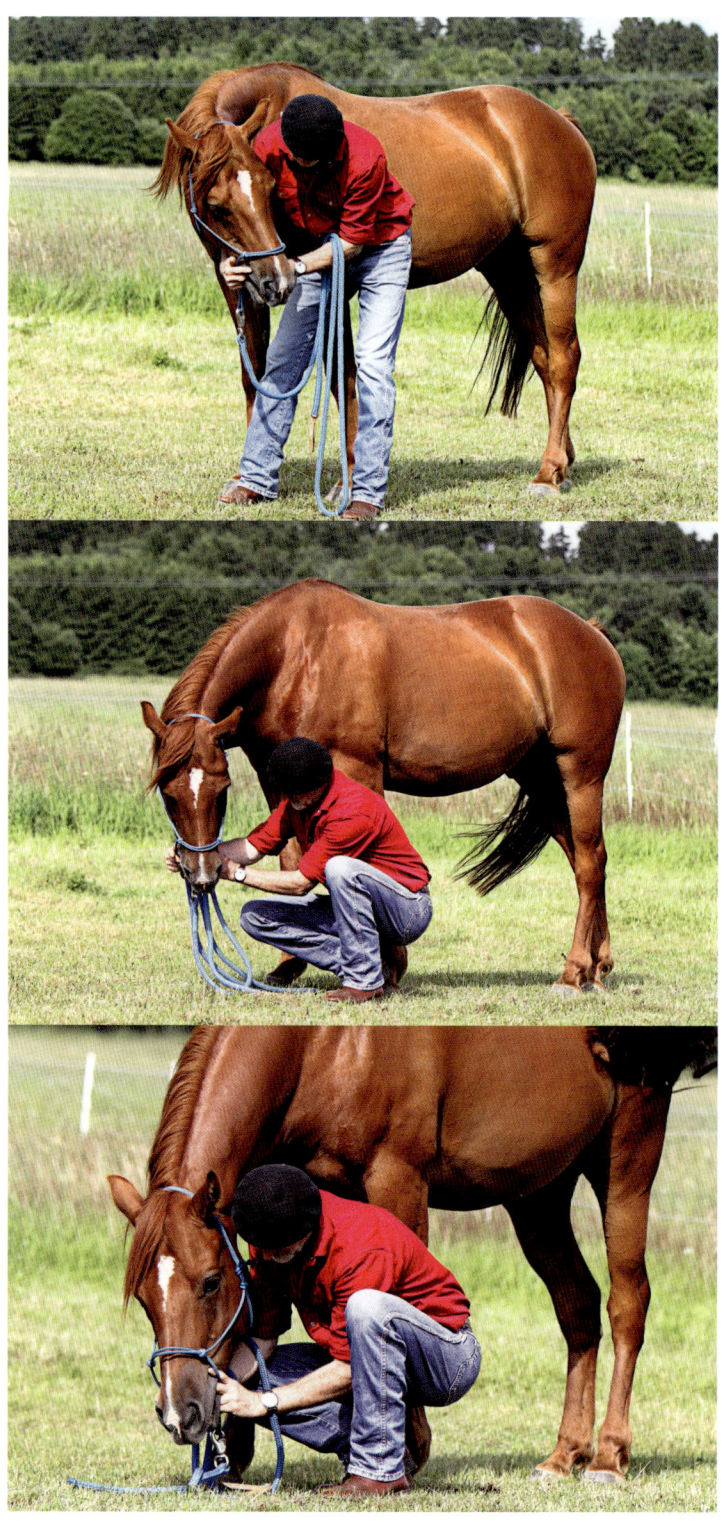

Reiter, die eine mit tiefer Hand und nach hinten einwirkende Zügelführung zu praktizieren pflegen, können nun noch einen Schritt weitergehen, um ihr Pferd am Boden für das Einnehmen der Dehnungshaltung vorzubereiten. Strebe ich das an, gehe ich folgendermaßen vor: Ich positioniere meine Mittelfinger, wie oben beschrieben, im Maul des Pferdes. Ich beginne damit, mit diesen nun einen leichten Druck auf die Unterkieferladen auszuüben. Reagiert das Pferd, indem es mit dem Kopf leicht nach unten nachgibt, auch wenn es nur ein kurzes Nicken ist, nehme ich den Druck sofort weg.

Tut sich ein Pferd sehr schwer, die Anfrage in seinem Maul auf das Nachgeben nach unten zu verstehen, kann es hilfreich sein, den Kopf etwas zur Seite zu stellen. So lässt es sich leichter los, weil es die paarig angebrachten Halsmuskeln nicht gegeneinander verspannen kann.

Meine Finger bleiben zwar an Ort und Stelle, aber passiv. Nach einer kleinen Pause beginne ich aufs Neue mit dieser Einwirkung. Und immer, wenn das Pferd nach unten nachgibt, muss der Druck weg sein. So wird es lernen, später auf das leichte Annehmen des Zügels den Kopf in die Dehnungshaltung zu nehmen. Reagiert es allerdings nicht auf diese leichte Einwirkung oder geht vielleicht sogar dagegen, sollte ich diese langsam aber stetig steigern, bis die erwünschte Reaktion kommt. In sehr schwierigen Fällen kann es hilfreich sein, dem Pferd dabei eine seitliche Abstellung im Hals zu geben, so kann es die paarig angelegten Muskeln des Halses nicht widereinander verspannen und lässt sich leichter los.

Auch hier haben wir wieder die drei beschriebenen Ergebnisse. Wir schaffen eine Akzeptanz des Pferdes für einen Fremdkörper in seinem Maul und bereiten es auf eine feine Kommunikation mit dem Zügel vor. Wir erreichen, dass dieses den Hals fallenlässt, es gibt also nach unten nach, was wiederum als ein Weichen nach unten zu bewerten ist und unseren Leitungsanspruch unterstreicht. Gleichzeitig dehnt es dabei die Oberlinienmuskulatur als gymnastizierende Variante und das Abkauen tut als lösender Faktor das seinige dazu.

35. Der Nacken, eine wichtige Schaltstelle

Diese Übung halte ich für eine ganz wichtige, kann sie doch dem ängstlichen oder gestressten Pferd zur Ruhe und Entspannung verhelfen, aber auch das sich dominant aufbauende in die Unterordnung schicken. Ein Pferd, das aufgeregt oder ängstlich ist, trägt den Kopf sehr hoch. Dabei sind meist die Nacken- und Rückenmuskeln verspannt, die Pobacken zusammengekniffen und die Schweifrübe dazwischen eingezogen. Aber auch das Pferd, das einen durch seine Körpergröße beeindrucken möchte und sich entsprechend vor einem aufbaut, verhält sich ähnlich, allerdings ohne die angsthafte Verspannung in Oberlinie und Hinterhand. Hält ein Pferd hingegen Kopf und Hals in einer tiefen Position, ist es entweder dabei zu fressen oder zu dösen, es befindet sich also in einem entspannten und losgelassenen Zustand. Gelingt es mir nun, durch ein entsprechendes Training ein sich aufbauendes Pferd dazu zu veranlassen, Kopf und Hals nach unten zu nehmen, bringe ich es zunächst in eine körperliche Entspannungshaltung, die sich aber sofort auch mental auswirkt. Hier haben wir

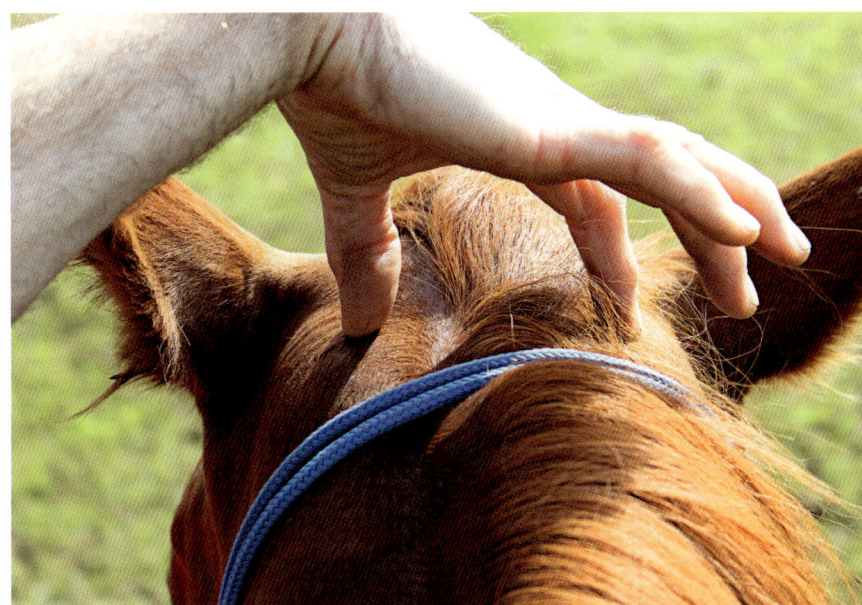

Das ist die richtige Stelle im Nacken des Pferdes, an der ich mein Druckpunkttraining ansetze.

neben einer vertrauensbildenden, entspannenden, aber auch unterordnenden Auswirkung wieder den gymnastizierenden Effekt der Oberliniendehnung. Dazu kommt die Sensibilisierung für ein feines Nachgeben im Nacken, welches mir für manche Problemanfragen Lösungen anbietet, mir aber auch in der fortführenden Kommunikation, sei es am Boden oder unter dem Sattel, gute Wege eröffnet. Das Pferd, das die unangenehme Angewohnheit hat, beim Aufhalftern oder Auftrensen den Kopf hochzureißen, lernt hierbei, diesen entspannt nach unten zu nehmen. Möchte ein Pferd mir beim Führen nicht folgen, reicht meist ein leichter Druckaufbau über das Führseil und es setzt sich in Bewegung. Lässt ein Pferd sich nicht gut anbinden und reißt sich gerne los, kann es über dieses Training lernen, dem sich aufbauenden Druck des Anbindehalfters im Nacken leichter nachzugeben. Somit ist die Gefahr des sich Losreißens deutlich kleiner. Alle Zäumungen, die über Hebeleinwirkung funktionieren, wirken nicht nur auf die Nase, bzw. das Maul und die Kinngrube des Pferdes ein, sondern auch im Nacken. Auch hier kann die nun folgende Übung eine gute Vorbereitung für ein feines Nachgeben beim Reiten sein.
Etwa fünf Zentimeter hinter den Ohren des Pferdes befindet sich links und rechts des Mähnenkammes jeweils eine kleine Aufwölbung. Diese wird gebildet durch die darunter liegenden Knochenzapfen des ersten Halswirbels Atlas. Diese Knochenzapfen sind normalerweise dazu da, ein seitliches Über-

Red Wood hat auf meine Einwirkung deutlich nachgegeben.

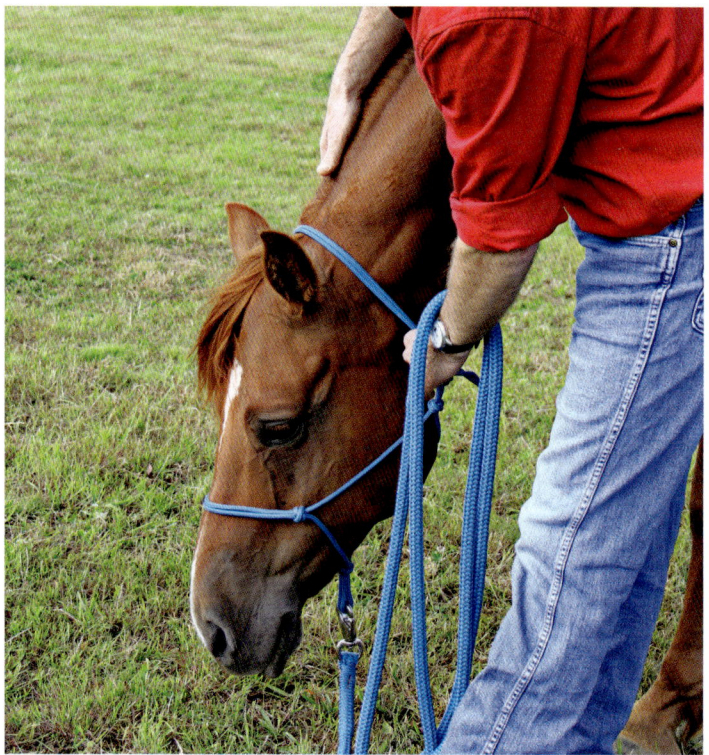

Wichtig ist, auf das Nachgeben des Pferdes direkt den Druck wegzunehmen, damit es seine Reaktion sofort als richtig erkennt. Wird es dann auch noch dafür gestreichelt, hat es gleich einen doppelten Nutzen.

drehen des Kopfes zu verhindern. Bei manchen Pferden kann man diese Aufwölbung gut sehen. Bei anderen, eher solchen mit dicken, kurzen Hälsen, wie wir sie bei den Robustrassen oft vorfinden, kann man sie meist nur erfühlen oder erahnen. Diese Aufwölbungen eignen sich gut, um das Pferd zu veranlassen, den Kopf in die gewünschte Dehnung zu nehmen. Dazu stelle ich mich seitlich neben den Kopf des Pferdes und fasse mit der einen Hand in dessen Halfter, damit ich es im Bedarfsfall besser kontrollieren kann. Daumen und Zeigefinger meiner anderen Hand stelle ich, mit den Fingerspitzen nach unten, auf besagte Aufwölbungen und beginne, mit einem leichten Druck auf diese einzuwirken. Nach dem alt bekannten Motto »so wenig wie möglich und so viel wie nötig«, steigere ich den Druck nun langsam, bis das Pferd mit dem Kopf nach unten nachgibt. Dabei darf ich keineswegs erwarten, dass es seinen Kopf mit einem Mal gleich von oben nach unten fallen lässt. Zu Beginn erhalte ich als Reaktion meist nur ein kurzes Nicken oder Zucken nach unten, das genügt. Sofort stelle ich meine Aktivität ein, streichele das Pferd an der Stelle, an der ich zuvor druckpunktartig eingewirkt habe, und gebe die nötige Pause. Danach beginne ich den Prozess von Neuem.

Tut sich ein Pferd sehr schwer mit dem Nachgeben, kann es vorübergehend nötig sein, den Druck anstatt mit den Fingerkuppen mit den Fingernägeln auszuführen, um damit die Sache regelrecht »auf den Punkt« zu bringen. Bald schon wird aber die Einwirkung nur mit den Fingerkuppen genügen. Eine andere Hilfe kann es sein, dem Pferd den Kopf deutlich zur Seite zu nehmen, um es so zu einem leichteren Nachgeben zu veranlassen. Ist die Reaktion des Pferdes zu Beginn oft nur mäßig, wird diese mit zunehmendem Verlauf des Trainings immer deutlicher ausfallen. Auch hier ist es unbedingt nötig, den Weg der kleinen Schritte zu beschreiten, denn: Will ich zu viel, erhalte ich oft gar nichts. Hat das Pferd einmal verstanden, worum es geht, und ist das angestrebte Bewegungsmuster durch entsprechende Übung automatisiert, ist meist nur noch eine kleine Einwirkung nötig, um Kopf und Hals mit einem Mal in die gewünschte Dehnungshaltung zu schicken. So kann ein vertrauensvolles Bild entstehen, bei dem sich mein Vierbeiner gerne unter meiner Hand in die Dehnung und somit in die Entspannung begibt, weil es gelernt hat, dass ich als kompetenter Herdenchef die Verantwortung übernehme, auf es aufpasse und für seine Sicherheit sorge. Ich erzeuge regelrecht Losgelassenheit, auch in Konfliktsituationen wende ich den gleichen Vorgang bei eher dominanten Pferden an. Lassen diese sich darauf ein, hat das Ergebnis einen eher untergeordneten Charakter.

*Mein Andalusier **Michel** war als Showeinsteiger das erste Mal mit auf einer großen Pferdemesse. Da er normalerweise das ganze Jahr über mit seiner Herde auf der Weide oder im Offenstall lebt, war das schon eine große Anforderung an ihn. Entsprechend aufgeregt war er dann auch, als sein erster Auftritt bevorstand und er auch noch seinen Kumpel im Stallzelt verlassen musste. Lauthals schrie er über die ganze Messe und wollte sich gar nicht beruhigen. Ich wendete den Druck auf seinen Nacken an, worauf er sofort Kopf und Hals fallen ließ und augenblicklich ruhiger wurde.*

36. Die seitliche Mobilität

Um ein Pferd richtig mobil zu machen, ist es nicht nur nötig, dass es sich gut vorwärts bewegen lässt, leicht und willig rückwärts, sondern auch geschmeidig seitwärts. Dabei ist es mir wichtig, dass ich es separat sowohl in der Vorderhand, der Mittelhand als auch in der Hinterhand tun kann. Das gibt mir die Basis für feine gymnastizierende Lektionen, aber auch die Möglichkeit, spezielle Aufgaben bewältigen zu können, wie wir sie zum Beispiel aus dem Bereich des Trailreitens kennen. Und nur, wenn ich die seitliche Kontrolle über die einzelnen Körperteile habe, kann ich ein Reitpferd lehren, auch die seitliche Balance auf gebogenen Linien zu finden. Auch mit dem Erarbeiten dieser seitwärts weisenden Lektionen erreiche ich wieder meine drei angestrebten Ziele: Ich lasse das Pferd weichen, diesmal mit den einzelnen Körperteilen seitwärts. Lässt es sich so bewegen, arbeite ich wieder aus der ranghohen Position und festige meine Leitungsposition. Ich mache meinen Vierbeiner fein durchlässig und sensibel für die seitwärts treibenden Einwirkungen, ich erkläre ihm sozusagen die reiterlichen Hilfen am Boden. Außerdem lege ich eine Basis für fortführende Bodenarbeitslektionen. Und natürlich ist da auch wieder der gymnastizierende Aspekt, auf den ich aber oben schon eingegangen bin.

Die Hinterhandwendung

Beginnen wir mit der seitlichen Verschiebbarkeit der Vorderhand. Im Fachjargon sprechen wir hierbei von der Hinterhandwendung, eine manchmal etwas verfängliche Begrifflichkeit, meint doch der unbedarfte Hörer oft, es handele sich hierbei um eine Wendung mit der Hinterhand. Tatsächlich meint man mit einer Hinterhandwendung eine Wendung um die oder auf der Hinterhand, bewegen tut sich dabei die Vorderhand. Kopf und Hals sind bei dieser Lektion in Bewegungsrichtung gestellt. Möchte ich meinem Pferd vom Boden aus die Hilfengebung für die Hinterhandwendung nach rechts erklären, stehe ich auf dessen linker Seite auf Höhe des Halses. Meine linke Hand fasst dabei in das Backenstück des Knotenhalfters, wobei mein Zeigefinger ausgestreckt gegen die Wange des Pferdes gerichtet ist. Mit diesem Zeigefinger simuliere ich die Einwirkung des inneren, seitwärts weisenden Zügels. Drücke ich meinem Pferd nun mit diesem gegen die Wange, wird es den Kopf nach rechts nehmen. Somit gebe ich ihm die Stellung nach rechts. Es passiert genau dasselbe, als würde ich beim Reiten den inneren Zügel etwas seitlich nach innen führen. Damit die Stellung des Halses dabei nicht zu stark ausfällt, kann ich nun mit meinen anderen Fingern, die ja das Backenstück des Knotenhalfters halten, das Ganze gegenregulieren. Das entspricht der verwahrenden Wirkungsweise des linken äußeren Zügels. Damit sich mein Pferd nun auch nach rechts bewegt, kommt der seitwärts treibende und in Höhe des Sattelgurt liegende äußere, also linke, Schenkel zum Einsatz. Dieser wird simuliert durch einen Finger meiner rechten Hand.

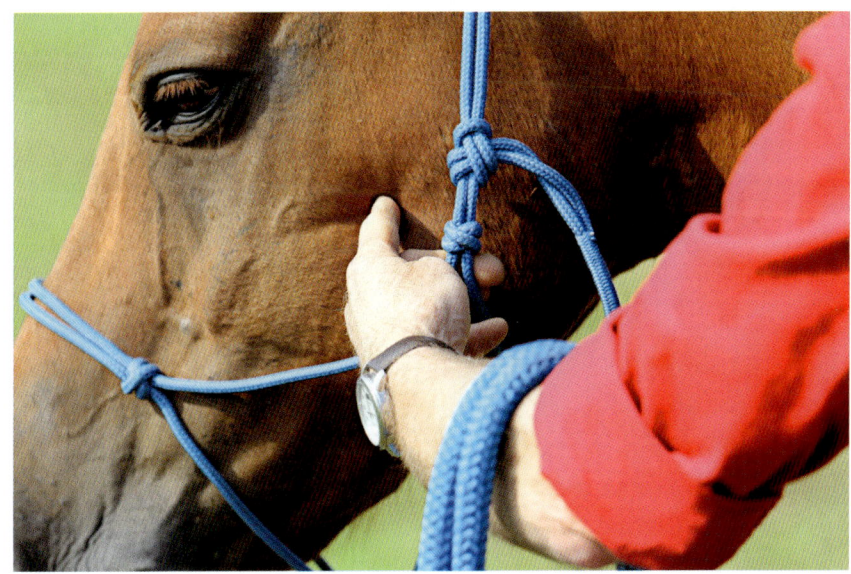

Arbeiten wir am Boden an der Hinterhandwendung, stellt mein gegen die Wange gerichteter Zeigefinger den inneren seitwärtsweisenden Zügel dar, meine das Backenstück haltenden anderen Finger den verwahrenden äußeren Zügel.

Mein äußerer und seitwärts treibender Schenkel (Finger) befindet sich bei der Hinterhandwendung etwas hinter der Schulter des Pferdes, also am Sattelgurt.

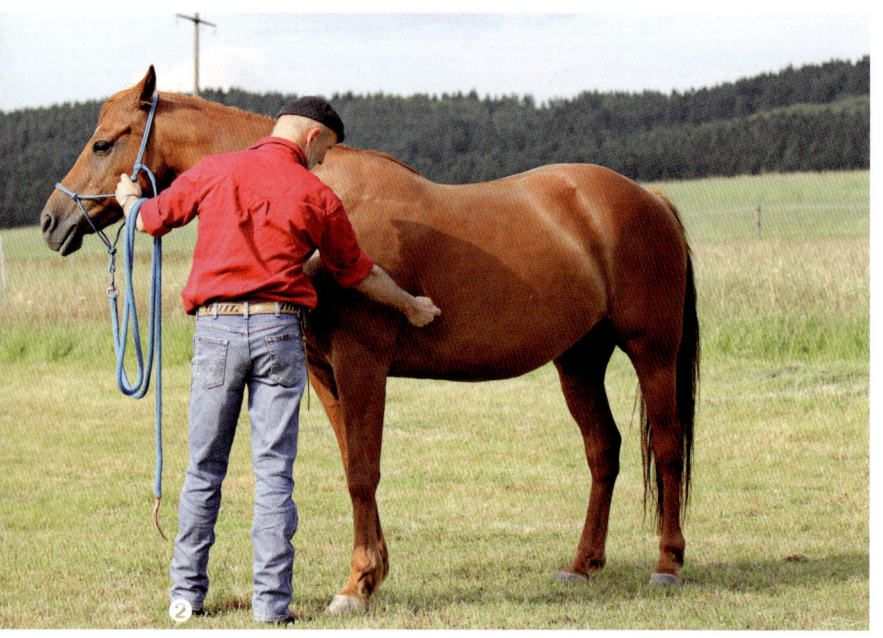

So ist mein Pferd perfekt gestellt, um die Lektion auszuführen. Es hat eine Stellung mit Kopf und Hals in Bewegungsrichtung, das Spielbein steht etwas vor dem Standbein und der »treibende Schenkel« liegt an der richtigen Stelle.

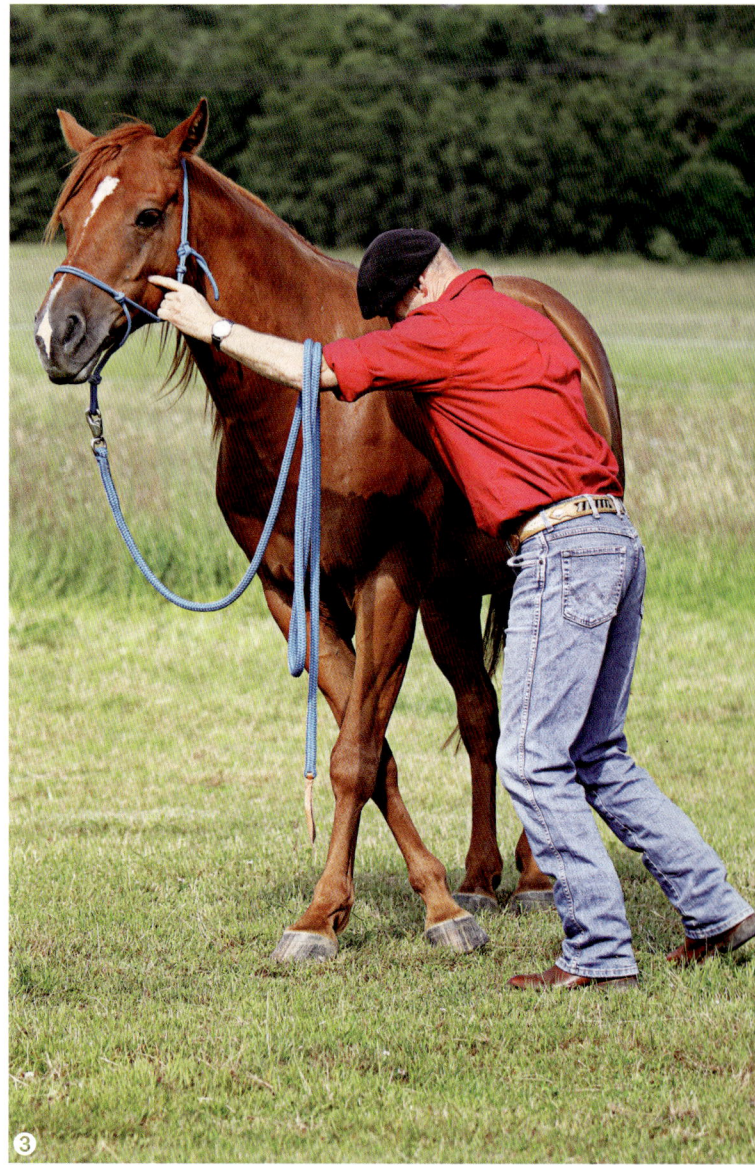

Die richtige Positionierung zeigt dann auch in der Durchführung den Erfolg in einer perfekt ausgeführten seitlichen Bewegung des Pferdes nach rechts mit der Vorderhand um die Hinterhand.

Mit diesem wirke ich nun seitwärts treibend und somit das Pferd nach rechts bewegend ein, indem ich gegen die besagte Stelle drücke, zunächst so wenig wie möglich. Auch hier gilt das bereits mehrfach angesprochene Sensibilisierungsprinzip.

Bei allen seitwärts treibenden Lektionen soll das Pferd lernen, stets seine Beine so zu gebrauchen, dass das Spielbein vor dem Standbein kreuzt. Soll dieses sich also nach rechts bewegen, ist das rechte Bein das Standbein und das linke das Spielbein. Dabei ist es sehr hilfreich für das Pferd, wenn ich es zu Anfang mit seinen Beinen so positioniere, dass das Spielbein vor dem Standbein steht. So wird gewährleistet, dass es auch dort zum Kreuzen kommt. Hat mein Vierbeiner einmal das Bewegungsmuster verstanden, wird es das in Zukunft alleine regeln. Auch achte ich zu Beginn sehr darauf, dass das Pferd immer nur einen Schritt zur Seite geht. Damit möchte ich einem eventuellen Aktionismus vorbeugen, welcher oft die präzise Durchführung einer Lektion in Frage stellt, weil ein Pferd mehr Schritte tut, als es soll. So soll das Pferd zum »Hinhören« angeleitet werden. Hat es das verstanden, kann ich später beliebig viele Schritte fordern, die Aktion aber auch ganz genau und bis ins Detail bestimmen.

Die Hinterhandwendung kennen wir sowohl in den klassischen Reitweisen als auch im Westernreiten. In der praktischen Durchführung unterscheiden sie sich hier allerdings ein wenig voneinander. In beiden Bereichen ist es so, dass die Vorderhand um die Hinterhand tritt, beim Westernreiten bleibt dabei allerdings das innere Hinterbein auf der Stelle, als sogenanntes Drehbein, das äußere Hinterbein tritt um dieses herum. Bei der klassischen Variante sollen beide Hinterbeine treten und somit praktisch einen kleinen Kreis beschreiben. Wird beim Westernreiten aus dieser Hinterhandwendung der Spin entwickelt, so ist es im klassischen Reiten die Schrittpirouette und die Kurz-Kehrt-Wendung. Dabei liegt in der klassischen Reiterei der seitwärts treibende Schenkel etwas weiter hinten, das Pferd wird gleichzeitig mit dem seitlichen Übertreten auch immer etwas nach vorne rausgelassen.

Die Vorderhandwendung

Bei der Vorderhandwendung bewegt sich die Hinterhand seitlich um die Vorderhand. Stellt die Hinterhandwendung schon eine größere Herausforderung für manchen Reiter dar, so ist die Vorderhandwendung deutlich einfacher. Dabei stehe ich

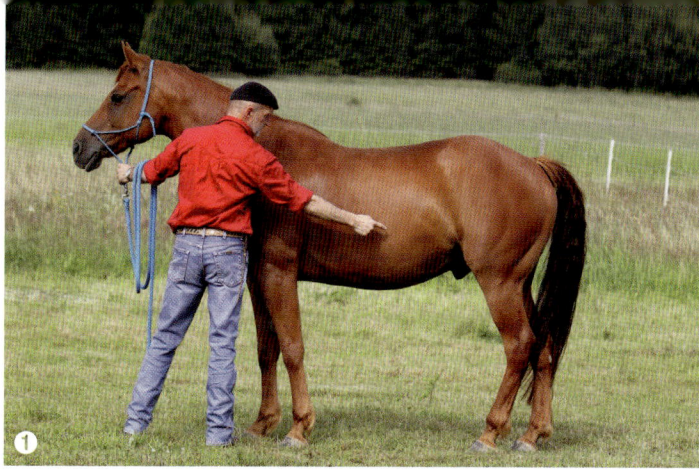

An dieser Stelle (deutlich hinter dem Gurt) wirke ich beim Pferd ein, wenn ich eine Vorderhandwendung haben möchte.

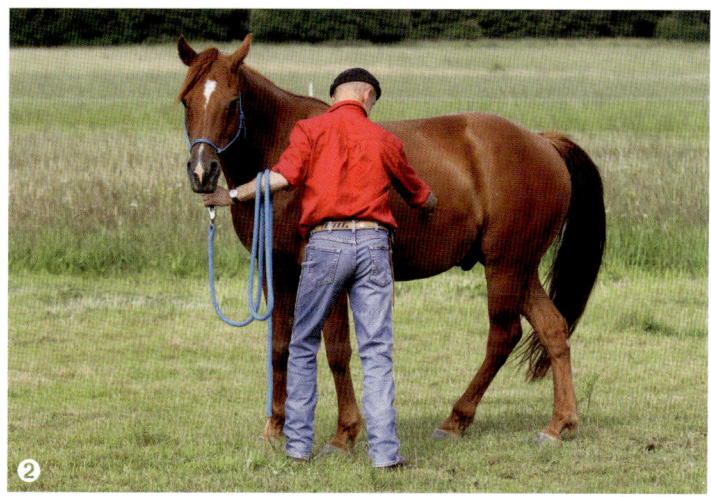

Mit meiner linken Hand fixiere ich mein Pferd am Kopf, um ein Weglaufen mit der Vorderhand zu verhindern. Die rechte Hand gibt das Signal für das seitliche Wegnehmen der Hinterhand.

Ein leichtes Stellen des Kopfes gegen die Bewegungsrichtung kann dem Pferd helfen, seine Hinterhand leichter in die gewünschte Richtung zu bewegen. Es ist schön zu sehen, wie das Pferd hier mit den Hinterbeinen kreuzt.

Die seitliche Mobilität | 97

seitlich neben dem Pferd in Höhe der Schulter. Mit der einen Hand fasse ich es kurz am Halfter, um zu verhindern, dass es mit der Vorderhand seitlich oder nach vorne ausweicht. Die andere Hand lege ich an die Flanke des Pferdes, aber wesentlich weiter nach hinten als bei der vorherigen Übung. Mit einem Finger dieser Hand bringe ich nun einen punktuellen Druck an besagter Stelle an, um das Pferd zu veranlassen, mit der Hinterhand seitlich zu treten. Der ganze weitere Verlauf erfolgt jetzt wieder nach dem üblichen Muster.

Wollen wir klar differenzierte Bewegungsmuster von unserem Pferd haben, ist es sehr wichtig, dass wir auch eine klar differenzierte Hilfengebung praktizieren. Nur dann kann dieses auch deutlich erkennen, was wir von ihm wollen. Natürlich könnte ich, vom Boden aus betrachtet, die Hilfengebung für die Hinterhandwendung an der Schulter und die für die Vorderhandwendung seitlich an der Hinterhand anbringen. Nur macht das wenig Sinn im Hinblick auf die spätere Kommunikation unter dem Sattel, da ich diese Stellen schlecht mit meinem Bein erreichen kann. Somit wäre eine vernünftige Schenkelhilfe kaum möglich.

Stellen wir uns einmal vor, wir würden die Mittelhand des Pferdes in drei gleich große Teile aufteilen, dann würde die Hilfengebung für die Hinterhandwendung etwa in der Mitte des vorderen Drittels liegen. Die Hilfengebung für die Vorderhandwendung am Ende des mittleren Drittels und, um es vorweg zu nehmen, die des Schenkelweichens genau dazwischen, das wäre etwa im vorderen Bereich des mittleren Drittels.

Im Fachjargon spricht man von den Schenkelhilfen am Gurt, deutlich hinter dem Gurt und etwas hinter dem Gurt. Mit dem Gurt ist dabei der Bauchgurt des Sattels gemeint. Diese Stellen sind gut mit dem Reiterschenkel zu erreichen. Wenn ich mich klar an diesen Vorgaben orientiere, werde ich auch präzise Ergebnisse von meinem Pferd erwarten können.

Arbeite ich mit einem sehr großen Pferd, bei dem die Spannweite meiner Arme nicht ausreicht, um es vorne am Halfter halten und gleichzeitig in der Flanke bedienen zu können, oder einem besonders sturen, bei dem mein Fingerdruck nicht ausreicht, um die gewünschte Wirkung zu erzielen, kann die Zuhilfenahme einer Gerte sehr sinnvoll sein. Diese kann zum einen als Verlängerung meines Arms, zum anderen auch als Reizverstärker eingesetzt werden. Hierbei stehe ich direkt am Kopf des Pferdes und fasse es mit einer Hand kurz am

Etwas hinter dem Gurt: Das ist die Stelle, an der beim Schenkelweichen eingewirkt wird.

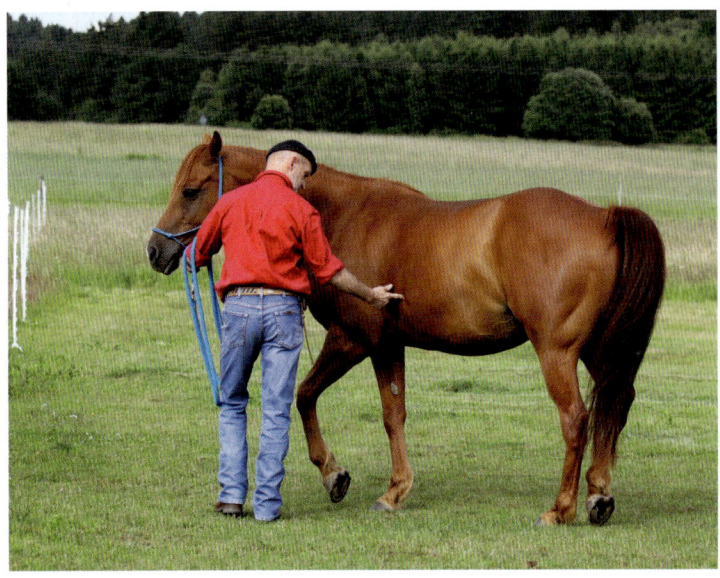

Weise ich meinem Pferd bei der praktischen Durchführung dieser Lektion eine 45-Grad-Position zur vorderen Begrenzung an, wird es mit seinen Beinen automatisch richtig kreuzen.

Halfter. Die andere Hand führt die Gerte. Zunächst werde ich nun versuchen, durch ein sanftes Touchieren meinen Vierbeiner darum zu bitten, mit seiner Hinterhand seitwärts zu weichen. Erfolgt keine Reaktion, werde ich nach dem üblichen Muster die Intensität meiner Einwirkung soweit steigern, bis die erwünschte Reaktion kommt. Sofort stelle ich meine Einwirkung ein und gebe ihm eine Pause, um danach aufs Neue nach dem gleichen Muster wieder zu beginnen.

Das Schenkelweichen

Unter Schenkelweichen verstehen wir eine seitliche Verschiebung des Pferdes mit Vorder- und Hinterhand. Das Pferd soll dabei in seiner gesamten Längsachse dem Reiterschenkel seitwärts weichen. Wie oben bereits angedeutet, soll der Reiterschenkel dabei etwas hinter dem Sattelgurt liegen, also genau zwischen den Einwirkpositionen für die Hinter- und Vorderhandwendung. So bewege ich nicht nur ein Körperteil, sondern nehme das ganze Pferd mit in die Seitwärtsbewegung. An dieser Stelle werde ich auch meine Einwirkung vom Boden aus für diese Lektion anbringen.

Beginne ich mit einem Pferd diese Lektion zu erarbeiten, ist es sehr hilfreich, dieses an eine vordere Begrenzung zu stellen, etwa eine Reithallenbande oder die Umzäunung eines Reitplatzes. So kann ich es leichter nach vorne kontrollieren, denn es gibt immer wieder Pferde, die versuchen, sich dieser mitunter etwas anstrengenden Übung durch ein Nach-vorne-Stürmen zu entziehen. Sehr wichtig beim Erarbeiten dieser Lektion ist es auch, meinem Vierbeiner den richtigen Abstellwinkel zur vorderen Begrenzung vorzugeben. Dieser sollte etwa 45 Grad betragen, wobei die Vorderhand immer das führende Körperteil sein muss.

Komme ich bei sehr großen oder widersetzlichen Pferden mit meinem Fingerdruck nicht weiter, kann ich stattdessen auch eine Gerte benutzen. Mit dieser habe ich einen größeren Aktionsradius und kann meine Einwirkung nötigenfalls noch deutlich stärker gestalten.

Durch diese Abstellposition wird gewährleistet, dass mein Pferd seine Beine so setzt, dass das Spielbein stets vor dem Standbein kreuzt. Würde ich das Pferd frontal vor die vordere Begrenzung stellen, wäre die Gefahr groß, dass es mit dem Spielbein gegen das Standbein stößt oder dahinter kreuzt, somit wäre eine korrekte Erarbeitung der Lektion in Frage gestellt. Später, wenn das Pferd die Lektion gut verstanden hat, wird dieses auch bei einem steileren Abstellwinkel mit seinen Beinen richtig kreuzen, weil es das über die 45-Grad-Abstellung gelernt hat und weil dies nun ein festgefügtes Bewegungsmuster geworden ist. Dieses steilere Abstellen ist zum Beispiel beim Bewältigen von Trail- oder Geländehindernissen nötig, wenn es darum geht, seitlich über eine am Boden liegende Stange oder einen umgestürzten Baumstamm zu gehen. Bei der praktischen Durchführung dieser Lektion positioniere ich mich in Höhe des Pferdehalses und fasse meinen Vierbeiner mit einer Hand am Halfter. Die andere Hand lege ich an die beschriebene Stelle etwas hinter den Gurt und beginne hier meine Einwirkung per Fingerdruck in bereits beschriebener Weise. Nehme ich dabei den Kopf des Pferdes in eine leichte seitliche Abstellung wider die Bewegungsrichtung, ist das für viele Vierbeiner eine hilfreiche Unterstützung zum leichteren Seitwärtsgehen. Setzt das Pferd sich in gewünschter Weise in Bewegung, ist es natürlich wichtig, dass ich mich in gleichem Maße mit diesem in dieselbe Richtung bewege. In meinen Kursen erlebe ich immer wieder Leute, die den Impuls zwar an der richtigen Stelle geben, reagiert das Pferd darauf, dabei aber nicht mit dem Pferd mitgehen, sondern an dessen Schulter stehenbleiben. Somit wird dieses nur die Hinterhand bewegen und die Lektion ist misslungen. Auch beim Schenkelweichen kann es bei großen oder schlecht reagierenden Pferden hilfreich sein, den Impuls anstatt mit einem Finger mit der Gerte zu geben.

37. Die Schweifrübe – ein Indikator für den mentalen Zustand eines Pferdes

Hat ein Pferd Angst, Schmerzen oder Stress, wirkt sich das als ein mehr oder weniger starkes Verspannen der Oberlinienmuskulatur aus. Dabei trägt es den Kopf weit oben, Hals- und Rückenmuskulatur sind zusammengezogen, das Gesäß ist eingezogen, die Pobacken zusammengekniffen und die Schweifrübe dazwischengeklemmt. Sind diese Merkmale bei einem Pferd deutlich sichtbar und stark ausgeprägt, befindet es sich in einem regelrechten Verzweiflungszustand. Bei den meisten Pferden kann man allerdings nicht gleich auf den ersten Blick erkennen, wie es um ihren mentalen Zustand bestellt ist. Eine genaue Auskunft hierüber kann mir aber die Schweifrübe geben. Diese ragt als hinterer Ausläufer der Wirbelsäule als sogenannte Schweifwirbelsäule aus der Hinterhand des Pferdes heraus. Im Sprachgebrauch wird sie Schweifrübe genannt, weil aus ihr die Schweifhaare herauswachsen. Alle mentalen Regungen eines Pferdes sind an dieser als ein mehr oder weniger starkes Einziehen fühlbar. Somit ist die Schweifrübe ein wichtiger Gradmesser für den tatsächlichen mentalen Zustand eines Pferdes.

Manche Pferde wirken nach außen gelassen und entspannt, sie machen den Eindruck, als könnte sie nichts erschüttern. So bei dem bereits erwähnten Painthorse-Wallach Sugar. Dieser war ein sehr angenehmes Pferd und wirklich ordentlich im Umgang. Allerdings reagierte er sehr schlecht auf die reiterlichen Hilfen, er lies sich fast nicht unter dem Sattel bewegen. Schnell neigt dann der Mensch dazu, ein solches Pferd als faul, stur oder phlegmatisch abzutun. Der Schweifrübentest brachte anderes hervor. Sugar zeigte eine extrem verspannte, stark zwischen die Pobacken eingeklemmte Schweifrübe. Er outete sich als ein sehr introvertiertes Tier, welches sich aus einem mir nicht nachvollziehbaren Grund stark in sich selbst zurückgezogen hatte. Durch ein entsprechendes Training konnte ich das beheben. Natürlich hätten auch körperliche Defizite diesen Zustand hervorrufen können, aber das war bereits abgeklärt worden.

Manchmal erlebe ich in meinen Kursen Pferde, die einen total gestressten, nervösen und verängstigten Eindruck machen. Sie können nicht stillstehen, wiehern herum und sind mitunter kaum zu kontrollieren. Sie befinden sich augenscheinlich in einem absolut hysterischen Angstzustand. Oft schon ist es passiert, dass sich mir dann beim Anheben der Schweifrübe ein ganz anderes Bild darstellte. Sie fühlte sich locker an, war frei beweglich und zeigte keinerlei Verspannungstendenzen. Das vermittelte Bild entsprach nicht ihrem tatsächlichen Zustand. Diese Pferde haben gelernt, aus Hysterie eine Strategie zu machen. Sie haben die Erfahrung gemacht, dass ihnen dieses hysterische Verhalten gegenüber dem Menschen Vorteile bringt. Die Schweifprobe hat sie entlarvt.

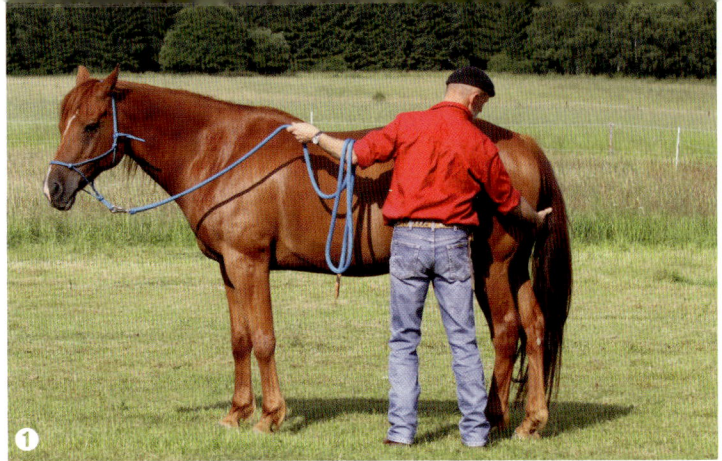

Möchte ich bei einem Pferd an der Hinterhand arbeiten, ist es immer gut, wenn ich gleichzeitig den Kopf kontrollieren kann. Denn sollte ein Pferd bei der Arbeit am Schweif aggressiv mit der Hinterhand reagieren wollen, kann ich sie sofort durch ein Heranziehen des Kopfes zu mir in die Gegenrichtung schicken.

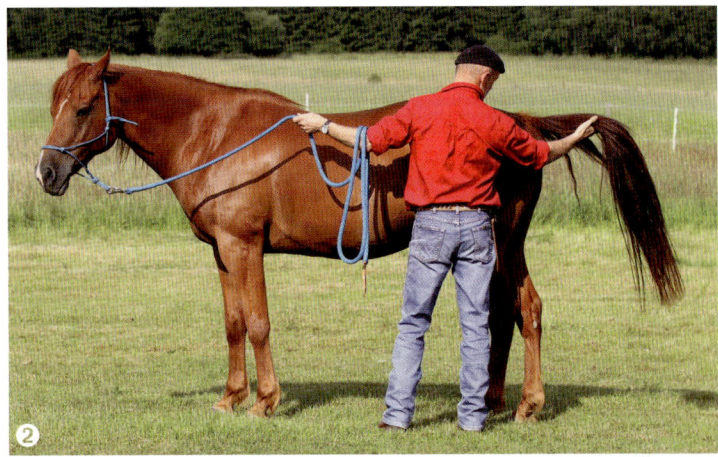

Um den mentalen Zustand eines Pferdes zu überprüfen, lege ich meine Hand unter dessen Schweifrübe und hebe sie an.

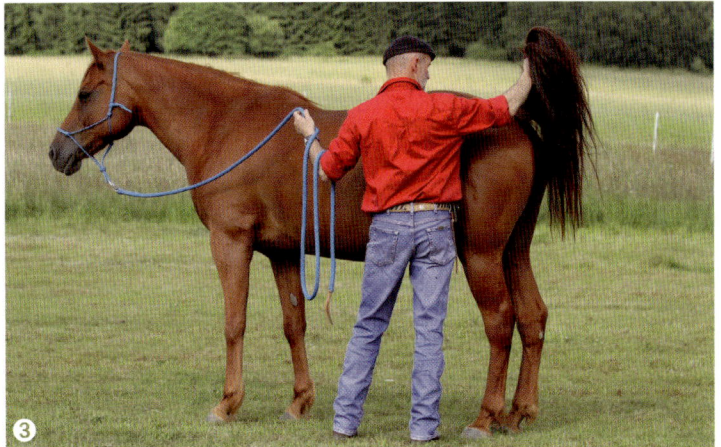

Die Schweifrübe kann ich dabei so weit anheben, bis sie senkrecht nach oben gerichtet ist. Drückt ein Pferd sehr stark gegen, halte ich solange fest, bis es sich entspannt. Erst dann lasse ich die Schweifrübe wieder langsam herunter.

 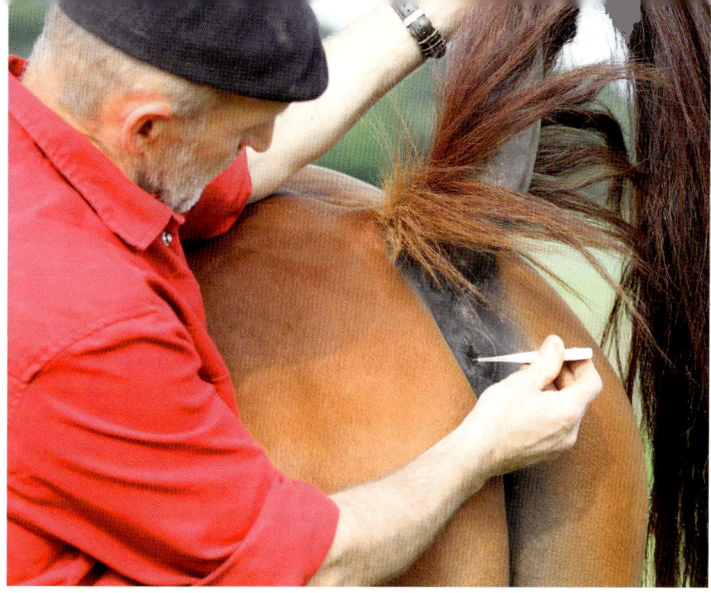

Fieber misst man bei einem Pferd im After. Kann ich aber die Schweifrübe von vorneherein nicht anheben, ist auch ein Temperaturmessen nicht möglich.

Ist die Schweifrübe locker und entspannt, lässt sie sich problemlos anheben und das Thermometer kann in den After eingeführt werden. Das Thermometer muss man gut festhalten, damit es nicht in den Darm hineinrutscht.

Bei der Arbeit am Schweif positioniere ich mich seitlich in Höhe der Hinterhand. Dabei halte ich mit der einen Hand das Arbeitsseil so, dass ich den Kopf des Pferdes kontrollieren kann. Denn sollte ein Pferd auf das Hochheben der Schweifrübe aggressiv mit der Hinterhand reagieren wollen, kann ich diese sofort durch ein Herziehen des Kopf zu mir in die entgegengesetzte Richtung wegschicken.

Meine andere Hand schiebe ich nun flach unter die Schweifrübe und hebe diese langsam an. Der nun auf meine Hand einwirkende fühlbare Druck gibt mir Auskunft über den mentalen Zustand des Pferdes. Natürlich muss ich berücksichtigen, ob es sich dabei nur um das Eigengewicht der Schweifrübe oder einen aktiv gegen meine Hand aufgebrachten Druck handelt. Die Schweifrübe kann ich soweit anheben, bis sie senkrecht nach oben zeigt. Zeigt sich mir hierbei keinerlei Anspannungsdruck, ist das Pferd entspannt, ich lasse die Schweifrübe langsam wieder nach unten. Drückt das Pferd hingegen stark gegen meine Hand, halte ich dagegen und warte, bis der Druck merklich nachlässt. Erst dann lasse ich die Schweifrübe auch hier langsam nach unten. Beginnt das Pferd damit, in diesem Prozess erneut auf meine Hand zu drücken, halte ich wieder solange dagegen, bis die Entspannung erfolgt ist, dann kann ich mit dem Absenkenlassen der Schweifrübe fortfahren. Dem Pferd soll hierbei vermittelt werden: Lass dich los und du wirst losgelassen.

Selbstverständlich ist diese Übung auch eine gute Vorbereitung für das Einführen eines Fieberthermometers in den After eines Pferdes. Lässt sich dieses den Schweif nicht hochheben, können Sie kein Thermometer einführen. Es ist immer sinnvoll, solche Dinge dann zu üben, wenn ich nicht darauf angewiesen bin. Liegt erst einmal eine Verletzung oder Erkrankung vor, ist es ein denkbar schlechter Zeitpunkt, sich dann auch noch damit herumschlagen zu müssen, das Einführen des Thermometers zu üben.

Versucht ein Pferd sich durch das Wegdrehen der Hinterhand dem Anheben des Schweifes zu entziehen, wäre es die falsche Idee, diesen schnell loszulassen, damit mein Vierbeiner stehenbleibt. Dabei würde er nämlich lernen, dass er dann losgelassen wird, wenn er nur schnell genug den Hintern wegdreht. Somit wäre das Lernziel verfehlt. Hier würde ich zunächst einfach mit dem Pferd mitgehen und gar nicht versuchen, dieses auf irgendeine Weise zu stoppen, den Schweif behalte ich dabei in der Hand. Allerdings sollte ich auch nicht an diesem ziehen, das würde die Wegdrehtendenz noch verstärken. Nach mehr oder weniger kurzer Zeit wird das Pferd gemerkt haben, dass das Wegdrehen der Hinterhand nicht die Lösung dafür ist, mich loszuwerden und innehalten. Sofort lobe ich das Pferd dafür und gebe ihm eine Pause, den Schweif behalte ich währenddessen aber in der Hand. Danach beginne ich von neuem mit dem Anheben des Schweifes, meistens klappt es dann sofort. Das Pferd hat gelernt, dass ihm das Wegdrehen keinen Erfolg gebracht hat, das Stehenbleiben hingegen eine Pause und Lob, was viel komfortabler ist.

Zur seitlichen Biegung des Halses lege ich eine Hand über den Nasenrücken des Pferdes, die andere als Widerlager an den Hals, dort, wo er in die Schulter übergeht. Wenn ich hier gegenhalte, kann ich verhindern, dass mein Pferd bei der Anfrage nach seitlicher Halsbiegung mit der Vorderhand zur Seite tritt.

Lässt ein Pferd sich willig auf meine Anfrage ein, reicht eine Abstellung des Halses um 90 Grad. Damit lässt sich bereits eine gute Dehnung der äußeren Halsmuskulatur erreichen.

38. Wider die Halsstarrigkeit

Der Hals ist ein wichtiger Schlüssel für die Rittigkeit, Geschmeidigkeit und Durchlässigkeit eines Pferdes, aber auch für seine Kontrollierbarkeit. Das betrifft zum einen die Möglichkeit, diesem eine tiefere oder höhere Kopf-Halshaltung anzuweisen, in besonderer Weise aber auch, es seitlich gut im Hals abstellen zu können. Ein Pferd, das sich im Hals nicht gut abstellen lässt, kann nicht geschmeidig auf gebogenen Linien gehen, weder durch die Ecke noch auf Zirkeln, Volten oder Schlangenlinien. Es wird dabei mit nach außen gestelltem Kopf über die innere Schulter nach innen fallen. Es wird auch nicht in der Lage sein, vernünftig Seitengänge zu lernen oder sich durchlässig beim Reiten auf einer geraden Linie korrigieren zu lassen. Solche Pferde sind nicht rittig und schon gar nicht durchlässig und geschmeidig.

Neigt ein Pferd zum Durchgehen, ist es meistens keine Lösung, an beiden Zügeln nach hinten zu ziehen, es würde sich im Hals festmachen und erst recht rennen. Lässt es sich hingegen gut seitlich im Hals biegen, kann ich es auf eine Volte oder einen Zirkel lenken und so deutlich besser kontrollieren. Dasselbe trifft auch auf Pferde zu, die zum Steigen oder Bocken neigen. Ein deutliches Herumnehmen-Können des Kopfes ist somit auch der Schlüssel für eine bessere Kontrollierbarkeit. Wird ein Pferd hingegen mit harter und stark nach hinten einwirkender Hand geritten, wird es lernen, sich im Hals festzumachen und sich auf den Zügel zu legen, um sich zu schützen. Nimmt der Mensch nicht die Verantwortung wahr, den Hals des Pferdes durch ein entsprechendes Training seitlich flexibel zu machen, wird es diesen auch nicht hergeben können, wenn es darauf ankommt. Das Gleiche gilt für das Benutzen von Ausbindezügeln und ähnlichen Hilfsmitteln. Natürlich kann sich jedes Pferd mit dem Hals soweit seitlich herumbiegen, bis es mit seinem Maul die Flanke berührt, wenn es darum geht, eine Fliege von seinem Fell zu vertreiben oder eine hingehaltene Mohrrübe zu erreichen. Die Frage ist, tut es das auch auf unsere Aufforderung hin mit dem Zügel? Hat es das nicht gelernt, wohl kaum.

Benutze ich die seitliche Halsbiegung allerdings, um kontrollierende Maßnahmen durchzuführen, ist es nötig, dass mein Pferd in der Lage ist, den Hals auch deutlich weiter abzustellen.

Im Volksmund kennen wir den Ausdruck der Halsstarrigkeit. Wir sagen, jemand ist halsstarrig und meinen damit, dass dieser eigensinnig, unwillig, unkooperativ, widersetzlich und nicht gut zu lenken ist. Mit jemandem, der halsstarrig ist, kann man nicht gut. Genauso verhält es sich mit Pferden, die im Hals nicht durchlässig sind.

Eine der ersten Übungen, um ein Pferd zu trainieren, sich willig im Hals biegen zu lassen, ist Folgende: Ich stelle mich seitlich in Höhe des Pferdehalses auf. Eine Hand lege ich dem Pferd über die Nase, die andere an den Hals, dort, wo er aus der Schulter herauskommt. Diese Hand hat lediglich einen verwahrenden Charakter. Sie soll verhindern, dass das Pferd bei seitlicher Annahme des Kopfes mit der Vorderhand zur Seite tritt.

Mit der über der Nase liegenden Hand hole ich nun langsam den Kopf meines Vierbeiners seitlich in die Biegung. Mein Ziel ist es, dass mein Pferd mir diesen willig und leicht gibt. Anfangs kann das nur eine leichte Stellung sein, mit zunehmender Akzeptanz meines Pferdes kann diese Stellung immer deutlicher werden, letztlich so weit, bis dieses seine Flanke mit dem Maul berührt. Eine solche extreme Biegung ist zwar für das Reiten nicht nötig und führt unweigerlich dahin, dass das Pferd sich im Hals verwirft. Aus Kontrollgründen macht das aber sehr wohl Sinn. Lässt mein Pferd sich willig auf das Herumnehmen des Kopfes ein, halte ich diese Biegung einen Augenblick, lobe es und entlasse es danach wieder aus der Übung. Das Ziel ist ein Pferd, das mir leicht und willig seinen Kopf gibt. Deswegen spielt auch hier das Timing eine wichtige Rolle. Ich entlasse erst dann das Pferd aus der Biegung, wenn es sich tatsächlich auf meine Anfrage eingelassen und sich losgelassen hat. Warte ich dieses Nachgeben und Sich-Loslassen nicht ab und entlasse meinen Vierbeiner in einem Zustand, in dem er sich im Hals festmacht und auf meine Anfrage nicht eingeht, lernt dieser, dass er nur lange genug gegenhalten muss und er wird losgelassen. Somit würde ich genau das Gegenteil erreichen. Immer wieder erlebe ich Pferde, die nicht in der Lage sind, mir ihren Kopf seitlich zu geben und stattdessen im gesamten Körper umschwenken. Oft sind das Sportpferde, die mit viel nach hinten einwirkender Hand geritten wurden. In diesem Fall gehe ich auch hier zunächst einfach mit in die Drehung, und das solange, bis das Pferd von alleine stehenbleibt, sofort gebe ich eine Pause und lobe es. Dabei bleiben meine Hände aber an Ort und Stelle, ich entspanne sie nur ein wenig. Danach beginne ich erneut mit meiner Anfrage. Meistens hat ein Pferd dann schnell gelernt, dass es nicht das Drehen ist, das ihm Erfolg bringt, und wird es lassen. So ist eine gute Basis für die eigentliche Lektion geschaffen. Wenn es zu diesem Zeitpunkt meine Hand ist, die den Hals des Pferdes in die seitliche Biegung führt, so wird später diese Aufgabe mit Hilfe des Zügels ausgeführt.

Als Vorbereitung für die nächste Lektion übe ich zunächst das Über-den-Kopf-Werfen des Arbeitsseiles, um es auf die andere Körperseite des Pferdes zu bekommen. Gleichzeitig dient mir das auch als Desensibilisierungstraining für alle Belange, die über oder um den Kopf herum stattfinden.

39. Fassen Sie das Pferd an der Nase

Lässt mein Pferd sich willig auf das direkte Herumführen des Kopfes mit meiner Hand ein, gehe ich einen Schritt weiter. Nun möchte ich diese Aufgabe mit Hilfe eines Zügels durchführen. Zur Vorbereitung dieser Lektion stelle ich mich zunächst seitlich an den Hals des Pferdes und werfe mein Arbeitsseil, wie abgebildet, einige Male über den Kopf des Pferdes hin und her, das so lange, bis es von diesem ohne Probleme geduldet wird. Damit möchte ich eigentlich nur das Seil auf der anderen Halsseite des Pferdes platzieren, kann meinen Vierbeiner aber auch gleich einem kleinen Desensibilisierungsprogramm unterziehen, um es zu lehren, Dinge oder Bewegungen, die über seinem Kopf stattfinden, zu dulden. Befindet sich das Seil nun an der anderen Halsseite, werde ich es zusätzlich noch, von meiner Seite ausgehend, über die Nase des Pferdes legen. So kann ich dieses, ähnlich wie mit einem Kappzaum, »an der Nase fassen«, um es besser im Hals biegen zu können. Meine eigene Standposition verlagere ich nun seitlich in Höhe der Mittelhand, dorthin, wo normalerweise der Sattel liegt. Mit der einen Hand ergreife ich jetzt, weit über den Rücken des Pferdes reichend, das Arbeitsseil, und führe es in einem weit ausholenden Bogen nach hinten Richtung Hinterhand. So ist es mir möglich, dessen Hals gut seitlich aus einer Position zu biegen als würde ich auf ihm sitzen, ohne dass ich es wirklich tue.

Bei dieser Übung passiert es immer wieder, dass ein Pferd sich der Halsbiegung entziehen möchte, indem es damit beginnt, sich mit der Hinterhand wegzudrehen. Deshalb ist es sinnvoll, sich von vornherein mit der anderen Hand an der Mähne festzuhalten. So kann ich mich mit dem Pferd drehen, ohne dass es mich mit der Hinterhand umrempeln kann. Nach mehr oder weniger kurzer Zeit wird es merken, dass das Wegdrehen nicht die Lösung für meine Anfrage ist und stehenbleiben. Sofort lobe ich mein Pferd und gebe ihm eine Pause, um danach mit meiner Lektion fortzufahren. Gibt es mir nun willig seinen Kopf zur Seite, wird es aufs Neue gelobt und die Lektion für dieses Mal beendet.

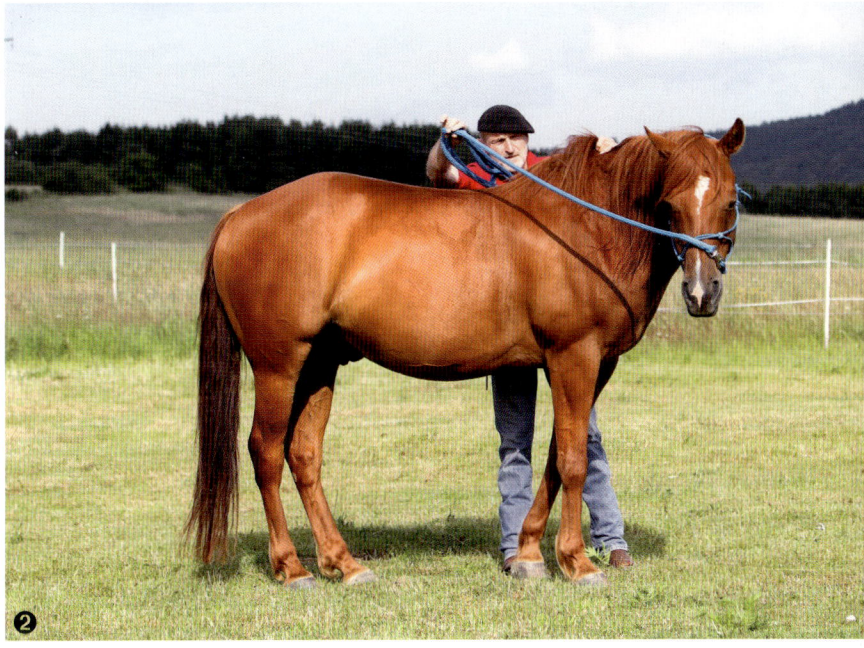

Zur Durchführung dieser Biegeübung lege ich dem Pferd das Arbeitsseil wie abgebildet über die Nase, so dass ich es, wie mit einem Kappzaum, besser stellen kann. Dabei stehe ich etwa in Höhe der Sattellage, greife weit über seinen Rücken hinüber und bringe es mittels Annahme des Seiles in eine gute seitliche Halsbiegung.

Zum leichten Lösen des Pferdes in der Hinterhand lege ich meine Hand seitlich um dessen Schweifrübe, wo diese aus der Hinterhand heraustritt.

40. Leichtes Lösen in der Hinterhand

Die Förderung der seitlichen Flexibilität eines Pferdes ist ein wichtiges Instrument für dessen Rittigkeit. Dabei ist der Hals der absolut beweglichste Teil der gesamten Wirbelsäule. Wer meint, ein Pferd könne sich im Rücken genauso gut seitlich biegen wie im Hals, der irrt. Die Rückenwirbelsäule hat eine ganz andere Struktur als die des Halses. Hier gibt es neben den nach oben ragenden Dornfortsätzen seitliche Ansätze an jedem Wirbelkörper, die sogenannten Querfortsätze. Im vorderen Bereich der Rückenwirbelsäule, der Brustwirbelsäule, setzen die Rippen an. Bedingt durch diese Querfortsätze und die Rippenbögen, ist eine seitlich Beweglichkeit des Pferdes in diesem Bereich sehr stark limitiert. Es ist vielmehr nur eine ganz geringe Biegung möglich. Dennoch können wir versuchen, im Rahmen der Möglichkeiten, hier für ein klein wenig mehr Beweglichkeit zu sorgen.

Zunächst beginne ich damit, dies im Kreuz-/Darmbeinbereich zu tun, also dem Übergang von der Rückenwirbelsäule zum Becken. Dabei stelle ich mich neben das Pferd in Höhe der Hinterhand. Eine Hand lege ich seitlich an die Lendenwirbelsäule. Diese hat eine passive Funktion und dient als Widerlager. Die andere lege ich über die Schweifrübe, an die Stelle, an der sie aus der Hinterhand heraustritt. Die Finger dieser Hand umschließen die Schweifrübe seitlich. Nun ziehe ich die Hinterhand des Pferdes seitlich auf mich zu. Dabei verhindert die andere

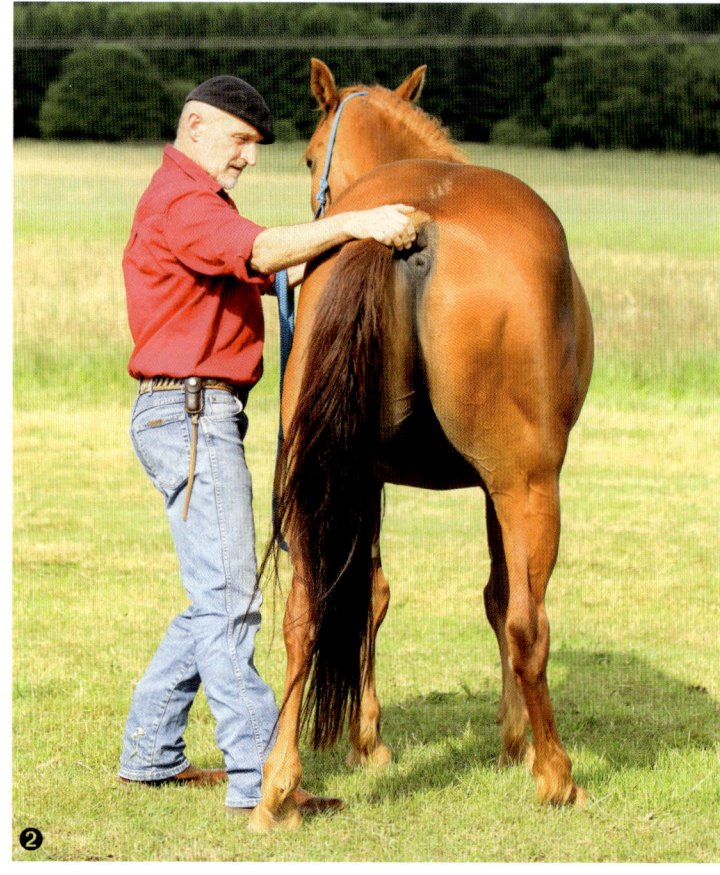

Ich ziehe nun mit meiner rechten Hand die Hinterhand des Pferdes seitlich auf mich zu. Dabei liegt meine linke Hand verwahrend seitlich neben der Lendenwirbelsäule, um zu verhindern, dass mein Vierbeiner einfach mit der Hinterhand seitwärts tritt. Das Ergebnis dieser Übung wäre noch besser, wenn mein Pferd, wie im Text beschrieben, das innere Hinterbein nach vorne gestellt hätte.

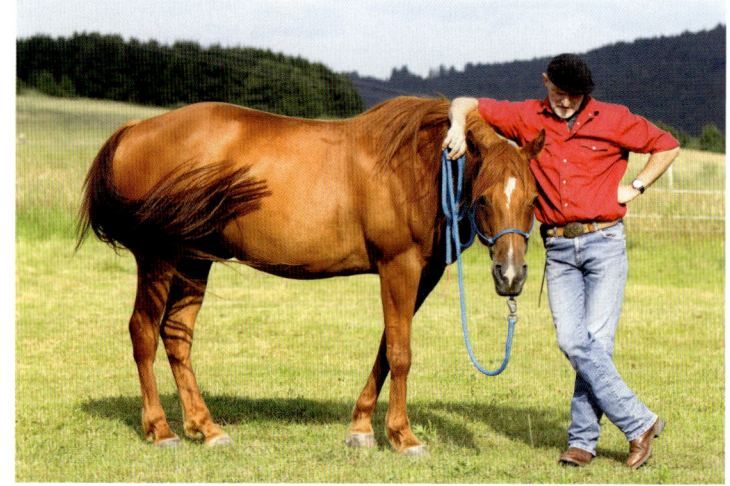

Immer mal eine wohlverdiente Pause zwischendurch sollte nicht vergessen werden.

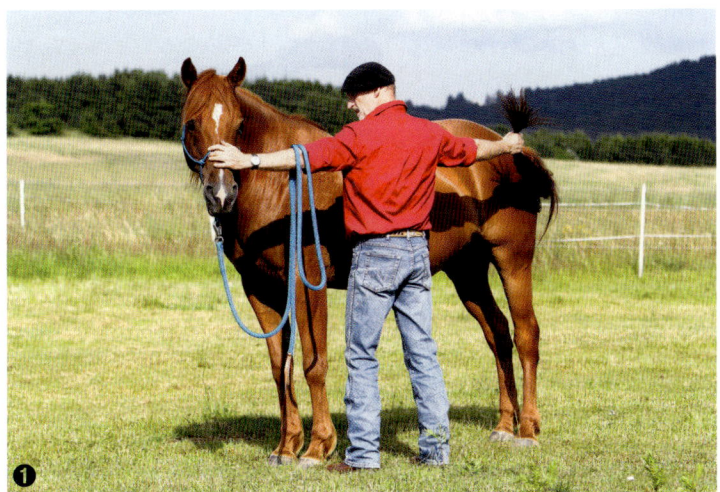

Zur Vorbereitung dieser Übung fasse ich mit der einen Hand das Pferd am unteren Schweifende, die andere lege ich über dessen Nase. Nun versuche ich, Schweif und Nase zueinander hin zu führen.

Manchmal kann es hilfreich sein, etwas mit dem Schweifende Richtung Pferdenase zu wedeln, so mache ich das Pferd neugierig und es lässt sich leichter auf meine Anfrage ein. Der Trick hat gewirkt, es berührt tatsächlich mit der Nase den Schweif und biegt sich dabei schön in der Längsachse.

Hand in verwahrender Weise, dass das Pferd gleich mit der gesamten Hinterhand seitwärts tritt. Es soll sich durch diese Einwirkung lediglich ein wenig im Kreuz-/Darmbeingelenk lösen. Ich halte diese Einwirkung für ein paar Augenblicke und gebe wieder sanft nach. Dabei ist es sinnvoll, dass das Hinterbein auf der betreffenden Seite nach vorne gestellt ist, so fällt es dem Pferd leichter, sich seitlich zu lösen. Das Arbeitsseil halte ich währenddessen in der verwahrenden Hand. So habe ich das Pferd unter Kontrolle, falls es sich entziehen möchte. Wiederhole ich diese Übung drei oder vier Mal auf jeder Seite, ist das ausreichend.

41. Längsachsenbiegung – Lassen Sie das Pferd mit der Nase am Schweif riechen

Habe ich bisher das Pferd nur in Teilabschnitten der Wirbelsäule versucht zu lösen bzw. zu biegen, so möchte ich es nun mit der gesamten Längsachse versuchen. Dabei fasse ich mit der einen Hand den Schweif ziemlich weit am unteren Ende, die andere lege ich über die Nase meines Vierbeiners. Mit dieser versuche ich nun, den Kopf seitlich herumzunehmen und das Pferd gut im Hals zu biegen. Die andere Hand zieht währenddessen das Schweifende in Richtung Pferdenase und versucht eine Berührung herzustellen. Gelingt dies, habe ich eine größtmögliche seitliche Biegung der Wirbelsäule erreicht und das Pferd in seiner seitlichen Flexibilität gut gefördert.

Ist es anfangs nur eine ganz kurze Berührung und ich lasse das Pferd wieder los, so kann sie bei den nächsten Malen deutlich verlängert werden. Sollte ein Pferd damit beginnen, sich bei dieser Aktion im Kreis zu drehen, lasse ich das einfach zu. Ich gehe mit, behalte Kopf und Schweif in meiner Hand und warte, bis es von alleine stehenbleibt. Tut es das, wird es gelobt und erhält eine Pause, dabei behalte ich allerdings Kopf und Schweif in meinen Händen, nur etwas entspannt. Ich sollte das Pferd nicht festhalten, um es daran zu hindern, sich zu drehen, dies würde es nur dazu veranlassen, sich noch schneller zu drehen. Hat es gelernt, dass das Drehen ihm keinen Erfolg bringt, dafür aber das Stehenbleiben, wird es bereit sein, sich auf die eigentliche Anfrage einzulassen.

Eine andere Variante dieser Herausforderung kann ich auch mit Hilfe des Arbeitsseiles erreichen. Dabei benutze ich dieses so, dass es vom Kopf ausgehend über den Rücken des Pferdes und nach außen um die Hinterhand herum liegt. Das Seilende halte ich in der Hand. Nun führe ich, genau wie bei der Übung zuvor, mit meiner Hand den Kopf des Pferdes in die Biegung, wenn es geht so weit, bis es mit dem Maul die Flanke berührt. Lässt es sich darauf gut ein, ziehe ich das Seil für einen kurzen Augenblick straff, um es gleich wieder zu lockern.

Habe ich bei der vorhergehenden Übung versucht, die Hinterhand des Pferdes über einen Zug am Schweif zu mir zu stellen, kann ich den gleichen Effekt auch mittels einer Seilumlage um die Hinterhand erreichen. Dazu lege ich zunächst mein Arbeitsseil, wie hier zu sehen, über dessen Rücken.

Ich fahre fort, das Arbeitsseil langsam über die Kruppe gleiten zu lassen.

Bei den nächsten Übungen werde ich diesen Zustand immer länger halten können. Bei vielen Pferde ist es allerdings zunächst einmal nötig, eine Akzeptanz für das um die Hinterhand liegende Seil zu erreichen, bevor ich überhaupt an die Herausforderung der Biegung denken kann.

Lege ich das Arbeitsseil um die Hinterhand und ein Pferd regt sich auf, indem es mehr oder weniger schnell versucht, mit dieser seitlich auszuweichen, lasse ich das einfach zu. Ich behalte das Seilende in der Hand, allerdings sollte ich nicht daran ziehen, sondern es lose an Ort und Stelle liegen lassen. Mit meiner anderen Hand halte ich währenddessen das Arbeitsseil so nah wie möglich am Kopf des Pferdes, um es kontrollieren zu können. Sobald mein Vierbeiner gemerkt hat, dass von dem um seine Hinterhand liegenden Seil keine Gefahr ausgeht, wird er stehenbleiben. Sofort erhält er ein ausführliches Lob und eine Pause. Danach werde ich das Arbeitsseil ein wenig über der Kruppe hin und her werfen, um noch mehr Akzeptanz zu erreichen. Und immer, wenn das Pferd akzeptiert und stillhält, erhält es ein Lob. So wird es zunächst für die eigentliche Übung vorbereitet, aber auch gleichzeitig darauf, andere Herausforderungen, die um, an oder über seiner Kruppe stattfinden, zu akzeptieren. Das kann die Berührung mit einer Longe oder Doppellonge sein, dem Zugstrang eines Fahrgeschirres oder anderer Dinge, durch die das Pferd an dieser Stelle tangiert wird. Ich führe ein regelrechtes Desensibilisierungsprogramm für die Hinterhand durch.

Ich lasse es jetzt hinten an der Kruppe heruntergleiten, um eine Umlage um sie herzustellen.

Nun lege ich meine andere Hand über den Nasenrücken meines Pferdes, um damit Kopf und Hals in eine seitliche Biegung zu führen. Diese Biegung sollte ich aber nicht mittels Seilanzug herstellen wollen, dadurch würde das Pferd zunächst sicher sehr irritiert sein und zu Überreaktionen neigen.

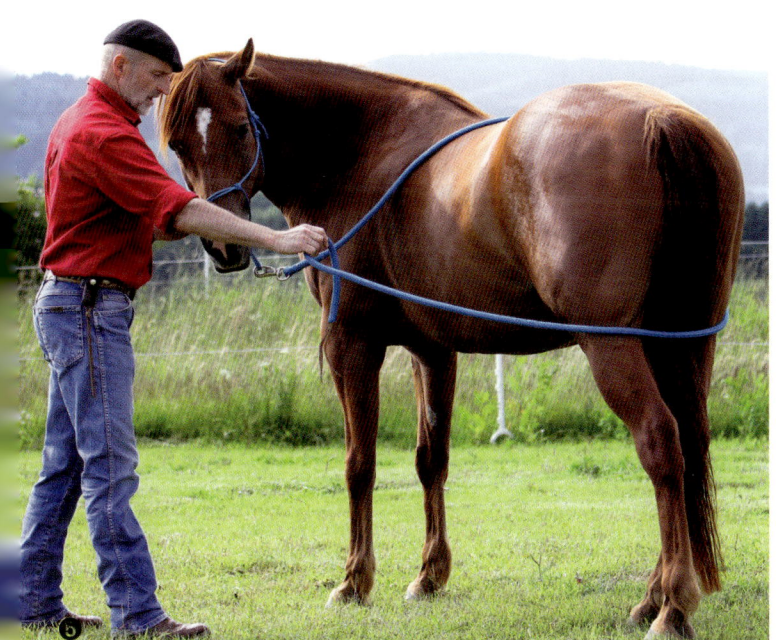

Lässt sich mein Pferd gut auf die seitliche Halsbiegung ein, kann ich versuchen, langsam etwas Zug am Seil anzubringen.

Hier ist schön zu sehen, dass mein Pferd die Anfrage akzeptiert und sich auf die Anforderung einlässt.

Längsachsenbiegung – Lassen Sie das Pferd mit der Nase am Schweif riechen | 109

Bei der Brummkreiselübung geht es darum, das Pferd mit Hilfe einer Seilumlage um den gesamten Körper herum einmal um die eigene Achse zu drehen.

42. Die Brummkreiselübung

Diese Übung nenne ich so, weil sie mich immer an die Brummkreisel erinnert, mit denen ich als Kind gespielt habe, und die es auch heute noch gibt. Der Brummkreisel war eine Art Propeller, der auf einen Handgriff gesteckt wurde. In diesem Handgriff befand sich eine simple Mechanik mit einer Schnur daran. Zog man an dieser, begann der Propeller zu kreiseln und flog davon. Bei dieser Übung geht es zwar nicht darum, das Pferd fliegen zu lassen, aber kreiseln lassen möchte ich es schon. Dabei stelle ich mich seitlich in Höhe des Pferdehalses hin und werfe mein Arbeitsseil meinem Pferd so über den Kopf, dass es auf der anderen Seite des Halses zu liegen kommt. Von dort aus schiebe ich es über den Rücken, die Kruppe und lasse es schließlich die Hinterhand hinuntergleiten. Das Seilende behalte ich in meiner Hand. So umschließt das Seil nun das gesamte Pferd, ausgehend von der äußeren Kopfseite, entlang der Flanke, um die Hinterhand herum und zurück zur inneren Kopfseite. Dabei sollte ich aufpassen, dass es nicht über die Sprunggelenke herunterfällt. Nun beginne ich damit, langsam am Seil zu ziehen. Dadurch wird mein Pferd genötigt, den Kopf nach außen zu nehmen, sich immer mehr im Hals zu biegen, die Vorderhand seitlich zu bewegen und schließlich dem Seilzug folgend, sich um die eigene Achse zu drehen. Kommt es wieder bei mir an, werde ich es freudig an der Stirn streicheln. Diesen Vorgang wiederhole ich zwei oder drei Mal auf beiden Seiten.

Mit dieser Übung vereinen sich gleich mehrere positive Ergebnisse. Das Pferd biegt sich wunderbar in der gesamten Längsachse, es ist somit eine tolle Längsachsengymnastik, bei der die äußere Körperhälfte sehr schön gedehnt wird. Es lernt, seine vier Beine auf engstem Raum zu koordinieren und sich dabei ganz geschickt in einer 360-Grad-Wendung um sich selbst zu drehen. Das fördert enorm seine Balancefähigkeit und seine Mobilität. Es lernt, ein Seil um seinen Körper zu akzeptieren, ohne gleich panisch zu werden. Das wiederum senkt die Unfallgefahr, sollte es einmal zu irgendwelchen Seilverwicklungen in diesem Bereich kommen.

Diese Übung fördert die Mobilität des Pferdes, sorgt für eine gute Längsachsenbiegung, fördert die Balancefähigkeit und dient gleichzeitig als eine gute Unfallverhütungsmaßnahme.

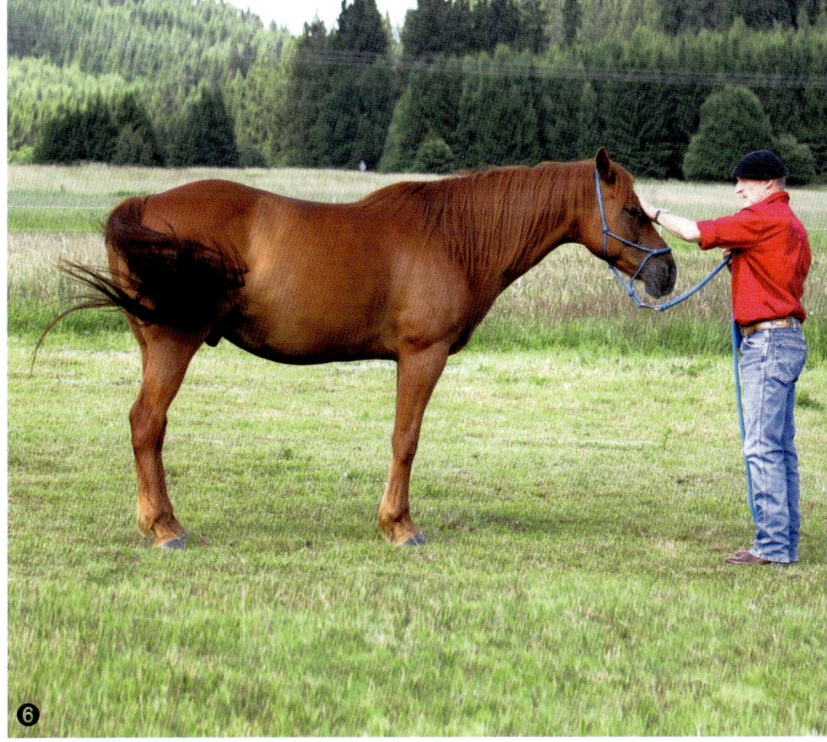

Die Brummkreisclübung | *111*

Pferde können sehr extrem reagieren, wenn sie in irgendwelche verfängliche Situationen geraten, das gilt im Besonderen, wenn es sich dabei um die Beine handelt.

43. Verfängliche Situationen

Verfängt sich ein Pferd in einem Zaun, einem Anbindeseil, einer Longe oder Ähnlichem, kann das verheerende Folgen haben. Fühlt sich das Fluchttier Pferd einer verfänglichen Situation ausgeliefert, möchte es nur noch weg. Dabei kommt es mitunter zu heftigsten Fluchtreaktionen, die nicht selten mit schweren Verletzungen des Pferdes enden, aber auch mit materiellen Schädigungen des Umfeldes. Aber auch Menschen kommen in Verbindung mit solchen Situationen immer wieder zu Schaden. Hier gilt, wie überall, wo gefährliche Situationen auftreten können: Beugen Sie vor und sorgen Sie für ein sicheres Umfeld. Dennoch, auch bei der besten Vorbeugung passieren Dinge, die wir uns nicht vorstellen können. Dann ist es gut, wenn man ein Präventionsprogramm mit seinem Pferd absolviert hat, in dem es gelernt hat, mit bestimmten herausfordernden Situationen entspannt umzugehen. So sollen die nun folgenden Übungen dazu beitragen, die Gefahr einer möglichen Eskalation in Verbindung mit Seilverwicklungen einzuschränken oder gar nicht erst aufkommen zu lassen.

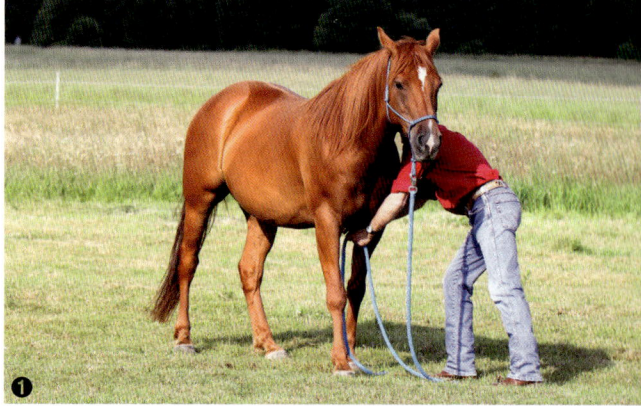

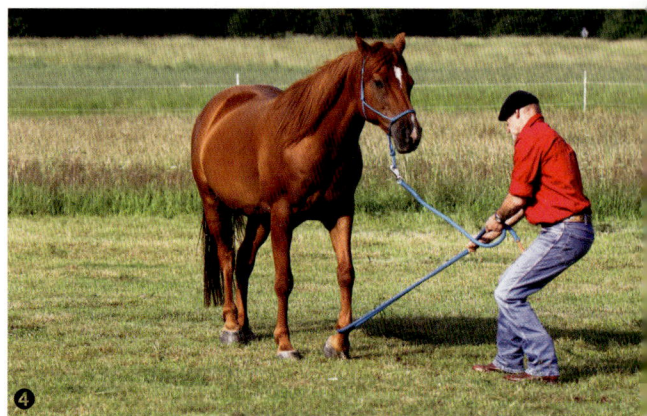

43.1 An den Vorderbeinen

Als Erstes beginne ich mit dem Training an den Vorderbeinen. Ich schiebe das Ende meines Arbeitsseiles zwischen den beiden Vorderbeinen hindurch, führe es um ein Bein herum und nehme vor dem Pferd Aufstellung. Dabei liegt das Seil jetzt schlingenartig ziemlich weit oben um das entsprechende Bein herum. Meine eine Hand hält dabei das Seilende, die andere fasst das Seil etwas mehr in Kopfnähe. Beginnt ein Pferd nun damit, sich aufzuregen, lasse ich das einfach zu und warte, bis es von alleine darauf kommt, dass von dem Seil keine Gefahr ausgeht. Dabei halte ich es kontrollierend an dem sich in Kopfnähe befindlichen Teil des Seiles. Meine andere Hand hält währenddessen das Seilende so, dass durch die um das Bein liegende Seilschlinge kein Zug entsteht, sonst würde mein Pferd noch mehr irritiert. Wichtig ist aber auch, dass ich bei aller Turbulenz möglichst die Seilschlinge nicht loslasse. Das Pferd soll lernen, dass Aktion oder sogar Hysterie nicht dazu beträgt, das beängstigende Seil loszuwerden. Im Gegenteil, es soll lernen, dass das um sein Bein liegende Seil nicht gefährlich ist und dass man es ertragen kann. Hat sich mein Vierbeiner beruhigt, bekommt er ein ausführliches Lob und eine Pause.

Danach beginne ich damit, die Seilschlinge am Pferdebein etwas hin und her zu schlenkern. Ich möchte auch für das sich bewegende Seil eine Akzeptanz, sprich eine Desensibilisierung erreichen. Immer wenn das Pferd dabei stillhält, bekommt es ein Lob und eine kleine Pause. Mit zunehmender Akzeptanz lasse ich das Seil weiter am Bein des Pferdes hinuntergleiten, bis es schließlich in der Fesselbeuge zu liegen kommt. Nun fasse ich die zuvor getrennt geführten Seilteile so zusammen, dass aus der offenen Seilschlinge eine geschlossene entsteht. Mit Hilfe dieser Seilschlinge ziehe ich nun das Bein nach vorne oben in die Streckung. Dabei halte ich das Seil mit beiden Händen und achte darauf, dass ich mich selbst im Rücken stabilisiere, um zu vermeiden, dass ich mir bei einer möglichen ruckartigen Bewegung des Pferdes dort wehtue. Meine Idee bei dieser Übung ist, dass das Pferd lernen soll, dem so entstandenen Zug am Bein nach vorne zu weichen und nicht diesem nach hinten ziehend oder steigend zu entkommen. Es soll

Ziel dieser Übung ist es, das Pferd mit »verfänglichen« Situationen an den Vorderbeinen zu konfrontieren und es zu lehren, mit dieser Herausforderung so umzugehen, dass es dabei alleine auf die Lösung des Problems kommt. Es soll lernen, dem Druck, den das Arbeitsseil in seiner Fesselbeuge auslöst, nicht durch fluchtartiges Nach-hinten-Ziehen zu entkommen, sondern durch einen Ausfallschritt nach vorne in die Entlastung zu gehen.

dabei möglichst einen Ausfallschritt auf mich zu gehen. Erfolgt dieser, muss der Druck in der Fesselbeuge sofort weg sein. Zieht das Pferd dagegen, halte ich gegen. Wichtig ist, dass das Pferd lernt, dass nicht das Ziehen nach hinten gegen den Druck, sondern das Nach-vorne-Weichen der Schlüssel ist, um aus der Situation herauszukommen.

Tut ein Pferd sich schwer, die Lösung für diese Herausforderung zu finden, kann ich versuchen, es durch ein mehr seitliches Ziehen am Bein aus der Balance zu bringen, um ihm so die Idee für die richtige Reaktion zu vermitteln. Oder ich helfe ihm zunächst durch einen kleinen Impuls am Halfter, auf die richtige Lösung zu kommen. Beim nächsten Mal versuche ich es wieder gleich in der Fesselbeuge. Manche Pferde kommen sofort auf die richtige Lösung, andere brauchen etwas länger.

43.2 Im Genick

Kennen Sie diese Situation? Jemand hat sein Pferd angebunden, es steht nun dösend mit hängendem Kopf in der Sonne. Aus irgendeinem Grund nimmt es den Kopf etwas zur Seite und das durchhängende Anbindeseil gleitet ihm über das Genick. Plötzlich hebt das Pferd seinen Kopf, weil etwas in seiner Nähe seine Aufmerksamkeit erregt hat. Das über dem Genick liegende Seil strafft sich und hält den Kopf unten fest. Das Pferd gerät in Panik, weil es die Situation nicht einordnen kann, und wirft sich heftigst gegen das Seil nach hinten. Haben Sie eine stabile Anbindung und das Seil hält, kann es sich sehr im Genick wehtun. Reißt die Anbindung und das Pferd kommt mit einem Mal frei, besteht die Gefahr, dass es sich nach hinten überschlägt. Ähnliches kann passieren, wenn ein Pferd am Boden des Anbindeplatzes irgendwelche Futterreste aufsammeln möchte und sich dabei das Seil über den Nacken legt.

Haben Sie alle Vorkehrungen getroffen und es passiert trotzdem, ist es gut, wenn Ihr Pferd gelernt hat, dem Seil im Nacken zu weichen und nicht dagegenzugehen. So ist die Situation entschärft und die Gefahr einer Eskalation stark reduziert. Habe ich das in Kapitel 35 beschriebene Druckpunkttraining im Nacken gemacht, habe ich bereits eine wichtige Vorübung absolviert. Als Nächstes gehe ich dazu über, die Situation in direkter Weise zu provozieren. Dabei lege ich meinem Pferd das Anbindeseil, so wie oben beschrieben, über den Nacken.

Auf diesen Fotos kann man schön sehen, wie über das Arbeitsseil der Druck im Nacken aufgebaut wird ...

Ich umschließe es mit meiner Hand, drücke dabei langsam meine Finger zu und bringe dadurch einen immer stärker werdenden Druck auf den Pferdenacken an. Geht mein Vierbeiner dagegen, halte ich den Druck oder verstärke ihn noch ein wenig. Gibt er dem Druck nach, ist dieser augenblicklich weg. Durch viele Wiederholungen wird nun dieses Nachgeben automatisiert und das Pferd geschult, auch im Extremfall nachgebend und nicht dagegengehend zu reagieren.

43.3 So kann es richtig heftig werden

Stellen Sie sich vor, jemand hat sein Pferd angebunden. Dabei ist das Anbindeseil zu lang und hängt deutlich durch. Das Pferd beginnt nun damit, das Gras, das am Anbindeplatz zwischen den Pflastersteinen hervorsprießt, abzupflücken oder die Haferkörner, die das Pferd des Stallkollegen beim Fressen dort verstreut hat, aufzusammeln. Dabei hängt das zu lange Anbindeseil so weit durch, dass es auf dem Boden zu liegen

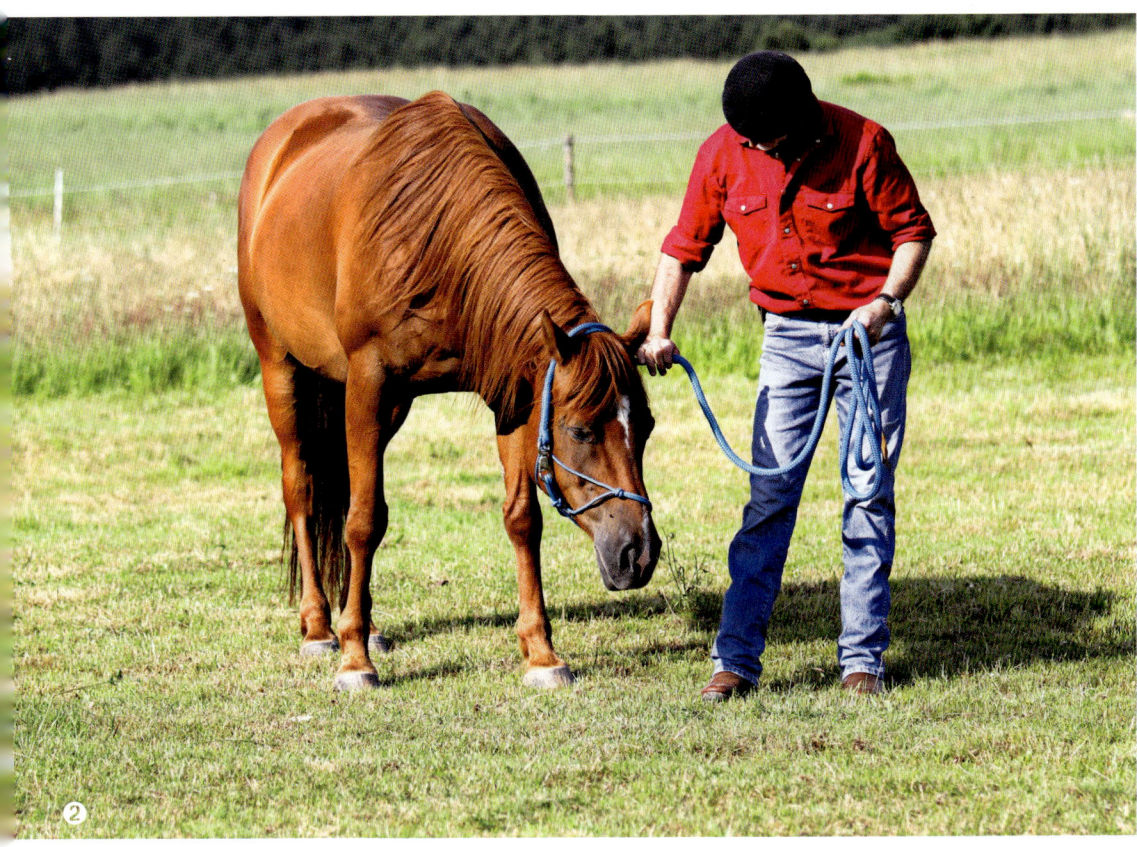

... und wie das Pferd immer spontaner und nachhaltiger das Nach-unten-Nachgeben lernt.

kommt. Um auch an das weiter seitlich stehende oder liegende Futter zu kommen, tritt das Pferd eine Schritt zur Seite und über das Anbindeseil. In diesem Moment kommt der Bauer mit einer Schubkarre um die Stallecke. Das Pferd, das auf diese Situation nicht vorbereitet ist, erschrickt, und reißt den Kopf hoch. Dabei strafft sich das Anbindeseil und reißt dem Pferd das Bein hoch, worauf dieses sich, heftig irritiert, panisch nach hinten gegen die Anbindung wirft. Mit einem Mal reißt das Seil, das Pferd kommt frei, aber durch die plötzliche Wucht überschlägt es sich rückwärts. Dabei soll es schon gebrochene Wirbelsäulen, Schädelbrüche und erschlagene Menschen gegeben haben. Oder die Anbindung reißt nicht, dem Pferd rutschen aber die Hinterbeine weg, es verliert die Balance, fällt um und liegt nun zappelnd im Anbindeseil verfangen am Anbindeplatz. Horrorszenarien, die wir uns nicht vorstellen mögen, aber leider gar nicht so selten vorkommen.
Um solch eine Situation nicht aufkommen zu lassen, wäre die erste Maßnahme, das Pferd anständig anzubinden. Dennoch,
auch bei aller guter Vorbeugung können diese oder ähnliche Dinge passieren. Dann sind wir gut beraten, auch solch eine Situation in einem Unfallverhütungstraining mit unserem Pferd schon mal durchgespielt zu haben. Hier treffen nun die beiden zuvor einzeln provozierten Situationen zusammen, zum einen das Verheddern mit dem Bein im Anbindeseil, zum anderen das sich über das Genick legende Anbindeseil. Dabei gehe ich folgendermaßen vor: Ich lege dem Pferd wie zuvor das Arbeitsseil um ein Vorderbein und lasse es in die Fesselbeuge gleiten. Ich fasse das Seil aber nicht wie eine Schlinge, sondern ziehe nur an dessen Ende. Dadurch wird der Kopf des Pferdes langsam hinunter zu dessen Bein gezogen. Ziehe ich nun weiter, wird über das Arbeitsseil auch noch das Bein angehoben. Das Bein hängt somit im Arbeitsseil, und da dieses am Halfter befestigt ist, am Kopf des Pferdes. Natürlich darf ich hierbei nicht grob und überfallartig vorgehen. Es ist wichtig, das Seil langsam zu straffen und dem Pferd Zeit zu geben, sich mit der Herausforderung auseinanderzusetzen.

Zunächst lege ich meinem Pferd das Arbeitsseil um ein Vorderbein herum und lasse es nach unten in die Fesselbeuge gleiten.

Nun beginne ich vorsichtig, am Seilende zu ziehen, dabei ziehe ich Fuß und Kopf langsam zueinander hin.

So entsteht die Situation, die ich im Text beschrieben habe. Beim Pferd baut sich ein Druck sowohl in der Fesselbeuge als auch im Genick auf.

Ist das Pferd durch die vorhergehenden Übungen gut vorbereitet, sollte es jetzt leicht auf die Idee kommen, dass es der Schritt nach vorne ist, der ihm Entlastung bringt.

Hat mein Pferd den richtigen Schlüssel zur Auflösung dieser Herausforderung gefunden, darf es gerne dafür mit einer freudigen Zuwendung belohnt werden.

Nun habe ich die gleiche Situation hergestellt, die ich oben beschrieben habe. Wurde mein Vierbeiner durch die beiden vorherigen Übungen gut vorbereitet, sollte dieser nun in der Lage sein, selbst die Lösung aus dieser Situation herauszufinden.

Das Ziel dieser Übung ist es, das Pferd zu veranlassen, sich durch einen Schritt vorwärts Entlastung zu verschaffen, und es zu lehren, dass ein sinnloses Zurückreißen keineswegs zur Lösung des Problems beiträgt. Wäre es in dieser Situation bereits vorne fest angebunden, wäre im Fall eines Befreiungsversuches nach hinten eine Eskalation vorgezeichnet. Dadurch, dass ich aber das Seilende in den Händen halte, kann ich flexibel mitgehen, ohne das Pferd aus der Situation entkommen zu lassen. Sobald es merkt, dass die Flucht nach hinten nicht den erstrebten Erfolg bringt, wird es versuchen, eine andere Lösung zu finden. Mit dem Weg nach vorne hat es den richtigen Ansatz gefunden, der Druck in Nacken und Fesselbeuge ist augenblicklich weg. Erstarrt ein Pferd bei dieser Herausforderung, ist das besser, als wenn es überreagiert. Erwünscht ist aber immer der Entlastungsschritt nach vorne. Um ein Pferd aus der Erstarrung zu lösen, kann ich versuchen, es durch seitliches Ziehen am Arbeitsseil etwas aus der Balance zu bringen, um es so zu dem Schritt nach vorne zu veranlassen.

Es ist erstaunlich, wie schnell Pferde solche Herausforderungen positiv zu meistern lernen, wenn ich eine entsprechend gute Vorbereitungsarbeit geleistet habe. Und auch hier ist es wieder die Übung, die das beim Pferd angestrebte Verhalten automatisiert und im Konfliktfall zu einer positiven Reaktion führt. Natürlich ist es ratsam, bei diesen Arbeiten, wie übrigens bei alle Arbeiten mit Seilen oder Longen, robuste Lederhandschuhe zu tragen.

43.4 An den Hinterbeinen

Gehen wir mit unserer Seilarbeit an die Hinterbeine. Auch hier geht es darum, verfängliche Situationen zu provozieren, um das Pferd zu schulen, in einer Konfliktsituation entspannt zu bleiben. Diese Übung kann uns aber auch sehr dabei helfen, das junge Pferd zu lehren, leicht und willig die Hinterbeine zu geben, sei es für Hufpflegemaßnahmen oder beim Hufschmied. Ein weiteres kleines Ergebnis dieser Arbeit ist es, dem Pferd zu helfen, die Hinterbeine weit unter den Körper zu stellen, es quasi auf die Hanken zu setzen. Somit haben wir auch noch einen gewissen gymnastizierenden Effekt.

Zur praktischen Durchführung ist das Pferd wieder mit Knotenhalfter und langem Arbeitsseil ausgestattet. Möchte ich das Arbeitsseil nun am Hinterbein des Pferdes anbringen, sollte ich strukturiert vorgehen, dieses möglichst schnell um das Bein herumlegen und wieder am Kopf sein, bevor mein Vierbeiner die Situation realisiert. Das gilt besonders dann, wenn ich ein Pferd nicht kenne oder von ihm weiß, dass es gerne panisch überreagiert. Kontrolliere ich den Kopf, kontrolliere ich das ganze Pferd.

Will ich diese Übung an der linken Seite des Pferdes beginnen, gehe ich folgendermaßen vor: Ich stehe seitlich am Pferd und halte das Seil in der linken Hand. Mit den Fingern meiner rechten Hand schubbere ich das Pferd seitlich am Rücken und gehe dabei immer weiter nach hinten bis an die Hinterhand. Ich greife mit der rechten Hand von hinten zwischen den Hinterbeinen durch und übergebe dieser mit meiner linken das Arbeitsseil. Jetzt sollte ich mich beeilen, wieder am Kopf des Pferdes zu sein, bevor mein Vierbeiner das um sein Hinterbein liegende Seil realisiert.

Manche Pferde können dabei im ersten Augenblick schon mal durch heftiges seitliches Wegdrehen der Hinterhand reagieren. Haben sie dann gemerkt, dass von dem Seil keine Gefahr ausgeht, werden sie ruhiger und letztlich lernen, diesen Zustand zu akzeptieren. Auf keinen Fall darf ich in solch einer Situation versuchen, das Pferd durch ein Ziehen des Seiles am Hinterbein festhalten zu wollen, das würde es zu noch mehr Aktion veranlassen. Andererseits sollte ich auch das Seil nicht loslassen, dadurch würde das Pferd lernen, dass Aktionismus und Fluchtverhalten die Lösung für diese Herausforderung sind. Somit würde ich genau das Gegenteil erreichen. Ich lasse einfach das Seil lose um das Hinterbein herum liegen, lasse zu, dass mein Vierbeiner sich aufregt und warte ab, bis er sich von alleine wieder beruhigt. Stehe ich dabei an dessen Kopf und halte ihn hier fest, sollte ich damit kein Problem haben. Hat sich mein Pferd beruhigt oder ist es von vorneherein ruhig geblieben, lobe ich es ausführlich. Nun beginne ich damit, das Seil am Pferdebein etwas hin und her zu schlenkern, um auch hierfür eine Akzeptanz zu erreichen. Wird das Pferd dabei unruhig, fahre ich mit der Aktion so lange fort, bis es sich beruhigt hat. Augenblicklich höre ich auf und lobe es. Nach einer kleine Pause nehme ich die Prozedur wieder auf und fahre in gleicher Weise fort, lasse dabei das Arbeitsseil immer weiter nach unten gleiten, bis es schließlich in der Fesselbeuge des Hinterbeines liegt.

Bei der Seilarbeit an den Hinterbeinen geht es darum, verfängliche Situationen in diesem Bereich zu simulieren und das Pferd darin zu schulen, ruhig zu bleiben und die Lösung in der Entspannung zu finden.

 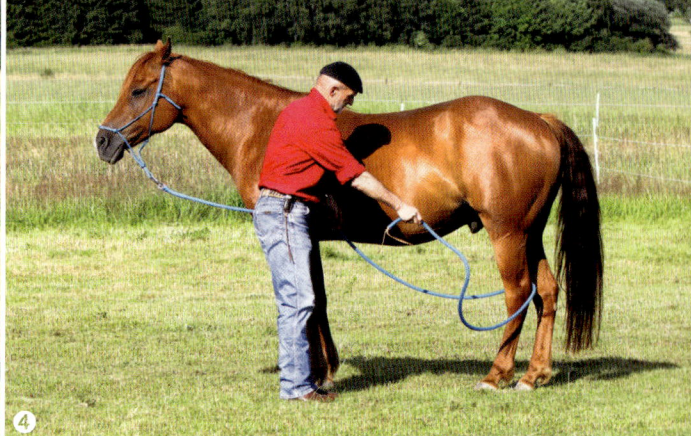

Dabei lege ich in beschriebener Weise das Arbeitsseil um ein Hinterbein und bemühe mich, möglichst zügig wieder am Kopf meines Pferdes zu sein, bevor es das Seil an seinem Bein realisiert.

Nun erfolgt ein Desensibilisierungsprogramm, das dahin zielt, eine Akzeptanz von Seiten des Pferdes für diese Herausforderung zu bekommen.

Mit Hilfe des Arbeitsseiles ziehe ich nun das Hinterbein meines Pferdes nach vorne und hebe es somit an. Das Ziel ist ein entspannt bleibendes Pferd, welches das willig mit sich geschehen lässt, ohne in Panik zu geraten. Versucht es, gegen den Druck des Seiles in seiner Fesselbeuge sein Bein nach hinten zu ziehen, halte ich dagegen. Entspannt es sich, lasse ich das Bein langsam und so weit wie möglich nach vorne zu Boden gleiten. Das Pferd soll lernen, dass das Bein dann losgelassen wird, wenn es sich selbst loslässt.

Alle diese Übungen sind keineswegs Luxus und unnötig. Immer wieder erhalte ich Resonanzen von Leuten, die dieses Programm mit ihren Pferden absolviert haben und danach

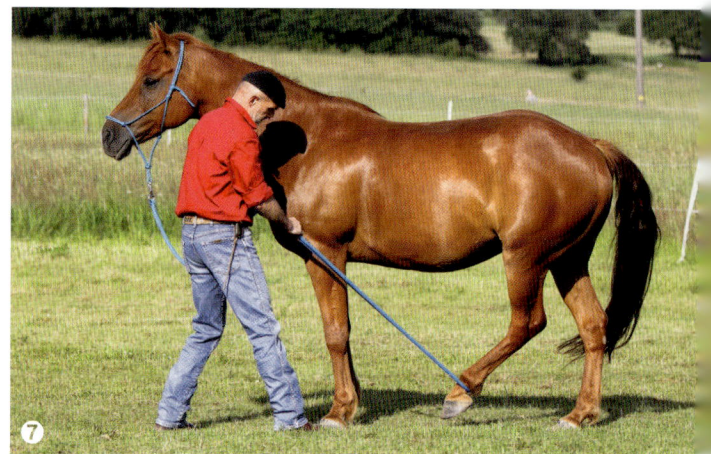

tatsächlich in eine verfängliche Situation geraten sind. In einem Fall erzählte mir eine Kursteilnehmerin, sie habe ihr Pferd angebunden, um es zu putzen, irgendwie sei ihr dabei ein Leckerli unter das Pferd gefallen. Der Hofhund, der in der Nähe an einer langen Leine angebunden war, hatte das gesehen und eilte nun herbei, um sich dieses zu holen. Dabei wickelte sich die Hundeleine irgendwie um ein Hinterbein des Pferdes. Der Hund, der wohl sehr kräftig war, rannte weg und zog dabei so fest an der Leine, dass dem Pferd das Bein hochgezogen wurde. Da das Pferd über unser Trainingsprogramm gelernt hatte, entspannt zu bleiben, wartete es geduldig, bis es befreit wurde. Bei dem Pferd handelte es sich um eine Vollblutstute, die eigentlich dafür bekannt war, dass sie sich gerne wegen kleinsten Anlässen hysterisch gebärdet. In einem anderen Fall hatte sich ein Isländer während eines Wanderrittes mit einem Vorderbein im Spannseil verfangen, an dem noch zehn weitere Pferde angebunden waren. (Ein Spannseil ist ein zwischen zwei Bäume gespanntes, dickes Seil, an dem man beim Militär die Pferde während einer Rast anband.) Durch unser erwähntes Training blieb das Pferd aber ruhig und konnte befreit werden. Wäre es panisch geworden, hätte sich die Situation zu einem Desaster ausweiten können.

Wird das Seil am Hinterbein akzeptiert, lasse ich es hinunter in die Fesselbeuge gleiten.

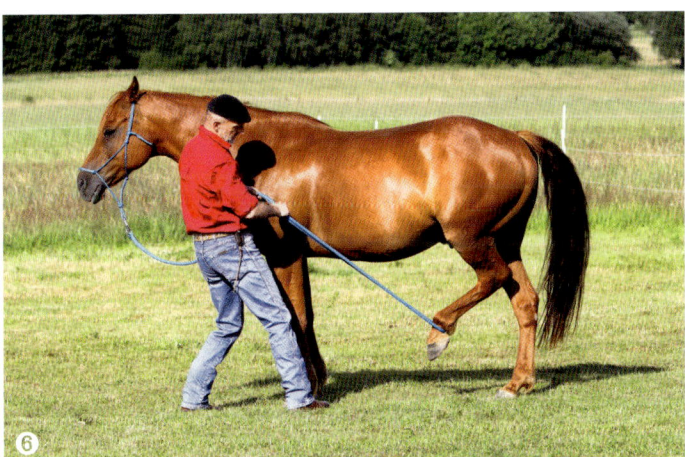

Nun fasse ich es gut mit beiden Händen und versuche, damit das Hinterbein des Pferdes nach vorne oben anzuheben.

Das Ziel dieser Übung ist es, dass mein Vierbeiner lernt, auf diese Anfrage entspannt und besonnen zu reagieren und dass es sein Bein möglichst weit vorne unter dem Körper absetzt.

43.5 Zirkuläre Umspannungen

Die nun folgende Übung soll ein Pferd dafür vorbereiten, zirkuläre Umspannungen um seinen Brustkorb zu akzeptieren. Hier kann es sich um das junge Pferd handeln, das lernen soll, sich an den Umspannungsdruck eines Sattel- oder Geschirrgurtes zu gewöhnen, oder auch das Pferd, das durch unsachgemäße Behandlung durch den Menschen bereits einen Gurtzwang entwickelt hat. Zunächst möchte ich das Pferd generell daran gewöhnen, Dinge, die über seinen Körper gelegt werden, zu akzeptieren. Das ist bei den meisten Pferden, die den Umgang mit Menschen kennen, kein Problem. Aber mir begegnen auch immer wieder mal junge Pferde, bei denen dies keineswegs selbstverständlich ist, weil sie halbwild aufgewachsen sind, oder solche, die Angst vor Berührung haben, weil sie schlechte Erfahrungen mit Menschen gemacht haben.

Wie immer trägt mein Pferd auch bei diesen Übungen ein Knotenhalfter mit einem Arbeitsseil. Das Arbeitsseil fasse ich mit einer Hand kurz unterhalb des Halfters, mit der anderen etwa 80 Zentimeter vom hinteren Ende. Nun lasse ich das Seilende immer wieder an den unterschiedlichsten Stellen über den Pferdekörper fallen, so, als würde ich eine Satteldecke auf den Rücken des Pferdes legen wollen. Dadurch soll sich das Pferd an Berührung, gewöhnen, insbesondere an die Berührung auf seinem Rücken und um seinen Brustkorb herum. Akzeptiert es diese Berührung, wird es gelobt. Versucht es, sich vor dieser zu entziehen, fahre ich solange damit fort, bis es sie akzeptiert. Dann lobe ich es ausführlich. Ist die Berührung mit dem Arbeitsseil kein Problem oder kein Problem mehr, lasse ich es über dem Pferderücken liegen und schiebe so viel Seil nach, dass es auf der anderen Seite den Boden berührt. Ich greife unter dem Pferdekörper hindurch, erfasse das Seilende und nehme es auf meine Seite. Jetzt liegt das Seil zirkulär um den gesamten Brustkorb des Pferdes. Während eine Hand das Seilende hält, hält die andere das Seil in seinem vorderen Drittel, etwa in Höhe der Sattellage. So kann ich einmal das Pferd gut kontrollieren, aber auch meine Idee der zirkulären Umspannung gut realisieren. Dabei ziehe ich zunächst diese beiden Seilteile noch nicht gegeneinander, sondern halte sie nur lose in der Hand und taste damit die Unterlinie des Pferdes ab, um auch hier die Akzeptanz für Berührung sicherzustellen. Hat das Pferd hiermit kein Problem, beginne ich damit, die beiden Seilteile leicht gegeneinander zu ziehen. Wird dies von meinem Pferd akzeptiert, halte ich

Zunächst kommt es darauf an, dass mein Pferd die Berührung eines Gegenstandes auf seinem Körper zu akzeptieren lernt. Dabei lasse ich das Seilende sanft über die unterschiedlichsten Bereiche des Pferderückens fallen.

Hat das Pferd damit kein Problem, schiebe ich das Seilende über den Pferderücken, bis es auf der anderen Seite Bodenkontakt hat. Ich hole mir dieses Seilteil unter dem Pferdebauch hervor und habe somit eine zirkuläre Umlage um den Brustkorb des Pferdes.

Nachdem ich zunächst geprüft habe, ob mein Pferd irgendwelche Befindlichkeiten an seiner Unterlinie hat, beginne ich damit, einen zirkulären Umspannungsdruck um dessen Brustkorb aufzubauen. Dabei ziehe ich die beiden Seilteile zueinander hin, anfangs leicht, später immer stärker.

Akzeptiert mein Vierbeiner diese Herausforderung, nehme ich den Druck weg und lobe ihn.
Später kann ich mit dieser Anfrage auch weiter hinten am Brustkorb ansetzen, um auch hier eine Akzeptanz für den Umspannungsdruck zu erhalten.

den Umspannungsdruck ein wenig, lobe es und nehme den Druck wieder weg. Nach einer kleinen Pause beginne ich von neuem, dieses Mal aber mit etwas mehr Einwirkung. Wird auch dies akzeptiert, lobe ich wieder, halte ein wenig den Druck und gebe anschließend eine Pause. So fahre ich fort, wobei ich zusehends meine Einwirkung verstärke. Dabei lernt mein Pferd, den zirkulären Umspannungsdruck immer mehr zu akzeptieren, ohne dass es dabei überfordert wird oder vielleicht sogar in ein zwanghaftes Verhalten verfällt.

44. Arbeitsauftrag auf Distanz

Ging es in den vorgehenden Kapiteln mehr um die Kommunikation mit Pferden über den direkten Körperkontakt, so soll es jetzt darum gehen, eine zeichenhafte Art der Verständigung zu entwickeln, die auch eine Kommunikation auf Distanz zulässt. Diese Art der Kommunikation findet in Anlehnung an die Logik des aggressiven Drohens unter Pferden statt und kann letztlich so fein gestaltet werden, dass zum Schluss nur noch Blicke genügen, und das Pferd reagiert. In Kapitel 31 bin ich bereits auf diese Logik eingegangen. Wir erinnern uns noch einmal: Es ist immer die Verpflichtung des rangniedrigen Pferdes, dem ranghohen Tier, besonders dem Leittier, aus dem Weg zu gehen, wenn es von diesem gefordert wird. Diese Forderung findet meist in klar nachvollziehbaren Phasen statt. Nehmen wir an, ein ranghöheres Tier möchte auf direktem Weg zur Wassertränke, dabei steht ihm aber eines der rangniedrigen Herdenmitglieder im Weg. Nun gibt es zwei mögliche Verhaltensweisen des ranghohen Pferdes: Vielleicht hat es keine Lust auf eine Auseinandersetzung, dann schlendert es in entspannter Haltung in einem Bogen um das rangniedrige Pferd und geht zur Tränke. Oder es besteht auf sein Recht und fordert das rangniedrige Tier in deutlicher Weise dazu auf, seiner Verpflichtung nachzukommen und ihm den Weg freizumachen. Dabei wird es dieses zunächst direkt auffordernd anschauen.

Reicht das nicht, um das angestrebte Ziel zu schaffen, wird es den Kopf heben und mit der Nase in Richtung des rangniedrigen Pferdes zeigen. In Verbindung damit, wird es die Ohren drohend anlegen. Lässt sich das rangniedrige Pferd auch hiervon nicht beeindrucken, wird sich das ranghohe Tier in Richtung des rangniedrigen in Bewegung setzen, dabei das Maul aufmachen, dann die Zähne zeigen und,

Arbeitsauftrag auf Distanz. Hier sehen wir, wie sich dieses junge Pferd auf Distanz über eine Plane schicken lässt.

Dabei kann man das durchaus auch in unterschiedlichen Variationen tun, beispielsweise zwischen Tonnen hindurch.

Stellt diese Anfrage im Schritt keine Herausforderung mehr dar, kann man es auch mal im Trab probieren.

Einem Pferd beizubringen, sich durch Engpass-Situationen oder in solche hineinschicken zu lassen, ist ein lohnenswertes Training, auch im Hinblick auf ein mögliches Verladetraining.

Ein Pferd auch einmal über einen Sprung zu schicken, macht Sinn. Dadurch werden seine Dynamik, seine Mobilität und seine Leistungsfähigkeit gefördert.

wenn nötig, als letzte Maßnahme den respektlosen Rangniedrigen heftig mit den Zähnen attackieren und sein Recht einfordern. Diese Vorgehensweise kann so blitzartig geschehen, dass man die einzelnen Phasen des Drohens kaum wahrnehmen kann. Oder auch so langsam, dass man diese gut unterscheiden und deutlich erkennen kann.

Im Bestreben, einen naturorientierten und für das Pferd nachvollziehbaren Weg der gemeinsamen Kommunikation zu finden, wollen wir hieran Anleihe nehmen. Es geht also darum, dem Pferd einen Arbeitsauftrag auf Distanz zu geben. Dabei soll es lernen, links um mich herumzugehen, rechts um mich herumzugehen, anzuhalten, die Richtung zu ändern und rückwärtszugehen. Das möglichst in unterschiedlicher Weise und in unterschiedlichen Gangarten. Was zunächst als zeichenhafte Kommunikation aufgebaut wird, um vom Pferd gewisse Bewegungsmuster zu erhalten, ohne gleich mit einer konkreten praktischen Aufgabenstellung in Verbindung zu stehen, soll später auch in Verbindung mit bestimmten Hindernissen oder Geländesituationen und in unterschiedlichen Schwierigkeitsgraden stattfinden können. Dabei kann es darum gehen, ein Pferd durch einen Engpass zu schicken, unter einem Flattervorhang hindurch, über eine Plastikplane, einen Hang hinauf und rückwärts wieder herunter oder sogar aus Distanz in einen Pferdetransporter.

All das, was dem unbedarften Zuschauer mitunter unfassbar oder sogar mystisch erscheint, entspringt einem klar durchdachten Konzept, ist an der Sprache der Pferde orientiert und im Grunde genommen eine klar nachvollziehbare und seriöse Handwerksarbeit.

Lässt sich ein Pferd durch einen Streifenvorhang schicken, durch den es nicht sehen kann, fördert das sein Vertrauen und seinen Gehorsam.

44.1 So schicke ich mein Pferd auf die »Umlaufbahn«

Als Erstes soll es darum gehen, das Pferd nach links in einem Kreis um mich herumzuschicken. Um dies zu gewährleisten, muss ich das Pferd aber zunächst einmal dort hinschicken, wo es sich bewegen soll, nämlich nach außen auf die Kreisbahn. Manchmal beobachte ich Menschen, die Ähnliches zu tun versuchen. In der einen Hand halten sie die Longe, um ihr Pferd vorne zu kontrollieren, in der anderen Hand halten sie ihre Longierpeitsche, um es anzutreiben. Da sie wissen, dass sich der »Motor« des Pferdes hinten befindet, setzen sie nun ihre Peitsche treibend an dessen Hinterhand ein. Das Pferd fühlt sich aufgefordert, mit der Hinterhand zu reagieren, indem es sie seitlich wegnimmt. Erneut versucht der Mensch, die Hinterhand seines Pferdes zu erreichen, er läuft dieser dabei nach. Wieder weicht das Pferd seitlich aus. Das Ganze setzt sich so fort. Letztlich läuft nicht mehr das Pferd um den Menschen herum, sondern der Mensch um das Pferd. So war das nicht gedacht. Das Pferd hat aus seiner Sicht richtig reagiert, der Mensch hat allerdings seine Frage falsch gestellt. Wann immer ich ein Pferd seitlich von mir wegschicken möchte, tue ich dies nicht von der Hinterhand aus, sondern von der Vorderhand, genauer gesagt vom Hals-/Schulterbereich. Geht die Vorderhand einen gewissen Weg, wird die Hinterhand ihr folgen, umgekehrt nicht unbedingt.

In der Praxis gehe ich folgendermaßen vor: Ich stehe links neben dem Pferd in Höhe seines Kopfes. Mit meiner linken Hand halte ich das Arbeitsseil etwa einen Meter vom vorderen Ende entfernt. Meine rechte Hand greift Richtung Seilende, dahinter befinden sich noch einmal rund 80 Zentimeter Seil. Dieses Endstück soll mir als treibendes Element dienen, indem ich es, wenn nötig, propellerartig gegen das Pferd einsetze. Möchte ich mein Pferd nun nach außen auf die Zirkellinie schicken, werde ich zunächst in diese Richtung schauen und dann mit meiner linken Hand dorthin zeigen. Das junge Pferd, das natürlich noch keine Vorstellung von dem hat, was ich von ihm möchte, wird vermutlich zunächst nicht reagieren. Jetzt heißt es, aktiv einzuwirken. Mit meiner rechten Hand lasse ich das Seilende propellerartig von hinten nach vorne rotieren und zwar in Richtung Hals und Schulter des Pferdes. Das Pferd soll mit der Schulter weichen und so nach außen auf die Zirkellinie gelangen. Meist reicht anfangs dieses »Andeuten« nicht aus, um meinem Vierbeiner mein Anliegen zu verdeutlichen. Wenn

Bei der Kommunikation auf Distanz benutze ich gerne das Ende meines Arbeitsseiles, um es als treibendes Element einzusetzen. Dabei lasse ich es etwas 80 Zentimeter aus meiner Hand herausragen.

Bevor ich das Seil nun direkt am Pferd einsetze, ist es sinnvoll, mir zunächst die Technik des Seildrehens als »Trockenübung« anzueignen.

Will ich mein Pferd auf die Zirkellinie schicken, schaue ich zunächst dorthin, wo es hingehen soll, dann deute ich mit der Hand, die das Seil führt, in diese Richtung. Erst dann setze ich den Seilpropeller in Richtung Hals/Schulter des Pferdes in Bewegung. Das zunächst langsam, dann immer schneller. Wenn nötig, kann ich auch die Lederklatsche des Seilendes auf diese Stelle direkt aufklatschen lassen. Spätestens jetzt sollte mein Pferd nach außen weichen. Die meisten Pferde gehen dabei auch gleich vorwärts.

es nicht reagiert, beginne ich damit, den Propeller schneller zu drehen. Ich werde also deutlicher in meiner Einwirkung. Reicht auch das nicht aus, wird der Propeller so schnell gedreht, bis er anfängt zu pfeifen. Weicht mein Pferd nun noch immer nicht, kommt der »Zubiss«. Damit ist der Einsatz der Lederklatsche gemeint, die sich am Ende des Arbeitsseiles befindet. Sie lasse ich dann auf den besagten Körperbereich des Pferdes auftreffen. Zunächst etwas sachter, wenn nötig, aber auch mit deutlich zunehmender Intensität. Spätestens jetzt sollte mein Pferd reagieren und mit der Vorderhand nach außen weichen. In den meisten Fällen wird es sich dabei auch gleich auf der Zirkellinie vorwärts bewegen. Wichtig ist, dass ich meinem Vierbeiner jetzt so viel Seil gebe, dass er auch weit genug nach außen gehen kann.

Bewegt sich das Pferd nun in gewünschter Weise auf der gedachten Zirkellinie um mich herum, werde ich sofort meine Einwirkung beenden. Ich werde erst dann wieder einwirken, wenn ich etwas anderes von ihm möchte oder wenn das Pferd die ihm aufgetragene Aufgabe von sich aus ändert. Immer, wenn es das tut, was ich ihm angegeben habe, lasse ich es in Ruhe. Zu diesem Zeitpunkt habe ich dem Pferd noch nicht gesagt, welche Gangart ich von ihm möchte, wobei der Trab mir dabei die liebste Gangart ist. Möchte ich nun auf die Gangart des Pferdes Einfluss nehmen, sollte ich um das Vorhandensein der Treiblinie Bescheid wissen. Die Treiblinie ist eine gedachte Linie hinter der Pferdeschulter, etwa dort, wo der Sattelgurt liegt. Die Einwirkung hinter dieser Linie wirkt vorwärtstreibend, die Einwirkung davor bremsend. Man könnte diese Linie auch als »Nulllinie« bezeichnen. Wenn das Pferd seinen Anforderungen nachkommt, bewege ich mich in Höhe dieser Nulllinie mit ihm. Möchte ich etwas anderes von ihm oder ist eine Korrektur nötig, werde ich meine Einwirkung entsprechend mehr vor oder hinter dieser Linie anbringen.

Um für das Pferd klarer zu werden, werde ich am Anfang sogar meine vorwärtstreibende Einwirkung direkt hinter seine Hinterhand verlegen, so kommt es nicht zu dem Missverständnis, dass das Pferd anstatt schneller zu gehen, seine Hinterhand nach außen nimmt. In manchen Bereichen der Horsemanship-Arbeit benutzt man bewusst das Nach-außen-Schicken der Hinterhand, um ein Pferd anzuhalten. Das hat aber zur Folge, dass sich so ausgebildete Pferde angewöhnen, sich automatisch beim Anhalten querzustellen. Diesen Effekt möchte ich nicht, weil er mich für einzelne weiterführende Lektionen in eine Sackgasse führt.

Genau so verfahre ich auch beim Durchparieren, hier werde ich meine bremsende Einwirkung direkt vor dem Pferd anbringen. Möchte ich hingegen den Rahmen erweitern und mein Pferd auf einen größeren Zirkel schicken, werde ich direkt auf die Treiblinie einwirken. Selbstverständlich muss ich dem Pferd in diesem Fall wieder das nötige Seil geben, sprich das Arbeitsseil oder die Longe verlängern, damit der Zirkel auch größer werden kann.

44.2 Stop and go

Zum Durchparieren eines Pferdes gibt es verschiedene Möglichkeiten. Angenommen, ich lasse mein Pferd auf der linken Hand um mich herumgehen. Möchte ich es anhalten, mache ich mir die Bande des Reitplatzes oder irgend eine andere Umzäunung zunutze. Dazu wähle ich den Augenblick, in dem das Pferd noch etwa eine Pferdelänge vom Zaun entfernt ist. Ich habe mich bisher mit meinem Pferd im Kreis gedreht oder bin in einem kleinen Kreis mit diesem mitgegangen, meine Schultern waren parallel zur Längsachse des Pferdes und mein Blick in Richtung der Treiblinie gerichtet.

Jetzt richte ich meinen Fokus vor das Pferd, drehe meine linke Schulter ebenfalls dorthin und gehe mit einem kurzen entschlossenen Schritt Richtung Bande. Ich tue so, als wollte ich dem Pferd den Weg abschneiden. Für das Pferd entsteht dabei ein Engpass, durch den es sich genötigt fühlt anzuhalten. Mache ich diesen Schritt in etwas abgeschwächter Form, kann ich damit erwirken, dass mein Pferd in eine niedrigere Gangart wechselt. Dabei verhindert die Begrenzung der Bande oder des Zaunes, dass mein Pferd nicht nach außen ausbricht. Hat es diese Art des Durchparierens verstanden, wird mit der Zeit die äußere Begrenzung nicht mehr nötig sein. Ebenso wird das Durchparieren an sich mit immer feineren Einwirkungen stattfinden können. Letztlich kann am Ende ein Blick oder ein angedeutetes Drehen der entsprechenden Schulter in Richtung Pferdekopf ausreichen, um das Pferd anzuhalten. Um zu solchen Ergebnissen zu kommen, sind eine klare Vorgehensweise und Eindeutigkeit in den Handlungen wichtig.

Zu dieser körpersprachlichen Einwirkung kann man auch akustische Signale einsetzen. Welches Wortes man wählt, spielt keine Rolle. Es kann ein »Wow«, »Halt«, »Brrrr« oder »Steh« sein. Wichtig ist, dass man dabei immer dasselbe Wort oder denselben Laut verwendet, damit eine Prägung entstehen kann. Ich nutze dabei gerne einen Zischlaut. Diesen kann ich in seiner Intensität sehr unterschiedlich einsetzen. Ich kann ein eher leises, weiches Zischen benutzen, um dem Pferd mitzuteilen, dass es ein wenig langsamer gehen soll, oder ein etwas deutlicheres Zischen, um ihm zu sagen, dass es einen Gang herunterschalten soll. Ein scharfes Zischen hingegen steht für ein spontanes Anhalten. Mit diesem Zischen werde ich mein Pferd zum einen akustisch auf mein Ansinnen einstimmen, zum anderen wird dadurch aber auch ein mehr oder weniger starkes Abkippen meines Beckens hervorgerufen.

Will ich mit meinem Pferd auf weitere Distanz arbeiten und die gesamte Länge des Arbeitsseils dazu nutzen, oder habe ich ein sehr großes oder ungelenkes Pferd, das ich schwer auf einem engeren Zirkel arbeiten kann, nehme ich mir gerne zur Unterstützung den Kontaktstock zur Hilfe. Der Kontaktstock ist quasi eine Verlängerung meines Armes, an seinem oberen Ende ist ein Seilchen angebracht, ähnlich dem meines Arbeitsseilendes, nur deutlich feiner.

Die Arbeitsweise mit dem Kontaktstock ist die gleiche wie mit dem Seilende. Vorteilhaft ist, dass ich die gesamte Länge des Arbeitsseils ausnutzen kann, den Kontaktstock aber auch mit sehr viel mehr Energie, also effektvoller, einsetzen kann.

Will ich ein Pferd auf der »Umlaufbahn« stoppen, benutze ich dazu am Anfang die Hilfe einer Bande. Das kann auch, wie hier, ein einfacher Elektrozaun sein.

Ist mein Pferd noch etwa eine gute Pferdelänge von diesem Zaun entfernt, gehe ich in Richtung dieser Begrenzung und tue so, als wollte ich ihm den Weg abschneiden. Gleichzeitig setze ich den Kontaktstock wie eine Schranke ein. Stoppt nun mein Vierbeiner, senke ich augenblicklich meinen Stock ab.

Wichtig nach erfolgter Aktion ist eine belohnende Pause, in der der Mensch sich in seiner Körperhaltung entspannt. Gleichzeitig dient diese Pause dazu, dem Pferd ausreichend Denk- und Speicherzeit zu geben, um das gerade Erlebte zu verarbeiten.

Auf diesem Foto ist sehr schön zu sehen, dass mir die Unterstützung durch den Kontaktstock die Möglichkeit gibt, ...

Da das Abkippen des Beckens eine zentrale Rolle in der Reiterei spielt, dient diese Art der Lauteinwirkung gleichzeitig in hohem Maße vorbereitend auf die Kommunikation unter dem Sattel. Hat sich mein Pferd mit Hilfe dieser Signale anhalten lassen, entspanne ich meinen Körper, gehe wieder in die Ausgangsposition und lasse meinen Vierbeiner eine Pause machen, damit er das soeben Erlebte verarbeiten kann. Soll das Pferd erneut antreten, drehe ich meine rechte Schulter in Richtung seiner Hinterhand, deute ihm so an, dass der Weg nach vorne wieder frei ist, und schicke es so erneut ins Vorwärts. Habe ich für diese Art der Kommunikation bisher als treibendes Element das rotierende Seilende und zum Durchparieren meine direkte Körperposition benutzt, so kann ich zur deutlicheren Wahrnehmung für das Pferd und zur klareren Handhabung für den Menschen auch bestimmte Hilfsmittel hinzunehmen. Geeignete Hilfsmittel sind der Kontaktstock oder eine Bogenpeitsche, wie man sie im Fahrsport benutzt. Egal, welches Hilfsmittel ich einsetze, wichtig ist, dass ich meine Einwirkung

... mit wenig Aufwand meinerseits mehr Reaktion von Seiten des Pferdes zu erhalten.

In dieser Bilderserie wird noch einmal das Durchparieren des Pferdes in Verbindung mit der äußeren Begrenzung des Zaunes, diesmal aber ohne Zuhilfenahme des Kontaktstockes, gezeigt.

sofort wegnehme, sobald das Pferd auf mein Signal hin richtig reagiert hat. Bleibe ich in einer permanenten Einwirkung, wird diese zu einem Zustand, an den sich das Pferd gewöhnt. Es stumpft ab. Bei einem abgestumpften Pferd werde ich immer mehr Aktion brauchen, um es zu einer adäquaten Leistung anzuhalten. Das wäre wider das Prinzip der feinen Hilfengebung. Bei der Arbeit mit Kontaktstock oder Bogenpeitsche heißt das, dass ich bei richtig erfolgter Reaktion des Pferdes, sofort die Spitze dieser Hilfsmittel Richtung Boden richte. Ist ein neues Signal angesagt, brauche ich nur Kontaktstock oder Bogenpeitsche aufs Neue anzuheben und mit der Spitze dahin zu deuten, wo ich meinem Vierbeiner etwas mitteilen will. Er wird auf ein feines Zeigen reagieren. Wenn nötig, kann ich auch den Schlag von Kontaktstock oder Bogenpeitsche einsetzen, um dem Pferd gegenüber deutlicher zu werden. Dabei lasse ich den Schlag rotieren.

Habe ich mein Pferd gestoppt und möchte es in einer Kehrtwendung auf die andere (rechte) Hand schicken, wechsle ich mein Arbeitsseil in die rechte Hand, den Seilpropeller in die linke und schaue in die neue Richtung.

Jetzt zeige ich mit meiner rechten Hand ebenfalls in die neue Richtung. Da diese das Arbeitsseil hält, wird auch gleichzeitig der Kopf des Pferdes in diese Richtung eingestellt.

44.3 Richtungswechsel

Möchte ich mein Pferd dazu auffordern, auf die andere Hand zu wechseln, kann das auf zwei Weisen geschehen, einmal als ein Wechseln durch den Zirkel oder als direkte Kehrtwendung. Zur Kehrtwendung halte ich das Pferd an, wie bereits oben beschrieben. Befand es sich bisher auf der linken Hand, möchte ich es jetzt rechts um mich herumschicken. Dazu übernimmt meine rechte Hand die Führung mit dem Leitseil und meine linke die treibende Einwirkung mit dem Seilpropeller oder einem sonstigen Hilfsmittel. Ich beginne mein Pferd zu schicken. Zuerst schaue dahin, wo das Pferd hingehen soll, in diesem Fall nach rechts. Nun zeige ich mit meiner rechten Hand dorthin. Da meine rechte Hand das Leitseil führt, wird automatisch der Kopf des Pferdes mit in die neue Richtung genommen. Als Nächstes kommt der Seilpropeller zum Einsatz, der kreisend in Richtung des rechten Hals-/Schulterbereiches eingesetzt wird. Reagiert mein Pferd nicht, kann es auch in diesem Fall nötig sein, die Lederklatsche direkt auf den

In dieser Serie sehen wir nochmals den Vorgang des Richtungswechsels als Kehrtwendung, ...

Nun kommt die treibende Einwirkung des rotierenden Seilendes gegen die neue innere Schulter. Reagiert mein Pferd nicht entsprechend darauf, werde ich die Intensität der treibenden Einwirkung verstärken.

Jetzt erfolgt eine deutliche Reaktion von Seiten des Pferdes, wobei dieses sich sichtlich bemüht, auf die andere Hand zu kommen.

Das Pferd hat verstanden, um was es geht, und bewegt sich nun auf der rechten Hand im Kreis um mich herum.

Pferdehals auftreffen zu lassen, bis das Pferd dieser Einwirkung weicht und nach rechts abdreht. Halte ich mein Pferd zur Durchführung der Kehrtwendung anfangs immer an, so kann ich das langsam abbauen. Mit zunehmender Routine kann die Kehrtwendung auch aus der fließenden Bewegung heraus und aus allen Gangarten gemacht werden.

Möchte ich mein Pferd ein Durch-den-Zirkel-Wechseln ausführen lassen, gehe ich anders vor. Mein Pferd bewegt sich auf dem Zirkel um mich herum, am Anfang idealerweise im Schritt. Meine Schultern befinden sich parallel zur Längsachse des Pferdes, mein Fokus ist auf das Pferd gerichtet, mein Körper dreht sich mit dem Pferd oder ich gehe in einem kleinen Kreis mit. Zum Wechseln durch den Zirkel ist es nötig, dass mein Pferd zunächst in die Zirkelmitte hineinkommt. Nur beim Durchschreiten der Zirkelmitte kann es von einer Hand kommend, auf die andere Hand wechseln und wieder nach außen geschickt werden. Dazu ändere ich nun meine Körperhaltung.

... dieses mal aber wieder mit Hilfe des Kontaktstockes.

In dieser Bilderserie geht es um die zweite Art des Richtungswechsels, das Durch-den-Zirkel-Wechseln. Dabei hole ich zunächst durch eine seitliche Hereinnahme das Pferd von der Zirkellinie in Richtung Mitte des Zirkels.

Ich richte das Pferd immer mehr frontal auf mich aus, gehe dabei rückwärts und ziehe es zu mir hin.

In dieser Serie sehen wir noch einmal, wie das Pferd in die Mitte des Zirkels kommt und auf der anderen Hand herausgeschickt wird. Der Vorgang ist dabei ähnlich wie bei der Kehrtwendung mit Wechsel von Führseil und treibendem Seilpropeller in die jeweils andere Hand. Dabei lasse ich allerdings mein Pferd nicht vor mir wechseln, sondern um mich herum. Während es nun auf seine neue Zirkelbahn geht, ziehe ich mich wieder in die Mitte des Zirkels zurück.

③

Beim Rückwärtsgehen verkürze ich zusehends das Seil, um mein Pferd immer dichter an mich heranzubekommen. Bald ist mein Pferd in erreichbarer Nähe bei mir angekommen.

④

Nun ist es so nahe bei mir, dass ich es mit der Hand erreichen kann. Jetzt halte ich an, gebe ihm eine Pause und streichle es am Kopf. Durch diese Komfortzeit soll mein Pferd dazu motiviert werden, gerne zu mir zu kommen. Die Mitte des Zirkels ist nicht nur die Ausgangsposition, um mein Pferd danach auf die andere Hand wechseln zu lassen, sondern das Dahinkommen dient auch als sogenannter Appell zur Vorbereitung auf die Freiheitsdressur.

④

⑤

⑥

⑦

⑧

Richtungswechsel | *133*

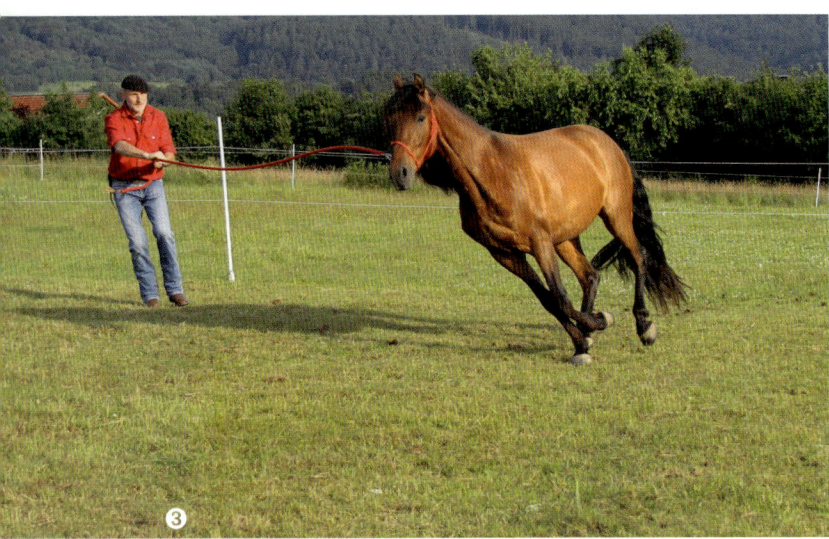

Habe ich meine Hausaufgaben gut gemacht und meine Lektionen im langsamen Tempo entsprechend mit meinem Pferd erarbeitet, kann es dynamischer werden. Hier sehen wir einen knackig durchgeführten Handwechsel im Galopp aus der Kehrtwendung. So beginnt die Kommunikation mit dem Pferd am Boden immer mehr Spaß zu machen. Und natürlich ist es immer wieder wichtig, erholsame Pausen und Schmusezeiten miteinander zu verbringen. Das macht Mensch und Pferd mehr und mehr zur Einheit. Denn wer zusammen arbeitet, sollte auch zusammen Pause machen.

Ich nehme den direkten Fokus vom Pferd weg und senke meinen Blick. Ich ändere meine »konfrontative« Haltung, zeige dem Pferd nun meine Körperseite und fordere es durch Einholen des Arbeitsseiles dazu auf, zu mir in den Zirkel zu kommen. Wichtig ist, dass ich im Rückwärtsgehen die Zirkelmitte freimache. Stehe ich dem Pferd im Weg, kann es nicht wechseln. Manche melden hier Bedenken an, weil sie meinen, dieses Rückwärtsgehen könnte vom Pferd als ein Rückwärtsweichen ausgelegt werden und sich somit negativ auf ihre Leitungskompetenz auswirken. Diese Sorge ist unberechtigt. Solange der Mensch der Auffordernde ist, ist es egal, ob er sich dabei vorwärts oder rückwärts bewegt.

Habe ich das Seil nun soweit eingeholt, dass ich das Pferd mit meiner Hand berühren kann, halte ich an, streichle es an der Stirn und lasse es eine Pause machen. Es wird dafür belohnt, dass es gekommen ist und dazu motiviert, auch in Zukunft gerne zu kommen, weil es angenehm ist, bei dem Menschen zu stehen und gestreichelt zu werden. Durch das Seileinholen wird das Pferd außerdem auf eine einladende körpersprachliche Geste geprägt, die es später möglich macht, dass das Pferd sich auch ganz ohne das Seil vom Menschen einladen lässt, zu ihm zu kommen. Dieser Vorgang ist nicht nur die Einleitung zum Durch-den-Zirkel-Wechseln, sondern beinhaltet darüber hinaus auch eine weitere Art des Anhaltens.

Das Pferd ist jetzt beispielsweise von der linken Hand kommend zu mir in die Mitte des Zirkels abgebogen. Habe ich dabei zunächst noch einen Platz an seiner linken Seite eingenommen, verlagert sich meine Position im weiteren Verlauf dieses Vorgangs immer mehr vor das Pferd, bis es schließlich frontal vor mir zum Stehen kommt. Hat es nun besagte Pause machen dürfen, soll es beim Wechseln auf die rechte Hand wieder nach außen gehen. Hatte zuvor meine linke Hand das Arbeitsseil geführt und meine rechte den Seilpropeller bedient, werde ich nun diese Positionen tauschen. Ich richte meinen Blick auffordernd auf den rechten Hals-/Schulterbereich, zeige mit meiner rechten seilführenden Hand in die neue Richtung, richte die Einwirkung des Seilpropellers gegen den neuen inneren Hals-/Schulterbereich und schicke mein Pferd somit rechts um mich herum auf den Zirkel. Währenddessen verlagere ich meine Standposition wieder in die Mitte des Zirkels und mein Vierbeiner hat ein weiches, s-förmiges Durch-den-Zirkel-Wechseln vollzogen. Wird dieser Wechsel anfangs durch eine Pause unterbrochen, kann er später auch ohne sie vollzogen werden. Hat mein Pferd den Vorgang des Wechselns im Schritt verstanden, so kann ich den Wechsel auch immer häufiger in höheren Gangarten fordern, letztlich sogar als Fliegenden Galoppwechsel.

44.4 Rückwärts

Nun möchte ich meinem Pferd beibringen, sich auf Distanz rückwärts richten zu lassen. Auch hier arbeite ich wieder in Phasen. Zuerst baue ich mich in einer Entfernung von 2 bis 2,5 m frontal vor meinem Pferd auf. Das Arbeitsseil halte ich so, dass es vom Pferdekopf ausgehend durch meine Hand läuft, dabei soll es satt durchhängen. Das Seilende pendelt frei. Als Erstes spanne ich meinen Körper an, hebe meinen Kopf, mache mich groß und schaue mein Pferd auffordernd an. Dann hebe ich die Hand, durch die das Seil läuft, und gleichzeitig den Zeigefinger derselben Hand. Ich beginne mit dem Zeigefinger hin und her zu wackeln, dabei hängt das Seil noch unbewegt durch. In der nächsten Phase führe ich dieses Wackeln mit der ganzen Hand aus. Jetzt beginnt das Seil ganz langsam hin und her zu schwingen. Durch die Verbindung

Rückwärtsrichten durch Seilschütteln. Hier sehen Sie die einzelnen Phasen dieser interessanten Kommunikation, die mir auch die Möglichkeit bietet, andere und weiterführende Lektionen daraus zu entwickeln.

1 *Hat mein Pferd gelernt, sich über das Seilschütteln rückwärts richten zu lassen, kann ich diese Technik auch zum Durchparieren auf der Zirkellinie verwenden.*

2 *Deutlich sind hier die Schlangenlinien zu sehen, die durch das Seilschütteln entstehen und sich als Impuls auf der Pferdenase fortsetzen.*

3 *Die Aktion zeigt Erfolg, Campero hat deutlich seinen Gang vermindert, gleich wird er stehen bleiben.*

4 *Hat das Pferd angehalten, ist auch hier die schon oft angesprochene Pause ein wichtiges Element des nachhaltigen Lernens. Gleich werde ich meinen Arm absenken, um sie einzuleiten.*

Arbeitsseil und Knotenhalfter werden feine Impulse über das Nasenband des Halfters auf die Nase des Pferdes übertragen. Anfangs reichen diese Impulse aber meist noch nicht aus, um beim Pferd eine Reaktion hervorzurufen. Also werde ich nach dem »So wenig wie möglich-« und »So viel wie nötig-Prinzip« die Intensität der Einwirkung verstärken und den Schüttelimpuls mit dem Unterarm fortführen. Reicht auch das noch nicht aus, kommt die nächste Stufe, das Schütteln des Seiles mit dem gesamten Arm. Dadurch wird dieses in starke wellenartige Schwingungen versetzt, die sich als deutliche Impulse auf den Nasenrücken des Pferdes übertragen. Habe ich im Vorfeld durch ein erfolgreiches Druckpunkttraining an der Nase mein Pferd bereits für ein feines Rückwärtsrichten vorbereitet, sollte dies nun auch über das Schütteln des Arbeitsseiles möglich sein. Die hierdurch entstehenden Schwingungen des Knotenhalfters auf das Nasenbein wirken dabei genauso impulsgebend wie meine Fingerspritzen. So ist es mir möglich, ein Pferd auch auf Abstand direkt rückwärts zu richten. Je länger das dazu verwendete Arbeitsseil ist, umso größer kann die Distanz zwischen mir und dem Pferd sein, die Wirkung bleibt dieselbe.

Beginne ich mit einem Pferd diese Übung neu, sind meist folgende Phasen zu beobachte: Auf das Wackeln mit dem Zeigefinger kommt zunächst keine Reaktion. Schüttle ich das Seil aus dem Handgelenk, passiert auch nichts. Setze ich die nächste Stufe ein, in der das Nasenband des Halfters ein wenig auf dem Nasenrücken zu tanzen anfängt, beginnt das Pferd damit, den Kopf zu heben. Eine Reaktion nach rückwärts ist aber auch dann meistens noch nicht zu beobachten. Kommt daraufhin das Schütteln aus dem gesamten Arm, wird die Einwirkung intensiver. Das Pferd wird den Kopf noch weiter heben, ihn nach oben und hinten nehmen und, wenn das Schütteln nicht nachlässt, mit einem Schritt nach hinten ausweichen. Wenn das passiert, stelle ich das Schütteln sofort ein, entspanne mich und lasse mein Pferd eine kleine Pause machen. Danach beginnt die Prozedur von neuem. Halte ich mich auch im weiteren Trainingsverlauf an diese Reihenfolge, wird mein Pferd bald auf das Wackeln mit dem Zeigefinger oder sogar nur auf ein intensives Anschauen hin rückwärts weichen. Wichtig ist, dass ich, egal in welcher Phase das Pferd nach hinten weicht, augenblicklich die Einwirkung wegnehme. Je leichter das Pferd reagiert, umso länger kann ich die Phasen des Rückwärtsgehens gestalten.

Mit Hilfe der Seilschütteltechnik kann ich meinem Pferd ebenso beibringen, sich auf feine Handzeichen neben mir rückwärts richten zu lassen. Dabei stelle ich mich neben meinen Vierbeiner und schüttle entsprechend das Seil. Durch besagte Schlangenlinien und den damit weitergeleiteten Impuls auf die Nase wird sich mein Pferd auch aus dieser Position rückwärts bewegen.

Mit zunehmendem Verstehen von Seiten des Pferdes kann ich nun meine Position immer weiter nach hinten verlagern und von dort den gleichen Prozess durchführen, egal, ob ich seitlich oder hinter der Hinterhand stehe.

Pferd Klötzchen hat gut lachen, Planen können ihm keinen Schrecken einjagen. Ganz egal, in welcher Situation er sich befindet.

Diese Technik ist auch dazu geeignet, ein Pferd beim Longieren oder Schicken auf Distanz von einer höheren in eine niedrigere Gangart durchzuparieren oder anzuhalten. Hat das Pferd erst einmal die Idee verstanden, ist es egal, ob ich vor, neben oder hinter ihm stehe, wenn ich das Seil schüttle, es wird immer in derselben Weise reagieren. Somit habe ich eine weitere simple, aber wunderbare Möglichkeit der Kommunikation gefunden, die sich vielfach anwenden lässt. Alle in diesem Kapitel beschriebenen Bewegungsmuster finden übrigens auch bei der Freiarbeit, der Arbeit mit dem Pferd, bei der keine Verbindung mit ihm über ein Arbeitsseil oder eine Longe besteht, Anwendung. Sollte also jemand Freude an dieser faszinierenden Kommunikation haben, dies sind die Basisschritte dazu.

45. Erschreckende Dinge – von Plastikplanen, Sprühflaschen und anderem

Es gab sicher keine Zeit in der Menschheitsgeschichte, die so erschreckend für Pferde war, wie die heutige. Verkehrsdichte, Fluglärm, Ballonfahrer, landwirtschaftliche Maschinen, Mountainbiker, aber auch Dinge wie Plastikplanen, Sprühflaschen und Regenschirme sind verantwortlich dafür. Das Pferd als Fluchttier sieht sich mit diesen Dingen plötzlich konfrontiert und reagiert entsprechend auf sie. Dabei gerät der Mensch nicht selten in Bedrängnis oder in gefährliche Situationen. Es empfiehlt sich, die Pferde durch ein gezieltes Antischeutraining auf alle möglichen und unmöglichen Situationen vorzubereiten. Dabei gibt es sicher Situationen, die so plötzlich und unvorhergesehen auftreten, dass sie sich nicht trainieren lassen.

Dazu gehört beispielsweise das plötzliche Auftreten einer Wildschweinrotte beim Ausritt im Wald oder das plötzliche Niedergehen eines Rettungshubschraubers in unmittelbarer Nähe eines Reiters. Die meisten dieser Gefahrensituationen kann ich jedoch bewusst provozieren und so den Umgang mit ihnen gezielt trainieren. Dadurch kann ich das Gefahrenpotential im Umgang mit Pferden stark reduzieren. Mitunter reicht allerdings bereits schon ein anderes Auftreten von Seiten des Menschen aus, um Konfliktverhalten beim Pferd im Keim zu ersticken und somit gar nicht erst aufkommen zu lassen. Ein bestimmendes ermahnendes Wort zur rechten Zeit oder ein energisches Zupfen am Halfter kann bei manchem Vierbeiner

Sogar während des Sitzens lässt Klötzchen sich in eine Plane hüllen.

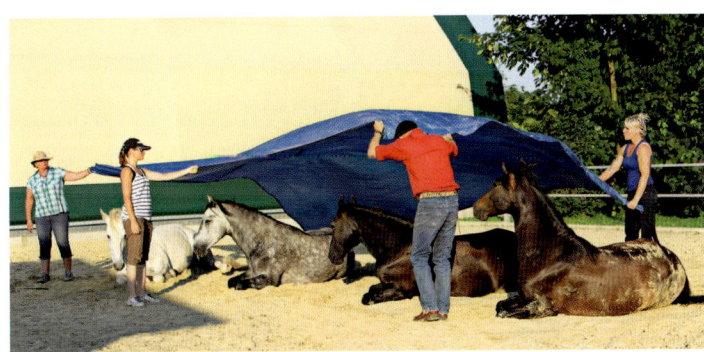

Planentraining mit vier liegenden Pferden. Klötzchen ist kein Ausnahmepferd, durch ein gezieltes Training können diese Dinge bald mit jedem Pferd zur Selbstverständlichkeit werden.

bereits ausreichen (siehe dazu auch Abschnitt 20.10 »Auf den richtigen Ton kommt es an«). Zu meiner Arbeit mit Beritt- oder Korrekturpferden gehört immer mein persönliches Antischeu-Programm, in dem die Pferde den Umgang mit Plastikplanen, Regenschirmen und Sprühflaschen kennen lernen. Diese Dinge sind aus unserem modernen Leben nicht mehr wegzudenken und stellen mitunter ein starkes Konfliktpotential dar. Gerade Plastikplanen begegnen uns heute ständig und überall. Ob es der Bauer ist, der seine Strohmiete am Feldrand damit abgedeckt hat, oder der Nachbar, der seinen Brennholzstapel mit der Plane trocken hält. Auf der Baustelle am Ortsrand flattern Abdeckplanen im Wind. Plastik knistert, knattert, flattert und schlägt im Wind, bäumt sich zu einem bedrohlichen »Ungeheuer« auf und sackt wieder in sich zusammen. Dazu tritt es noch in den unterschiedlichsten Farben auf.

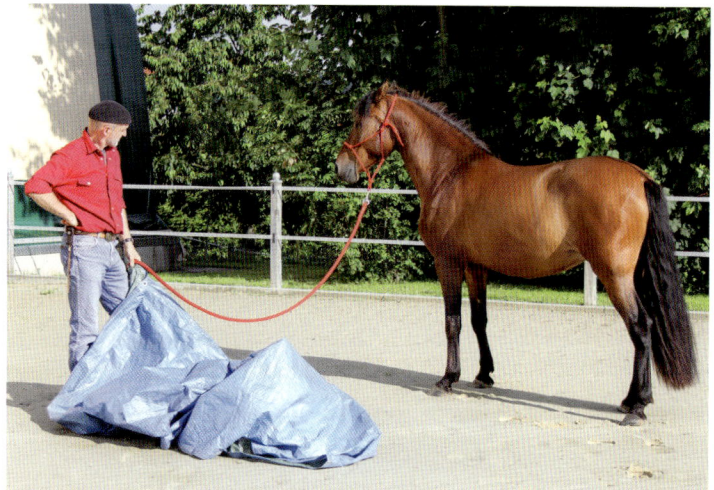

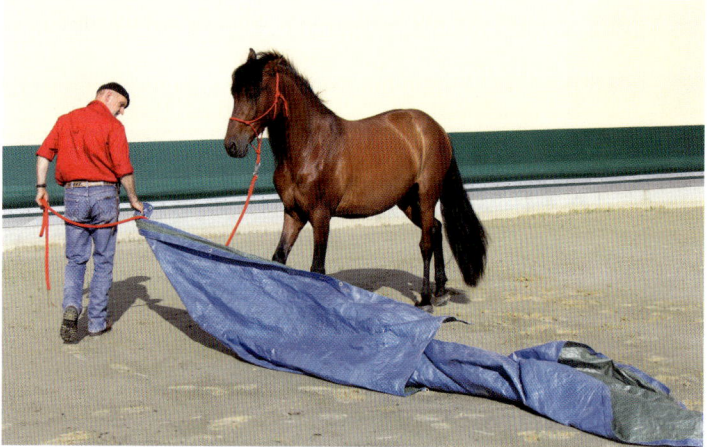
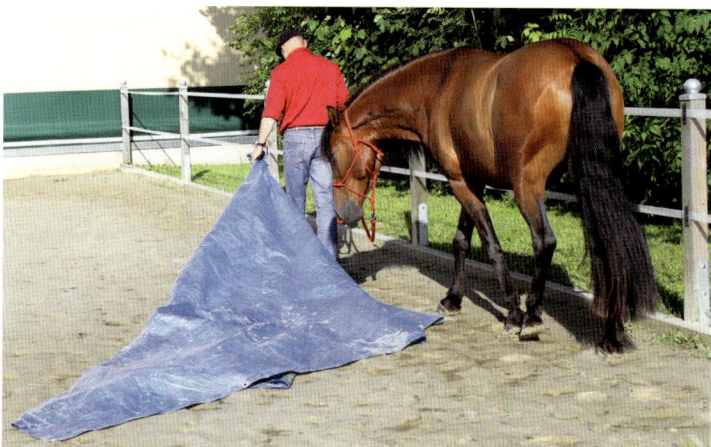

Durch verschiedene Planenmanöver versuche ich, das Pferd an die sich bewegende Plane zu gewöhnen.

Regenschirme können eben solche »Ungeheuer« sein. Da begegnet einem im Wald eine unscheinbare Gruppe von Fußgängern mit harmlosen Spazierstöcken. Plötzlich beginnt es zu regnen, mit einem Mal reißen alle diese Leute ihre Spazierstöcke gen Himmel und mit einem beängstigenden Klickgeräusch entsteht ein wogendes Heer bunter »Ungeheuer«.

Sprühflaschen haben ihren Sinn. Mit ihrer Hilfe bringen wir die unterschiedlichsten Mittel ans Pferd. Das Pferd realisiert dabei oft nicht, dass diese Mittel gut für es sind. Es fürchtet sich vor dem Zischgeräusch des Sprühstrahls oder erschrickt vor dessen plötzlichem Auftreffen auf seinen Körper. Dabei neigen manche Vierbeiner zu echten Panikattacken. Diese Dinge müssen nicht sein.

45.1 Planen Sie ein Planentraining

Wenn ich mit einem Pferd das Planentraining durchführe, möchte ich drei Dinge erreichen: Erstens soll sich das Pferd an die sich bewegende Plane gewöhnen und nicht davor weglaufen. Zweitens soll es lernen, vertrauensvoll über eine am Boden liegende Plane zu gehen. Drittens möchte ich es mit der Plane am ganzen Körper berühren können und es zuletzt damit eindecken.

Im Training ist mein Pferd mit Knotenhalfter und langem Arbeitsseil ausgestattet. Meine Plane hat etwa eine Größe von drei bis vier Quadratmeter. Das Arbeitsseil halte ich in der einen Hand, die Plane in der anderen. Dabei rede ich weder auf das Pferd ein, noch mache ich sonst ein großes Aufheben um die Aktion. Ich gehe einfach los. Das Pferd befindet sich in einigem Abstand hinter mir, die Plane

Möchte ich mein Pferd lehren, über eine Plane zu treten, kann ich dazu die Begrenzung einer Bande nutzen. Mit ihr und mit Hilfe der Plane bilde ich einen zunehmend schmaleren Engpass, bis mein Pferd letztlich direkt auf und über die Plane tritt.

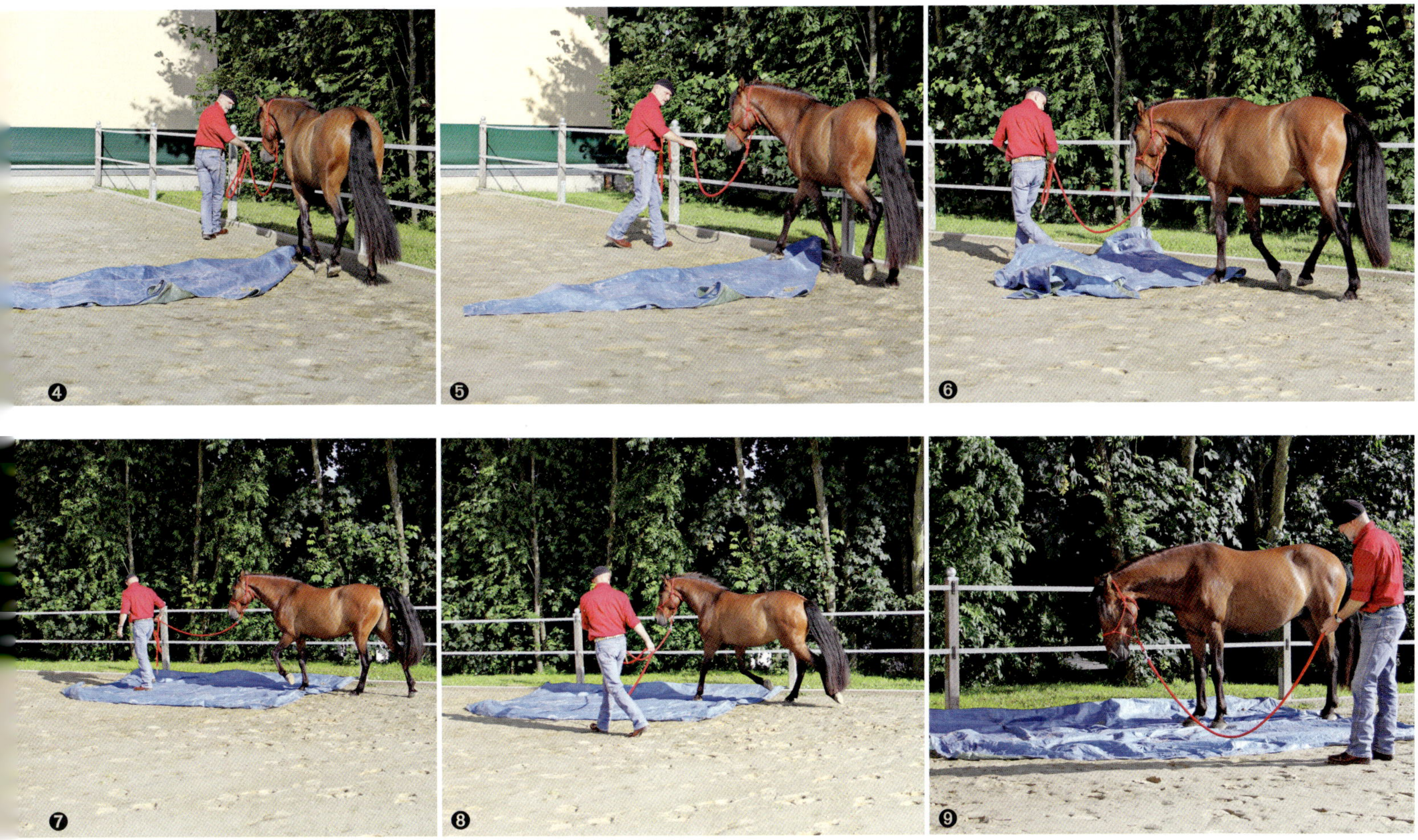

Planen Sie ein Planentraining | *141*

ziehe ich hinter mir her. Je nach Pferd erlebe ich jetzt unterschiedliche Reaktionen. Das eine Pferd folgt mir, zwar zögernd, evtl. mit einem Angstschnauben und sehr misstrauisch das »Planen-Monster« beäugend, nach. Dabei ist es zunächst sehr angespannt, aber bald beruhigt es sich, weil es gemerkt hat, dass von dem knisternden und über den Boden schleifenden Ungeheuer keine Gefahr ausgeht. Es fängt an, sich diesem neugierig mit der Nase zu nähern, versucht daran zu riechen oder vielleicht sogar mit den Hufen darauf zu scharren. Ein anderes Pferd findet die Plane so schrecklich, dass es vor Angst erstarrt und sich nicht mehr von der Stelle bewegen lässt. In diesem Fall beginne ich einfach damit, die Plane um das Pferd herumzuziehen. Es wird nun damit anfangen, sich um die eigene Achse zu drehen, bedingt durch mein Führen am Arbeitsseil, aber auch, weil es die gefährliche Plane nicht aus den Augen verlieren möchte. Somit habe ich es schon mal aus seiner Schreckstarre geholt und in Bewegung gebracht.

Bei manchen Pferden ist nur eine halbe Drehbewegung nötig und ich kann sie in eine Vorwärtsbewegung weiterleiten, bei anderen wiederum kann es auch erheblich länger dauern. Wieder andere Pferde versuchen, durch Weglaufen der Gefahr zu entkommen. Dabei flüchten sie meist nach vorne an mir vorbei, um möglichst viel Abstand zwischen sich und der Plane zu bekommen. In diesem Fall drehe ich mich einfach herum und gehe in die Richtung, aus der das Pferd auf mich zu geflüchtet kam. Schon wieder sind Pferd und Plane hinter mir vereint. Ich lasse einfach nicht zu, dass mein Vierbeiner der Plane entkommt. Ich koordiniere meine Bewegungsabläufe immer so, dass das Pferd sich mit der Plane auseinandersetzen muss. Schon bald merken die meisten Pferde, dass sie der Plane nicht davonlaufen können, aber auch, dass von ihr keine Gefahr ausgeht. So lassen sie immer mehr Nähe zu und beginnen schließlich sogar, sich für sie zu interessieren.

Als Nächstes werde ich meinen Weg so wählen, dass das Pferd entlang einer seitlichen Begrenzung gehen muss, meinetwegen der Bande der Reithalle oder eines Zauns. Die Plane ziehe ich dabei seitlich versetzt in einigem Abstand neben diesem her. In einem geeigneten Augenblick lasse ich die Plane einfach los, gehe aber mit meinem Pferd weiter. So entsteht ein Engpass zwischen Bande und Plane, durch den das Pferd hindurch muss. Durch diesen Engpass führe ich meinen Vierbeiner jetzt immer wieder hindurch. Das mache ich so lange, bis er keine Angst mehr vor der am Boden liegenden Plane zeigt. Nun ziehe ich die Plane dichter an die Bande, dadurch wird der Engpass noch ein wenig enger. Dabei ist es vorteilhaft, wenn ich die Plane so positioniere, dass mein Engpass eine weite Öffnung hat, ähnlich einem Trichter, die sich im weiteren Verlauf zusehends verengt. So mache ich es dem Pferd leichter, in diesen Trichter hineinzugehen, und es hat nicht die Möglichkeit, sich der Anfrage seitlich zu entziehen. Mit zunehmender Akzeptanz meines Pferdes ziehe ich die Plane nun immer näher an die Bande, bis sie diese schließlich berührt und der Engpass geschlossen ist. Vielleicht ist es inzwischen auch schon ein paar Mal passiert, dass mein Vierbeiner die Plane mit dem Huf gestreift hat oder versehentlich darauf getreten ist. So lernt dieser immer mehr, dass von der Plane keine Gefahr ausgeht. Ist nun der Engpass ganz verschwunden, hat das Pferd keine Möglichkeit mehr, sich der Berührung durch die Plane zu entziehen und wird schließlich darauf treten. Vielleicht wird das Pferd anfangs einige Male versuchen, darüber zu springen, aber auch das gibt sich mit der Zeit. Nun wird die Plane immer weiter ausgebreitet, und bald ist es kein Problem mehr, das Pferd auch über größere Planenflächen laufen zu lassen.

Nun möchte ich mein Pferd dahin bringen, dass es die Berührung mit der Plane an seinem Körper und letztendlich ein Eindecken mit ihr zulässt. Dazu wickle ich einen Zipfel der Plane zu einem etwa faustgroßen Planenballen zusammen. Mir diesem beginne ich nun eine Art Fellchenkraulen, nehme also Sozialkontakt mit meinem Pferd auf. Dabei stehe ich zunächst seitlich vorne an dessen Kopf. In meiner linken Hand halte ich das Arbeitsseil dicht unterhalb des Halfters, in meiner rechten das Planenknäuel. Mit dem Planenknäuel reibe ich dem Pferd nun über seine Wange. Bei sehr ängstlichen Pferden kann es sogar sein, dass ich zunächst einmal gar nicht das Pferd direkt berühre, sondern nur das Arbeitsseil in Kopfnähe, um mich von dort aus vorzuarbeiten. Oder ich benutze einen nur sehr kleinen Planenfetzen oder eine Plastiktüte. Akzeptiert das Pferd die Berührung an seiner Wange, gehe ich weiter zum Hals, von dort dann zur Schulter, die Vorderbeine hinunter, am Bauch entlang, über den Rücken und die Hinterhand. Dasselbe

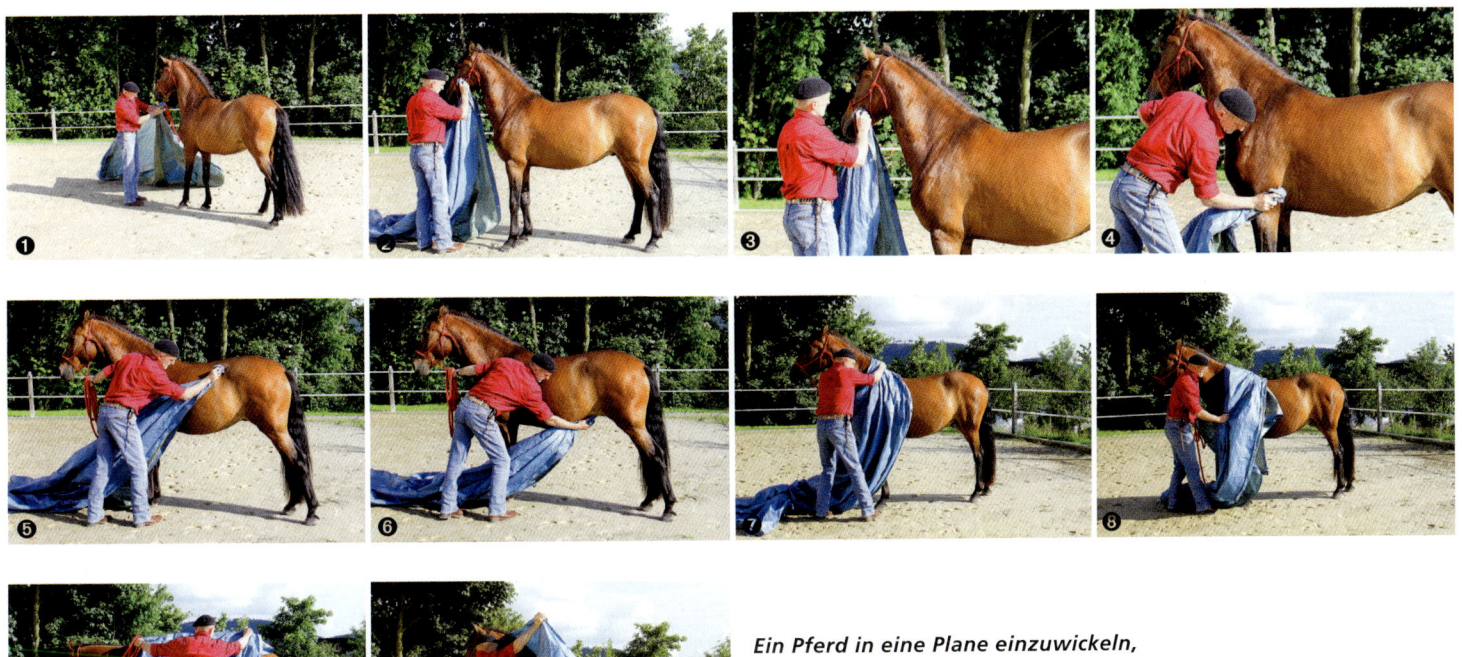
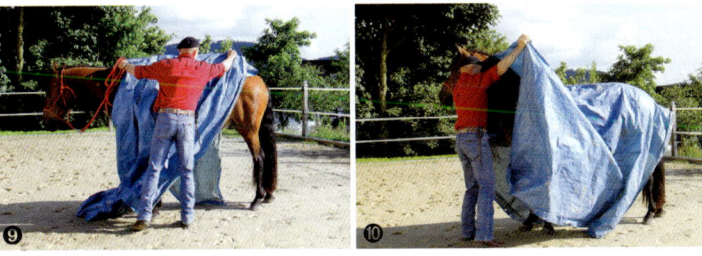

Ein Pferd in eine Plane einzuwickeln, ist keine Hexerei, sondern das Ergebnis eines strukturierten Trainingvorgangs. Wie dieser aussehen kann, wird durch diese Fotoserie dargestellt.

Planen Sie ein Planentraining

 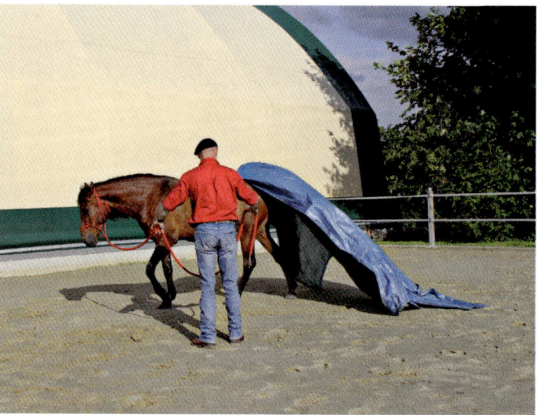 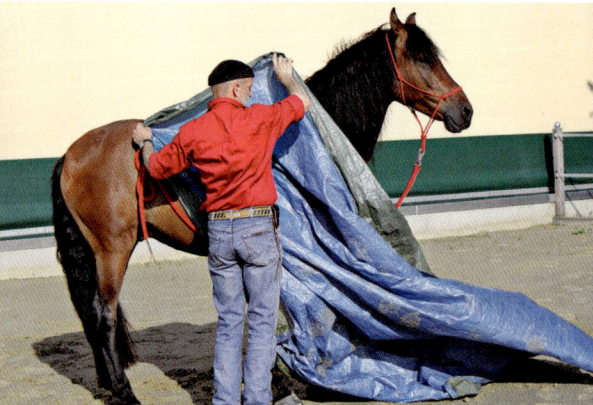

Akzeptiert ein Pferd die Plane auf seinem Rücken, versuche ich, es mit der Plane vorwärts gehen zu lassen. Dabei kann es vorkommen, dass die Plane vom Pferderücken herunterfällt.

Ist die Plane heruntergefallen, sollte man sich dadurch nicht beirren lassen, dann wird sie eben wieder neu aufgelegt.

mache ich auch an der anderen Körperseite. Beim Abreiben mit der Plane bin ich keineswegs zimperlich, denn es soll beim Pferd wie eine wohltuende Massage ankommen. Durch ein zu zaghaftes Vorgehen vermittle ich dem Pferd Unentschlossenheit und Unsicherheit. Das Pferd möchte aber fühlen, dass ich weiß, was ich tue. Hat mein Vierbeiner dieses Prozedere über sich ergehen lassen, fahre ich fort, indem ich das Planenknäuel auseinanderfalte und die Plane flächig am Körper einsetze. Dabei schiebe ich sie dem Pferd weiter über den Rücken und falte sie immer mehr auseinander. Schließlich bedeckt sie den ganzen Rücken. So lernt mein Vierbeiner, dass die Plane auf seinem Rücken kein Puma, sondern ihm sogar angenehm ist.

Als Nächstes möchte ich, dass mein Pferd lernt, sich auch mit der Plane auf seinem Rücken zu bewegen. Dazu entferne ich mich einige Schritte von ihm, um bei seinem plötzlichen Erschrecken nicht von ihm über den Haufen gerannt zu werden. Das Ende des Arbeitsseiles behalte ich dabei in meiner Hand. Nun fordere ich das Pferd auf, sich zu bewegen. Für manche Pferde ist das kein Problem mehr. Andere bewegen sich zunächst etwas verspannt und steif, entspannen sich aber recht schnell und tragen die Plane ganz gelassen. Einzelne versuchen allerdings auch, sich durch plötzliches Losspringen der Plane zu entledigen. In diesem Fall beginne ich den Vorgang in aller Ruhe von neuem, bis auch diese Pferde gelernt haben, dass von der Plane auf ihrem Rücken keine Gefahr ausgeht. Dieses Training bereitet das junge Pferd auf das Tragen einer Satteldecke, eines Sattels und später auch des Reiters vor. Außerdem lässt es das bereits gerittene Pferd entspannt bleiben, wenn Sie sich beim Reiten das Taschentuch aus der Gesäßtasche ziehen, um sich die Nase zu putzen, oder wenn Sie sich auf einem Wanderritt den Regenponcho überziehen.

45.2 Gutes aus der Dose

Ob Antifliegen-, Desinfektions- oder Mähnenspray – alles nützliche Dinge, meinen wir Pferdebesitzer, aber unsere Pferde sehen das oft anders. Das Aufbringen von Behandlungs- oder Pflegemitteln über Sprühdosen ist praktisch, effektiv und sinnvoll. Ein Druck auf den Sprühkopf und das gewünschte Mittel ist flächendeckend dort, wo es benötigt wird. Das Dumme dabei ist, dass manche Pferde es nicht nachvollziehen können, was da gerade passiert. Da zischt es beängstigend, da trifft plötzlich und überfallartig ein erschreckend gefährlicher Stahl auf den Pferdekörper auf, der mitunter sogar noch einen brennenden Schmerz verursacht. »Was soll daran gut sein?«, denkt sich das Pferd. Dumm nur, dass wir Menschen ihm das nicht mit Worten erklären können. Pferde sollten lernen, dass Sprühflaschen ungefährlich sind und dass Hysterie kein Mittel ist, sich diesen zu entziehen.

Beim Sprühflaschentraining gehe ich folgendermaßen vor. Ich benutze eine Sprühflasche, die mit Wasser befüllt werden kann. Man nimmt sie häufig zum Besprühen von Zimmerpflanzen. Mein Pferd ist ausgestattet mit Knotenhalfter

Campero hat Angst vor der Sprühflasche, hier ist ein Desensibilisierungstraining unbedingt nötig.

und Arbeitsseil. Ich stehe im Abstand von etwa zwei Metern vor ihm und beginne, etwa einen Meter neben ihm auf den Boden zu sprühen. Zunächst ist es meine Idee, herauszufinden, ob es möglicherweise der zischende Sprühstrahl ist, der mein Pferd erschreckt. Beginnt das Pferd nun, unruhig oder gar hysterisch vor diesem Geräusch davonzulaufen, werde ich meine Sprühtätigkeit keineswegs einstellen, sondern damit fortfahren. Würde ich damit aufhören, käme bei meinem Pferd an, dass Hysterie oder Flucht die richtigen Mittel sind, um dieses unliebsame Geräusch loszuwerden.

Vielleicht beginnt das Pferd nun, um mich herumzulaufen, quasi als geordneter Fluchtversuch am Seil, denn weglaufen kann es nicht, da ich es über das Arbeitsseil kontrolliere. Wenn es mich umkreist, bekomme ich es nicht dazu, sich der Herausforderung zu stellen. Also lasse ich es an die Bande oder an eine Wand laufen, um den Fluchtvorgang zu unterbrechen. Ich sprühe weiter, dabei lasse ich den Sprühstrahl bewusst seitlich in der Nähe des inneren Vorderbeines auf den Boden treffen. Dadurch verhindere ich, dass mein Pferd versucht, nach innen wegzulaufen oder nach vorne zu fliehen und mich dabei umrennt. Versucht es, durch Rückwärtslaufen davonzukommen, gehe ich einfach mit. Dabei sprühe ich weiter. Das Pferd soll lernen, dass es vor diesem Geräusch nicht entkommen kann, aber auch, dass von diesem Geräusch keine Gefahr ausgeht. Die meisten Pferde haben das sehr bald verstanden.

Ich setze das Training fort, indem ich mit dem Sprühstrahl näher an das Pferd herangehe, bis ich schließlich den inneren Vorderhuf treffe. Von dort geht es weiter das innere

Will ich ein Pferd an die Sprühflasche gewöhnen, sprühe ich zunächst neben dem Pferd auf den Boden.

Als Nächstes sprühe ich direkt auf den inneren Vorderhuf.

Nun gehe ich mit meinem Sprühstrahl am Bein hoch Richtung Pferdebrust. Man kann sehen, dass Campero immer noch sehr misstrauisch ist.

Vorderbein hinauf, auf die Brust, Richtung Flanke und schließlich auch zur Hinterhand. Bei den meisten Pferden ist die Angst vor der Sprühflasche schnell behoben. Die Pferdebesitzer sind oft erstaunt, dass sich ihr jahrelang gepflegtes Problem in wenigen Minuten in Luft auflöst. Ihr Fehler war es, dass sie immer in dem Moment, in dem ihr Pferd Abwehr- oder Fluchtverhalten zeigte, mit dem Sprühen aufhörten. Ein Pferd lernt immer das, womit es Erfolg hat.

45.2 Im Regenwald – Beschirmt, aber nicht behütet

In unseren Breiten ist Regen ja nichts Außergewöhnliches. Wenn Sie als »Nicht-nur-Schönwetterreiter« in Feld oder Wald unterwegs sind, müssen Sie damit rechnen, dass Sie Leuten begegnen, die mit Regenschirmen herumhantieren. Ist Ihr Pferd an Schirme nicht gewöhnt, kann das zu Turbulenzen und Fluchverhalten führen. Daher macht es Sinn, ein »Anti-Regenschirmtraining« mit Ihrem Pferd zu absolvieren. Dabei gehe ich ähnlich vor wie beim Sprühflaschentraining. Knotenhalfter und langes Arbeitsseil helfen mir auch hier wieder, im Bedarfsfall das Pferd kontrollieren zu können. Ich stelle mich mit Schirm in entsprechendem Abstand vor das Pferd und achte gar nicht groß auf seine Reaktion. Ich beschäftige mich ganz beiläufig mit diesem Schirm. Immer wieder öffne und schließe ich ihn. Anfangs sanft per Hand, damit sich mein Vierbeiner zunächst einmal an die Form gewöhnen kann.

Ist das kein Problem mehr, öffne ich den Schirm mittels seiner Automatik. Dieses Geräusch ist es, das bei vielen Pferden Panik auslöst. Durch fortwährendes Öffnen und Schließen werde ich

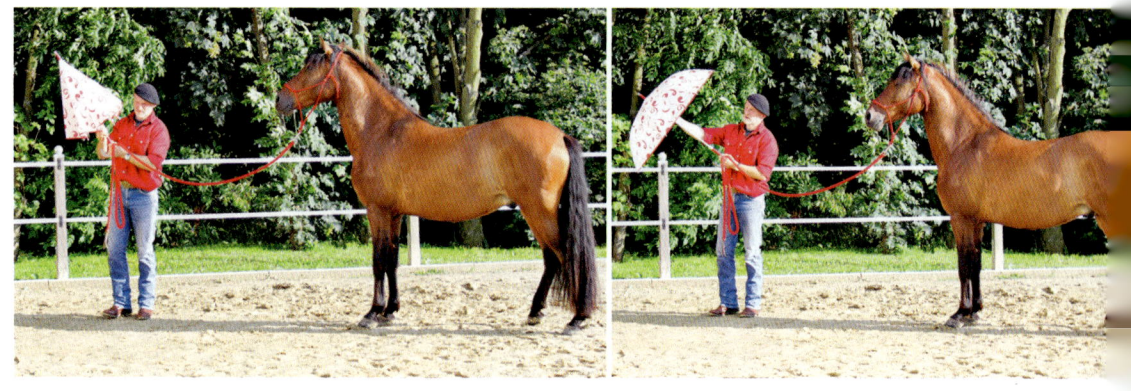

Ob es sich um eine Plane, die Sprühflasche oder den Regenschirm handelt, ...

Er beginnt langsam, es zu akzeptieren, ist aber noch immer nicht ganz entspannt.

Das Training war erfolgreich, Campero bleibt am durchhängenden Seil stehen und lässt das Ansprühen über sich ergehen.

auch hier einen Gewöhnungs- oder Desensibilisierungszustand herbeiführen, der das Pferd immer weniger heftig reagieren lässt. Letztendlich ist auch dem Ungeheuer Schirm der Schrecken genommen.

Im nächsten Schritt gehe ich mit Pferd und Schirm spazieren, dabei öffne und schließe ich den Schirm immer wieder. Gerne nehme ich auch die freundliche Unterstützung von Helfern hier in Anspruch, die ich die Schirme bedienen lasse, während ich mit meinem Pferd entweder an ihnen vorbeilaufe oder später auch vorbeireite.

Bewährt hat sich zudem der direkte Körperkontakt mit dem Regenschirm. Dabei gehe ich ähnlich vor wie beim Planentraining. Zunächst berühre ich das Pferd am ganzen Körper mit dem geschlossenen Schirm und reibe es mit ihm ab. Dann öffne ich den Schirm und mache das Ganze noch einmal. Man muss unbedingt aufpassen, dass man das Pferd nicht mit den Speichen des geöffneten Schirmes gepikst.

Danach kann man den Schirm über dem Pferd hochhalten, ihn hin und her schwenken und auch öffnen und schließen. Diese Form des Trainings hilft mir dabei, dass mein Pferd die Angst vor schirmtragenden Passanten verliert. Es wird ihm am Ende sogar nichts mehr ausmachen, wenn ich beschließe, mit Regenschirm zu reiten.

Plastikplane, Sprühflasche und Regenschirm sind Dinge, mit denen wir täglich konfrontiert werden können. Es ist sinnvoll, unsere Pferde daran zu gewöhnen. Die drei Gegenstände stehen aber auch stellvertretend für viele andere Schreckauslöser. Das Muster, wie man Pferde daran gewöhnt und wie sie lernen, mit diesen umzugehen, ist immer dasselbe.

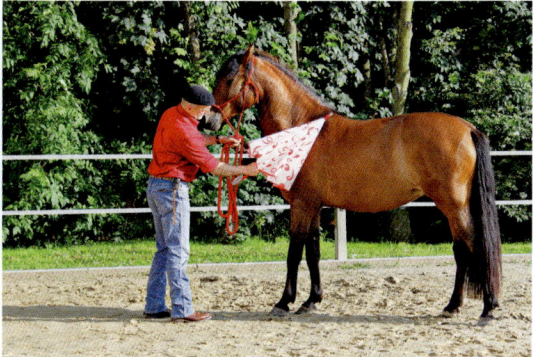

... die Prozedur des Desensibilisierungstrainings ist eigentlich immer ähnlich.

Faszination Freiheitsdressur

Der *Tanz* mit dem Pferd – die *Kunst* der feinen Kommunikation am Boden

Liebe Leserinnen und liebe Leser, in den ersten Kapiteln dieses Buches habe ich die Pferdeausbildung mit dem Bau eines Hauses verglichen. Ich habe darüber sinniert, dass die wohl klingendsten Philosophien niemandem nützen, wenn sie nicht umsetzbar sind. Ich habe von Fundamentbausteinen und Baumaterialien gesprochen. In den darauf folgenden Kapiteln habe ich versucht, Ihnen das Pferd als Pferd näherzubringen. Ich habe darum geworben, dem Pferd ein Verständnis entgegenzubringen, das seiner würdig ist. Ich habe Ihnen zu erklären versucht, wie wichtig es ist, dass wir Menschen lernen, Leitungsverantwortung zu übernehmen. Nur eine positive Leiterschaft unsererseits führt dahin, dass uns unser Pferd Achtung und Respekt entgegenbringt. Und Respekt und Achtung sind bekanntermaßen die Basis für Vertrauen. Des Weiteren habe ich erläutert, wie Pferde lernen und welche verschiedenen Möglichkeiten es gibt, uns dem Pferd verständlich zu machen. Außerdem habe ich auf die unbedingte Notwendigkeit konsequenten Handelns hingewiesen. Nach der Theorie folgte eine ganze Anzahl praktischer Übungen, mit dem jeweiligen Hinweis, warum wir diese tun sollten, was sie bewirken und wie sie durchzuführen sind. Wenn Sie diese Philosophie verfolgt und die praktischen Übungen mit Ihrem Pferd erfolgreich umgesetzt haben, sollten Sie jetzt über ein Fundament verfügen, das viele unterschiedliche Bauwerke tragen kann.

Bei den meisten Pferdeleuten wird dieses »Bauwerk« Reiten heißen. Egal, zu welcher Art Reitsport Sie sich bekennen, Sie haben jetzt ein stabiles Fundament, auf das Sie bauen können. Ich möchte mich nun mit der Weiterentwicklung der faszinierenden Bodenarbeitslektionen beschäftigen, der sogenannten Freiheitsdressur. Auch mich begeistert dieses Thema schon seit langem, hat es mir doch eine Möglichkeit eröffnet, mit meinen Pferden in einer Art zu kommunizieren, die ich bis dahin so nicht kannte.

1. Scheinbar wie von Zauberhand

Das Thema Freiheitsdressur fasziniert die meisten Pferdeleute. Gerade in den letzten Jahren sind die fantastischen Shows namhafter, oft französischer Pferdekünstler stark in den Fokus der Pferdewelt gerückt. Gerne werden diese dann in den Stand der »Pferdezauberer« oder »Pferdemagier« erhoben. Diese Menschen haben die Gabe, auf scheinbar mystische Weise Pferde an sich zu binden. Die Pferde laufen ihnen nach und

Eine Freiheitsdressur kann etwas sehr Faszinierendes sein. Auf feinste Signale und ganz ohne Zügeleinwirkung zeigt Pferd Klötzchen hier eine sehr schöne Piaffe.

zeigen auf kaum wahrnehmbare Zeichen Unglaubliches. Solch eine Vorstellung sieht aus wie ein großes Spiel, wie ein gemeinsamer Tanz. Fasziniert und staunend stehen wir da und können das Gesehene nicht einordnen. Das Ganze hat etwas Geheimnisvolles, der »normale« Pferdemensch vermag sich kaum vorzustellen, wie solche Bindungen möglich sind. Eine tiefe Sehnsucht befällt uns und gleichzeitig eine Traurigkeit darüber, solch eine Verständigung mit unserem Pferd nie erreichen zu können.

In dem nun folgenden Teil machen wir uns hinter das Geheimnis der Freiheitsdressur. Hier werden Sie, verehrte Leserinnen und Leser, lernen, wie Sie zu einer solch faszinierenden Partnerschaft mit Ihrem Pferd gelangen können. All das ist erlernbar und hat nichts mit Mystik, Magie oder Geheimwissen zu tun. Die Basis dafür sind Naturgesetze, konsequentes Handeln und ein klares Konzept. Die Grundlagen dafür haben Sie mit dem Erarbeiten des ersten Buchteils gelegt.

Eine gute Freiheitsdressur wird zusammengesetzt aus weiterführenden Elementen der Horsemanship-Arbeit und Zirkuslektionen. Mit beidem werden wir uns beschäftigen, der gekonnte Mix dieser Themen macht dann den Esprit aus.

Ist eine Lektion in langsamem Tempo und mit entsprechender Konsequenz erarbeitet worden, kann es auch mal ein wenig schneller werden. Das setzt voraus, dass auch der Mensch eine gewisse Sportlichkeit mitbringt.

2. Erfolg erklärt sich von alleine

Sehen Schaubilder besonders leicht und spielerisch aus, vermutet der unbedarfte Zuschauer nicht selten, dass da nicht viel Aufwand dahintersteckt. Das Gegenteil ist aber der Fall. Bei allem, was leicht und spielerisch aussieht, hat sich jemand eine Menge Arbeit gemacht, hat jemand viel Mühe, Engagement und Disziplin aufgebracht, um dahin zu gelangen. Reden wir von erfolgreichen Menschen, dann ist ihnen dieser Erfolg in den seltensten Fällen zugeflogen. Erfolg ist das Ergebnis von oft mühevollem und aufwendigem Tun. Erfolg erklärt sich von alleine, er folgt einem vorangegangenem Handeln. Wie sagte der griechischer Dichter Hesiod so treffend: »Vor den Erfolg haben die Götter bekanntlich den Schweiß gesetzt.«

Sie könnten nun einwenden, dass all die erfolgreichen Pferdemenschen bestimmt sehr talentiert sind. Vielleicht ist das so, vielleicht aber auch nicht. Heute weiß man, dass eine gute Leistung zu neunzig Prozent auf harte Arbeit zurückzuführen ist und nur zu zehn Prozent auf Talent beruht. Was nützt jemandem das größte Talent, die optimalen Voraussetzungen, wenn er nichts daraus macht. Hat aber jemand ein festes Ziel vor Augen, einen starken Willen und die nötige Begeisterung, diszipliniert an seinem Ziel zu arbeiten, wird er deutlichen Vorteil gegenüber dem zwar talentierten, aber faulen Menschen haben. Die stärkste Triebfeder für erfolgreiches Tun ist die Begeisterung. Ralph Waldo Emerson, ein amerikanischer Dichter und Philosoph, hat einmal gesagt: »Ohne Begeisterung ist noch nie etwas Großes geschaffen worden.« Nun müssen wir im Streben nach Erfolg nicht alle Pferdestars nach französischem Vorbild werden. Und sicherlich streben die wenigsten von uns an, Weltruhm mit ihren Pferden zu erlangen. Dennoch können wir viel von diesen Stars lernen, sie sind begeistert von Pferden, sie arbeiten hart für ihren Erfolg und sind doch bescheidene Menschen geblieben. Ich jedenfalls lerne eine Menge von ihnen.

Liebe Leserinnen und Leser, es liegt mir fern, Sie mit diesen Ausführungen zu desillusionieren, ganz im Gegenteil, ich möchte sie lediglich darauf hinweisen, dass ohne ein gewisses Engagement keine begeisternden Ergebnisse zu erzielen sind.

Habe ich meine Lektionen am Boden gut erarbeitet, kann eine Freiheitsdressur auch geritten ausgeführt werden.

3. Freiheit will gelernt sein – die Systematik der freien Arbeit

Lektionen der Freiheitsdressur können wir auf zweierlei Weisen mit einem Pferd entwickeln, zum einen im Roundpen, zum anderen auf einem Platz oder in der Reithalle. Ich ziehe die Arbeit im Roundpen der Arbeit in einem größeren Areal vor. Hier hat der Mensch immer die besseren Bedingungen, weil das Roundpen eine deutlich kleinere Grundfläche hat und weil die massive Umzäunung ein Sich-entziehen-Wollen des Pferdes nicht zulässt. Funktionieren die Lektionen der Freiheitsdressur in einem Roundpen, heißt das allerdings noch lange nicht, dass sie auch auf einem großen Platz ohne äußere Begrenzung funktionieren. Umgekehrt ist das allerdings überhaupt kein Problem. Wir wollen eine freie Arbeit mit Pferden entwickeln, die wirklich dahin führt, diese Lektionen auch ohne direkte äußere Barrikaden zeigen zu können. Die Kunst der Freiheitsdressur besteht darin, das Pferd an mich zu binden, ohne es anzubinden. Das heißt in diesem Fall: Das Pferd muss lernen, auch dann in der Verbindung mit mir zu bleiben, wenn ich es nicht über ein Führseil oder eine Longe direkt kontrollieren kann. Haben wir unsere Hausaufgaben im Basistraining gemacht, wie in Teil I des Buches beschrieben, haben wir die Voraussetzungen dafür geschaffen. Erinnern Sie sich an unser Führtraining. Hier hatten wir daran gearbeitet, unserem Pferd beim Führen seinen Platz hinter uns anzuweisen, zunächst mit deutlichem Anstand. Orientiert hatten wir uns dabei an der Führposition der Leitstute. Über das Wie und Warum hatten wir uns bereits in diesem Kapitel unterhalten. Unser Ziel war es dabei, unserem Pferd über diese dominante Führposition unseren Leitungsanspruch klarzumachen. Es sollte lernen, uns seine absolute Aufmerksamkeit zu schenken und uns in unseren Bewegungsvorgaben zu spiegeln. Es sollte außerdem lernen, loszugehen, wenn wir es tun, anzuhalten, wenn wir stehen bleiben, und rückwärtszuweichen, wenn wir rückwärts auf es zugehen. Dabei sollte es stets den von uns vorgegebenen Anstand wahren. Haben wir diese Voraussetzung nicht geschaffen, haben wir keine Basis für die Freiheitsdressur. Ohne Respekt und Achtung wird das Pferd uns nicht ernst nehmen. Ohne dass es uns ernst nimmt, wird es uns nicht zuhören. Hört es uns nicht zu, können wir nicht mit ihm kommunizieren. Lernt es uns nicht zu vertrauen, wird es sich nicht an uns binden. Haben wir hier jedoch gut gearbeitet, sollte der Entwicklung einer guten Freiheitsdressur nichts im Wege stehen.

In der Freiheitsdressur geht es darum, das Pferd an mich zu binden, ohne es »anzubinden«. Dabei positioniere ich es zunächst zwischen mir und der Bande, so ist ein seitliches Entziehen unmöglich. Zur vorderen und hinteren Begrenzung benutze ich eine kurze Bogenpeitsche. Mein Pferd soll lernen, sich verlässlich an mich zu binden und mit dem Hals in Höhe meiner Schulter zu bleiben.

4. Der Tanz beginnt – vorwärts, halt und rückwärts

Zunächst beginne ich damit, die oben erwähnte Führposition so zu verändern, dass ich nicht mehr vor meinem Pferd, sondern neben ihm in Höhe seines Halses gehe. Mein Vierbeiner soll dabei lernen, sich synchron neben mir zu bewegen und dabei alle meine Bewegungsvorgaben zu spiegeln. Hier gelten genau dieselben körpersprachlichen Vorgaben, wie wir sie beim Führen auf Distanz kennengelernt haben. Wichtig ist, dass wir uns wirklich auch auf diese besinnen. Zur Unterstützung meiner Körpersprache dient mir eine etwa 120 cm lange Bogenpeitsche, wie wir sie aus dem Fahrsport kennen. Mein Pferd positioniere ich dabei zunächst so, dass ich es auf dem Hufschlag entlang der Bande (Halle oder Platz) oder einer anderen äußeren Umzäunung gehen lasse. Dadurch erreiche ich, dass es mir nicht zur Seite hin weglaufen kann. Ich gehe innen, dadurch ist gewährleistet, dass sich das Pferd auch nicht nach innen entziehen kann. Die Kontrolle nach vorne oder hinten erfolgt über die Bogenpeitsche. So setze ich meinem Pferd einen »Rahmen«, in dem ich die Vorgaben machen kann, wie es sich bewegen soll, ohne es dabei direkt anfassen zu müssen. Am Anfang lasse ich dabei das Führseil allerdings am Pferd, lege es ihm über den Rücken oder um den Hals. Sollte mein Vierbeiner sich nun meinen anderen Vorgaben entziehen wollen, kann ich doch einmal schnell zum Führseil greifen und so kontrollierend einwirken.

Möchte ich nun, dass mein Pferd antritt, nehme ich meinen Oberkörper nach vorne und gehe los. Reagiert mein Pferd auf diese Vorgabe hin nicht, nehme ich die Bogenpeitsche nach hinten und tippe es damit an der Hinterhand an. Reagiert es darauf, senke ich die Peitsche sofort ab und beende meine Einwirkung. Reagiert mein Pferd nicht, muss die Einwirkung so verstärkt werden, bis die gewünschte Reaktion kommt. Versucht mein Vierbeiner allerdings, sich durch zu viel Vorwärts meinem Einflussbereich zu entziehen, muss ich meine Bogenpeitsche vorne am Pferd einsetzen. Ich schwenke sie nach vorne und bewege sie so, dass ihr Schlag propellerartig vor der Pferdenase rotiert. Meinen Körper richte ich dabei ein wenig auf, um auch mit ihm verhaltend einzuwirken. Reagiert mein Pferd darauf entsprechend, beende ich augenblicklich meine Peitschenaktion, indem ich die Spitze Richtung Boden zeigen lasse. Reagiert das Pferd nicht so, wie ich mir das wünsche, muss meine Aktion deutlicher ausfallen. Die Peitsche trage ich dabei immer in der Hand, auf der sich das Pferd bewegt. (Geht das Pferd auf der rechten Hand, halte ich die Peitsche rechts, geht es auf der linken Hand, befindet sich die Peitsche links.) Mit diesen Mitteln kann ich meinem Vierbeiner beibringen, sich synchron mit mir vorwärts zu bewegen und dass ich mich immer in Höhe seines Halses befinde.

Möchte ich mein Pferd anhalten, verfahre ich ähnlich wie zuvor beim Kontrollieren nach vorne. In diesem Fall nur etwas bestimmter. Ich straffe meinen Oberkörper, nehme mit einem deutlichen Impuls Schultern und Ellbogen nach hinten und ramme den Absatz meines Stiefels in den Boden. Reicht das nicht, geht auch hier die Peitsche entsprechend nach vorne und verleiht meinem Tun durch eine mehr oder weniger deutlich rotierende Einwirkung Nachdruck. Sobald mein Vierbeiner steht, wirke ich nicht mehr auf ihn ein, nehme eine entspannte Körperhaltung ein und lasse ihn eine Pause machen. Dabei achte ich allerdings darauf, dass er auch verlässlich an Ort und Stelle stehen bleibt.

Als Nächstes soll mein »Tanzpartner« lernen, an meiner Seite rückwärts zu gehen. Hier setze ich zunächst wieder meine Körpersprache als Signal für das Pferd ein, bevor ich die Bogenpeitsche als Verstärker nutze. Ich nehme meinen Oberkörper nach hinten und bewege mich mit akzentuierten Schritten neben dem Pferd rückwärts. Mit meinen Schultern und Ellenbogen mache ich dabei nach hinten kreisende Bewegungen, so als wollte ich mit ihnen ebenfalls rückwärts laufen. Zur Verstärkung kann ich auch hier wieder die Bogenpeitsche in angemessener Weise rotierend vor der Pferdenase einsetzen. Sobald das Pferd sich nun ein oder zwei Schritte nach hinten bewegt, stelle ich sofort meine Einwirkung ein und lasse es eine Pause machen. Diese Pause ist die sogenannte Komfortzeit, eine Art Lob für das Pferd, aber auch eine Zeit, in der es die eben gemachten Erfahrungen mental verarbeiten und abspeichern kann. Diesen Vorgang wiederhole ich einige Male. Hat mein Pferd verstanden, was ich von ihm möchte, werden aus den einzelnen Schritten langsam immer längere Reprisen. Beachte ich die oben beschriebenen Vorgänge und übe sie entsprechend, wird mein Pferd sich immer mehr an mich binden. Anfangs werde ich ein kontinuierliches Training im Schritt absolvieren. Später beginne ich, mit dem Tempo zu spielen, mal gehe ich gezielt langsam oder auch schneller, mal lasse ich das Pferd antraben, dann wieder anhalten. Ich lasse es rückwärts gehen, dann wieder vorwärts usw. Unser Miteinander wird immer qualitätsvoller und dynamischer.

Ich möchte noch einmal betonen, dass wir nur durch bewussten Einsatz unserer Körpersprache und durch Wiederholungen dahin gelangen, dass unser Pferd sich auf uns prägen lässt und wir zu einem feinen und harmonischen Miteinander kommen. Anfangs ist es sicher nötig, die Bogenpeitsche häufiger einzusetzen. Das wird im Laufe der Ausbildung immer weniger. Letztlich wird sie nur noch zur Korrektur oder zum Geben von Signalen gebraucht. Wir sollten uns bemühen, unsere Schritte den Schritten des Pferdes anzupassen (Gleichschritt). So werden unsere Bewegungen immer harmonischer und gleichen irgendwann einem Tanz.

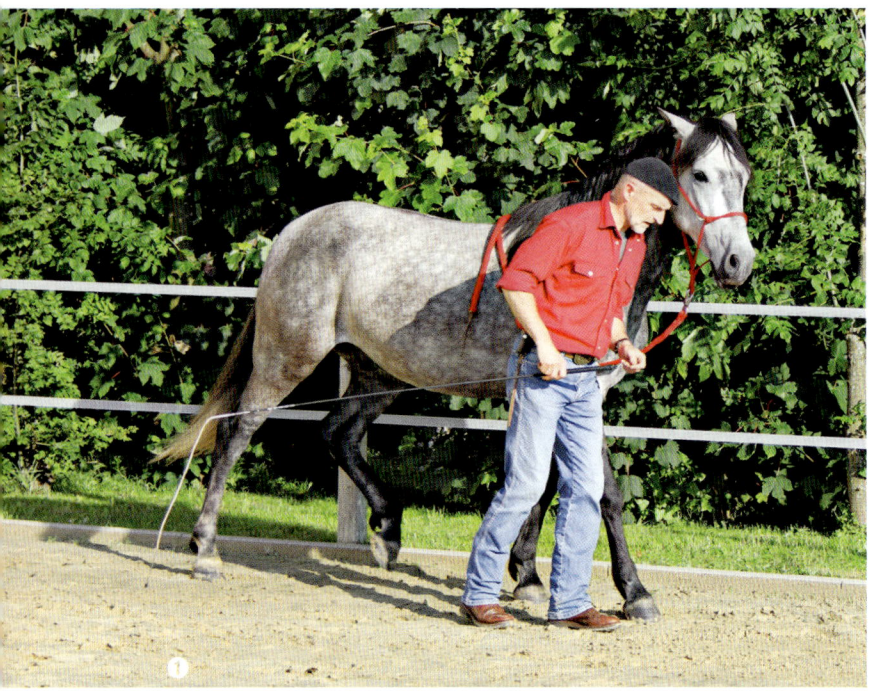

Beim Antretenlassen nehme ich meinen Oberkörper etwas nach vorne und gehe los, nötigenfalls unterstütze ich das Ganze durch ein Antippen der Hinterhand mit meiner Bogenpeitsche.

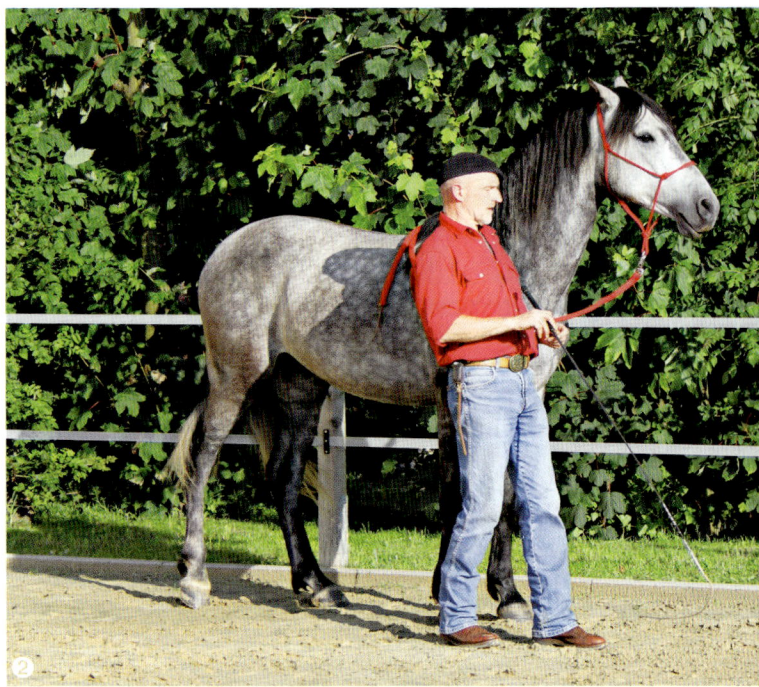

Will ich mein Pferd anhalten lassen, nehme ich in akzentuierter Weise meinen Oberkörper nach hinten, ramme gleichzeitig den Absatz meines Stiefels etwas in den Boden und mache mich in den Schultern breit. Sollte das nicht reichen, kann ich zusätzlich meine Bogenpeitsche nach vorne nehmen und deren Schlag etwas vor der Nase des Pferdes rotieren lassen.

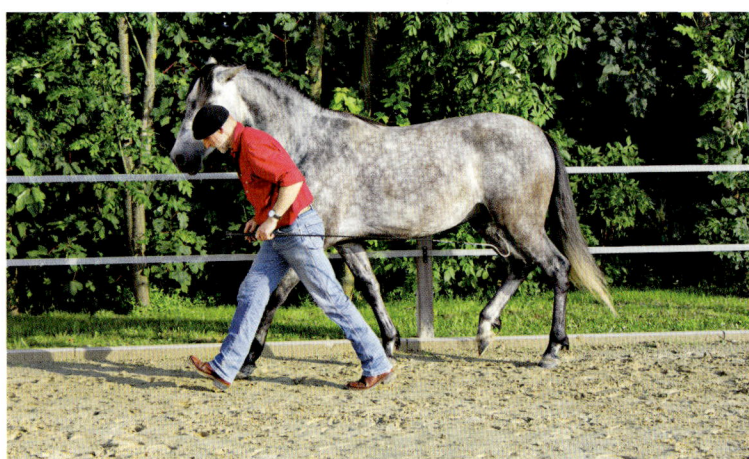

Hat mein Pferd die Vorübungen gut verstanden, darf es auch mal ein wenig schneller sein. Hier fordere ich es zum Trab auf. Halfter und Seil sind dabei schon nicht mehr am Pferd.

Justiciero läuft locker im Trab und in Schulterposition neben mir her.

Der Tanz beginnt – vorwärts, halt und rückwärts

Sollte sich mein Pferd tatsächlich bei der Freiarbeit einmal selbstständig machen, ist das kein »Beinbruch«. Auch das gehört dazu.

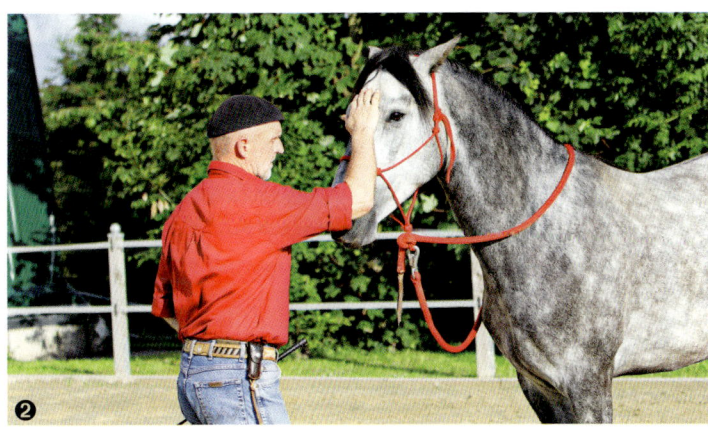

Kommt mein Pferd nach seinem Ausflug dann wieder zurück, wird es freudig begrüßt und wir beginnen von Neuem mit unserer Arbeit.

Soll mein Pferd rückwärts weichen, gehe ich akzentuiert rückwärts, nehme dabei meine Bogenpeitsche nach vorne und lasse den Peitschenschlag vor der Pferdenase so rotieren, dass es nach hinten weicht. Gleichzeitig hebe ich meine dem Pferd zugewandte Hand als sichtbares Zeichen nach oben.

Hier setze ich zu einem Stopp an – noch zeigt mein Pferd keine Tendenz zum Anhalten.

Jetzt ist deutlich zu sehen, wie mein Vierbeiner sein Gewicht nach hinten verlagert und zum Anhalten ansetzt.

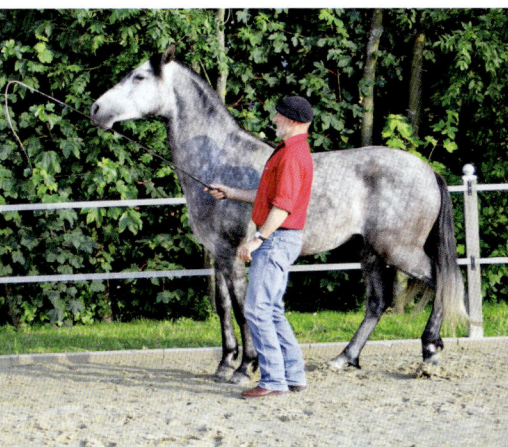

Der Stopp ist gelungen, gleich wird sich mein Pferd entspannen und den Kopf fallen lassen.

Der Tanz beginnt – vorwärts, halt und rückwärts | 155

Sehr schön gebogen und ganz auf seinen Ausbilder konzentriert lässt Michel sich frei longieren.

5. Der Tanz geht weiter – einmal hin, einmal her, links herum, das ist nicht schwer

Habe ich es durch die zuvor beschriebene Arbeit geschafft, mein Pferd an mich zu binden, versuche ich nun, mich wieder von ihm zu »lösen«. Nehmen wir an, wir arbeiten auf der rechten Hand und befinden uns auf dem Hufschlag. Ich möchte mein Pferd dazu einladen, sich mit mir rechtsherum auf einer kleinen Volte zu bewegen. Dazu strecke ich meine linke Hand in Richtung Pferdenase und tue so, als hätte ich es an einem Führstrick und wollte es durch die Volte führen. Folgt mein Vierbeiner dieser einladenden Handbewegung, ist das gut. Tut er das nicht oder versucht er, sich nach außen zu entziehen, werde ich tatsächlich einmal kurz ins Leitseil fassen müssen, um ihm die Richtung zu zeigen oder ihn zu korrigieren. Sobald ich den Eindruck habe, dass mein Pferd wieder auf der richtigen Spur ist, lasse ich das Seil los.

Anfangs belasse ich es bei wenigen Volten und bleibe mit meinem Pferd hauptsächlich auf dem Hufschlag an der Bande. Je sicherer sich das Pferd mit der Zeit auch ohne Bande neben mir bewegt, umso variantenreicher werden meine Kreise, die ich mit ihm ausprobiere. Mal gehe ich mit ihm eine normal große Volte, mal wird aus der Volte ein Zirkel, mal eine so kleine Volte, dass ich fast auf der Stelle trete und mein Pferd dabei in einem ganz engen Kreis um mich herumgeht. Ich mache mehrere Volten hintereinander, ziehe mich mit der Zeit immer mehr ins Zentrum der Volte zurück, während mein Pferd auf seiner Kreisbahn bleibt.

Die nötige Distanz zwischen dem Pferd und mir kann ich herstellen, indem ich es an oder direkt hinter der Schulter touchiere und so auf Abstand halte. So komme ich immer mehr zu einem freien Longieren, das zunächst im Schritt, später im Trab und schließlich auch im Galopp stattfinden kann. Haben wir in unserem Basisprogramm aus Teil I eine gute Zirkelarbeit (Kapitel 44 – »Arbeitsauftrag auf Distanz«) am Seil aufgebaut, wird uns das jetzt bei der freien Arbeit zugutekommen.

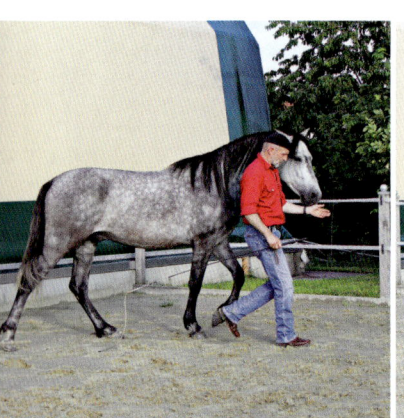   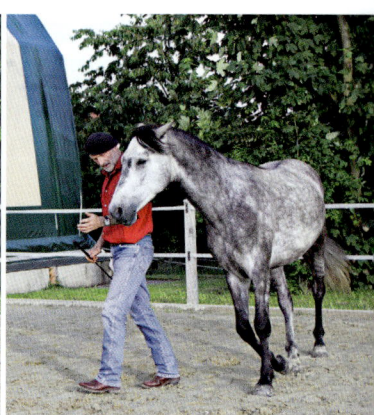

Hier klappt der »Kreisverkehr« auch schon ganz gut ohne die Unterstützung von Halfter und Seil.

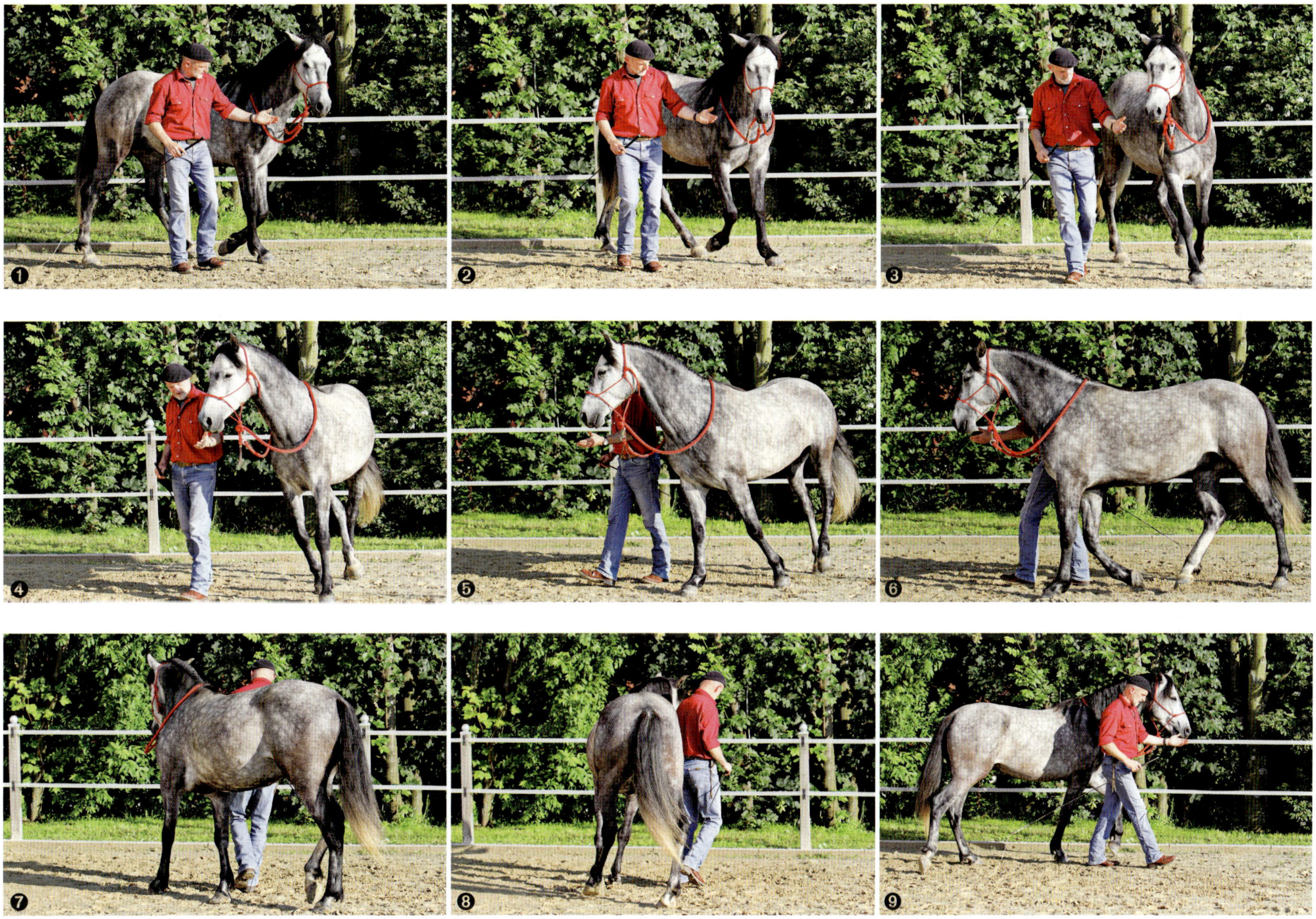

Einladung von der Bande weg auf die Volte. Noch trägt mein Pferd Halfter und Seil, damit ich im Bedarfsfall einmal korrigierend eingreifen kann.

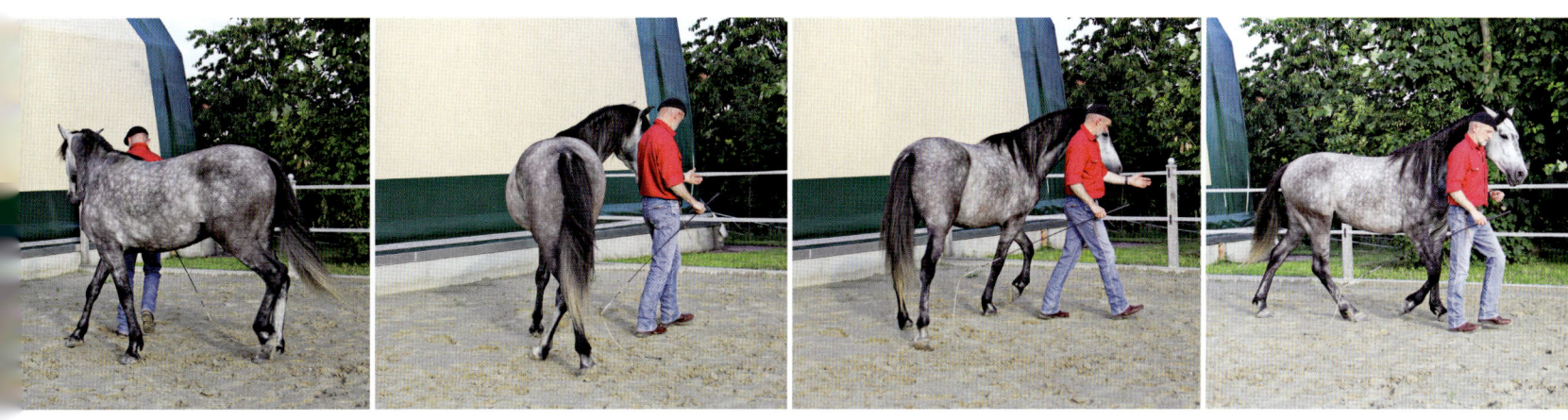

Michel lässt sich während einer Showvorführung aus dem Galopp zum Appell zu mir rufen.

6. Schritt für Schritt gemeinsam – von Appell und Handwechsel

Da eine Freiheitsdressur nur auf einer Hand eine einseitige Sache ist, wollen wir natürlich die andere Hand in gleicher Weise ansprechen. Das bringt nicht nur mehr Dynamik und Pep, sondern fördert auch die Mobilität und Durchlässigkeit des Pferdes. Hierzu bedienen wir uns eines Bewegungsablaufes, den wir ebenfalls in Teil I Kapitel 44 schon erarbeitet haben. Dabei ging es um die Lektion »Handwechsel durch den Zirkel«. Sie erinnern sich: Unser Pferd befand sich auf der Zirkellinie. Zum Wechseln durch den Zirkel hatten wir unsere bis dahin frontale Position zum Pferd aufgegeben und eine einladende eingenommen. Dabei hatten wir unseren Blick ein wenig gesenkt, dem Pferd unsere Seite zugewandt und es über das Einholen des Arbeitsseils dazu aufgefordert, zu uns in den Zirkel zu kommen. Währenddessen hatten wir uns rückwärts bewegt, um dem Pferd die Mitte des Zirkels freizumachen, damit es sauber wechseln konnte. Wir hatten diese Lektion in zwei Teile gegliedert. Im ersten Teil sollte das Pferd zu uns in den Zirkel hereinkommen. Auf das erfolgreiche Hereinkommen durfte es eine kurze Pause machen (Komfortzeit) und wurde gestreichelt. Im zweiten Teil wurde es wieder hinausgeschickt auf die andere Hand.

Genau dieser Bewegungsmuster bedienen wir uns auch hier, dieses mal nur ohne Arbeitsseil. Das Ziel ist dasselbe. Unser Pferd soll lernen, sich zu uns einladen zu lassen, sich quasi zu uns hinziehen zu lassen, sich frontal auf uns auszurichten und auf uns zuzukommen. Dadurch erreichen wir zum einen, das Pferd in einer Art Appell zu uns zu rufen, zum anderen die Voraussetzung, es auf die andere Hand wechseln zu lassen. Dieser Appell ist eine wichtige Sache in der Freiheitsdressur. Er schafft die Möglichkeit, das Pferd immer wieder auf einen auszurichten.
Wir bewegen uns auf der rechten Hand. Ich befinde mich auf Halshöhe meines Pferdes, wir schauen in

dieselbe Richtung. Nun schwenke ich nach innen ab und lade mein Pferd mit einer Handbewegung dazu ein, dies ebenfalls zu tun. Während es mir nach rechts folgt, drehe ich meinen Körper so, dass ich im Rückwärtsgehen vor das Pferd komme, wir uns also Auge in Auge zueinander befinden. Dabei ist meine Körperhaltung weich, freundlich und werbend. Meinen Blick halte ich gesenkt. Ich gehe noch einige Schritte rückwärts und halte dann an, indem ich mich im Körper betont aufrichte, als wollte ich sagen: »Halt, hier geht es nicht weiter.« Ich schaue mein Pferd auffordernd an und halte dabei meine Bogenpeitsche kurzfristig so, dass ihr Griff senkrecht nach oben zeigt und sich etwa in Höhe meiner Nase befindet. Ist das Pferd nun meiner Einladung gefolgt, hat es sich quasi zu mir »hinziehen lassen« und angehalten, nehme ich sofort eine entspannte Körperhaltung ein und senke die Peitsche. Jetzt folgt die wichtige Zeit des Lobens und Beieinanderstehens, die Pause, die als Komfort- und Speicherzeit so bedeutend ist. Sollte mein Pferd allerdings meine Einladung nicht angenommen haben, werde ich auch hier zunächst unterstützend zum Führseil greifen, um ihm mein Ansinnen direkt zu zeigen. Während des gesamten Vorgangs ist die Spitze meiner Bogenpeitsche zum Boden gerichtet. Befand sich die Peitsche anfangs an meiner rechten Körperseite, nehme ich sie beim Drehen vor mich und ziehe ihren Schlag rückwärtsgehend vor dem Pferd über den Boden. Wer möchte, kann diese körpersprachliche Einladung auch noch verbal unterstützen, entweder durch ein einladendes lang gezogenes »Hiiiier«, durch Rufen des Pferdenamens oder einen Pfiff. Hat mein Pferd die Idee dieser Einladung aus der Nähe verstanden, kann ich nun die Distanz vergrößern.

Der Appell ist für sich schon eine bedeutende Lektion. Außerdem ist er, wie bereits erwähnt, ein wichtiger Ausgangspunkt für den Handwechsel durch den Zirkel. Will ich diesen Wechsel nun von meinem Pferd ausführen lassen, werde ich, während ich vor ihm rückwärtsgehe, meine Bogenpeitsche von der rechten in die linke Hand wechseln. Dabei drehe ich meinen Körper ebenfalls nach links, sodass ich auf der linken Seite auf die Höhe des Pferdehalses komme. Durch die dabei vollzogene Körperdrehung nach links, schauen das Pferd und ich wieder in dieselbe Richtung. Meine Peitsche befindet sich jetzt an meiner linken Körperseite. Nun kann ich alle zuvor auf der rechten Hand gemachten Lektionen auch links durchführen.

Mit einer einladenden Handbewegung lade ich mein Pferd von der Bande weg zum Appell ein.

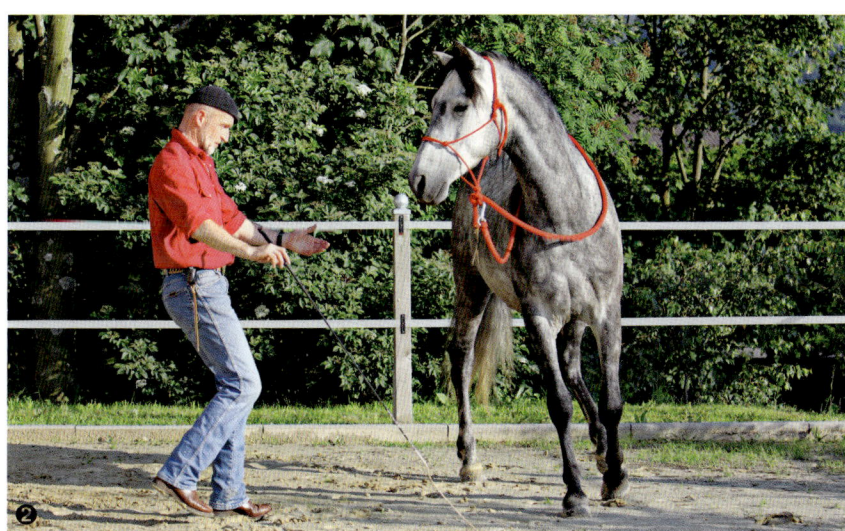

Es ist schön zu sehen, wie Justiciero meiner Einladung folgt und sich in der Wendung frontal auf mich ausrichten lässt.

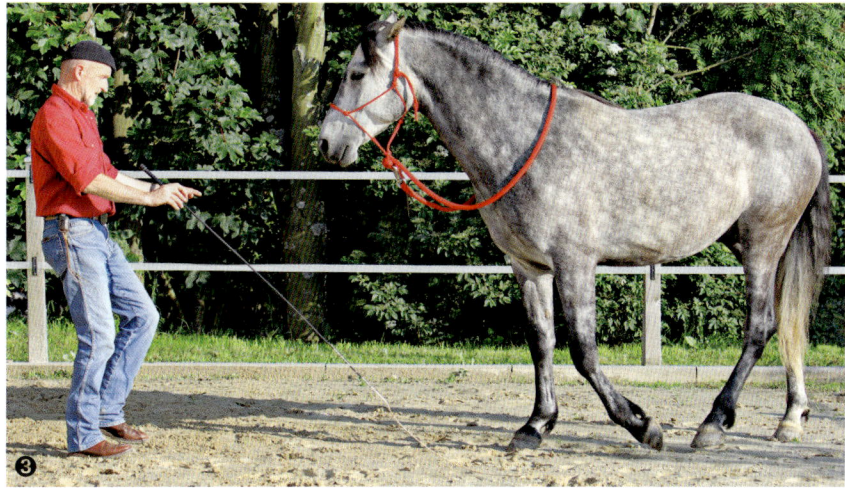

Nun gehe ich noch ein paar Schritte rückwärts, um ihn vollends zu mir zu »ziehen«.

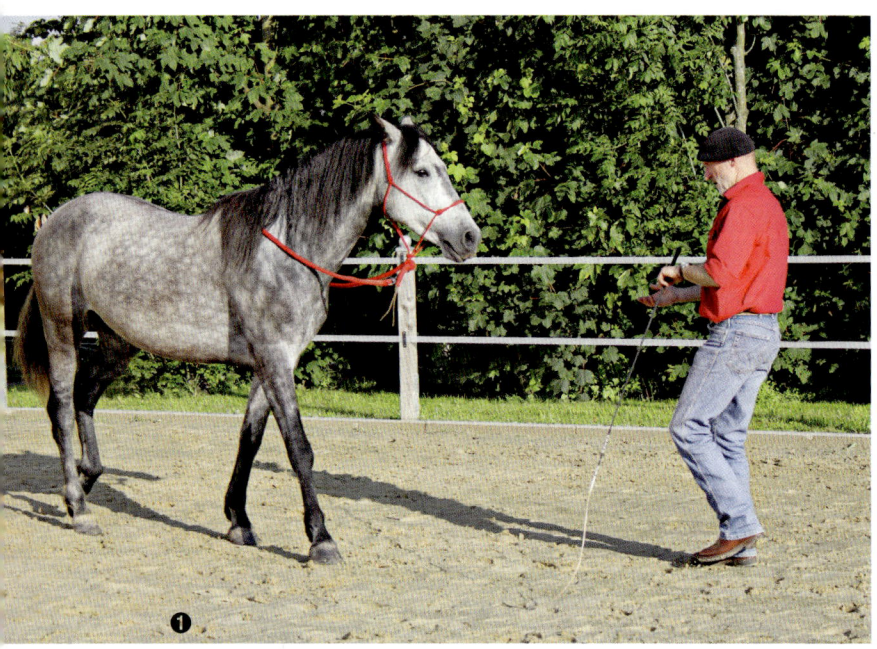

Mein Pferd hat sich auf den Appell eingelassen und folgt mir, während ich rückwärtsgehe, dabei nehme ich eine weiche und einladende Körperhaltung ein.

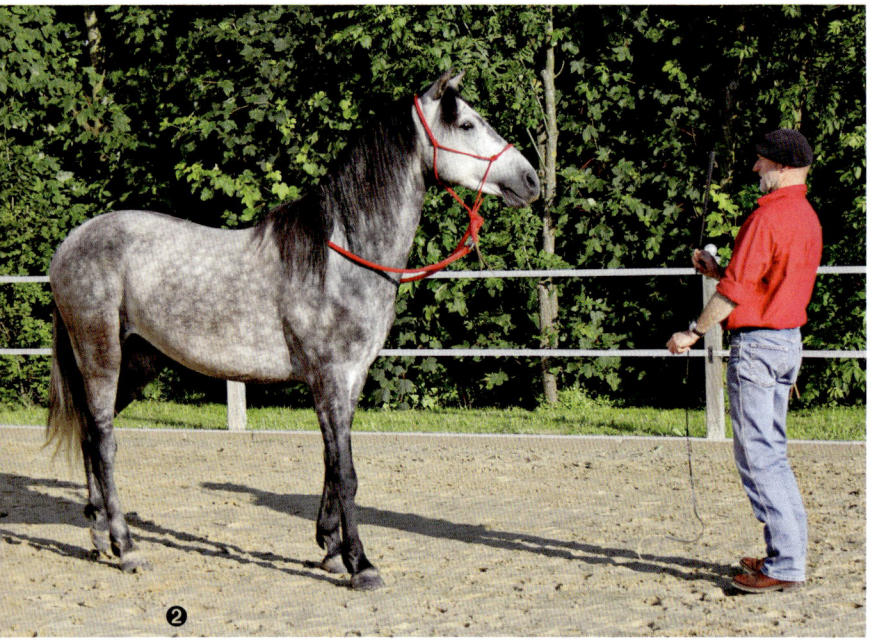

Zum Stoppen richte ich mich im Körper auf, schaue mein Pferd auffordernd an und halte an. Gleichzeitig hebe ich dabei den Stiel meiner Bogenpeitsche akzentuiert in die Höhe.

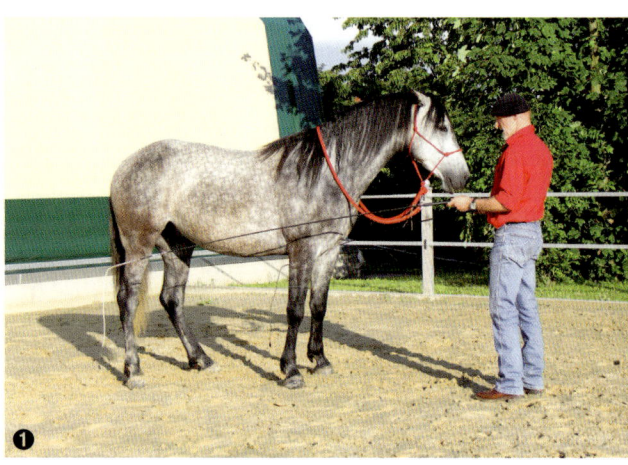

1 bis 6: Forcierter Appell: Möchte ich den Appell gesondert üben und in forcierter Weise erhalten, nehme ich dazu zwei längere Bogenpeitschen. Ich stelle mich vor mein Pferd und touchiere gleichzeitig lebhaft links und rechts die Hinterhand.

Dabei laufe ich schnell rückwärts, um meinem Vierbeiner nicht im Weg zu stehen, wenn dieser nun auf mich zugelaufen kommt. Möchte ich ihn wieder stoppen, halte ich beide Peitschengriffe deutlich nach oben und halte abrupt an.

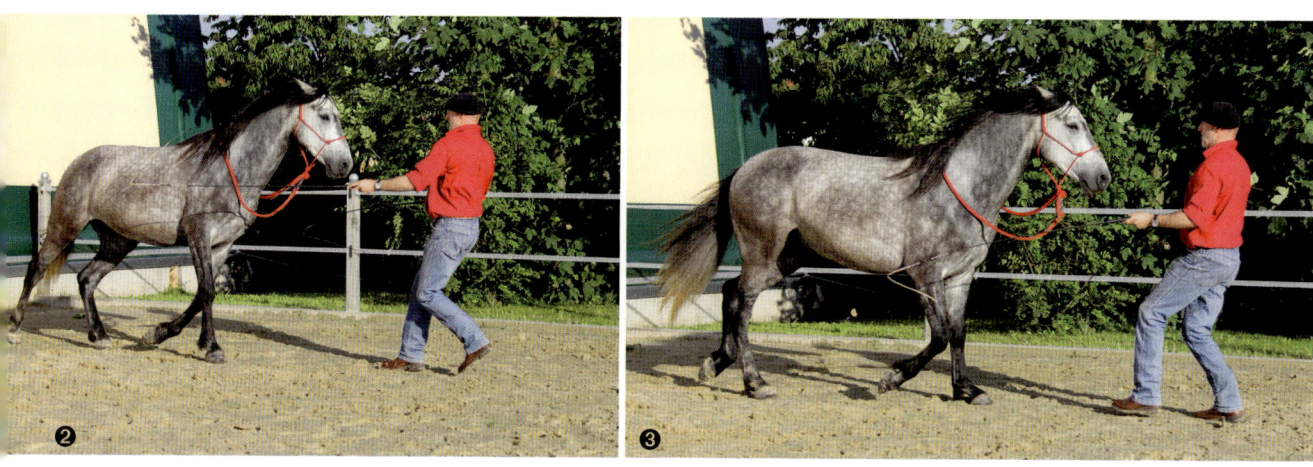

Der kleine Spanier Alegre hat besonders viel Spaß beim forcierten Appell. Auf das entsprechende Zeichen kommt er aus dem Stand in einem rasanten Tempo angaloppiert.

Will ich Alegre stoppen, muss ich besonders nachdrücklich vorgehen, denn es könnte sein, das er einen sonst auch mal über den Haufen rennt.

Schritt für Schritt gemeinsam – von Appell und Handwechsel | 161

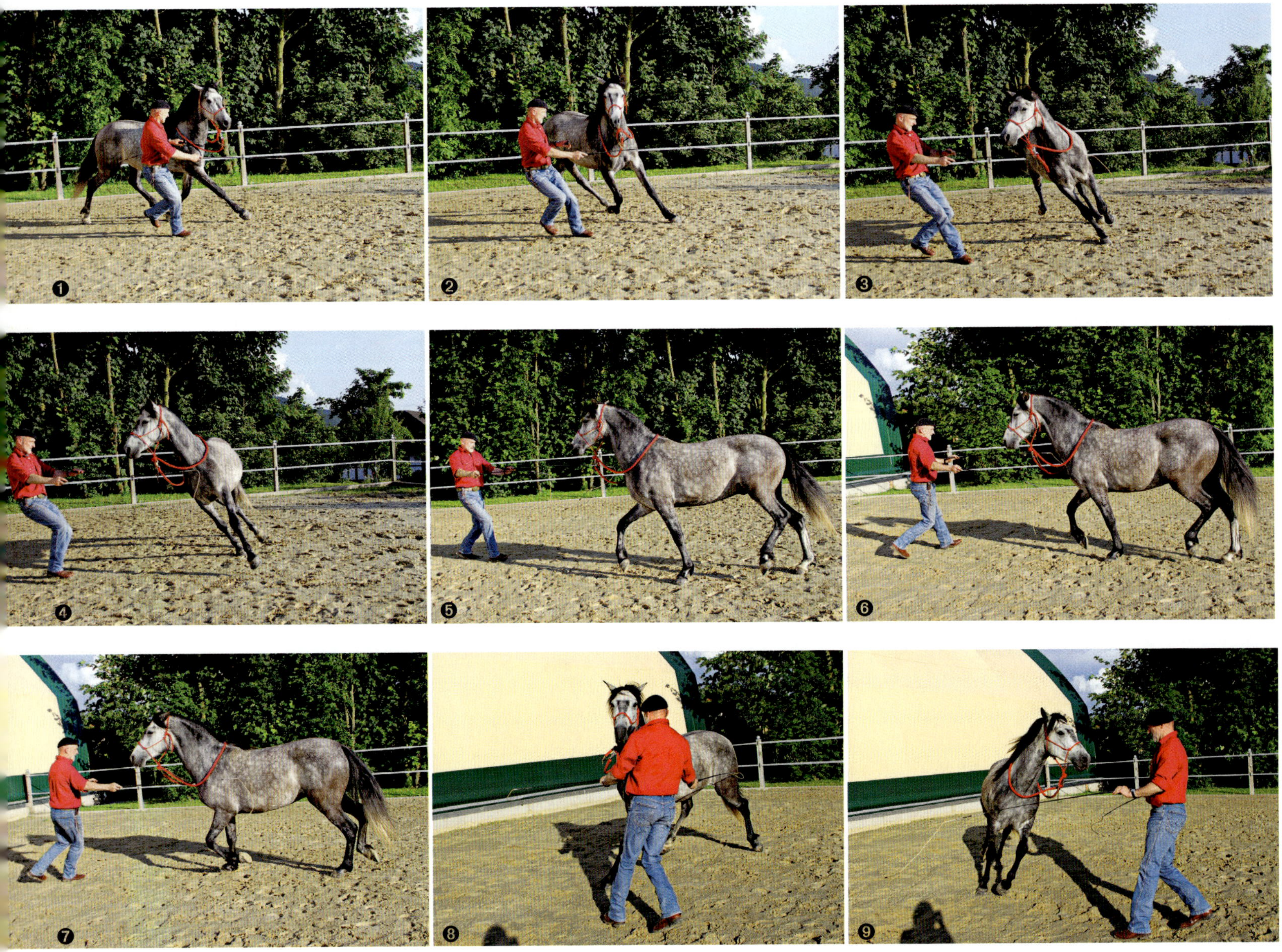

Handwechsel: Hier ist deutlich zu sehen, wie sich Justiciero nun schon im Trab von der rechten Hand kommend frontal auf mich ausrichten lässt. Ich »ziehe« ihn ein kleines Stück auf mich zu, drehe dann meinen Körper nach links und veranlasse ihn damit, sich entsprechend links neben mir zu positionieren. Der Wechsel ist schön gelungen und wir können auf der linken Hand weiterarbeiten.

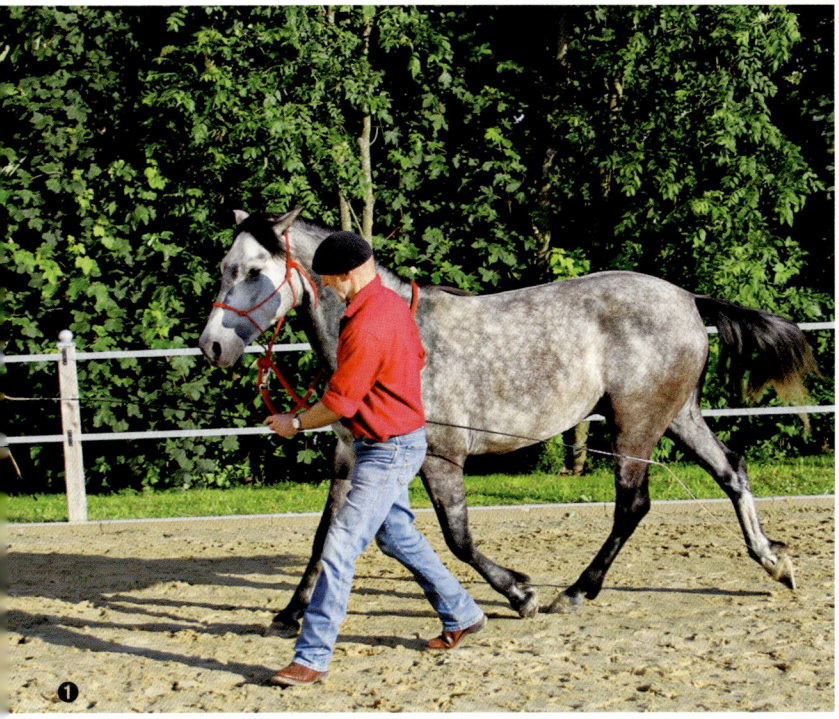

Immer wieder werde ich in Zukunft diesen Handwechsel üben, stellt er doch einen wichtigen Baustein im Tanz mit meinem Pferd dar. Zusätzlich fördert er natürlich dessen Geschmeidigkeit. Die zunächst aus der Nähe und im Schritt durchgeführte Lektion wird mit der Zeit auch in höheren Gangarten und auf größere Distanz gemacht.

Das wirklich Schöne beim Erarbeiten der Freiheitsdressur ist, dass man sein Pferd zu nichts zwingen kann. Der Mensch muss lernen zu kreieren, zu konditionieren und zu wiederholen, das mit einer klaren Struktur und viel Geduld. Jede Art von Gewalteinwirkung würde ein Sich-entziehen-Wollen von Seiten des Pferdes hervorrufen und ein harmonisches Miteinander nicht zulassen. Unklares Vorgehen würde andererseits aber auch kein harmonisches und verlässliches Ergebnis mit sich bringen, denn das Pferd braucht Führung und klare Anleitung.

Ausbrechen nach außen: Neigt ein Pferd dazu, bei der Freiarbeit ohne die äußere Begrenzung der Bande immer wieder nach außen auszubrechen, kann es hilfreich sein, eine zweite Bogenpeitsche zu verwenden.

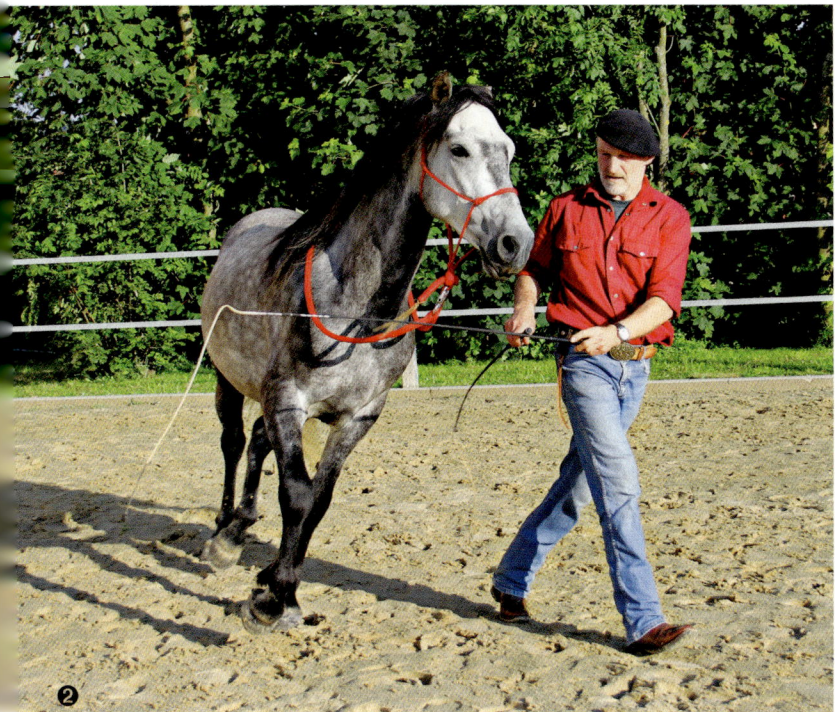

Dabei halte ich diese quer vor die Brust meines Pferdes und lasse im Fall eines Ausbrechversuches die Schnur der Bogenpeitsche an der äußeren Kopf-/Halsseite propellerartig rotieren. Dadurch wird das Pferd gut nach außen begrenzt und ein Ausbrechen verhindert.

Schritt für Schritt gemeinsam – von Appell und Handwechsel

7. Kommen und gehen – folgen und weichen

In Kapitel 4 hatten wir uns darüber unterhalten, wie wir einem Pferd das Vorwärts, Halt und Rückwärts beibringen können, wenn wir uns neben ihm befinden. Nun soll es darum gehen, wie wir das aus einer Position erreichen können, in der wir uns vor ihm befinden. Das »Komm-Her« haben wir bereits als Appell im vorhergehenden Abschnitt besprochen. Nun geht es darum, aus dem »Vorwärts-auf-mich-Zukommen« ein »Rückwärts-von-mir-Weichen« zu entwickeln. Auch dafür haben wir schon den Grundstein in Teil I dieses Buches gelegt, als es beim Führtraining um das Rückwärtsweichen nach dem Prinzip des defensiven Drohens ging. Hier waren wir rückwärts in akzentuierten Schritten auf das Pferd zugegangen, um es dazu zu veranlassen, rückwärts zu weichen. Ich werde jetzt nach demselben Prinzip vorgehen. Der Unterschied ist allerdings, dass ich das nicht rückwärts mache, sondern dass ich vorwärts auf das Pferd zugehe. Dazu nehme ich eine deutliche, ja beinah bedrohlich wirkende, aufrechte Haltung ein, schaue mein Pferd auffordernd an und gehe im Stechschritt auf es zu. Dabei tue ich so, als wollte ich ihm mit meinen nach vorne schwingenden Beinen gegen seine Vorderbeine treten, um es zum Weichen zu veranlassen. (Das mache ich natürlich nicht.) Wenn nötig, kann ich mit meiner Bogenpeitsche unterstützen, indem ich mit dem Schlag vor den Vorderhufen hin und her wedele. Je nach Bedarf, kann ich das in unterschiedlicher Intensität tun. Komme ich hiermit nicht weiter, setze ich vorübergehend zwei Gerten ein. Ich halte in jeder Hand eine und kann durch Touchieren am Röhrbein des Pferdes meinem jeweils nach vorne schwingenden Bein Nachdruck verleihen. Die Gerten dienen sozusagen als Verlängerung meiner Beine und helfen mir, dem Pferd deutlich zu machen, dass es das entsprechende Vorderbein nach hinten nehmen soll. Anfangs werden es einzelne Schritte sein, dann mehr.

Bald schon werden diese unterstützenden Hilfsmittel nicht mehr nötig sein. Folgt am Anfang eines jeden Ablaufes immer eine kurze Pause verbunden mit Lob, wird sich mit zunehmender Routine ein gleitender Übergang zwischen Vorwärts und Rückwärts ergeben. Es entwickelt sich ein synchroner Bewegungsablauf, der rhythmisch eingesetzt, durch dieses Kommen und Gehen, Folgen und Weichen eine wunderbare Ergänzung unseres gemeinsamen Tanzes darstellt.

Hat mein Pferd gelernt, auf mich zuzukommen, kann ich die Lektion des Weichens dazunehmen. Dabei schreite ich mit festem Schritt auf das Pferd zu und tue so, als wollte ich ihm gegen das vorne stehende Vorderbein treten. Unterstützend kann ich eine Bogenpeitsche einsetzen oder zwei Gerten, mit denen ich meine Beine »verlängere«. Mein Bein schwingt vor, ich touchiere das Pferdebein mit den Gerten.

Achte ich darauf, dass das Ganze schön rhythmisch geschieht und kombiniere ich das wiederum mit dem Appell, entsteht daraus ein wechselseitiges Kommen und Gehen. Dies kann ein attraktiver Part beim Tanz mit dem Pferd werden.

8. Seitwärtige Tanzschritte – die Hinterhandverschiebung

Ein Pferd kann sich auf drei Weisen seitwärts bewegen. Einmal nur mit der Hinterhand, dann reden wir von der Vorhandwendung. Das Pferd bewegt sich mit der Hinterhand um die Vorderhand, es beschreibt quasi mit der Hinterhand seitwärts gehend einen Kreis um die Vorderhand.

Als Nächstes reden wir von der Hinterhandwendung. Hierbei bewegt sich die Vorderhand seitwärts und beschreibt einen Kreis um die Hinterhand. Es handelt sich also um eine Wendung um oder auf der Hinterhand. Als Letztes bleibt das Seitwärtsgehen des Pferdes gemeinsam mit Vorder- und Hinterhand, es bewegt sich also mit der gesamten Längsachse seitwärts. Hier spricht man in der Reitersprache vom Schenkelweichen. Wie wir ein Pferd am Boden so vorbereiten können, dass es diese Lektionen später auch unter dem Sattel besser versteht, hatten wir bereits im ersten Teil des Buches besprochen. Hier hatten wir uns mit unserer Signal- oder Hilfengebung an Stellen orientiert, die wir auch mit unserem Reiterbein ohne weiteres erreichen können. Diese Stellen lagen relativ dicht beieinander, da unser Schenkel ja nur einen begrenzten Aktionsradius hat. In der Freiheitsdressur können wir hier großzügiger sein.

Im weiteren Verlauf dieses Kapitels werde ich der Einfachheit halber nicht die manchmal verwirrenden Fachbegriffe für die einzelnen Lektionen gebrauchen, sondern von Vorderhandverschiebung, Mittelhandverschiebung und Hinterhandverschiebung reden. Diese seitwärtigen Verschiebungen kann ich so konditionieren, dass das Pferd sich mit dem entsprechenden Körperteil auf bestimmte Zeichen hin entweder von mir weg oder zu mir hin bewegt. Zunächst soll es um das von mir Wegschicken gehen. Hierbei bedienen wir uns der Logik des aggressiven Drohens der Pferde. Beim aggressiven Drohen ist es im Gegensatz zum defensiven nicht so, dass dies mit der Hinterhand geschieht, sondern als eine frontale Einwirkung mit dem Maul. In einer Pferdeherde ist es immer so, dass es die Verpflichtung des rangniedrigeren Tieres ist, dem Ranghohen aus dem Weg zu gehen, wenn dieser es fordert. Kommt dabei der Rangniedrige dieser Verpflichtung nicht nach, wird der Ranghohe sein Recht einfordern. Dies geschieht in verschiedenen Phasen und kann seinen Höhepunkt in einem aggressiven Beißangriff finden. Diese Phasen sehen wie folgt aus: Zunächst schaut der Ranghohe dahin, wo er hingehen möchte.

Damit kündigt er dem Rangniedrigen an, dass dieser ihm möglicherweise im Weg steht. Reagiert der Rangniedrige nicht, wird der Ranghohe deutlicher. Er deutet mit der Nase in die Richtung, in die er gehen möchte, dabei legt er drohend die Ohren an. Erfolgt auch hierauf keine Reaktion, wird er sich in Richtung Rangniedrigem in Bewegung setzen, dabei das Maul öffnen, die Zähne als Beißandrohung zeigen und letztlich kräftig zubeißen. Spätestens jetzt wird der Rangniedrige merken, dass Ignoranz keine gute Idee ist. Beim nächsten Mal wird er vermutlich schneller reagieren, weil er gelernt hat, dass ignorantes Verhalten negative Folgen hat.

Dieses natürliche Drohverhalten mit allen seinen Phasen mache ich mir zunutze, wenn es darum geht, einem Pferd das Weichen auf Zeichen zu erklären. Halte ich mich beim Erarbeiten dieser Lektionen genau an die natürliche Hierarchie der verschiedenen Einwirkungsstufen, kann diese Kommunikation so fein werden, dass ich meinen Vierbeiner letztendlich nur noch mit meinem Blick lenken kann. Als Erstes soll es darum gehen, dem Pferd beizubringen, auf eine feine Einwirkung hin die Hinterhand seitlich zu verschieben. Hierbei macht es Sinn, mein Pferd zunächst wieder ans Arbeitsseil zu nehmen, um eine präzisere Positionierung vornehmen zu können. Im ersten Schritt soll es darum gehen, mein Pferd mit der Hinterhand von links nach rechts treten zu lassen. Dazu stelle ich mich links vorne an den Kopf des Pferdes und ergreife mit meiner linken Hand das Arbeitsseil ziemlich weit am vorderen Ende. Mit meiner rechten Hand halte ich das hintere Ende des Arbeitsseiles so, dass ein siebzig bis achtzig Zentimeter langes Stück noch hinter meiner Hand herunterhängt. Nun kann die Erarbeitung der Lektion beginnen. Dazu ist es zunächst mein Blick, den ich auffordernd, ja vielleicht sogar grimmig, auf die linke Pobacke meines Pferdes richte. Als Nächstes hebe ich meinen Kopf und schiebe mein Kinn mit Nachdruck in dieselbe Richtung. Dann deute ich mit der Hand dorthin, beginne das Ende meines Arbeitsseiles propellerartig in die gleiche Richtung zu drehen und setze mich in Richtung Hinterhand in Bewegung. Währenddessen werde ich das Seilende immer schneller drehen und schließlich die Lederklatsche, die sich am Ende des Seils befindet, direkt auf die Pobacke aufklatschen lassen. Spätestens jetzt sollte mein Pferd meine Aufforderung verstanden haben und den Hintern zur Seite nehmen. Sofort stelle ich meine Einwirkung ein und lasse das Pferd eine Denk- und Speicherpause machen. Nach dieser Pause werde ich das Ganze wiederholen. Die Hierarchie lautet immer: erst hinschauen, dann hindeuten, dann darauf zugehen und, wenn nötig, »zubeißen«. Also nach der alt bekannten Regel: sowenig wie möglich, aber auch soviel wie nötig. Bald wird immer weniger nötig sein, denn mein Pferd hat gelernt, auf einen rhythmischen Fingerzeig oder vielleicht sogar nur auf einen auffordernden Blick hin seine Hinterhand zur Seite zu nehmen. Wenn ich den Pferdekopf anfangs bei dieser Aktion etwas zu mir herhole, hilft das dem Pferd, sein Hinterteil leichter von mir wegzunehmen.

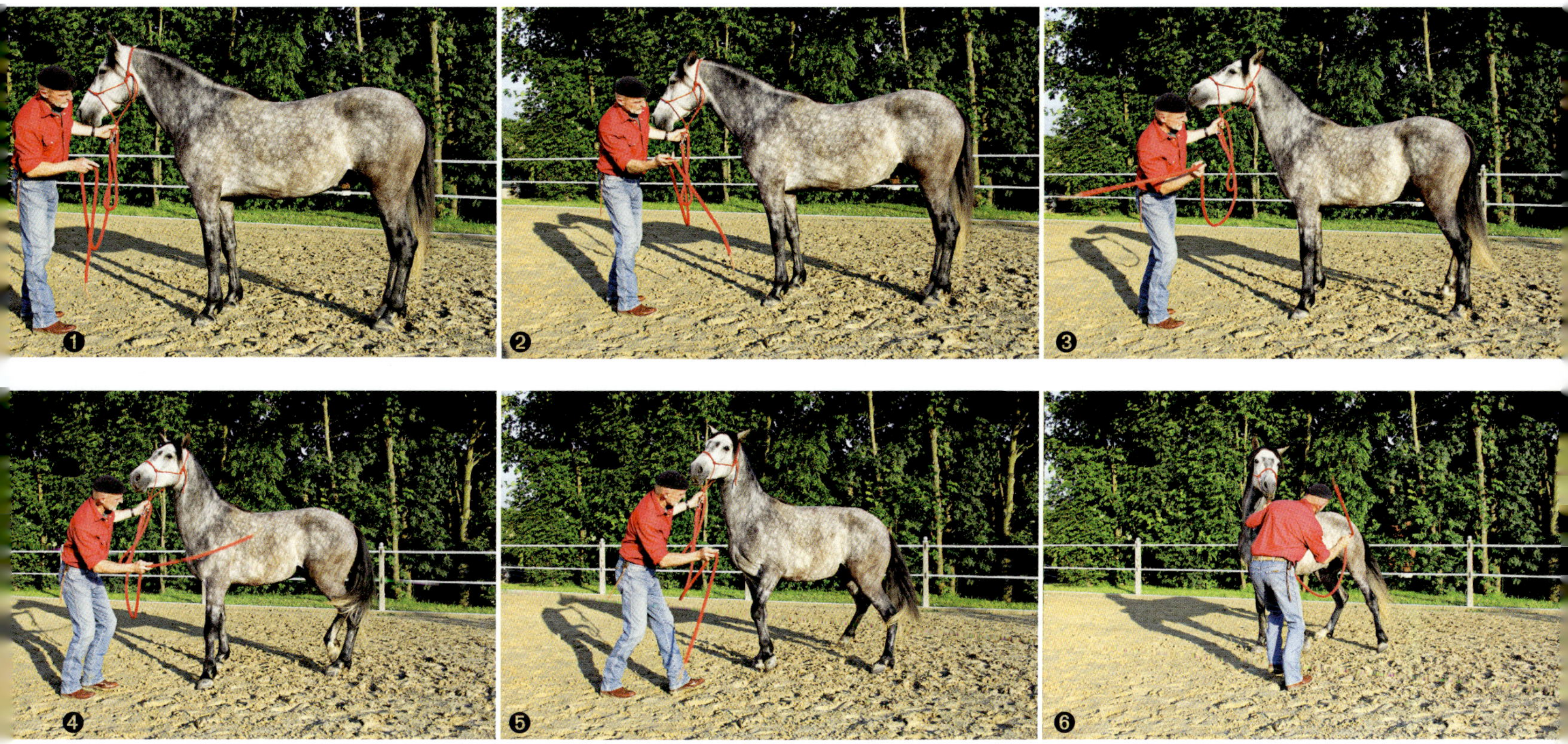

Hinterhandverschiebung: Mein Pferd soll lernen, auf ein feines Zeichen die Hinterhand seitlich wegzunehmen. Dabei verfahre ich nach dem Prinzip des aggressiven Drohens: Zunächst schaue ich auf die Hinterhand, dann deute ich auf sie, wirke rhythmisch mit meinem Seilpropeller auf sie ein und lasse das hintere Ende des Arbeitsseiles seitlich auf die Pobacke des Pferdes aufklatschen. Wenn mein Pferd seinen Po seitlich wegnimmt, höre ich unverzüglich mit meiner Aktion auf. Mit der Zeit wird mein Vierbeiner auf allerfeinste Zeichen seine Aufgabe erfüllen.

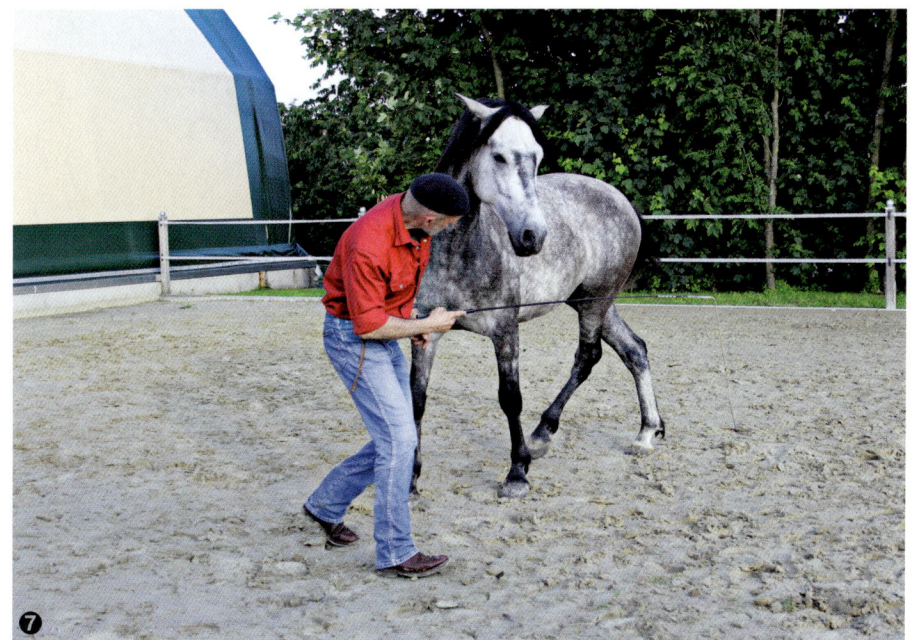

Hinterhandverschiebung ohne Seil: Auf diesem Foto ist schön zu sehen, wie Justiciero bereits ohne vordere Fixierung und nur durch Zeigen mit der Bogenpeitsche seinen Hintern zur Seite nimmt. Bald wird ein Hindeuten mit dem Finger oder sogar ein auffordernder Blick genügen.

Seitwärtige Tanzschritte – die Hinterhandverschiebung

Die Vorderhandverschiebung

Will ich meinem Pferd die Verschiebung der Vorderhand alleine auf optische Zeichen hin beibringen, gibt es zwei mögliche Vorgehensweisen. Die eine habe ich schon im ersten Teil des Buches beschrieben, als es um die reiterlichen Hilfen zur Hinterhandwendung ging. Hier war es zum einen eine Hand, mit der ich seitlich ins Backenstück des Knotenhalters gefasst hatte. Mit dem ausgestreckten Zeigefinger derselbe Hand hatte ich einen punktuellen Druck auf die Wange des Pferdes ausgeübt, um diesem die Kopfstellung in Bewegungsrichtung anzuzeigen. Meine andere Hand hatte ich an der Gurtlage meines Pferdes positioniert und hier Druck mit einem Finger ausgeübt, um die seitliche Verschiebung der Vorderhand zu veranlassen. Diese Einwirkungen kann ich durch Üben soweit verfeinern, dass es letztlich keiner direkten Körperberührung mehr bedarf, um das erwünschte Bewegungsmuster zu erhalten, sondern nur noch einer optischen Andeutung.

Die zweite Möglichkeit orientiert sich wieder an der oben beschriebenen Logik des aggressiven Drohens, nur dieses Mal an der Vorderhand. Dazu nehme ich seitlich Aufstellung in Höhe des Pferdekopfes. Als treibendes Element kann ich auch hier wieder das Ende meines Arbeitsseils in rotierender Weise einsetzen. Da dieser Seilpropeller aber nicht immer so ganz präzise an der gewünschten Stelle auftrifft, besteht die Gefahr, das Pferd versehentlich am Auge zu treffen. Das sollte auf jeden Fall vermieden werden. Besser wäre hier die Verwendung des Gerten- oder Peitschenknaufes oder einfach der Einsatz der flachen Hand.

Als Erstes schaue ich meinem Pferd eindringlich direkt in die Augen. Dann hebe ich drohend meine Hand und deute mit ausgestrecktem Zeigefinger oder Gertenknauf in Richtung des vorderen Halsansatzes. Jetzt beginne ich mit rhythmischem Deuten auf diese Stelle. Erfolgt hierauf keine Reaktion des Pferdes zur Seite, werde ich den Rhythmus erhöhen, dabei auf besagte Körperstelle zugehen und, wenn nötig, mit meiner flachen Hand, dem Gertenknauf oder der Lederklatsche des Seilendes in direkter Weise einwirken, quasi als »Zubiss«. Natürlich gilt auch hier wieder das oben beschriebene Prinzip der Sensibilisierung. Wann immer mein Vierbeiner in erwünschter Weise auf meine Einwirkung reagiert, nehme ich diese augenblicklich weg. Bald wird nur noch ein feines Hindeuten oder gar Anschauen des Pferdes nötig sein, um das gewünschte Verhaltensmuster zu erhalten.

Bei der Vorderhandverschiebung von mir weg kann ich genauso vorgehen, wie beim Erarbeiten der gleichen Lektion für die Arbeit unter dem Sattel. Ich simuliere die Zügelführung mit meiner Hand am Halfter und bringe dort die notwendige Einwirkung an, um meinem Pferd die Stellung in die Bewegungsrichtung anzuweisen.

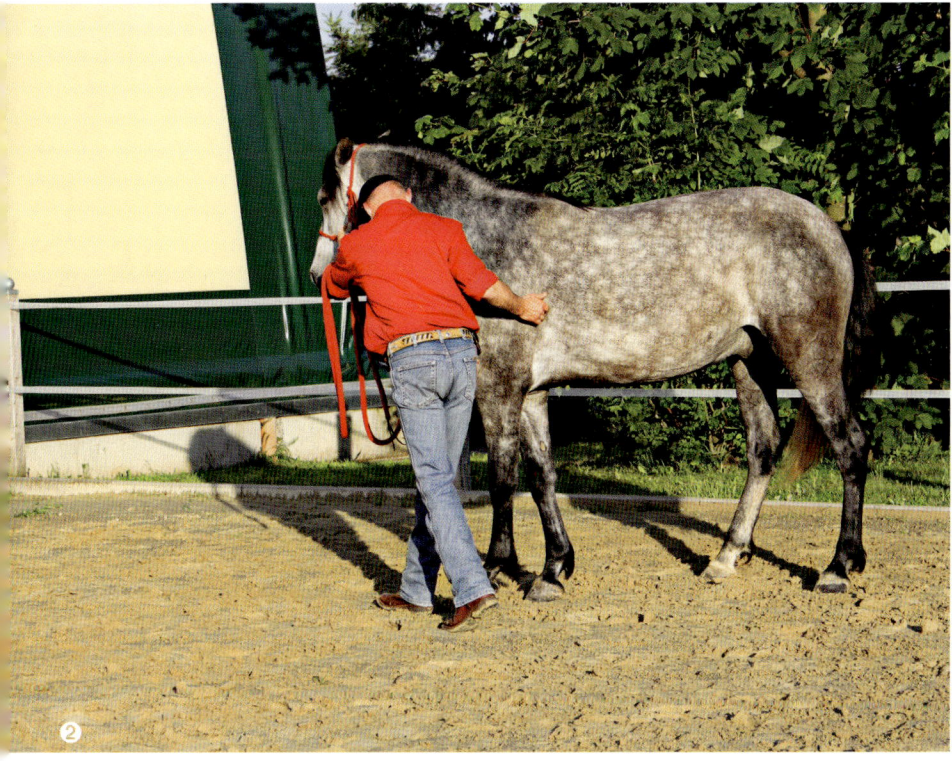

Dabei liegt meine andere Hand als sogenannter »treibender Schenkel« im Bereich der Gurtlage und gibt den Impuls für die Bewegung in die gewünschte Richtung.

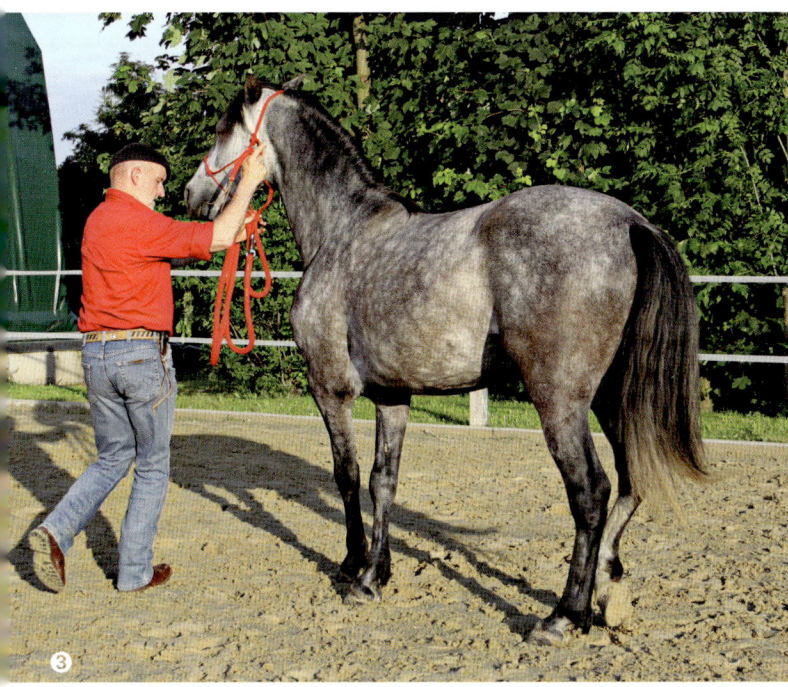

Eine andere Variante zur Erarbeitung dieser Lektion wäre ein Akt des aggressiven Drohens direkt auf die Wange oder den vorderen Halsteil meines Pferdes. Kann hier anfangs mal ein Klaps mit der Hand oder dem Seilende nötig sein, wird später nur noch ein Hindeuten auf diese Stelle ausreichen.

Schön zu sehen, wie über den zuvor beschriebenen Vorgang ein neuer Tanzschritt entwickelt wurde, bei dem jetzt tatsächlich nur noch ein feines Andeuten nötig ist.

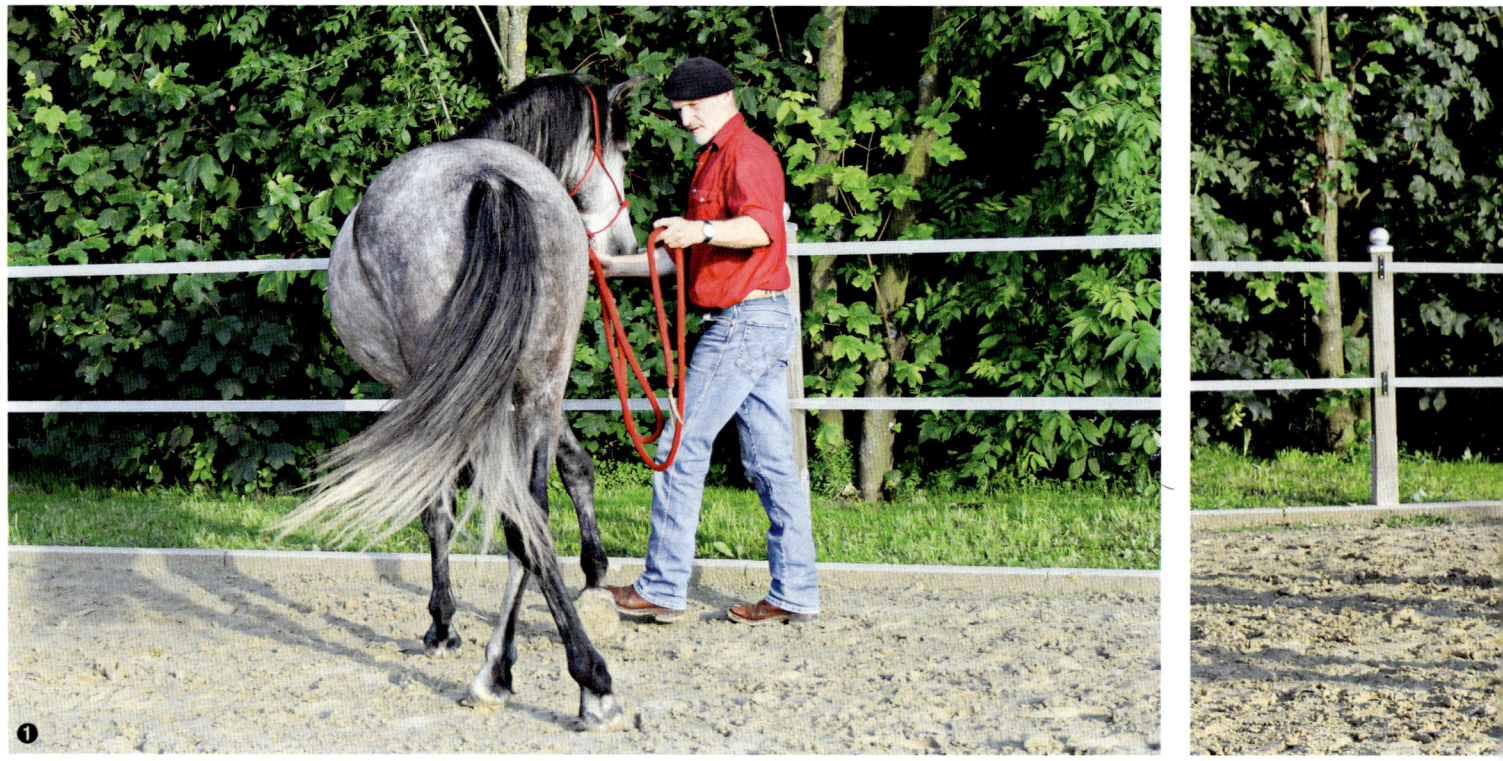

Bei der seitlichen Verschiebung der Mittelhand, also dem Schenkelweichen, wirke ich mit meinem treibenden Element dort ein, wo auch der Reiterschenkel für die gleiche Lektion unter dem Sattel einwirken würde.

Die Mittelhandverschiebung

Möchte ich meinem Pferd beibringen, sich mit Vorder- und Hinterhand gleichzeitig seitwärts zu bewegen, also eine Mittelhandverschiebung auszuführen, werde ich das Pferd zunächst vor eine Begrenzung stellen. Dadurch fällt es mir leichter, ihm eine korrekte Position anzuweisen und ein Sich-Entziehen nach vorne zu verhindern. Sinnvoll ist es dabei, das Pferd in einem etwa 45-Grad-Winkel zu dieser Begrenzung abzustellen. So wird es automatisch lernen, beim Seitwärtsgehen immer mit dem Spielbein vor dem Standbein zu kreuzen.

Hat mein Pferd das gelernt, wird es dieses Bewegungsmuster später auch bei einer steileren Abstellung zeigen. Die Vorgehensweise hier ist genau dieselbe wie zuvor beschrieben. Als treibendes Element setze ich wieder den Seilpropeller ein, dieses Mal auf die Mittelhand des Pferdes gerichtet, etwa auf die Stelle, bei der wir beim Reiten von »etwas hinter dem Gurt« sprechen (siehe Teil I des Buches). Meine Standposition befindet sich dabei etwas hinter der Pferdeschulter.

Bei all diesen Übungen gilt natürlich auch wieder der Weg der kleinen Schritte. Anfangs nur einzelne Schritte fordern und das Pferd sofort durch Beenden der Einwirkung, eine kleine Pause und entsprechend andere Zuwendungen loben. Mit zunehmendem Verstehen der Lektion werden die Reprisen immer länger und die unterschiedlichen Lektionen können miteinander kombiniert werden.

Seitwärts auf mich zu

Große Verblüffung ernte ich immer wieder in meinen Shows, wenn meine Pferde auf das Heben meiner Hand seitwärts auf mich zukommen. Für den unbedarften Zuschauer hat das mitunter etwas Mystisches. Weiß man, wie diese Lektionen zustande kommen, verliert das Ganze schnell seinen Zauber. Die Vorgehensweise ist im Grunde genommen die gleiche wie zuvor beim Seitwärts-von-mir-Wegschicken. Der Unterschied liegt darin, dass ich den Touchierimpuls, also die seitwärtstreibende Einwirkung, auf der äußeren Körperseite des Pferdes anbringe. Dadurch veranlasse ich das Pferd nicht von

Wurde die Mittelhandverschiebung ordentlich erarbeitet, ist auch ihre Ausführung ohne direkte Kontrolle mit dem Seil kein Problem mehr.

Zur seitlichen Hinterhandverschiebung in meine Richtung touchiere ich mein Pferd mit der Bogenpeitsche über die Kruppe hinweg an der gegenüberliegenden Hinterhandseite. Hierdurch wird mein Vierbeiner dazu aufgefordert, seitlich in meine Richtung zu treten.

mir weg, sondern zu mir her zu treten. Die »Einwirkstellen« sind identisch mit denen beim Wegschicken, nur eben auf der anderen Seite. Ein geeignetes Hilfsmittel hierfür ist wieder die kurze Bogenpeitsche.

Ich stehe links neben meinem Pferd und möchte es dazu veranlassen, sich mit der Hinterhand nach links zu bewegen, also auf mich zu. Meine Standposition ist dabei etwa in Höhe der linken Pferdeschulter. Ich nehme die Bogenpeitsche in meine rechte Hand, halte sie so über die Kruppe des Pferdes, dass der Peitschenschlag über sie hinaus auf die äußere Kruppenseite ragt. Nun beginne ich damit, den Peitschenschlag durch kleine kreisende Bewegungen meiner Hand in Rotation zu bringen. Diese Rotationen sind zunächst fein und langsam, werden dann aber zunehmend intensiver. Die nächste Einwirkungsstufe ist dann das direkte Touchieren mit dem Peitschenschlag auf die äußere Hinterhand. Auch hier beginne ich zunächst wieder ganz sanft, steigere aber meine Einwirkung zunehmend, bis das Pferd einen Schritt mit der Hinterhand zur Seite tritt. Sofort stelle ich die Einwirkung ein, nehme die Peitsche vom Pferd weg und senke sie ab. Mein Vierbeiner darf nun Pause machen, eventuell verbunden mit einem verbalen Lob. Nach dieser Pause beginnt der Vorgang von neuem. Immer, wenn mein Pferd richtig reagiert, nehme ich die Einwirkung weg und gebe die Pause. So vermittle ich ihm zunächst die Grundidee der Lektion. Mit zunehmendem Verstehen werde ich dann die Schrittzahl erhöhen. Am Ende wird nur noch ein Winken mit der Peitsche und später eventuell mit der Hand nötig sein und mein Pferd zeigt das erwünschte Verhalten.

Soll mein Pferd lernen, mit der Vorderhand die seitliche Bewegung zu mir hin zu machen, wähle ich meine Standposition etwa in Höhe seiner Hüfte. Von hier aus kann ich nun ebenfalls mit dem Schlag der Bogenpeitsche und nach demselben Muster wie zuvor das Pferd auf der äußeren Halsseite touchieren. Möchte ich, dass es lernt, in einer Mittelhandverschiebung, also mit der gesamten Breitseite, auf mich zuzukommen, stelle ich mich im vorderen Teil der Mittelhand auf und touchiere entsprechend die gegenüberliegende Seite.

Hier funktioniert die Hinterhandverschiebung in meine Richtung schon ganz ohne Seil und Halfter. Sie wird allein durch ein Heben der Bogenpeitsche über der Pferdekruppe ausgelöst.

Diese Übung hat losgelöst von unserem Freiheitsdressur-Programm einen weiteren praktischen Nutzen. Ich kann damit einem Pferd beibringen, sich seitlich an eine Aufsteighilfe heranwinken zu lassen. Eine tolle Sache für den Reiter und ein Segen für den Pferderücken.

Beim Erarbeiten dieser Lektionen ist es zunächst sinnvoll, das Pferd am Führseil zu haben, später kann darauf verzichtet werden. Wichtig ist eine exakte Standposition des Menschen, das gibt dem Pferd in Verbindung mit anderen Signalen genaue Informationen über mein Ansinnen und sorgt für ein gutes Gelingen der Lektionen. Eingebunden in eine Freiheitsdressur können diese Lektionen eine faszinierende Bereicherung im Tanz mit dem Pferd werden. Selbstverständlich kann man mit ihnen auch andere Aufgaben angehen, wie etwa das Seitwärts-Weichen des Pferdes über eine am Boden liegende Stange. Aber auch bei den verschiedenen Varianten der Arbeit am Podest kann man erstaunliche Effekte damit erzielen – dazu mehr im Zirkusteil.

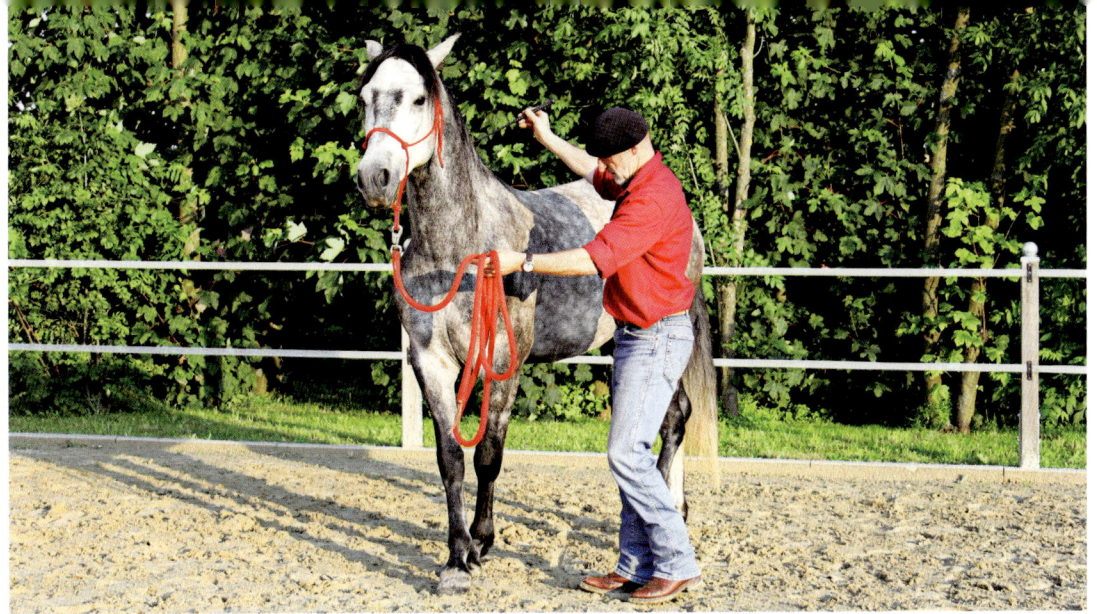

Das Touchieren der äußeren Halsseite mit der Bogenpeitsche soll mein Pferd dazu veranlassen, mit der Vorderhand seitlich in meine Richtung zu treten. Später wird auch hier ein optisches Zeichen ausreichen. Mitunter ist für das Erarbeiten dieser Lektion die Bogenpeitsche zu unhandlich, dann verwende ich besser eine Gerte.

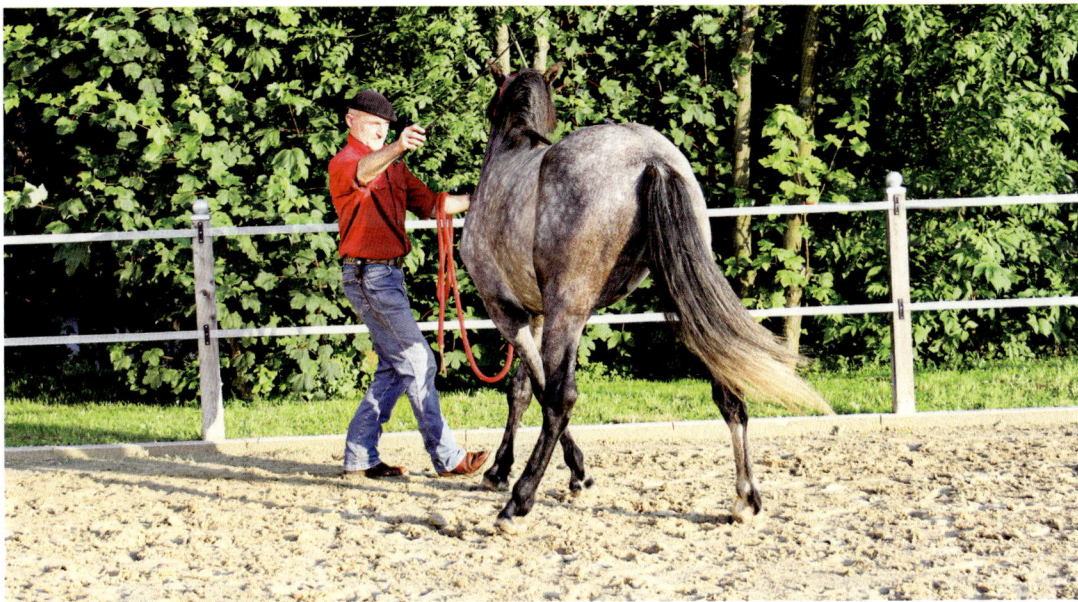

Soll sich mein Pferd gleichzeitig mit Vorder- und Hinterhand auf mich zubewegen, touchiere ich es über den Rücken hinweg an der gegenüberliegenden Flanke.

Auch hier ist es mit ein wenig Übung bald möglich, die Lektion ganz ohne korrigierende Führung am Seil nur durch zeichenhafte Signale abzurufen.

Seitwärts auf mich zu | *173*

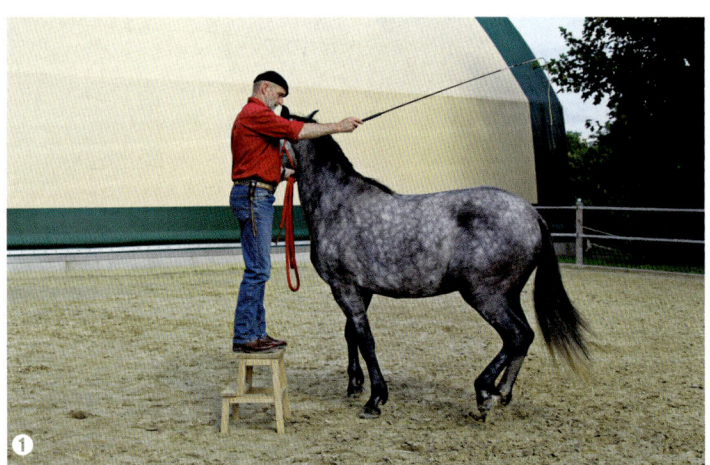
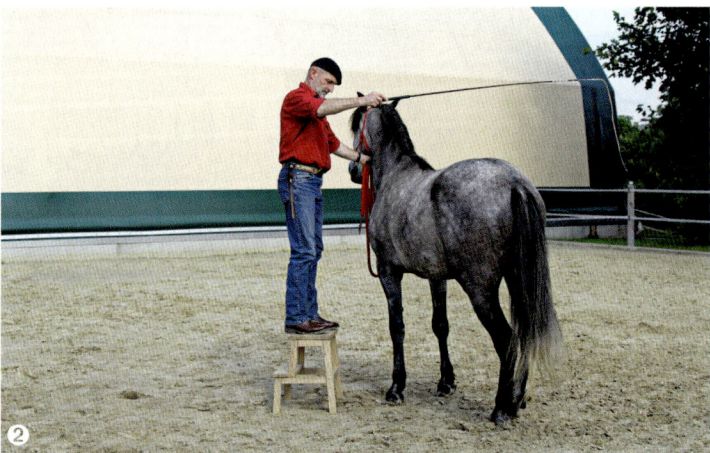

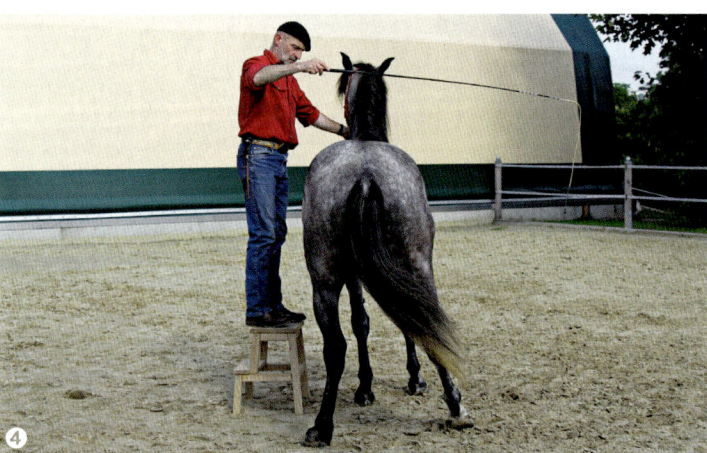

Die Übung, das Pferd seitlich in meine Richtung zu winken, ist nicht nur ein schönes Element für die Freiheitsdressur, sie kann auch sehr hilfreich sein, um ein Pferd seitlich an eine Aufsteighilfe heranzuwinken. Erarbeite ich das zunächst mit Hilfe der Bogenpeitsche, wird später ein Winken mit der Hand ausreichen. So kann der Reiter wesentlich komfortabler aufsteigen und das Pferd wird geschont.

Ist das Seitwärts gut erarbeitet, kann man die Anforderungen steigern, wie hier beim Seitwärts über Cavaletti-Ständer.

9. Auch so kann Seitwärts gehen

Steht der zweibeinige Partner bei unserem gemeinsamen Tanzprogramm vor oder hinter dem Pferd und lässt es von dort aus die verschiedenen seitlichen Tanzschritte durchführen, hat auch das noch einmal einen besonderen Charme. Will ich meinem Pferd diese Tanzschritte von vorne erklären, wäre es gut, wenn es ein Halfter tragen würde. Als weitere Hilfsmittel brauche ich eine lange Gerte oder die kurze Bogenpeitsche.

Beginnen wir mit einer seitlichen Bewegung des Pferdes in der gesamten Längsachse, in diesem Fall nach links. Dabei stehe ich vor dem Pferd und halte es ganz unspektakulär mit der linken Hand am Halfter. Mit meiner rechten Hand halte ich die Gerte. Nun hebe ich diese und deute ein Touchieren an, das auf die Stelle »etwas hinter dem Gurt« zielt. Sind die Bewegungen mit der Gerte zuerst leicht, werde ich sie zunehmend verstärken. Dann wird aus dem Andeuten ein immer stärker werdendes Touchieren, bis mein Pferd einen Schritt zur Seite macht. Sofort stelle ich mein Touchieren ein und lobe es. Wichtig ist, dass ich so mitgehe, wie mein Pferd seitwärts tritt. Achte ich darauf, dass meine Beine sich dabei synchron zu denen des Pferdes bewegen, lege ich eine gute Basis für zukünftige harmonische und gut aufeinander abgestimmte Tanzschritte. Nach einem Lob und einer kleinen Denkpause beginnt derselbe Ablauf von neuem. Bald brauche ich nur noch die Gerte in die entsprechende Position zu halten und mein Pferd wird sich seitwärts bewegen. War es am Anfang nur ein Schritt, werden daraus mit zunehmendem Verstehen des Pferdes immer mehr. Dieses Bewegungsmuster kann ich von meinem Pferd auf gerader Linie abverlangen, aber auch auf einem Zirkel um mich herum. Ich werde in der Trainingsphase immer mal versuchen, meine direkte Führung am Halfter aufzugeben, um zu sehen, inwieweit die Lektion auch schon ohne diese Fixierung funktioniert. Zur Kontrolle kann ich dabei einfach meine linke Hand seitlich flach an die rechte Kopfseite des Pferdes halten, um ein seitliches Sich-Entziehen nach rechts zu verhindern. Auch dies werde ich mit der Zeit ganz weglassen können.

Möchte ich das Pferd diese Seitwärtsschritte nur mit seiner Vorderhand machen lassen, gehe ich genau nach demselben Prinzip vor, touchiere dabei aber das Pferd an der Schulter oder am Hals. Auch hier muss ich mich seitwärts mit diesem wieder synchron mitbewegen. Hat das Pferd die Idee verstanden, kann daraus eine komplette Drehung mit der Vorderhand um die Hinterhand werden. Das geht natürlich sowohl nach rechts als auch nach links. Eine andere Variante dieser Lektion ist das wechselseitige Verschieben der Vorderhand in kurzen Schrittsequenzen. Dazu kann ich entweder zwei Gerten benutzen und diese wechselseitig in Aktion bringen, oder ich arbeite mit nur einer Gerte und muss diese immer von einer zur anderen Seite wechseln. Ist diese Lektion gut erarbeitet, kann daraus ein pfiffiges und dynamisches Tanzelement werden, bei dem das Pferd wechselseitig von einem auf das andere Vorderbein hüpft. Da sich Mensch und Pferd dabei gegenüberstehen und die Bewegungen synchron ausführen, erinnert das schon an einen wirklichen Paartanz.

Natürlich geht das Ganze auch nur mit der Hinterhand. Hier werde ich dann eben meine treibenden Einwirkungen seitlich auf der jeweiligen Pobacke des Pferdes anbringen. Dabei bleibe ich allerdings vor dem Pferd stehen, bewege mich also nicht seitlich mit. Anfangs fasse ich auch hier kontrollierend ins Halfter, um mein Pferd mit der Vorderhand an Ort und Stelle fixieren zu können. Später wird es gelernt haben, um was es geht, und von alleine mit der Vorderhand still halten.

Genauso kann dieses Bewegungsmuster auch von der Position erarbeitet werden, in der man hinter dem Pferd steht. Das Problem dabei ist, dass ich nicht mal eben vorne ins Halfter greifen kann, um das Pferd nach meinen Vorstellungen zu positionieren. Hier kann es helfen, ein Pferd vor eine Begrenzung zu stellen, damit es nicht nach vorne ausweicht. Oder vorübergehend mit zwei Longen oder zwei Arbeitsseilen zu arbeiten, die jeweils links und rechts am Halfter eingehakt werden und nach hinten laufen, vergleichbar mit den Leinen beim Fahrpferd.

So habe ich nicht nur eine Begrenzung nach vorne, sondern auch zu beiden Seiten. Ich kann meine Touchierreize gezielt anbringen und meinen Vierbeiner genau positionieren und einrahmen. Allerdings sollte ich mir dabei sicher sein, dass er nicht über eine »lose« Hinterhand verfügt und diese im entsprechenden Augenblick gegen mich einsetzt. Das Abrufen dieser Lektionen auch von hinten ist deshalb möglich, weil Pferde die Augen an den Seiten haben und dadurch beinah einen Rundumblick. So können Sie auch die angedeuteten Signale, die von hinten gegeben werden, sehen und entsprechend reagieren lernen. Im Fahrsport verwendet man deswegen Scheuklappen, damit das Fahrpferd gerade nicht die Peitschensignale, die der Fahrer gibt, schon im Vorfeld sehen und vorwegnehmend reagieren kann. Rufe ich die Lektion ins Seitwärts von hinten ab, ist es so, dass ich bei der Vorderhandverschiebung in meiner Standposition bleibe, bei der Mittel- und Hinterhandverschiebung mich aber synchron mit dem Pferd mitbewegen muss. Natürlich ist es auch hier so, dass bei einem guten Trainingsverlauf die seitlichen Leinen sowie die vordere Begrenzung bald weggelassen werden können.

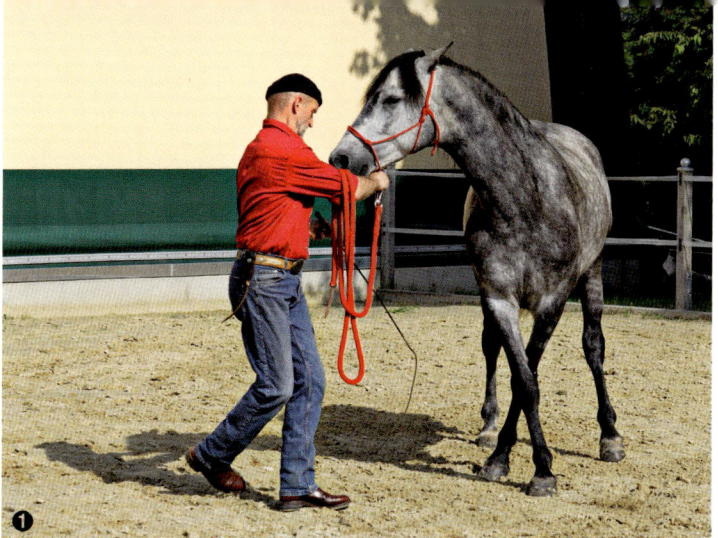 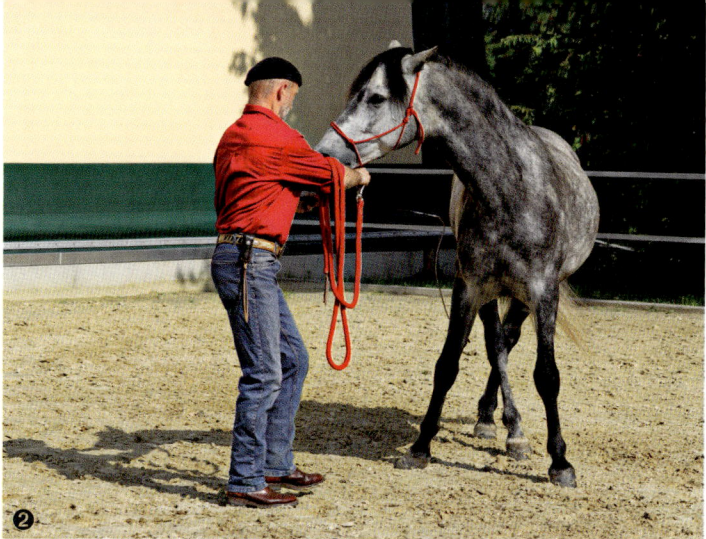

Um dem Pferd Tanzschritte seitwärts mit den Vorder- und Hinterbeinen beizubringen, führe ich es zunächst noch am Halfter. Mit der Gerte touchiere ich es an der Flanke. Im gleichen Maße, wie das Pferd seitwärts weicht, bewege auch ich mich mit.

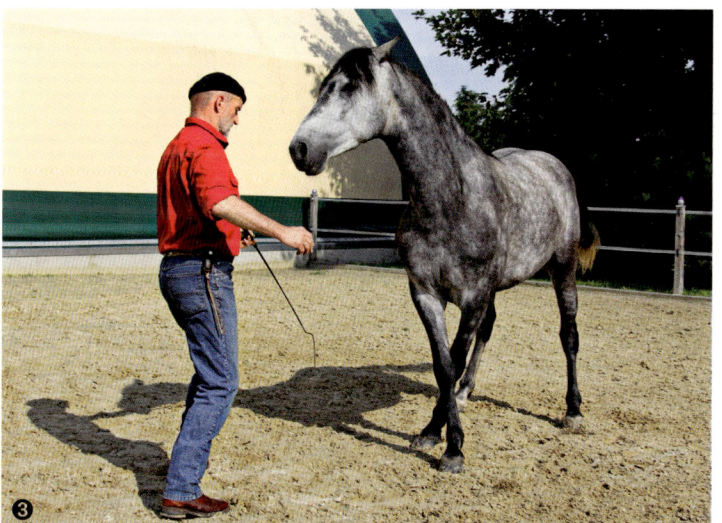 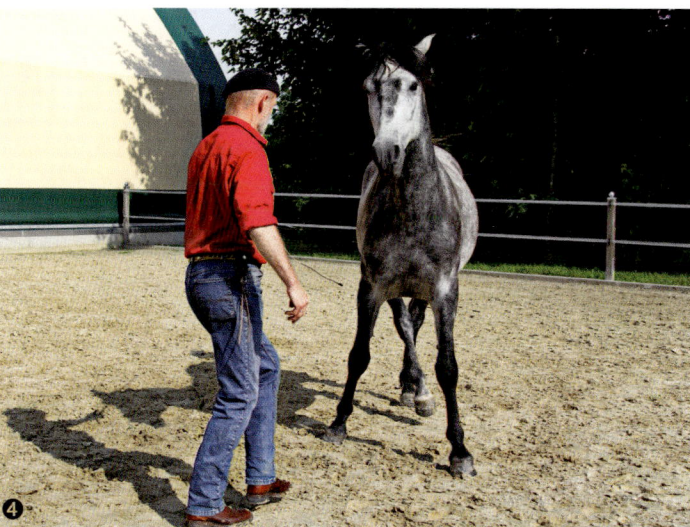

Die gleiche Übung ohne direkte Kontrolle am Kopf als frei gezeigte Lektion.

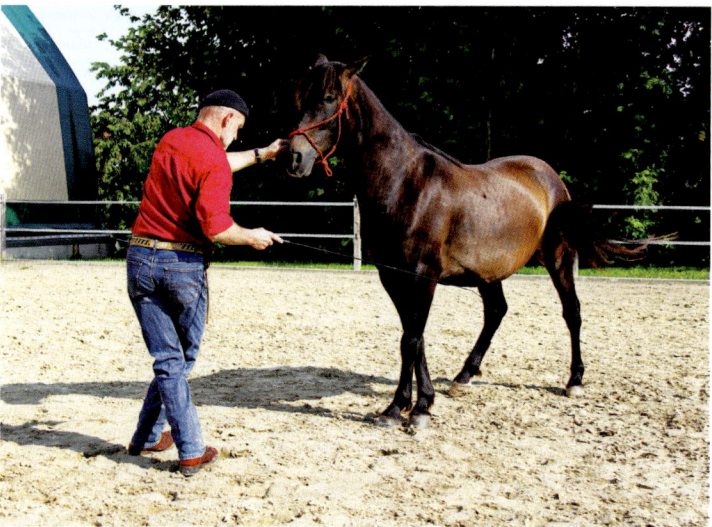 

Hier soll es nur die Vorderhand sein, die sich seitlich bewegt, entweder in einem Rechts-/Links-Wechsel oder als Schrittpirouette mit der Vorderhand um die Hinterhand. Dabei setzen die Hilfen direkt an der Vorderhand ein.

Auch so kann Seitwärts gehen | *177*

Klötzchen lässt sich zentimetergenau rückwärts winken, wobei er sich so positionieren lässt, dass sich die Cavaletti-Stange zwischen seinen Beinen befindet.

10. Der Rückwärtsgang von hinten

Vor vielen Jahren beobachtete ich während einer Show einen Kollegen, dessen Pferd in einer rasanten Geschwindigkeit rückwärts auf ihn zukam. Dabei stand dieser einfach nur winkend einige Schritte hinter seinem Vierbeiner. Das war damals für mich eine äußerst beeindruckende Darbietung, den Weg dorthin konnte ich mir allerdings nicht erklären. Heute weiß ich, dass die Grundlagen all dieser spektakulären Aktionen in einfachem handwerklichem Tun zu finden sind.

Wir erinnern uns an Kapitel 44.4 im ersten Teil dieses Buches. Hier ging es darum, ein Pferd alleine über das Schütteln des Arbeitsseils dazu zu veranlassen, rückwärts zu gehen. Bei dieser Übung war meine Standposition zunächst etwa zwei bis zweieinhalb Meter vor dem Pferd. Hat das Pferd die Idee verstanden, auf das Schütteln des Seils hin rückwärts zu weichen, kann ich meine Position auch an einer anderen Stelle wählen. Zur Erarbeitung der nun folgenden Lektion ist es hilfreich, das Pferd wieder an einer Begrenzung zu platzieren, beispielsweise auf dem Hufschlag entlang der Reithallenbande. Ich stehe innen auf Höhe des Pferdehalses. So ist das Pferd seitlich gut eingerahmt, ich habe eine optimale Arbeitsposition und gleichzeitig die Möglichkeit, die Lektion von vornherein korrekt und gerade mit meinem Vierbeiner zu erarbeiten. Dabei hält meine dem Pferd zugewandte Hand das Arbeitsseil so, dass es satt durchhängt, aber nicht den Boden berührt. Nun hebe ich meine Hand und beginne, sie leicht hin und her zu bewegen. Zunächst ist dieses Winken so leicht, dass dabei das Seil kaum in Bewegung gerät. Dann werde ich das Winken steigern und das Seil dadurch in Schwingung versetzen. Je stärker ich winke, umso intensiver

Rückwärts von hinten mit Bogenpeitsche. Noch stehe ich dabei auf Höhe der Mittelhand meines Pferdes. Möchte ich nun meine Position weiter nach hinten verlagern, kann es ratsam sein, die kurze Bogenpeitsche gegen eine längere auszutauschen. Parallel zum Rotieren der Peitschenschnur setze ich als Signal für das Rückwärts die gehobene Hand ein.

wirken sich die Schwingungen des Arbeitsseils über das Nasenband des Knotenhalfters auf die Pferdenase aus. Sobald das Pferd nun mit einem Schritt nach hinten weicht, beende ich augenblicklich meinen »Wink- bzw. Schüttelvorgang« und lasse es eine Pause machen. Danach beginnt die gleiche Prozedur von vorne. Immer gilt dasselbe Motto: Mit so wenig Einwirkung wie möglich beginnen, diese zu »so viel wie nötig« steigern und sofort aufhören, wenn die gewünschte Reaktion kommt. Auch hier können die Reprisen mit zunehmendem Verstehen des Pferdes natürlich immer länger werden.

Hat mein Pferd gelernt, auf leichte Schüttelimpulse oder vielleicht gar auf ein Winken meiner Hand rückwärts zu gehen, werde ich meine Position weiter nach hinten – auf Schulterhöhe – verlegen. Versteht das Pferd, was es tun soll, auch wenn ich an dieser Stelle stehe, werde ich meine Position in den Bereich der Mittelhand verlegen, also wieder ein Stück weiter nach hinten. Das wird so fortgeführt, bis ich schließlich hinter dem Pferd stehe und es von hier aus durch Schütteln des Arbeitsseils rückwärts auf mich zu dirigieren kann. Halte ich mich an die vorgegebene Reihenfolge der Signalgebung und beginne zunächst immer mit dem Winken, ohne gleich das Arbeitsseil in Schwingung zu bringen, wird mein Pferd bald gelernt haben, sich alleine auf dieses Zeichen hin rückwärts zu bewegen.

Je weiter ich beim Erarbeiten dieser Lektion nach hinten komme, umso größer ist die Gefahr, dass mein Pferd die ihm vorgegebene Position verlässt und mit der Vorderhand nach innen wegdriftet. Zeigt ein Pferd dieses Verhalten, nehme ich mir vorübergehend eine Peitsche oder einen Kontaktstock zur Hilfe, um eine Begrenzung der inneren Schulter vornehmen zu können. Dieses Hilfsmittel kann ich leicht mit meiner freien Hand halten und so, das Pferd flankierend, für einen präzisen und gradlinigen Bewegungsablauf sorgen. Hat mein Vierbeiner verstanden, worum es geht, kann bald auch wieder dieses Hilfsmittel weggenommen werden. Später kann ich diese Übung selbstverständlich auch losgelöst von einer äußeren Begrenzung im freien Raum durchführen.

Bei einer anderen, viel einfacheren Variante des Rückwärtsrichtens von hinten, nehme ich mir eine sehr lange Bogenpeitsche zur Hilfe. In Kapitel 4 dieses Buchteils habe ich darüber geschrieben, wie ich ein Pferd an mich »binden« kann, ohne es anzubinden. Dabei hatte ich die Idee erläutert, es mit Hilfe

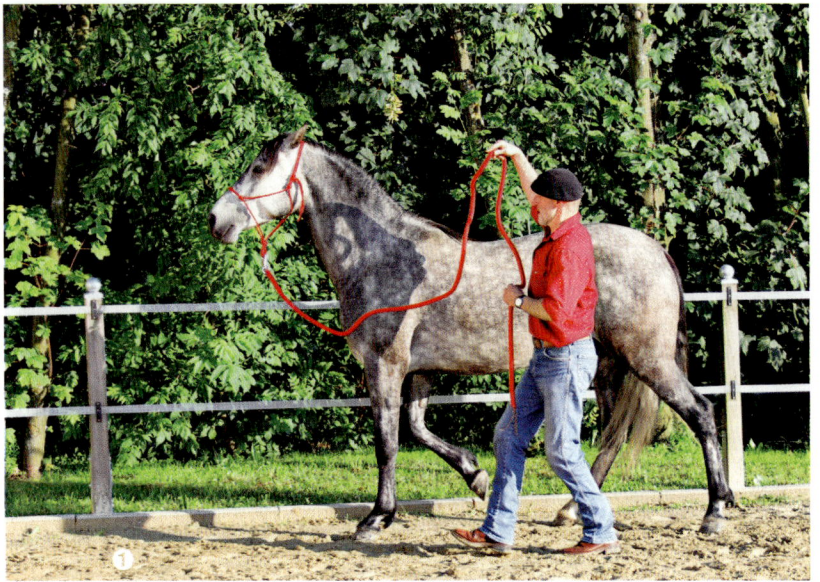
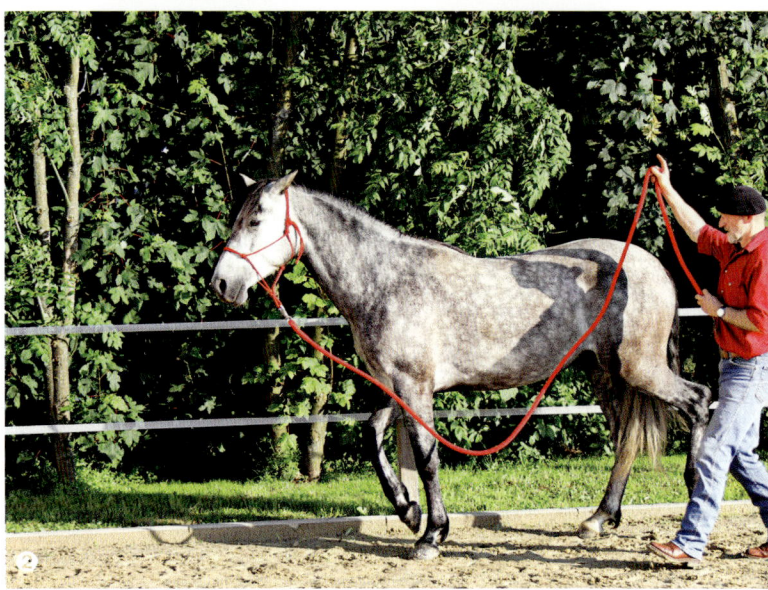

Hat mein Pferd gelernt, über das Schütteln des Arbeitsseiles von vorne rückwärts zu weichen, kann ich dieses Schütteln auch aus einer Position direkt seitlich neben dem Pferd ausführen.

Zunächst werde ich bei diesem Vorgang an der Schulter meines Vierbeiners stehen, dann auf Höhe der Mittelhand, anschließend, wie hier, auf Höhe der Hinterhand.

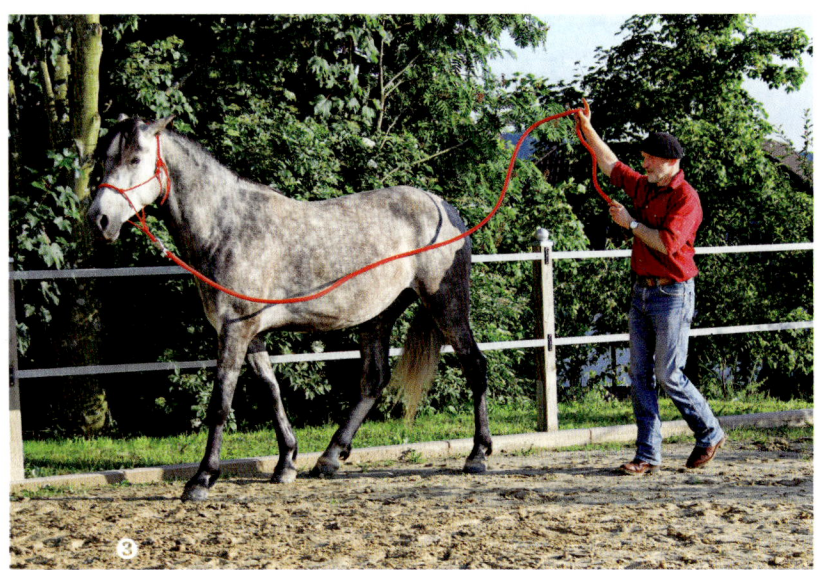

Ich stehe deutlich hinter meinem Pferd. Auch von hier lässt es sich nun durch das Schüttelsignal dazu auffordern, rückwärts zu gehen.

Nun ist es nur noch die gehobene Hand, die mein Pferd dazu veranlasst, sich rückwärts in meine Richtung zu bewegen.

einer kurzen Bogenpeitsche rückwärts zu richten. In diesem Fall war es die vor der Nase der Pferdes rotierende Peitschenschnur, die das Rückwärts bewirkte.

Ich verwende nun eine viel längere Bogenpeitsche, stehe dabei deutlich weiter hinten am Pferd und gehe wie in Kapitel 4 vor. Das Pferd wird sich auch aus dieser Position auf ein Rückwärts einlassen. Je länger meine Peitsche ist, umso weiter hinten kann ich stehen. Stehe ich dabei auf der linken Seite des Pferdes, führe ich die Peitsche in meiner linken Hand. Zum Rotierenlassen der Peitschenschnur hebe ich zusätzlich als optisches Zeichen meine rechte Hand. Später wird ein Heben der Hand genügen, dass sich mein Vierbeiner rückwärts in Gang setzt.

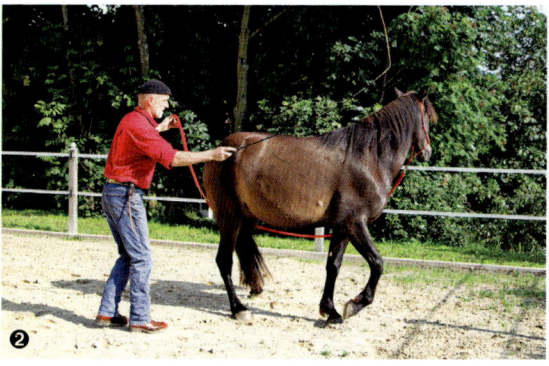
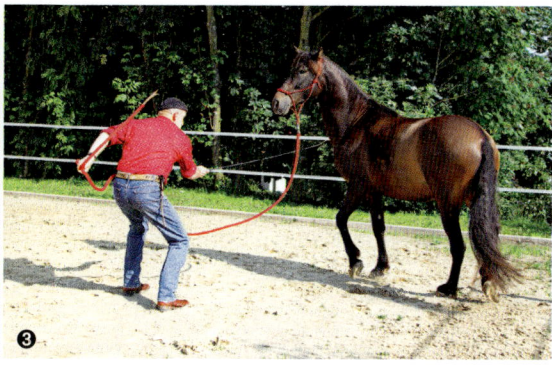

Der Walzer ist eine komplette Drehung des Pferdes in seiner Längsachse.

Dafür lege ich mein Arbeitsseil um den ganzen Körper meines Pferdes herum.

Ziehe ich an diesem, wird es sich einmal um sich selbst drehen.

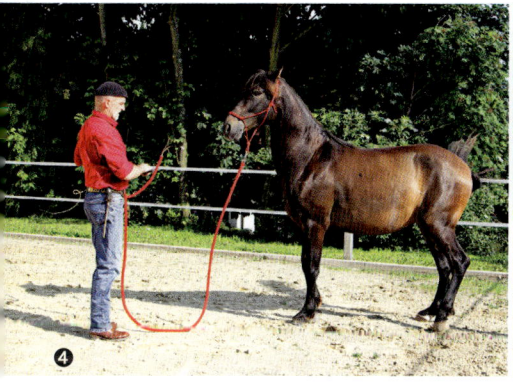

Parallel dazu gebe ich, wie beschrieben, die Peitschensignale.

Im weiteren Verlauf der Ausbildung zu dieser Lektion lege ich das Seil nur noch über das Genick meines Pferdes, die Peitschensignale bleiben dabei die gleichen.

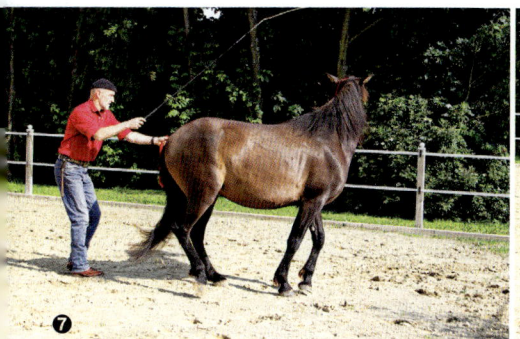

11. Der Walzer

Der Walzer ist eine Lektion, bei der sich das Pferd in einer 360-Grad-Wendung auf kleinstem Raum um die eigene Achse dreht. In Kapitel 42 hatte ich die Brummkreiselübung beschrieben. Diese bildet die Grundlage für das Erlernen des Walzers. Hier ging es in erster Linie um gymnastizierende und mental schulende Wirkungen. Die Übung wurde unter Zuhilfenahme des Arbeitsseils durchgeführt.

Beim Walzer handelt es sich um das gleiche Bewegungsmuster, allerdings soll die Lektion am Ende alleine auf ein rotierendes Peitschensignal hin abgerufen werden können. Dazu werde ich in Zukunft immer parallel zur Arbeit mit

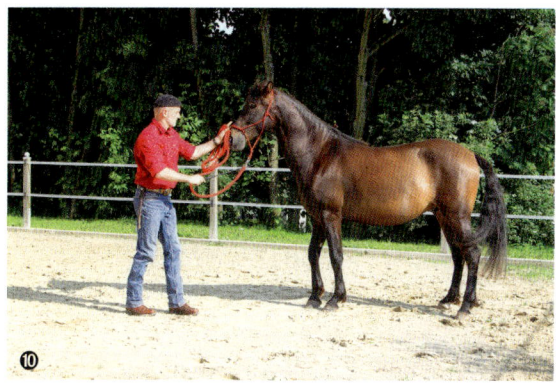

Hat mein Pferd gut mitgearbeitet, sollte ich auch das Loben nicht vergessen.

dem Seil eine entsprechende Peitschenhilfe einbauen. Ich möchte meinem Pferd den Walzer in einer Drehung nach links beibringen. Dazu lege ich ihm das Seil, wie in Kapitel 42 beschrieben, um seinen Körper. Während ich in Höhe der rechten Halsseite meines Pferdes stehe, halte ich das Ende des Arbeitsseils in der linken Hand, in der rechten halte ich die Bogenpeitsche. Will ich nun den Drehvorgang einleiten, ziehe ich mit meiner linke Hand am Seil und somit das Pferd in die Drehung. Meine rechte Hand führt dabei die Peitsche so, dass deren Schlag in Richtung der rechten Backe des Pferdes rotiert und damit ein »wegschickendes« Signal aussendet. Hat sich mein Pferd nun so weit gedreht, dass der Kopf von mir weg und die Hinterhand zu mir hin zeigt, muss ich meine Peitschenführung ändern. Jetzt heißt die Herausforderung, das Pferd, das in dieser Phase von mir weggedreht steht, mit dem Kopf wieder zu mir herzuholen, damit die komplette 360-Grad-Drehung auch vollzogen wird. Natürlich ist das mit Hilfe des Arbeitsseils kein Problem, es passiert automatisch durch das Einholen des Seils. Biete ich dem Pferd jedoch keine andere Hilfe an, werde ich auch in Zukunft immer auf dieses Signal angewiesen sein. Um das Signal, mit dem ich das Pferd zu mir herholen möchte, mit der Bogenpeitsche am Pferd anzubringen, werde ich die Bogenpeitsche jetzt unterhalb des Arbeitsseils hindurchführen. Ich werde versuchen, mit einer Rotationsbewegung der peitschenführenden Hand den Schlag der Peitsche so zu platzieren, dass er auf die äußere Halsseite des Pferdes auftrifft und somit das Pferd zu mir hin treibt. Für den korrekten Ablauf dieses Ausbildungsganges braucht es viel Geschick von Seiten des Ausbilders.

Sehr hilfreich für diese Aktion ist es, wenn ich im Vorfeld schon die Lektionen des »Von-mir-weg-« und »Zu-mir-hin-Schickens« der Vorderhand aus Kapitel 8 erarbeitet habe. Im Grunde genommen setzt sich der Walzer aus diesen beiden Elementen zusammen. Durch das Von-mir-Wegschicken der Vorderhand werde ich die ersten 180 Grad des Walzers abrufen. Mit der Lektion des »Zu-mir-Herholens« über das Touchieren an der äußeren Halsseite, das Pferd wieder zu mir zurückführen und somit den Kreis schließen.
Für diesen zweiten Teil der Lektion werde ich den Peitschenschlag unterhalb des Pferdehalses hindurchstrecken, um durch eine rotierende Handbewegung mein Signal an der richtigen Stelle anbringen zu können. Später wird zum Abrufen der kompletten Lektion nur noch ein Drehen der erhobenen Peitsche nötig sein. Hat mein Pferd gelernt, diese eine Drehung zu vollziehen, sollte es kein Problem mehr sein, eine zweite oder sogar mehrere Drehungen hintereinander abzurufen. Es ist von Vorteil, wenn ich mir beim Erarbeiten des Walzers die Ecke der Reitbahn zunutze mache. Ich stelle mich dabei so, dass ich mein Pferd in die geschlossene Ecke schicke, so kann es mir nicht zu weit nach außen entweichen. Es wird somit lernen, die Drehung auf engstem Raum zu vollziehen.

Der schwierigste Teil beim Erarbeiten dieser Lektion ist zweifelsohne der zweite, also das Wieder-zu-mir-Herholen des Pferdes. Hat es die Übung grundsätzlich verstanden, gibt es meist hier noch Probleme. Um diese in den Griff zu bekommen, werde ich jetzt das Arbeitsseil nicht mehr komplett um das Pferd herumlegen, sondern nur noch über dessen Nacken. Schicke ich nun das Pferd mit dem entsprechenden Signal von mir weg, wird das Seil beim Überschreiten der 180-Grad-Stellung vom Genick herunterfallen und an der inneren Längsseite des Pferdes zum Liegen kommen. Ziehe ich nun daran, wird mein Pferd sich unweigerlich zu mir hin bewegen müssen. Gebe ich parallel dazu immer das richtige Signal an der äußeren Halsseite, wird auch der zweite Teil dieser Lektion bald kein Problem mehr darstellen.

12. Der Außenzirkel – Kreisverkehr mal anders

Beim Longieren ist es normalerweise so: Der Mensch steht in der Mitte des Zirkels, das Pferd läuft um ihn herum. Das ist so beim Longieren mit Longe, aber auch beim freien Longieren. Je nach Größe des Kreises, auf dem das Pferd dabei läuft, reden wir von einer Volte oder von einem Zirkel. Lasse ich mein Pferd einen Außenzirkel oder eine Außenvolte gehen, stehe ich dabei nicht mehr im Zentrum, sondern außerhalb des Zirkels. Ich lasse also das Pferd nicht mehr um mich herum, sondern vor mir her kreisen. Das ist eine schöne, aber eher selten gezeigte Lektion, wohl auch deswegen, weil sich viele nicht vorstellen können, wie man einem Pferd das beibringt.
In Kapitel 5 und 6 hatte ich darüber geschrieben, wie man zum freien Longieren kommen kann und wie man einen Handwechsel aufbaut. Hatte ich bis dahin mit nur einer Peitsche gearbeitet, nehme ich jetzt noch eine lange Gerte oder eine zweite Peitsche dazu. Zum Einleiten der Außenvolte gehe ich genauso vor, wie beim Einleiten des Handwechsels. Das Pferd, das sich zuvor neben mir oder um mich herum bewegte, »ziehe« ich nun durch die Veränderung meiner Position und

Außenzirkel: Der Außenzirkel ist eine spezielle Lektion, bei der das Pferd seinen Kreis nicht um den Ausbilder herum, sondern vor diesem dreht. Jungpferd Alegre steckt gerade in den Anfängen dieser Lektion, entsprechend unrund sind seine Bewegungen noch.

durch eine körpersprachliche Einladung zu mir hin (siehe dazu auch die Beschreibung zum Appell). Der Unterschied zum Handwechsel ist der, dass ich nun das Pferd nicht um mich herum auf die andere Hand wechseln lasse, sondern vor mir her auf eine Volte schicke. Als Ausgangsbasis bietet sich hier die Ecke der Reithalle oder des Platzes an, da sie mir gleich eine äußere Begrenzung nach zwei Seiten liefert. Dadurch wird das Pferd davon abgehalten, nach außen wegzulaufen. Die beiden anderen äußeren Begrenzungen kann ich flexibel durch meine Peitschen gestalten. So habe ich ein Viereck, in dem ich mein Pferd im Kreis laufen lassen kann. Ich lasse es beispielsweise auf der linken Hand durch die Ecke kommen und »ziehe« es in besagter Weise auf mich zu. Dabei halte ich meine Peitschen zunächst links und rechts neben dessen Schultern, dann öffne ich meinen rechten Arm in einer 90-Grad-Bewegung nach rechts. So entsteht mit Hilfe der beiden Peitschen ein 90-Grad-Winkel, dessen Eckpunkt von meinem Körper gebildet wird. Durch das Flankieren mit den Peitschen, habe ich nun das Viereck geschlossen, in dem sich mein Pferd bewegen soll. Gleichzeitig ist ihm nun auch der Weg zum Wechseln auf die andere Hand verbaut und sein Bewegungsfluss wird wieder zurück auf den Hufschlag der Ecke geleitet. Um es im Bewegungsfluss zu halten, kann ich nun mit meiner Peitsche ein wenig von hinten nachtreiben. Hat es seinen Weg durch die Ecke gefunden, hole ich es wieder in gleicher Weise wie zuvor durch ein »Zu-mir-Hinziehen« ab und leite den gleichen Vorgang erneut ein. So zeige ich meinem Vierbeiner das Bewegungsmuster der Außenvolte und stelle es auf die Hilfengebung dafür ein. Dies gilt es nun zu üben und zu festigen. Mit zunehmendem Verstehen kann ich den Durchmesser der Volte vergrößern, indem ich den äußeren Rahmen erweitere. Irgendwann kann dann aus der Außenvolte ein Außenzirkel werden, und auch der Ablauf der Lektion wird aus der Ecke in den freien Raum verlagert. Voraussetzung für das Erlernen dieser Lektion ist allerdings eine wirklich präzise Vorarbeit bei den anderen Übungen. Später werden es nur noch die beiden seitlich gehaltenen Peitschen sein, die als Signal für die Ausführung dieser Lektion eingesetzt werden. Besonders spannend wird es dann, wenn ich mein Pferd fließend von einer Außenvolte auf die andere wechseln lassen kann. Der Ablauf dazu ist der gleiche wie beim normalen Handwechsel.

Wenn ich in die Hocke gehe, ist das für Michel das Signal zum Ablegen. Kurz zuvor stand er noch kerzengerade auf seinen Hinterbeinen.

13. Horsedancing als Programm

In diesem zweiten Teil des Buches habe ich davon geschrieben, wie man mit Pferden ein Tanzprogramm erarbeiten kann. Voraussetzung dafür ist immer eine gute Horsemanship-Arbeit als Basis. Mensch und Pferd müssen gerne kooperieren, müssen sich aufeinander einstellen, sich positiv wahrnehmen und einander respektieren und achten. Daraus entsteht ein Vertrauensverhältnis, das auch Ungewöhnliches zulässt. Der Führende in dieser Tanzgemeinschaft muss immer der Mensch sein, sonst ist ein harmonischer Tanz nicht möglich. Im Gegenteil, das Pferd lernt, dem Menschen auf der Nase herumzutanzen, es macht sein eigenes Programm. Wer einem Anderen »auf der Nase herumtanzt«, nimmt diesen nicht ernst, wird sich nicht von ihm führen lassen und nicht oder nur soweit kooperieren, wie er eigenen Nutzen davon trägt.
Ein guter Tanz kann wie ein Rausch sein, den man immer und immer fortsetzen könnte. Hier fließen Bewegungen ineinander, der Eine denkt und der Andere schließt sich an. Ist die Musik im richtigen Rhythmus und nimmt die beiden Tanzpartner mit, fliegen sie miteinander in neue Sphären des Zusammenseins. Aber auch hier ist es so, dass man für das Erreichen dieser Höhen etwas tun muss, die Basis dazu habe ich beschrieben. Eine zusätzliche Würze dieses Programmes kann das Hinzunehmen von zirzensischen Lektionen sein. Damit wollen wir uns im dritten und letzten Teil dieses Buches beschäftigen. Hier heißt es: Horsemanship meets Zirkus.

Eine gute Freiheitsdressur ist wie ein Tanz zwischen Mensch und Pferd. Werden dabei noch schöne Zirkuslektionen eingebaut, gibt das dem Ganzen eine besondere Würze.

Zirzensische Lektionen

1. Alles Zirkus oder was?

Pferdeleute sind Individualisten. Eine große Gemeinsamkeit haben sie sicher alle: Sie sind fasziniert von Pferden, sonst würden sie sich wohl kaum mit ihnen beschäftigen. Aber damit hört das Gemeinsame dann oft schon auf. Der Pferdesport ist ein weites Feld mit vielen unterschiedlichen Meinungen, Neigungen und Philosophien.
Die einen sind begeistert vom Springsport, die anderen mehr von der Dressur. Die Vielseitigkeit verbindet beide Disziplinen miteinander und ist eine echte Herausforderung für einen gemeinsamen Weg durch »dick und dünn«. Die besonders »Coolen« finden sich eher im Westernsattel wieder, auch hier gibt es viele unterschiedliche Fassetten. Das Gangpferdereiten oder die Reiterei der Könige auf barocken Pferden sind weitere Varianten des Pferdesportes. Beim Polo, beim Distanz- oder Wanderreiten oder auch beim Pferdefußball, haben wieder andere ihre Freude. Und ein nicht geringer Teil der Pferdbesitzer nennt sich einfach Freizeitreiter. Diese praktizieren einen Umgang mit Pferden, der nicht an sportliche Leistungen geknüpft oder mit irgendwelchen Traditionen verbunden ist.

Egal, welcher Kategorie Sie anhängen, für das Pferd ist es langweilig und demotivierend, immer das Gleiche tun zu müssen. Etwas Abwechslung bringt Freude und trägt dazu bei, danach seinen »Job« wieder etwas lieber machen zu wollen. Also, warum nicht mal Zirkus.
»Zirkus ist unseriös«, sagen die einen. Zirkus ist »Pudeldressur« und »hat mit ernst zu nehmender Pferdeausbildung nichts zu tun«, meinen die anderen. »Zirkus ist unnatürlich und eine Verkünstelung im Umgang mit Pferden, also nicht naturorientiert«, wollen wieder andere wissen und lehnen deshalb diese Lektionen ab.
Dann gibt es die Pferdeleute, die davon begeistert sind: »Oh ja, Zirkuslektionen, genau das Richtige für mein Pferd«, meinen sie. »Mein Pferd hat immer nur Unfug im Kopf, nimmt alles ins Maul und stellt alles Mögliche an – also das geborene Zirkuspferd.« Und so finden sie, dass gerade ihr Tier besonders dafür geeignet ist.
Auch hier existieren wieder sehr unterschiedliche Meinungen. Welche ist die Richtige?
Wer meint, Zirkuslektionen seien »Pudeldressur« und hätten mit seriöser Pferdausbildung nichts zu tun, täuscht sich. Gerade bei diesen Lektionen kann man lernen, wie ein strukturierter und systematischer Lernaufbau aussieht und wie wichtig Konsequenz im Training ist.
Pferde, die ständig »Flausen« im Kopf haben, sollten erst einmal lernen, den Menschen als oberste Autorität zu akzeptieren. Erst dann sollte man mit ihnen Zirkuslektionen machen.
Und wer die Vorstellung hat, diese Lektionen wären verkünstelt und unnatürlich, liegt meines Erachtens total schief. Alle Zirkuslektionen sind natürliche Bewegungsabläufe, die wir im Spiel, als Imponiergehabe oder auch als ganz banale Alltagsabläufe unserer Pferde wiederfinden.

Neben der Möglichkeit, mit seinem Pferd etwas Besonderes zu erarbeiten und für etwas Abwechslung in seinem Alltag zu sorgen, haben viele dieser Übungen einen hohen gymnastizierenden Wert und einige fördern dazu noch in besonderer Weise die Unterordnung.

2. Die Prominenz kommt über den roten Teppich

Der Beginn einer jeden Vorführung ist das Betreten der Show-Arena. Ist der Einstieg gut gelungen, habe ich die Zuschauer schon auf meiner Seite. Eine lustige Einstiegsvariante wäre zum Beispiel das Hereinschreiten des Pferdes über einen roten Teppich, wobei sich das Pferd den Teppich selbst aufrollt. Was sich in den Köpfen der Zuschauer vielleicht als recht schwierige Aufgabe darstellt, ist im Grunde genommen eine ganz einfache Sache. Zum Üben besorge ich mir einen Teppichläufer o. Ä., der mindestens vier Meter lang und 60 bis 80 Zentimeter breit ist. Diesen Teppich rolle ich zunächst ganz aus und präpariere ihn mit Leckerlis. Ich lege über dessen gesamte Länge eine Leckerli-Spur, die Leckerlis verteile ich im Abstand von 15 bis 20 Zentimetern. Die ersten 80 Zentimeter lasse ich zunächst frei. Dabei achte ich darauf, dass ich die Spur genau über die Mitte des Teppichs lege. Dann rolle ich ihn vorsichtig zusammen. Die ersten nicht bestückten 80 Zentimeter des Teppichs lasse ich offen. Dann lege ich noch eine kleine Köderstrecke an, indem ich auf den offenen Teil des Teppichs eine Leckerli-Spur mit Mini-Abständen lege. Diese beginnt ca. 20 Zentimeter vor der Rolle. Das letzte Leckerli wird so dicht wie möglich an die Rolle geschoben.

Dieser Teppich ist zwar nicht rot, aber zur Vermittlung der Grundidee spielt die Farbe keine Rolle. Nachdem er mit Leckerlis präpariert wurde, kann er wieder zusammengerollt werden.

Ist die »Köderstrecke« gelegt, wird das letzte Leckerli so unter die Rolle geschoben, dass mein Pferd dieses nur bekommen kann, wenn es der Teppichrolle einen Schubs gibt.

Die Teppichrolle ist nun präpariert, jetzt kommt das Pferd zum Einsatz. Ich führe es über den vorderen nicht zusammengerollten Teil des Teppichs bis zu den ersten Leckerlis. Dabei achte ich darauf, dass mein Vierbeiner von vornherein lernt, gerade über den Teppich zu kommen. Das wird er nur lernen, wenn ich ihm von Anfang an die richtige Anleitung gebe. Nun lasse ich meinem Pferd Zeit, die ausgelegten Leckerlis zu finden und der Reihe nach zu verspeisen. Ein Problem könnte es allerdings beim letzten Belohnungsstückchen geben, da es sehr dicht an der Rolle liegt, ja eigentlich schon ein Stück weit darunter. Mein Pferd wird nicht ohne Weiteres drankommen, es sei denn, es gibt der Rolle einen kleinen Schubs mit der Nase. Manche Pferde brauchen eine Weile, um auf diese Idee zu kommen, andere kapieren es sofort. Hat mein Pferd die Lösung gefunden, liegt das begehrte Leckerli zur freien Verfügung vor ihm, und nicht nur das, auch ein weiteres Leckerstück wird sichtbar. Um an dieses zu kommen, braucht es einen erneuten Schubs gegen die Teppichrolle. So wird sich das Pferd langsam vorwärtsschreitend durch die gesamte Teppichrolle fressen und bald den ganzen Teppich aufgerollt haben. Hat es das einmal verstanden, wird es beim zweiten Durchgang kaum mehr ein Zögern geben, schließlich ist das eine Möglichkeit, mit ganz geringem Aufwand an viel leckeres Futter zu kommen. Dadurch motiviert, hat mein Pferd schnell gelernt, um was es geht.

Als Nächstes werde ich den Abstand zwischen den einzelnen Leckerlis vergrößern. Das wird mit der Zeit soweit gesteigert, dass letztlich nur noch ein einziges Leckerli ganz am Ende des Teppichs zu finden ist. Um an dieses Leckerli zu kommen, muss mein Vierbeiner den Teppich zunächst bis zum Ende hin aufrollen. Später wird er das auch ganz ohne Belohnung tun. Es gibt kaum ein Pferd, das diese Lektion nicht schnell gelernt hat.

Die Krönung dieser Aktion ist, wenn mein Pferd am Ende der Vorführung seinen roten Teppich wieder selbst zusammenrollt. Das Prinzip ist das gleiche, nur werde ich den Teppich so präparieren, dass die Leckerlis nicht in ihm eingerollt, sondern unter ihm als Leckerlispur zu finden sind.

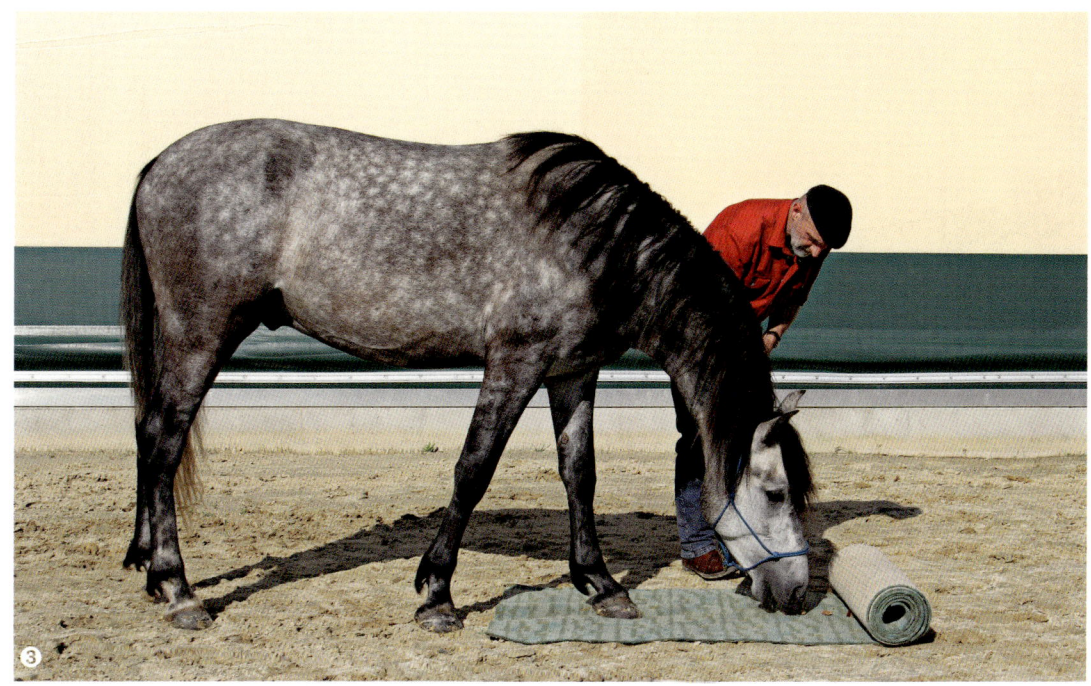

Mein Pferd hat die Leckeriköder entdeckt und »frisst sich durch« bis an die Rolle.

Justiciero ist gerade im Begriff, der Rolle einen Schubs zur weiteren Leckerlifreigabe zu geben.

Soll mein Pferd lernen, die Rolle auch wieder zusammenzurollen, wird die Leckerlistrecke unter den aufgerollten Teppich gelegt. Das Prinzip ist dabei das gleiche wie zuvor.

Will ich einem Pferd das Ballspielen beibringen, muss ich es zuerst einmal für dieses runde Ding interessieren.

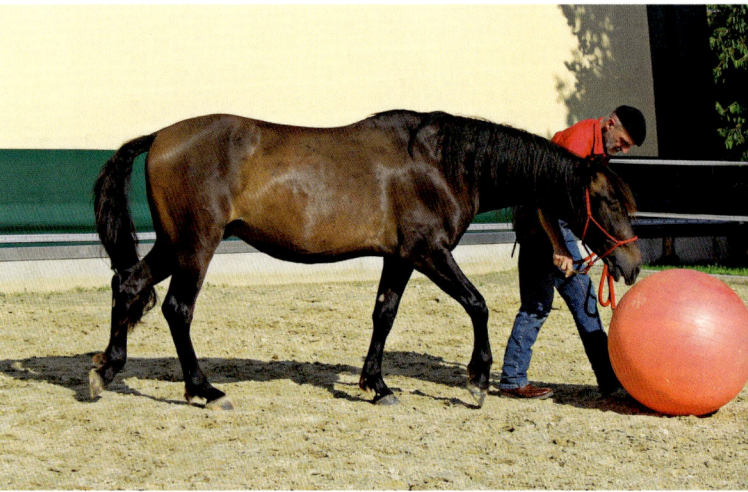
Motiviert durch viel Lob und Leckerli hat Alegre verstanden, um was es geht, und jagt schon recht engagiert dem Ball nach.

3. Ballspielen kann begeistern

Ballspiele begeistern nicht nur viele Zweibeiner, sondern auch so manchen Vierbeiner. Es ist erstaunlich, mit wie viel Engagement und Dynamik Pferde lernen können, diesem runden Ding nachzujagen. Am besten eignen sich dazu große Gymnastikbälle von etwa 80 Zentimeter Durchmesser oder mehr. Das richtet sich ein wenig nach der Größe des Pferdes. Ein Pferd kann lernen, in zwei verschiedenen Weisen den Ball zu bewegen, entweder durch einen Schubs mit der Nase oder durch einen Kick mit den Vorderbeinen. Habe ich mich für die »Nasenschubs-Variante« entschieden, gehe ich folgendermaßen vor: Ich statte mich zunächst mit genügend Belohnungshappen aus. Dann lege ich den Ball vor das Pferd und warte. Sobald sich das Pferd nun neugierig mit der Nase dem Ball nähert oder diesen möglicherweise sogar berührt, werde ich es begeistert loben und ihm ein Leckerli geben. Nach einigen Wiederholungen wird das clevere Pferd merken, dass das Sich-beschäftigen-mit-dem-Ball eine einträgliche Sache ist und sich schon automatisch sein Leckerli bei seinem Menschen abholen. Hat sich dieser Vorgang durch zehnmalige Wiederholung gefestigt, werde ich beim elften mal meinem Pferd das Leckerli verweigern. Irritiert startet es einen neuen Versuch, auch dieses Mal gibt es keine Belohnung. Jetzt wird es ärgerlich und äußert seinen Unmut,

Soll mein Pferd lernen, den Ball zu kicken, führe ich es einfach mit den Vorderbeinen gegen diesen. Schubst es ihn erfolgreich an, lobe ich es ausführlich.

Alegre hat offensichtlich auch das verstanden und zeigt schon eine recht gute Beinaktion.

indem es den Ball mit Nachdruck anschubst. Sofort wird es wieder begeistert gelobt und erhält sein Leckerli. Immer, wenn mein Pferd den Ball besonders deutlich bewegt, wird es auch besonders begeistert gelobt. Das motiviert es, sich immer mehr zu engagieren. Bald schon wird mein Vierbeiner so viel Spaß an der Sache gewonnen haben, dass das Leckerli nicht mehr als Anreiz nötig ist.

Ist ein Pferd am Anfang sehr zaghaft oder ängstlich, kann ich ihm die Sache schmackhaft machen, indem ich zunächst ein Leckerli direkt auf den Ball lege. Möchte es dieses haben, muss es sich auf jeden Fall dem Ball nähern. Möchte ich meinem Pferd beibringen, den Ball mit den Beinen zu kicken, werde ich es an diesen heranführen. Im Vorwärtsgehen wird dann der Ball einen Kick mit einem Vorderbein bekommen und sich bewegen. Sofort wird das Pferd gelobt und erhält sein Leckerli. Natürlich ist es auch hier die vielfache Wiederholung, die das Ganze mit der Zeit zu einem verlässlichen Verhaltensmuster macht. Manchmal erlebe ich Pferde, die sich, sobald sie einen Ball sehen, regelrecht auf ihn stürzen, um damit zu spielen.

Eine schöne Variante ist ein Fußballspiel zwischen Mensch und Pferd. Oder ein gerittenes Fußballmatch in einer Mannschaft mit mehreren Pferden. Das macht nicht nur eine Menge Spaß, sondern fördert auch die Mobilität und Rittigkeit der Pferde.
In meinen Trail-Reiterkursen besteht eine Aufgabe darin, einen großen Ball vom Sattel aus über eine gewisse Strecke zu einem vorgegebenen Ziel hinzubewegen. Dabei darf der Ball ausschließlich mit Hilfe des Pferdes bewegt werden. Auch das ist eine interessante Aufgabe, die nicht nur den Teamgeist zwischen Mensch und Pferd fördert, sondern auch ein korrektes Reiten nötig macht. Bei einem dieser Kurse hatte ich vor einiger Zeit eine Teilnehmerin, deren Pferd so auf das Ballschubsen mit der Nase geprägt war, dass es den Ball in einem faszinierenden Tempo fast selbstständig ins vorgegebene Ziel manövrierte. Natürlich musste die Reiterin ihr Pferd bei der Richtungsvorgabe etwas unterstützen.

Beine kreuzen ist lustig, da lacht sogar Pferd Michel.

4. Beine kreuzen ist lustig

Für mich ist es ein lustiges Bild, wenn sich ein Pferd mit gekreuzten Beinen präsentiert. Ich wähle diese Lektion immer mal zum Auftakt einer Show mit meinem Welsh Cob-Wallach Klötzchen. Dabei betrete ich die Showarena noch während mein Team damit beschäftigt ist, die Requisiten aufzustellen. Ich gebe dann vor, etwas genervt und ungeduldig zu sein, weil mein Team noch nicht fertig ist. Ich stelle mich dabei mit gekreuzten Beinen neben Klötzchen, eine Hand in die Hüfte gestemmt, die andere lege ich etwas vor dem Widerrist auf den Hals meines Pferdes. Das ist das Zeichen für Klötzchen, ebenfalls die Beine zu kreuzen. Sofort habe ich die Lacher und oft auch die Sympathie der Zuschauer auf meiner Seite. Das Beinekreuzen ist ohnehin die Lieblingslektion von Klötzchen, in allen Lebenslagen zeigt er sie. Lege ich ihm meine Hand oder die Gerte auf den Widerrist, kreuzt er die Beine, egal ob er dabei auf der Wippe steht, auf dem Podest oder ob ich auf ihm sitze. Das kann er auf beiden Seiten. Unsere neueste

Die Fußlonge findet eine vielfache Verwendung bei der Zirkusarbeit, sie ist aus einem bestimmten Material gefertigt, damit sie keine Einschneidungen am Pferdekörper verursachen kann.

An jedem Ende der Fußlonge befindet sich eine eingespleißte Schlaufe, aus dieser wird eine zuziehbare Schlinge geformt.

Lektion ist eine Vorderhandwendung mit gekreuzten Beinen. Klötzchen ist inzwischen bereits 21 Jahre alt, trotzdem lernt er ständig noch Neues. So können gerade Zirkuslektionen ein schönes Beschäftigungsprogramm auch für ältere Pferde sein.

Will ich einem Pferd diese Lektion beibringen, setzte ich zur Unterstützung eine Fußlonge ein. Die Fußlonge ist ein praktisches Hilfsmittel für unterschiedliche Bereiche der Zirkusarbeit. Sie besteht aus einem weichen Gurtmaterial mit abgerundeten Kanten, damit sie am Pferdekörper keine Einschneidungen verursacht. An jedem Ende hat sie eine eingespleißte Schlaufe. Zieht man nun die Longe durch eine dieser Schlaufen, entsteht eine Schlinge, die sich zuziehen lässt. In einigen der folgenden Kapitel werden wir immer wieder mit ihr konfrontiert. Beim Erlernen des Beinekreuzens brauche ich neben der Fußlonge auch wieder ausreichend Leckerlis als wichtige Lernhilfe.

Das Pferd soll nun lernen, auf Druck eines Fingers an der rechten Halsseite, das rechte Vorderbein über das linke zu schlagen. Möchte ich das meinem Vierbeiner auch nach der anderen Seite beibringen, gilt die Anleitung entsprechend spiegelverkehrt. Dazu lege ich meinem Pferd die Schlinge der Fußlonge um die Fessel des rechten Vorderbeines. Die Fußlonge selbst wird nun vor dem linken Vorderbein zur linken Seite des Pferdes genommen. Die erste Herausforderung zur

Zur Vorbereitung der Lektion Beinekreuzen lege ich meinem Pferd die Schlinge der Fußlonge um die rechte Fessel.

Zunächst soll mein Pferd lernen, sich mit Hilfe der Longe das rechte Bein vor das linke setzen zu lassen.

Erarbeitung dieser Lektion ist, dass das Pferd mir erlaubt, mit Hilfe der Longe sein rechtes Bein seitlich vor das linke zu ziehen. Dabei stehe ich links auf Höhe seiner Schulter. Manche Pferde lassen sich leicht und willig auf diese Anforderung ein, andere tun sich schwerer und brauchen länger. So zeige ich meinem Pferd zunächst mit Hilfe der Fußlonge das angestrebte Bewegungsmuster, ich ziehe quasi rein mechanisch das rechte Bein seitlich vor das linke. Wer meint, dieses Bewegungsmuster könne ein Pferd anatomisch nicht leisten, sollte sich einfach mal ein Pferd anschauen, das versucht, sich in der eigenen Fesselbeuge zu kratzen, hier sehen wir genau den angestrebten Bewegungsablauf. Wenn mein Pferd sich nun auf diese Anforderung einlässt, bekommt es ein Lob und ein Leckerli. Halte ich das Leckerli meinem Vierbeiner etwas links seitlich neben sein Maul, wird er den Kopf zur linken Seite nehmen, um an das Leckerli zu kommen. Mit der seitlichen Kopfstellung schiebt das Pferd nun wiederum mehr Körpergewicht auf die entsprechende Seite, was die Lektion stabiler macht. Will ich die Lektion beenden, gehe ich einen Schritt nach vorne und schiebe dabei mein Pferd einfach mit meiner Schulter etwas zur Gegenseite.

Nun heißt es zunächst, dieses Bewegungsmuster immer wieder zu üben. Lässt sich mein Pferd willig auf diese Herausforderung ein, ist es jetzt an der Zeit, zusätzlich den Signal-

Lässt mein Pferd sich willig auf diese Anforderung ein, muss nun zusätzlich ein Signalpunkt am Pferdekörper eingebaut werden, über den ich in Zukunft diese Lektion auch ganz ohne Hilfe der Longe abrufen kann.

Beine kreuzen ist lustig | 193

Klötzchen meistert diese Übung mit Bravour, ein Fingerdruck auf seiner rechten Halsseite reicht aus, dass er das rechte Vorderbein über das linke kreuzt.

punkt anzulegen, damit das Beinekreuzen auch einmal ganz ohne die Unterstützung der Fußlonge funktioniert. Dazu muss ich es schaffen, die Fußlonge mit meiner linken Hand zu bedienen, meine rechte brauche ich nun am Hals des Pferdes, um besagtes Signal zu setzen. Das ist mitunter gar nicht so einfach. Ich gehe dabei so vor, dass ich die Fußlonge seitlich unterhalb meines linken Knies führe, sie anspanne und mit der linken Hand festhalte. Mein linkes Bein halte ich dabei etwas angewinkelt und drehe es im entsprechenden Augenblick nach links. Somit ziehe ich mit meinem linken Bein das linke Pferdebein in die gewünschte Position. Dabei liegt meine rechte Hand etwas vor dem Widerrist auf dessen Hals. Mit einem Finger dieser Hand übe ich nun gleichzeitig seitlichen Druck auf die rechte Halsseite meines Pferdes aus. Dieser Vorgang muss sehr oft geübt werden. Mit der Zeit entsteht eine Verknüpfung dieser beiden Vorgänge, die meinem Pferd vermittelt, alleine durch den Druck am Hals das erwünschte Bewegungsmuster zu zeigen. Trainiere ich die Lektion in gleicher Weise auch rechts, werde ich in Zukunft ein wechselseitiges Beinekreuzen abrufen können, indem ich mit meiner auf dem Hals liegenden Hand abwechselnd mal links und mal rechts den Signalpunkt drücke.

Ein Fingerdruck an seiner linken Halsseite lässt ihn sein linkes Bein nach rechts kreuzen.

Eine Krönung dieser Lektion kann es sein, wenn das Pferd mit gekreuzten Beinen eine Vorderhandwendung macht. Hier ist schön zu sehen, wie Klötzchen dabei mit seiner Hinterhand nach links tritt.

Will ich meinem Pferd die Lektion Plie beibringen, geht das nur mit Hilfe eines Futterreizes. Gut geeignet sind dafür längs geviertelte Karotten, diese sind groß genug, damit mein Vierbeiner mir nicht versehentlich in den Finger beißt.

Reiche ich das Leckerli mit dem Fidibus, brauche ich mich selbst dabei nicht so zu bücken und mein Pferd kann mich nicht beißen.

5. Das Plie, eine Verbeugung der besonderen Art

Eine einfache und schöne Lektion von besonders hohem gymnastizierendem Wert ist das »Plie«. Dabei handelt es sich um eine Art Verbeugung. Das Pferd soll auf ein Signal hin lernen, seinen Kopf zwischen den beiden gestreckten Vorderbeinen hindurch nach hinten unter den Bauch zu strecken. Dabei befindet sich die Stirnlinie parallel zum Boden, der Rücken, besonders im Lendenwirbelbereich, wird sehr schön aufgewölbt und die vorderen Gliedmaße werden gedehnt.

Pferdeausbildung ist immer eine Vermittlung von Erfahrungen an das Pferd. Positive, damit es lernt, etwas nach meinen Vorstellungen zu tun, und negative, damit es lernt, etwas Unerwünschtes zu lassen. Besonders wichtig sind die positiven Erfahrungen. Möchte ich, dass mein Pferd lernt, einen bestimmten Bewegungsablauf auf eine Einwirkung von mir zu zeigen, brauche ich dazu einen Auslöser. Man spricht hier von einem Reiz. Dieser soll eine von mir gewünschte Reaktion beim Pferd auslösen. Nur im Erhalt dieser Reaktion in der Verknüpfung mit einer positiven Erfahrung, wird es das Erwünschte lernen. Reaktionen können wir dabei durch unterschiedliche Reizarten erzeugen. Einmal über einen direkten körperlichen Kontakt, durch visuelle oder akustische Einwirkung oder über einen Futterreiz. Für das Erarbeiten der Lektion Plie bietet sich der Futterreiz an, da hier mit keinem anderen Hilfsmittel gearbeitet werden kann. In Kapitel 20 des ersten Buchteiles habe ich mich ausführlich mit dem Thema wie ein Pferd lernt beschäftigt. Hier ging es um die verschiedenen Reizarten, um das richtige Timing zum Erfolg und um die Lernverstärkungen.

Zum Erarbeiten des Plies positioniere ich mich in Höhe der Mittelhand des Pferdes. Im Vorfeld habe ich mich mit genügend Leckerlis und einer Gerte ausgerüstet. Mit Hilfe dieses Futters versuche ich nun, mein Pferd dahin zu animieren, den Kopf zwischen den Vorderbeinen hindurch nach hinten unten zu stecken. Wichtig ist, dass ich gleich zu Beginn darauf achte, dass das Pferd seine Vorderbeine parallel nebeneinander stehen hat und auch weit genug auseinander, damit der Kopf dazwischen durchpasst. Hat ein Pferd eng beieinanderstehende Beine oder einen breiten Schädel, hat es ein echtes »Durchlassproblem«. Erschwerend kommt hinzu, dass die Karpalgelenke »Wülste« nach innen haben und die Augenhöhlen etwas nach außen stehen. Stößt ein Pferd sich nun immer wieder mit den Augen an diesem »Engpass«, wird es möglicherweise bald demotiviert den Versuch aufgeben, an das ihm zwischen den Vorderbeinen hindurchgereichte Futter zu kommen. Die Lektion wird so nicht klappen. Sehr futterversessene Pferde versuchen dann schon mal, durch ein Rückwärtslaufen oder ein selbstständiges seitliches Abknicken eines Beines, an das geliebte Futter zu gelangen. Beide Maßnahmen lassen keine korrekte Entstehung der Lektion zu. Hier muss ich als Ausbilder aktiv dafür sorgen, dass mein Vierbeiner die richtige Körperposition einnimmt und durch ein seitliches Auseinanderstellen der

Steht mein Pferd weit genug mit seinen Vorderbeinen auseinander und lässt es sich gut mit Futter locken, stellen sich sehr bald schöne Ergebnisse ein. Hier ist gut zu sehen, wie sich der Rücken von Justiciero aufwölbt. Neben einem spektakulären Showeffekt hat diese Übung auch einen hohen gymnastizierenden Wert.

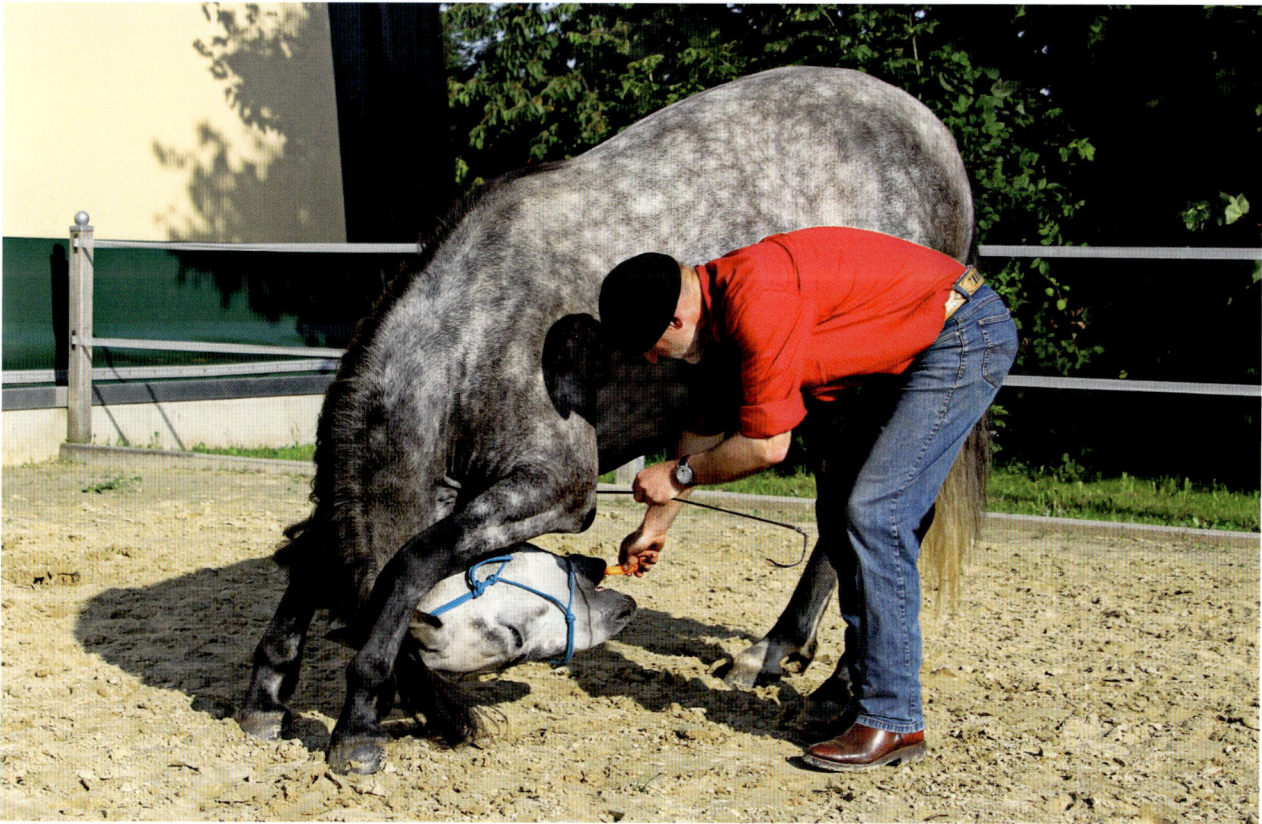

Hier hat mein Pferd seinen Kopf schon deutlich weiter zwischen seinen Vorderbeinen hindurchgeschoben.

Das Plie, eine Verbeugung der besonderen Art

Reiche ich das Leckerli mit dem Fidibus, brauche ich mich selbst dabei nicht so zu bücken und mein Pferd kann mich nicht versehentlich beißen. Noch besser wäre es, wenn das Pferd seine Vorderbeine parallel zueinander stehen hätte.

Vorderbeine die Möglichkeit hat, die Lektion auch korrekt zu lernen. Um das zu erreichen, stelle ich mich seitlich in Höhe des Pferdehalses auf, fasse mit einer Hand ins Backenstück des Halfters, die andere Hand positioniere ich hinter dem Ellbogen des Pferdes. Mit beiden Händen schiebe ich das Pferd nun etwas zur Seite, um es zu einem seitlichen Ausfallschritt mit dem äußeren Vorderbein zu animieren. Hierbei ist es wichtig, darauf zu achten, dass dieses zunächst deutlich vor dem inneren Vorderbein steht, denn im Moment des seitlichen Ausstellens, wird mein Pferd nicht nur das Bein zur Seite nehmen, sondern auch etwas nach hinten. So erreiche ich, dass beide Vorderbeine eine parallel zueinander stehende Beinposition einnehmen, und nur so ist eine gleichmäßige Streckung beider Gliedmaßen möglich. Stehen die beiden Beine versetzt zueinander, wird mein Pferd eines davon anwinkeln müssen, um die Lektion durchführen zu können, diese würde nicht korrekt zur Ausführung kommen.

Hat das Pferd einmal begriffen, dass es Futter zwischen seinen Vorderbeinen gibt, ist es ein Leichtes, dessen Kopfposition mit Hilfe des Futterreizes zusehends weiter nach hinten unter seinen Körper zu verlagern. Zum Schluss befinden sich die Stirnlinie parallel zum Boden und das Maul des Pferdes etwa unterhalb des Bauchnabels.

Bei dieser Lektion ist der Auslöser, der das Pferd dazu animiert, den Kopf unter den Bauch zu strecken, das Futter. Damit wir aber einmal dahin kommen, diese Lektion auch ohne Futter abrufen zu können, ist es wichtig, den »Futterakt« mit einer Signaleinwirkung am Pferdekörper zu verknüpfen. Den Signalpunkt dazu richten wir am Brustbein des Pferdes kurz hinter den Vorderbeinen ein. Wann immer ich mein Pferd mittels Leckerli in die angestrebte Körperposition locke, werde ich parallel dazu mit dem Gertenknauf dessen Brustbein touchieren. Durch die Verbindung Touchieren und Füttern stellt sich mit der Zeit ein Automatismus ein. Das Pferd wird immer mehr lernen, alleine über das Touchierzeichen die Lektion zu zeigen. Wichtig ist, dass es zeitlich versetzt immer ein wenig vor dem Futterreiz eingesetzt wird, aber während des gesamten Vorganges beibehalten bleibt. Hat das Pferd die gewünschte Position erreicht, bleibt die Gerte als verwahrende Hilfe ruhig an der Einwirkstelle liegen. Soll das Pferd sich wieder erheben, nehme ich die Gerte weg, gehe einen Schritt nach vorne und sage deutlich »Auf«. Je stärker sich das Ganze automatisiert, kann das Futter immer mehr reduziert und am Ende nur noch ganz sporadisch gegeben werden.

Das Erarbeiten von Lektionen mit Hilfe eines Futterreizes stellt immer ein Arrangement mit dem Pferd dar, bei dem es die Konditionen festlegt, ob, wann, wo und wie lange es mitarbeitet. Wann immer möglich, versuche ich Lektionen nicht ausschließlich über Futterreiz zu erarbeiten, sondern das Futter eher als positiven Lernverstärker einzusetzen. Manchmal arbeite ich mit Pferden, die nicht über Futter für eine Mitarbeit motivierbar sind, dann kann ich diese Lektion nicht erarbeiten. Ein anderes Mal arbeite ich mit Pferden, die sehr futterversessen sind und mit weit aufgerissenem Maul nach diesem schnappen, dann wird es gefährlich. Meine Stute Carina hätte mir dabei beinahe einmal den Daumen abgebissen. Es gibt Kollegen, die generell das Erarbeiten von Lektionen mit Hilfe von Futter ablehnen, bei denen sieht man dann auch einzelne Lektionen nicht.
Immer, wenn ich solche Lektionen mit Hilfe eines Futterreizes erarbeite, sollte ich darauf achten, dass die einzelnen Futterstücke groß genug sind, damit das Pferd beim Erhaschen dieser nicht meine Finger erwischt. Ich verwende dazu gerne längs geschnittene Möhrenstreifen. Die sind so schön lang, dass ich sie am hinteren Ende fassen und so gefahrlos einem Pferd reichen kann. Eine andere Möglichkeit ist der Einsatz eines sogenannten Fidibus, eines Stöckchens, auf das ich ein Futterstück aufspießen und damit dem Pferd gefahrlos reichen kann. Alte und an der Spitze durchgestoßene Gerten eignen sich dafür.

Möchte ich das Plie von der linken Seite des Pferdes aus erarbeiten, ist es praktisch, wenn ich dazu das Leckerli mit der rechten Hand reiche und die Gerte mit der linken führe. Das gilt von der anderen Seite entsprechend umgekehrt. Auch sollte ich darauf achten, dass ich bei diesem Lockvorgang mit Futter genau unter der Bauchlinie des Pferdes bleibe. Nur so werde ich ihm einen gradlinigen Bewegungsablauf nach hinten antrainieren. Füttere ich hingegen zu weit »seitwärts«, lernt mein Vierbeiner, den Kopf zu Seite herauszustrecken und das Plie verliert an Qualität. Ist am Ende das Plie sicher und gut abrufbar, werde ich zum Vorführen der Lektion in Höhe der Hinterhand des Pferdes stehen und das Brustbein nur noch mit der Gertenspitze touchieren.

6. Ja, wo is er denn? Versteckenspielen mit gymnastizierender Wirkung

Bei dieser lustigen Übung stehe ich hinter der Kruppe des Pferdes und strecke meinen Kopf wechselseitig mal links und mal rechts hinter dieser hervor. Dabei hat das Pferd gelernt, mich zu spiegeln, indem es den Kopf ebenfalls zu der jeweiligen Seite nimmt. Das sieht so aus, als wurde es mich suchen. Neben dem komischen Aspekt dieser Übung erzielen wir durch das seitliche Halsbiegen des Pferdes aber auch einen sehr schönen gymnastizierenden Effekt. Die jeweils äußere Halsmuskulatur wird dabei wunderbar gedehnt, das Pferd wird in diesem Bereich geschmeidiger und durchlässiger.

Auslöser dieser Übung ist wiederum das Leckerli. Auch hier macht es Sinn, kein zu kleines zu wählen, damit dass nach dem Futter schnappende Pferde nicht meine Finger erwischt. Ich stelle mich zunächst seitlich neben die Kruppe des Pferdes und locke seinen Kopf über das Leckerli in meine Richtung. Dabei sollte ich darauf achten, dass mein Vierbeiner nicht mit der Vorderhand zur Seite tritt, sondern wirklich nur durch das Herumnehmen des Kopfes an das Leckerli gelangt. Es kann sein, dass ich am Anfang bei etwas steifen Pferden nicht zu viel Biegung fordern darf. Mit der Zeit wird aber auch hier immer mehr möglich, letztlich wird mein Pferd sein Leckerli in Höhe seiner Hüfte abholen können. Diese Leckerli-Gabe werde ich meinem Pferd immer durch Antippen mit einem Finger an der jeweiligen Pobacke ankündigen. Es wird nicht lange dauern und es weiß, wenn es an der Pobacke angetippt wird, gibt es dort Futter. Durch die Verknüpfung von Tippsignal und Futtergabe wird sich mit der Zeit ein Automatismus entwickeln, bei dem das Leckerli immer weniger nötig

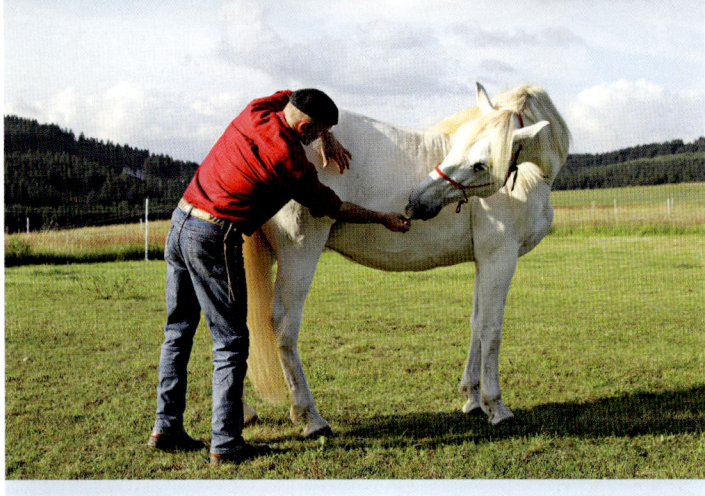

Ja, wo ist er denn? Bei diesem lustigen Versteckspiel werde ich zunächst mein Pferd mit einem Leckerli dazu animieren, den Kopf weit seitlich in Richtung Hinterhand herumzunehmen. Dabei erhält es zusätzlich ein Tippsignal seitlich an der Hinterhand, um seine Aufmerksamkeit auf die Futtergabe zu lenken. Diese Verknüpfung ist wichtig. Da ich zwangsläufig dabei auch immer meinen Kopf zur entsprechenden Seite hinstrecke, wird mein Pferd bald alleine auf dieses Zeichen auch seinen Kopf herumnehmen.

ist und das Pferd alleine auf das Tippen hin den Kopf zur Seite nimmt. Später wird sich das Ganze so gestalten, dass alleine auf das seitliche Herausstrecken meines Kopfes mein Pferd das ebenfalls macht. Sollte es nicht sofort reagieren, kann es eine kleine »Tipperinnerung« dazu auffordern.

7. Ja, nein, lachen, gähnen – jede richtig gestellte Frage bringt die richtige Antwort

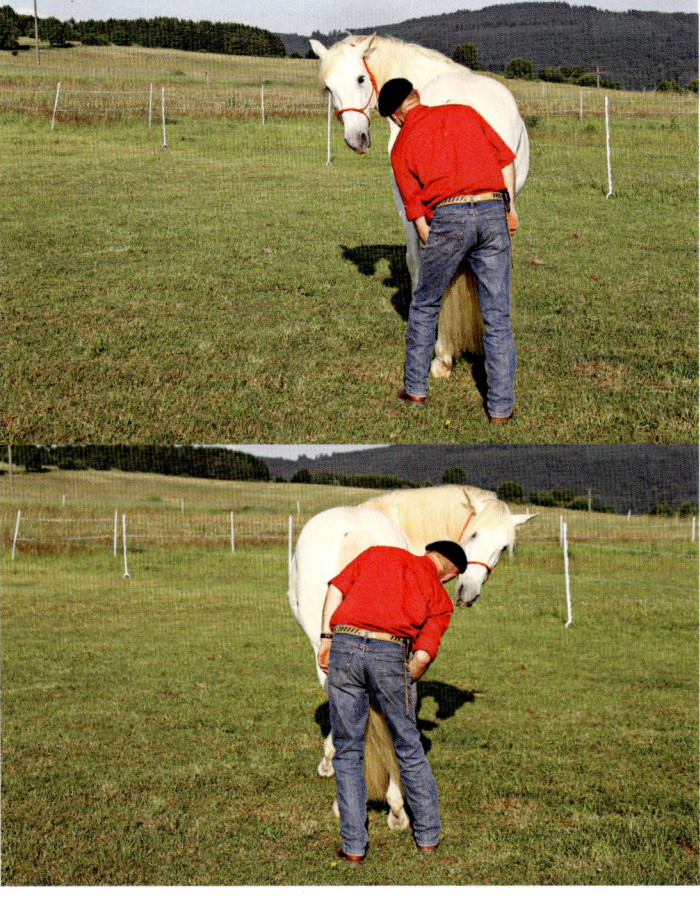

Es ist immer sehr beeindruckend, wenn ich meinem Pferd vor Publikum eine Frage stelle und eine klare Antwort erhalte. Natürlich antwortet es dann nicht mit Worten, sondern durch Kopfschütteln, Nicken, Gähnen oder Lachen, also über Körpersprache. Der unbedarfte Zuschauer ist erstaunt, denn er hatte nicht erwartet, dass man mit einem Pferd reden kann und dieses dann auch noch antwortet. Dass hier ein kleines Spiel gespielt wird, bei dem das Pferd auf ein unscheinbares Zeichen des Ausbilders ein antrainiertes Verhalten zeigt, kommt dabei den meisten Zuschauern nicht in den Sinn. Und in der Tat, ist es gut gemacht, ist auch von außen nicht wirklich nachvollziehbar, wie das Ganze zustandekommt. Tatsächlich machen wir uns in der Ausbildung dieser Lektionen natürliche Verhaltensmuster und Reaktionsweisen der Pferd auf gewisse äußere Einwirkungen zunutze. Mal ist es das Simulieren einer kleinen störenden Fliege an einer bestimmten Körperstelle, mal ein mechanischer Reiz oder auch das Auslösen über Futter.
Wird ein Pferd von einer Fliege am Ohr »geärgert«, wird es versuchen, diese durch ein heftiges Kopfschütteln loszuwerden. Gelingt es mir also, Fliege am Ohr des Pferdes zu spielen, erhalte ich dieselbe Reaktion. Wiederhole ich diesen Vorgang häufiger, nehme ich immer den Reiz sofort weg, wenn das

Will ich ein Kopfschütteln bei meinem Pferd auslösen, reicht es meist, dieses ein wenig mit meinem Finger im Ohr bzw. an den inneren Ohrhaaren zu kitzeln.

Immer wenn mein Pferd auf diesen Reiz hin mit dem Kopf schüttelt, nehme ich sofort meinen Finger weg, lobe es und gebe ihm ein Leckerli. Bald schon wird es alleine auf das Hindeuten mit dem Zeigefinger in Richtung seines Ohrs mit dem Kopf schütteln.

Schlitzohr Michel hat gelernt, mir die Mütze zu klauen. Hat er sie im Maul, schüttelt er sie auf mein Zeichen hin wild hin und her.

kann ich, quasi als Verlängerung meines Fingers, auch zunächst eine Gerte dazu verwenden. Später kann diese wieder weggelassen werden und es reicht auch hier nur der Fingerzeig aus. Für uns ist es normal, dass wir bei Unterhaltungen nicht nur die Lippen bewegen, sondern dazu auch immer körpersprachlich aktiv sind. Den Meisten ist das nur nicht bewusst. So fällt es niemandem auf, wenn ich in einer direkten Ansprache an das Pferd meinen Zeigefinger ausstrecke, um das entsprechende Signal zu geben.

Mit meinem Pferd Fritz habe ich früher manchmal kleine Vorführungen vor Kindern gemacht. Ich habe diesen erzählt, dass Fritz in die Schule gegangen wäre und dort Rechnen gelernt hätte. Dann forderte ich eines der Kinder auf, Fritz eine solche Aufgabe zu stellen. Spontan kam die Frage: »Wie viel ist zwei und zwei?« Ich schaute dann Fritz an und fragte diesen meinerseits: »Hast du verstanden?« Bei der letzten Silbe des letzten Wortes hob ich dann unterstützend den rechten Zeigefinger, prompt kam das Kopfschütteln. Also forderte ich das Kind auf, seine Frage deutlicher zu stellen. Daraufhin fragte ich Fritz wieder, ob er sie jetzt verstanden hätte. Dabei setzte ich zur körpersprachlichen Unterstützung nicht meinen rechten Zeigefinger in Richtung Ohr ein, sondern meinen linken in Richtung Brust. Das war das Zeichen für ein Kopfnicken: Ja, er hatte verstanden. Nun stellte ich mich in Höhe von Fritz' Schulter auf. Auf diese Körperposition und auf vom Zuschauer kaum wahrnehmbare Zeichen hin begann dieser nun, als eine

Pferd den Kopf schüttelt. Ich lobe ich es dafür und spendiere ihm ein Leckerli, dann wird es bald auf den leichtesten Ansatz des Zeichens hin den Kopf schütteln.

Wenn ich dabei auf der linken Kopfseite meines Pferdes stehe, benutze ich dazu meinen rechten Zeigefinger. Ich schaue mein Pferd an, richte den ausgestreckten Finger in Richtung seines Ohrs, nähere mich diesem immer mehr und kitzele es schließlich an den inneren Ohrhaaren. Kommt die Reaktion, muss aber auch der Reiz wirklich sofort weggenommen werden. Habe ich ein sehr großes Pferd oder eines, das durch ein seitliches Wegnehmen des Kopfes versucht, sich zu entziehen,

Möchte ich von meinem Pferd das Kopfnicken, also das Ja-Sagen, gezeigt bekommen, setze ich den Reiz an der Brust. Manchmal kann ich das auch über ein leichtes Piken an dieser Stelle auslösen. Reagiert das Pferd hierauf aber nicht, kann ich versuchen, dasselbe Bewegungsmuster über das Locken mit einem Leckerli zu erreichen. Verknüpfe ich die Futtergabe mit meinem auf die Pferdebrust deutenden Zeigefinger, kann bald alleine dieses Zeichen ausreichen, dass das Pferd mit dem Kopf nickt.

Variante des Spanischen Trittes, ein Vorderbein zu heben und zu senken. Das tat er solange, wie ich an besagter Körperstelle stehen blieb. Ging ich einen kleinen Schritt nach vorne, hörte er auf. Das tat ich dann beim vierten Mal Beinheben, also war die Aufgabe richtig gelöst.

Kommen wir nun zum Ja-Sagen. Sitzt einem Pferd eine Bremse an der Brust und möchte es beißen, wird das Pferd versuchen, das lästige Insekt durch eine nickende Kopfbewegung mit dem Maul wegzuscheuchen. Das ist der Ursprung unseres Ja-Sagens. Hier kann ich versuchen, durch ein leichtes Kneifen mit meinen Fingernägeln oder ein leichtes Piken an der Brust des Pferdes, meinetwegen mit dem Autoschlüssel, eben dieses Kopfnicken zu provozieren. Gleichzeitig deute ich mit meinem linken Zeigefinger dorthin. Reagiert das Pferd wie gewünscht, kommen wieder die bekannten Vorgänge wie Reizwegnahme, Lob, Pause und die entsprechenden Wiederholungen zur Festigung der Reaktion. Lässt ein Pferd sich nicht auf diesem Weg dazu herausfordern, mit dem Kopf zu nicken, kann ich diese Bewegung auch über eine gezielte Leckerligabe direkt an der Brust erzeugen. Das Prinzip entspricht demselben, wie beim Erlernen des Pliés. Das Signal ist der Zeigefinger, der Auslöser ist das Futter.

Kommen wir zum Lachen. Vom Bewegungsmuster her ist es das des flehmenden Pferdes. Beim Flehmen nimmt das Pferd den Kopf nach oben, streckt die Nase nach vorne und zieht die Oberlippe hoch. Für uns Menschen sieht das wie ein Lachen aus, das Pferd bezweckt damit etwas Anderes. Pferde haben unter der Oberlippe ein Riechorgan, mit dem sie Witterung aufnehmen können. Dieses Organ wurde von einem Herrn Jakobson entdeckt und heißt deshalb auch das Jakobson'sche Riechorgan. Besonders häufig sehen wir das Flehmen bei Hengsten, dies meist in Verbindung mit Stutenurin. Mit diesem Riechorgan nehmen sie die sexuellen Lockstoffe der Stute auf und können daraus Rückschlüsse auf deren Paarungsbereitschaft ziehen. Aber auch Stuten und Wallache zeigen diese Mimik schon mal, oft in Verbindung mit dem Verabreichen von Wurmpaste, Zigarettenrauch oder anderen für das Pferd seltsamen Gerüchen. Nun ist es abwegig, diese Mimik anhand seltsamer Gerüche oder gar mit Hilfe eines mit Stutenurin getränkten Läppchens reproduzieren zu wollen. Viel leichter geht das über einen simplen Futterreiz. Dazu nehme ich ein Leckerli zwischen Daumen und Mittelfinger und strecke den Zeigefinger derselben Hand senkrecht in die Höhe. Das Leckerli halte ich nun meinem Pferd dicht vor die Nase, aber so, dass es dieses zwar wahrnehmen, aber nicht erreichen kann. Ist mein Vierbeiner verfressen genug, wird er seinen Hals lang machen und dennoch versuchen, dieses zu erreichen. Nun hebe ich meine Hand nach oben, um mein Pferd dazu aufzufordern, mit seiner Nase dieser Bewegung

Der Auslöser für das »Lachen« ist ein Leckerli, das dem Pferd vor die Nase gehalten wird, aber so, dass es dieses nicht erreichen kann. Es sei denn, es versucht, das Lerckerli mit der Oberlippe zu »fangen«. Sobald es diesen Versuch macht, wird es belohnt. Dabei dient der hochgehobene Zeigefinger als Signal.

Bald schon reicht das Hochstrecken meines Zeigefingers aus, damit das Pferd die Oberlippe nach oben nimmt.

Mit ein wenig Übung funktioniert das dann auch auf Distanz.

Das »Gähnen« löse ich durch einen Druckimpuls mit meinem Zeigefinger gegen die Wange des Pferdes aus. Öffnet das Pferd daraufhin sein Maul, wird der Druck sofort weggenommen und das Pferd bekommt sein Belohnungs-Leckerli. Mit ein wenig Übung wird bald alleine das Deuten mit dem Zeigefinger die Reaktion auslösen.

zu folgen. Noch immer bekommt es sein Leckerli nicht. Die letzte Maßnahme des Pferdes wird sein, das ersehnte Leckerstückchen durch ein Hochnehmen der Oberlippe zu erhaschen. Das war mein Ziel, sofort bekommt es dieses als Belohnung. Auch hier ist der Auslöser wieder das Futter, das Signal der erhobene Zeigefinger. Durch entsprechende Wiederholungen wird nun das Pferd dazu konditioniert, später alleine auf den erhobenen Zeigefinger hin die Oberlippe hochzuklappen. Meine Pferde können das inzwischen in allen Lebenslagen, vom Boden, unter dem Sattel, im Stehen, Sitzen, ja sogar im Liegen.

Will ich meinem Pferd ein Gähnen auf Abruf beibringen, nehme ich meinen Zeigefinger, lege diesen meinem Vierbeiner an die Wange und beginne, langsam mit der Fingerspitze gegen diese zu drücken. Dadurch wird dem Pferd die Wangenschleimhaut gegen die Backenzähne gedrückt. Da das nicht sehr angenehm ist, wird es bald versuchen, durch ein Öffnen des Maules diesem Druck auszuweichen. Sofort nehme ich den Druck weg, lobe mein Pferd und gebe ihm ein Leckerli. Dieses Verhalten wird durch Wiederholungen immer wieder abgefragt. Letztlich wird ein Deuten mit dem ausgestreckten Zeigefinger auf die Wange des Pferdes ausreichen, dass es sein Maul wie beim Gähnen öffnet. Jetzt kann ich meinem Pferd eine entsprechende Frage stellen, meinetwegen die Frage: »Na, arbeiten wir noch ein bisschen?« Das Pferd wird auf ein angedeutetes Fingersignal mit einem Gähnen antworten, was soviel aussagt wie: »Nein, bitte nicht mehr, ich bin sooo müde.«

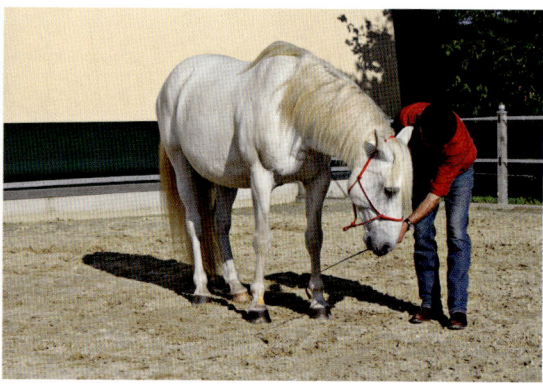

Zum Apportieren biete ich meinem Pferd einen festgelegten Gegenstand an, wie hier z.B. eine Gerte. Es soll lernen, die Gerte im Maul zu halten, und zwar solange, bis sie gegen ein Leckerli ausgetauscht wird. Wichtig ist, dass es das Leckerli nur im Austausch gegen die Gerte gibt. Hat es das verstanden, biete ich meinem Pferd die Gerte aus einer größeren Entfernung an.

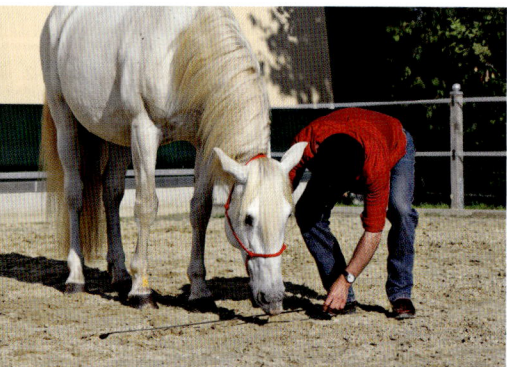

Am Ende lege ich sie auf den Boden. Hat mein Vierbeiner gelernt, diese auch vom Boden aufzuheben, und beherrscht es den Appell aus der Freiheitsdressur entsprechend, kann ich mir im nächste Schritt die Gerte von meinem Pferd bringen lassen.

8. Ein bisschen apportieren

Ein begeisterndes Spiel mit Hunden ist das Stöckchenwerfen. Dabei wirft das Herrchen den Stock möglichst weit weg und der Hund holt ihn. Ich kenne Hunde, die bei diesem Spiel regelrecht hysterisch werden und nicht zu bremsen sind vor lauter Eifer. Das kann mitunter schon etwas nervig sein. Aber wie bei den Pferden, ist es auch hier der Mensch, der diese Dinge verursacht. Was mit Hunden meist recht einfach zu erreichen ist, braucht beim Pferd schon etwas mehr Zeit und Ausdauer. Will ich einem Pferd das Apportieren von Gegenständen beibringen, macht es Sinn, sich zunächst auf einen zu apportierenden Gegenstand festzulegen. Auf diesen werde ich das Pferd nun prägen. Ich kenne Pferde, die Blumensträuße apportieren oder Handtaschen, manche sind auf Hüte geprägt oder Taschentücher. Ich kenne sogar ein Shetland-Pony, das einen Einkaufskorb im Maul trägt, damit zum Bäcker geht und Brötchen holt. Ich hatte mein Pferd Fritz auf das Apportieren von Hüten geprägt, kam ein solcher in erreichbare Nähe, nahm er diesen sofort ins Maul und begann, ihn heftig zu schwenken. Ich nahm einmal an einem kleinen ländlichen Turnier im Nachbardorf teil. Während einer Pause stand ich mit meinem Fritzchen an der Hand in der hintersten Zuschauerreihe und beobachtete meine Konkurrenten. Vor mir stand ein Herr mit einem riesigen Westernhut. Das war für Fritz das Signal. Kaum hatte er ihn gesehen, biss er sich sofort in dessen Krempe fest und begann, den Hut heftig zu schütteln. Der Schreck des Hutträgers war gewaltig. Zum Glück nahm er die ganze Sache aber mit Humor.

Soll mein Pferd das Apportieren lernen, muss es zunächst lernen, den dafür vorgesehenen Gegenstand ins Maul zu nehmen und mit den Zähnen festzuhalten. Nehmen wir als Gegen-

Michel hat gelernt, mich mit der Gerte vor sich herzutreiben. Stolpere ich dabei und falle hin, legt er sich spontan neben mich.

stand eine Gerte. Als Erstes werde ich versuchen, sie dem Pferd zwischen die Zähne zu schieben und schauen, ob es sie einen Augenblick festhält. Tut es das, werde ich es begeistert loben und im Tausch gegen die Gerte ein Leckerli anbieten. Wichtig ist, dass es das Leckerli nur gibt, wenn die Gerte auch tatsächlich gehalten wurde. Ließe es sie vorzeitig aus dem Maul fallen und ich würde das Pferd trotzdem loben, wäre mein Timing falsch. Es würde daraus den Schluss ziehen, dass das Fallenlassen der Gerte und nicht das Festhalten dieser den Erfolg bringt. Bin ich hier nicht wirklich konsequent, kann mein Pferd nicht meine angestrebte Idee verstehen lernen. Hat es aber einmal verstanden, um was es geht, brauche ich diesem die Gerte nur noch vor das Maul zu halten und es wird sie selbstständig nehmen und solange tragen, bis im Tausch das Leckerli kommt. Mit meinem Pferd Michel habe ich dazu ein lustiges Spiel entwickelt. Michel nimmt die Gerte mit dem Knauf ins Maul, durch Nickbewegungen mit dem Kopf bewegt er diese nun so, als wollte er mit der Gerte nach mir schlagen. Währenddessen laufe ich vor ihm weg und er hinter mir her. In einem entsprechenden Augenblick stolpere ich dabei über meine eigenen Füße und falle hin. Sofort lässt Michel die Gerte fallen und legt sich neben mich.

Hat mein Pferd verstanden, dass es darum geht, die Gerte zu nehmen und auch zu halten, werde ich ihm diese nun aus einer Entfernung von seinem Maul präsentieren. Hat es gelernt, sie auch aus dieser etwas größeren Distanz aufzunehmen, kann ich den Abstand zusehends immer mehr erweitern. Schließlich lege ich die Gerte vor ihm auf den Boden und lasse sie aufheben. Im Tausch gibt es das Leckerli. Dann kann auch der Abstand zwischen der am Boden liegenden Gerte und dem Pferd immer mehr vergrößert werden. Irgendwann werfe ich die Gerte, wie das Stöckchen beim Hund, einfach nur noch weg und das Pferd holt sie wieder herbei. An dieser Stelle noch einmal der Hinweis: Das Leckerli gibt es wirklich nur im Austausch gegen die Gerte. Wenn ich darauf nicht achte, bekomme ich keine verlässlichen Ergebnisse.

Ähnlich wie mein Pferd Michel auf das Halten einer Gerte geprägt ist, kann ich auch ein Pferd auf das Halten eines Taschentuches prägen. Kombiniere ich dies nun mit dem zuvor beschriebenen Kopfnicken, kann daraus ein lustiges Winken werden.

Der Spanische Tritt oder Spanische Gruß kann auch als Showlektion im Sitzen gezeigt werden.

Selbst in solch einer ungewöhnlichen Position lässt sich noch der Spanische Gruß zeigen.

9. Über den Spanischen Schritt

Der Spanische Schritt findet in der konventionellen Dressur kaum Beachtung. Anders sieht das in der klassischen oder barock orientierten Dressur aus. Am ehesten finden wir ihn als zirzensische Lektion natürlich im Zirkus, aber immer mehr auch in Freizeitreiterkreisen. Schade eigentlich, denn er wirkt nicht nur gut in der Show, er hat auch einen hohen gymnastizierenden Wert. Er fördert die Schulterfreiheit und lässt den Schritt erhabener werden. Über ihn kann man auch einem weniger talentierten Pferden zu einer schönen Passage verhelfen oder dem starken Trab mehr Ausdruck verleihen. In der Natur finden wir den Spanischen Schritt als Imponiergehabe sowohl bei männlichen als auch bei weiblichen Tieren. Die Stute, die mit einem fremden Pferd Kontakt aufnimmt, und mit einem Mal laut quietschend mit einem Vorderbein nach vorne austritt. Der Hengst, der am Zaun auf und ab schreitet, dabei die Vorderbeine wechselseitig hebt, um einem vermeintlichen Rivalen zu imponieren. Oder die Junghengste oder Wallache, die sich gegenüberstehen, die ausgestreckten Vorderbeine

Die »Signalstelle« für den Spanischen Schritt bauen wir beim Pferd an der Spitze des Schulterblattes ein. Theoretisch ginge das auch an irgendeiner anderen Stelle am Vorderbein. Da wir diese Stellen aber für andere zirzensische Lektionen belegt haben, bleibt uns in diesem Fall die Schulter übrig. Die Spitze des Schulterblattes ist aber auch deswegen prädestiniert, weil sie in der weiterführenden Arbeit vom Sattel aus gut mit der senkrecht gehaltenen Gerte erreicht werden kann. Manche Pferde kann ich durch ein auffordernes Touchieren an dieser Stelle gut zum Heben des entsprechenden Vorderbeines animieren. Zeigt das Pferd die gewünschte Reaktion, wird der Touchierreiz sofort weggenommen und es erhält ein Lob.

Den meisten Pferden muss ich die Grundidee für den Spanischen Schritt erst einmal mit Hilfe der Fußlonge zeigen. Dazu lege ich diese um die Fessel des entsprechenden Vorderbeines und stelle mich vor mein Pferd. In der einen Hand halte ich das Ende der Longe, in der anderen eine Gerte. Mit der Gerte tippe ich nun die Signalstelle an der Schulterblattspitze des Pferdes an.

Mit Hilfe der Fußlonge ziehe ich unmittelbar darauf das Bein nach vorne in die Streckung und übergebe die Longe nun in dieselbe Hand, die auch die Gerte führt.

Mit der frei gewordenen Hand kann ich jetzt in meinen Leckerlibeutel greifen, um mein Pferd für diese Position zu belohnen. Durch die Verknüpfung »Schulter touchieren, Bein nach vorne ziehen und belohnt werden« lernen Pferde meist bald von alleine und nur auf das Signal hin, das entsprechende Bein nach vorne zu strecken.

Hat mein Pferd gelernt, auf das Touchierzeichen an der Spitze des Schulterblattes hin das Bein zu strecken, ist nun die Basis dafür gelegt, dieses Bewegungsmuster auch in der Vorwärtsbewegung zu zeigen, damit aus dem Spanischen Tritt oder Gruß auch tatsächlich der Spanische Schritt werden kann. Dafür muss mein Pferd aber als Vorbereitung zunächst einmal lernen, sich in einem langsam schreitenden, ja fast zeitlupenartigen Tempo von mir führen zu lassen. Ich hingegen muss lernen, mit dem Pferd in derselben Schrittfolge zu gehen, nur dann werde ich es schaffen, ihm auch zum richtigen Zeitpunkt das Signal für das Strecken des Beines zu geben.

Hier zeigt mein Pferd in der Vorwärtsbewegung das Strecken des rechten Vorderbeines. Das Signal dafür habe ich genau in dem Augenblick gegeben, in dem das linke Vorderbein im Begriff war aufzufußen. Bin ich hier mit meinem Signal zu spät, ist beim Pferd die Bewegungsvorgabe schon gemacht und es wird die Streckung nicht mehr ausführen können. Ebenso wichtig, wie das Touchiersignal im richtigen Moment zu geben, ist, dieses auch sofort wieder wegzunehmen, wenn mein Pferd die gewünschte Bewegung zeigt. Das Touchiersignal muss bei jedem weiteren Schritt wieder neu gegeben werden.

heben, um sich gegenseitig zum Spiel aufzufordern. Oft entwickelt sich hieraus dann ein Steigen. Beim Erarbeiten des Spanischen Schrittes lernt das Pferd zunächst im Stehen, auf ein Zeichen hin das linke oder rechte Vorderbein zu heben. Bei dieser Übung reden wir vom Spanischen Tritt oder Spanischen Gruß. Wenn er gut ausgeführt ist, wird das Pferd hierbei das entsprechende Vorderbein waagerecht gestreckt halten. Hat das Pferd gelernt, diese Lektion im Stehen zu zeigen, kann man daraus verschiedene andere nette Lektionen ableiten. Es könnte z.B. mit beiden Vorderbeinen auf einem Podest stehen und eines davon gestreckt halten. Es könnte lernen, Rechenaufgaben zu lösen, die vom Publikum gestellt werden. Auf ein stilles Zeichen des Ausbilders wird das Pferd dann so oft das Bein heben und senken, bis die entsprechende Aufgabe gelöst ist. Oder es könnte mit einem ausgestreckten Vorderbein eine Vorderhandwendung machen – eine schöne Showlektion.

Reizvoller und spektakulärer ist dagegen der Spanische Schritt, wobei das Pferd das wechselseitige Vorstrecken der Vorderbeine in der Vorwärtsbewegung zeigt. Will ich diesen erarbeiten, ist mein erstes Ziel, dem Pferd beizubringen, auf ein Touchiersignal an seiner Schulterblattspitze, das entsprechende Bein nach vorne auszustrecken. Das passiert zunächst im Stehen. Hierfür gibt es zwei Möglichkeiten. Bei Hengsten oder Pferden mit hohem Aggressionspotenzial oder einer ausgeprägten Reaktivität kann es ausreichen, die entsprechende Körperstelle mehr oder weniger intensiv zu touchieren, um das Hochheben eines Vorderbeines zu provozieren. Sobald auf den Touchierreiz die erwünschte Reaktion kommt, werde ich diesen augenblicklich wegnehmen und das Pferd ausführlich loben. Dieses Lob werde ich wieder mit einem Leckerli und einer kleinen Pause unterstützen. Diesen Vorgang übe ich immer wieder. Mit der Zeit wird sich ein Automatismus einstellen und das Pferd wird immer verlässlicher und ausdrucksvoller die Lektion zeigen. Es ist wichtig, dass ich jede besonders ausdrucksvolle Reaktion des Pferdes auch besonders betont belohne. Nur so kann es erfahren, was für mich wertvoll ist. Am Anfang ist es oft nur ein leichtes Heben des Beines, aber bereits das sollte ich begeistert annehmen.
Beim Durchführen dieser Lektion stehe ich links, leicht seitlich, auf Schulterhöhe des Pferdes. Ich halte es mit meiner rechten Hand unten am Halfter, meine linke Hand führt die Gerte. Jedes mal, wenn ich das Touchierzeichen gebe, schiebe ich mit meiner rechten Hand den Kopf des Pferdes etwas nach oben. Dies hilft dem Pferd dabei, seine Schulter freizumachen, denn nur mit einem aufrecht getragenen Kopf kann es einen erhabenen Schritt zeigen. Außerdem wird das Pferd darauf vorbereitet, wenn die Lektion vom Sattel aus gezeigt werden soll.

Diese Methode führt nicht bei allen Pferden zum Erfolg. Vielen kommt es gar nicht in den Sinn, dass der Mensch ein Anheben des Vorderbeines erreichen möchte. Sie reagieren einfach nicht oder weichen rückwärts aus. In diesem Fall muss ich dem Pferd zunächst einmal den erwünschten Bewegungsablauf mit Hilfe einer Fußlonge zeigen. Dabei stehe ich vor ihm, die Fußlonge habe ich ihm um die rechte Fessel gelegt, das Ende halte ich in der Hand. Außerdem bin ich mit einer Gerte und einer Tasche voller Leckerli ausgestattet. Mit meiner rechten Hand halte ich die Longe, meine linke führt die Gerte. Mit dieser touchiere ich die rechte Schulterblattspitze des Pferdes. Direkt danach zieht meine rechte Hand das Vorderbein nach vorne in die Streckung. Die Longe wird bei angehobenem Bein des Pferdes in meine linke Hand übergeben und gehalten. Das mache ich, damit meine rechte Hand frei ist, um das Leckerli zu geben. Mit dieser greife ich nun in die Tasche, in der die Belohnung steckt, und belohne das Pferd mit einem Leckerli und vielen begeisterten Worten. Jetzt wird das Bein abgelassen, das Pferd darf eine kleine Pause machen. Dieser Vorgang wird nun öfters wiederholt. So zeige ich meinem Pferd, welche Bewegung ich haben möchte. Für die Konditionierung des linken Vorderbeines gilt diese Vorgehensweise selbstverständlich spiegelverkehrt. Durch die Verknüpfung des Touchierreizes in Verbindung mit dem Hochziehen des Vorderbeines und gleichzeitiger Belohnung, bekommt das Pferd eine Idee für mein Ansinnen. Nach mehr oder weniger kurzer Zeit wird es gelernt haben, alleine auf das Touchieren hin und ohne die Unterstützung der Fußlonge, sein Bein nach vorne zu strecken. Nun werde ich meine Arbeitsposition wieder auf die Seite des Pferdes verlegen.

Es gibt Ausbilder, die beim Erarbeiten, aber auch später beim Abrufen des Spanischen Schrittes generell vor dem Pferd stehen. Diese Position hat einen wesentlichen Nachteil. Arbeite ich mit einem sehr motivierten oder auch aggressiven Pferd, kann es gefährlich werden, wenn ich vor ihm stehe. Leicht interpretieren diese gerne schon mal alle möglichen

Pferd Klötzchen zeigt hier einen sehr ausdrucksvollen Spanischen Schritt. Schön zu sehen ist dabei die aktiv schiebende Hinterhand.

Bewegungen des vor ihnen stehenden Menschen als Aufforderung, das Bein nach vorne zu werfen. Erst neulich habe ich in einem Kurs von einem motivierten Friesenwallach einen heftigen Tritt gegen mein Knie bekommen, dabei bin ich einfach nur vor ihm gestanden, um der Besitzerin etwas zu erklären.

Andererseits kann es bei eher sanften Typen dazu führen, dass sie sich nicht trauen, ihre Beine ausdrucksvoll nach vorne zu werfen, weil sie Angst haben, ihre Besitzer zu treffen. Oder weil sie wohlerzogen sind und gelernt haben, auf keinen Fall gegen einen Menschen zu gehen. Schließlich ist der Spanische Schritt oder Tritt von seinem Grundtenor her eine eher »aggressive« Lektion, die aus dem Imponierverhalten der Pferde abgeleitet ist. Soll der Spanische Schritt dann in die Vorwärtsbewegung geleitet werden, muss sich der Ausbilder dabei rückwärtsgehend vor dem Pferd bewegen, während dieses den Menschen mit aggressiv nach vorne gestreckten Beinen »vor sich hertreibt«. Das kann bei dominanten Pferden eine negative Auswirkung auf die Führungsposition des Menschen haben. Ein weiterer wesentlicher Nachteil besteht darin, das Pferd nicht angemessen vorwärts bewegen zu können. Die einzige Möglichkeit, dieses in Bewegung zu setzen, wäre dabei das Ziehen am Zügel oder am Führseil. Dabei wird das Pferd seinen Hals lang machen und nach unten drücken. So kann kein ausdrucksvoller Spanischer Schritt zustande kommen. Mitverantwortlich für das Heben der Vorderbeine ist der sogenannte Kopf-Hals-Stützmuskel. Werden Kopf und Hals tief getragen, kann dieser Muskel nicht in ausreichendem Maß seine Arbeit tun, die Vorderhandbewegungen können nur flach ausgeführt werden. Dabei macht das Pferd nicht nur einen langen Hals, sondern wird auch noch die Hinterbeine nachziehen. So kann keine Erhabenheit entstehen.

Ist das Signal für den Spanischen Tritt eingeführt und reagiert das Pferd gut darauf, gehe ich jetzt daran, die Lektion als Spanischen Schritt in der Vorwärtsbewegung zu erarbeiten. Dazu soll das Pferd zunächst lernen, sich von mir in einem sehr langsamen Schritt führen zu lassen. Meine Position befindet

Auf diesem Foto ist das Gleichmaß der Schritte von Pferd und Mensch sehr gut demonstriert.

Und wenn es perfekt läuft, kam man auch miteinander im Stechschritt durchs Leben gehen.

sich dabei in Höhe von dessen linker Schulter. Ich achte darauf, dass ich mit dem Pferd in einem absoluten Gleichschritt gehe. Das hilft mir später, diesem genau in der richtigen Bewegungsphase das Zeichen zum Anheben des Beines zu geben. Habe wir uns so taktmäßig aufeinander eingestellt, ist der Zeitpunkt da, das Beinheben in der Vorwärtsbewegung zu fordern.

Falsch wäre es, vom Pferd zu erwarten, dass es nun gleich im Stechschritt, beide Vorderbeine wechselseitig hebend, losmarschiert. Meist passiert dann Folgendes: Das Pferd läuft mit den Vorderbeinen los, vergisst aber die Hinterhand mitzunehmen. Nach wenigen Schritten hat es eine sägebockartige Körperhaltung eingenommen, wobei die Vorderhand der Hinterhand »weggelaufen« ist. Der fehlende Schub von hinten lässt dann keinen ausdrucksstarken Spanischen Schritt zu, das Pferd ist »auseinandergelaufen«. Besser ist es, zu Beginn dieses Ausbildungsabschnittes so zu arbeiten, dass das Pferd nur jeden vierten Schritt als gestreckten Schritt zeigt. So lernt die Hinterhand, aktiv mitzugehen und von hinten zu schieben. Und nur auf diese Weise kann sich ein erhabener und ästhetisch schöner Spanischer Schritt entwickeln. Wichtig für das Erlernen eines präzisen Bewegungsablaufes ist der richtige Moment der Hilfengebung. Möchte ich mein Pferd dazu auffordern, mit dem rechten Bein den Spanischen Schritt zu zeigen, werde ich das Signal dazu genau in dem Moment geben, in dem es im Begriff ist, sein gegenüberliegendes Bein aufzusetzen. Bin ich hier mit meinem Signal zu spät, hat der Bewegungsimpuls schon eingesetzt und dieses wird nicht mehr umgesetzt werden können. Da dieses Signal dem Pferd mit Hilfe der Gerte gegeben wird, ist es wichtig, diese wirklich nur im Augenblick der Signalgebung zu benutzen. Ist die erwartete Reaktion erfolgt, wird die Gerte sofort wieder zur Seite genommen. Nur wenn eine Anweisung präzise ist, kann auch das Pferd präzise Ergebnisse liefern.

Der Vierer-Rhythmus fordert vom Pferd immer nur ein einseitiges Strecken, entweder des linken oder des rechten Vorderbeines, dazwischen erfolgen drei ganz normale Schritte. Anders ist es beim Dreier-Rhythmus, auch Polka genannt, hier ist es dann bereits ein wechselseitiges Anheben der vorderen Gliedmaße. Das Pferd bringt z.B. das rechte Vorderbein in die Streckung, geht dann zwei normale Schritte, dann wird das linke angehoben, wieder zwei normale Schritte, das rechte ist wieder dran. Wird das gut umgesetzt, ist der Zweier-Rhythmus an der Reihe und schließlich ist das Pferd in der Lage, den Spanischen Schritt auch ohne normal gelaufene Zwischenschritte zu zeigen. Jetzt ist die Hinterhand gut trainiert und bringt somit von hinten den nötigen Schub.

Hat mein Pferd diese Hilfengebung vom Boden aus verstanden und wurde im richtigen Rhythmus trainiert, kann ich die gleiche Vorgehensweise auch auf die Arbeit unter dem Sattel übertragen. War das auslösende Signal für den Spanischen Schritt am Boden das Touchieren an der Schulter, werde ich vom Sattel aus andere Signale verwenden. In der Umstellungsphase brauche ich zunächst noch diesen Zugang, verwende ihn aber nun immer in Kombination mit den neu zu lernenden Hilfen. Mit der Zeit wird dann diese Touchierhilfe immer weniger nötig und zu Gunsten der anderen reiterlichen Hilfen bald ganz weggelassen werden können. Die reiterlichen Hilfen sehen dann wie folgt aus: Ich belaste vermehrt meinen äußeren Gesäßknochen, dabei wird der äußere Schenkel etwas nach hinten genommen. Meinen inneren Schenkel nehme ich leicht vom Pferd weg. Der innere Zügel, also der Zügel auf der Seite, auf der das Pferd gerade das Vorderbein heben soll, wird etwas nach oben angenommen. In der Übergangsphase werde ich nun gleichzeitig die entsprechende Schulterblattspitze des Pferdes mit der senkrecht gehaltenen Gerte touchieren.

Wenn der Spanische Schritt gut und flüssig erlernt ist, kann auch ein minder dressurbegabtes Pferd durch Übergänge zwischen Spanischem Schritt und Trab den Spanischen Trab erlernen, stellt sich dann bei guter Arbeit noch eine Kadenz ein, ist die Passage fertig.

Lässt ein Pferd sich auf den Rücken drehen, ist das ein besonderer Vertrauensbeweis. Auch dieses Lektion gehört zu den Lektionen »nach unten« und findet seinen Ursprung im Wälzen von einer auf die andere Seite.

10. Kompliment und Co. – die Lektionen nach unten

Das Kompliment ist eine der bekanntesten Zirkuslektionen. Oft wird es eingesetzt als Einstiegslektion bei Zirkuskursen. Außerdem ist es die Anfangslektion bei den »Lektionen nach unten«. Das Kompliment jedoch als einfache Einsteigerlektion zu bezeichnen, wäre falsch. Das Erarbeiten dieser Lektion ist sehr speziell und setzt eine hoch qualifizierte Arbeitsweise voraus.

Wenn ich von den Lektionen nach unten spreche, meine ich damit alle Lektionen, die aus dem natürlichen Ablege- und Wiederaufstehvorgang des Pferdes entwickelt werden. Hierbei lernt das Pferd, auf ein Zeichen des Ausbilders, partiell die einzelnen Phasen dieser Bewegungsabläufe zu zeigen, und so lange zu halten, wie es gefordert wird.

Die Lektionen »nach unten« beginnen mit dem Kompliment. Um dieses abrufen zu können, habe ich eine Signalstelle am rechten Röhrbein meines Pferdes »installiert«. Touchiere ich diese Stelle, zeigt mein Pferd die gewünschte Lektion.

Hier zeigt der junge Andalusier Justiciero ein sehr schönes Kompliment. Die oberhalb des Karpalgelenks angelegte Gerte sagt ihm dabei, dass es in der Lektion bleiben soll.

Schauen wir uns an, wie sich ein Pferd hinlegt, erklären sich diese einzelnen Lektionen. Als Erstes klappt das Pferd ein Vorderbein ein, dabei nimmt es kurzfristig Gewicht auf dem entsprechenden Karpalgelenk auf, das andere Vorderbein ist dabei weit nach vorne gestreckt. Wir haben die Figur des Kompliments. Dann wird es das andere Vorderbein einklappen und auf beiden Karpalgelenken Gewicht aufnehmen. Wir reden vom Knien, wohl wissend, dass sich die Knie an den Hinterbeinen befinden. Man könnte auch sagen: Das Pferd kniet auf den Karpalgelenken. Als Nächstes wird das Pferd die beiden Hinterbeine einschlagen – es liegt. In dieser Phase reden wir vom Aufrechtliegen, alle vier Beine sind eingeklappt, Rumpf, Hals und Kopf sind aber noch aufgerichtet. Die Steigerung des Aufrechtliegens ist das Flachliegen. Dabei liegt das Pferd flach auf der Seite, alle vier Beine sind weggestreckt. So liegt ein Pferd nur, wenn es sich in absoluter Sicherheit weiß, denn in dieser Situation ist es total seiner Umgebung ausgeliefert. Das Pferd als Fluchttier hat die Augen auf der Seite, so hat es ein weites Gesichtsfeld, es kann fast 360 Grad im Umkreis einsehen. Damit hat es die Möglichkeit, eventuelle Angreifer frühzeitig zu sichten. Liegt es aber flach auf der Seite, ist eine Beobachtung des Umfeldes nicht mehr möglich. Das eine Auge ist zum Boden gerichtet, das andere blickt zum Himmel. Ich bin nach wie vor begeistert von meinen Pferden, wenn sie sich bei Vorführungen auf Messen oder anderen Pferdesportveranstaltungen, trotz fremder und oft beängstigender Umgebung, auf meine Aufforderung hin flach auf die Seite legen. Das ist ein großer Vertrauensbeweis, tun sie das doch nur, weil sie wissen, dass ich als kompetenter Chef auf sie aufpasse und für ihre Sicherheit sorge.

Die Signalstelle für das Knien befindet sich am linken Röhrbein.

Ist mein Pferd im Knien, ist es auch hier die angelegte Gerte, die ihm das Verweilen in dieser Lektion anweist.

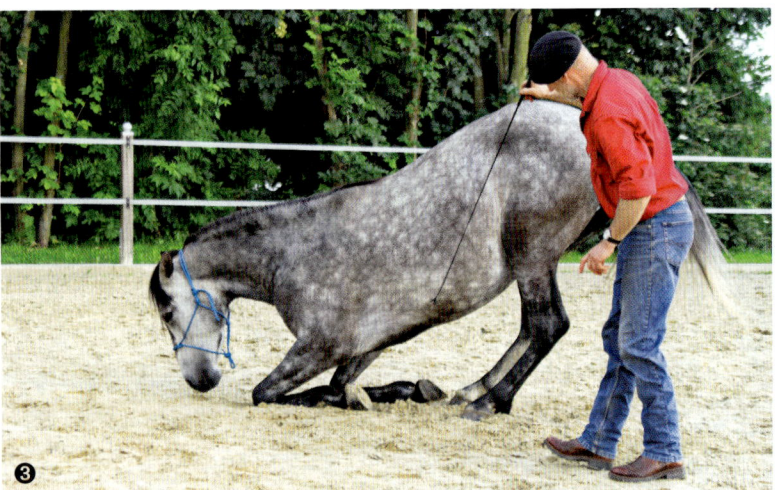
Soll mein Pferd sich nun weiter ins Ablegen begeben, habe ich auch dafür eine gesonderte Abrufstelle installiert.

Das Zeichen zum Ablegen ist ein Touchiersignal im hinteren Flankenbereich meines Vierbeiners.

Natürlich ist das ein besonderes Lob wert, schließlich ist es ein großer Vertrauensbeweis, wenn Pferde sich auf Kommando hinlegen.

Möchte ich, dass sich mein Pferd ganz flach hinlegt, dient dafür ein Touchierzeichen an der Halsseite.

Kompliment und Co. – die Lektionen nach unten

Auch das Pferd, das sich wälzen möchte, muss sich natürlich dazu hinlegen. Das Wälzen ist ein Akt der Fellpflege und signalisiert Wohlbefinden. Oft können wir Pferde beobachten, die dabei soviel Schwung entwickeln, dass sie sich über den Rücken von einer Seite auf die andere wälzen. Abgeleitet aus diesem Wälzvorgang kann man die Lektion »Pferd auf den Rücken drehen« entwickeln. Eine Lektion, die man nicht häufig sieht, weil sie schwer durchzuführen ist, und auch vom Pferd eine ganz besondere Losgelassenheit erfordert. Das auf dem Rücken liegende Pferd streckt alle vier Beine in die Luft und gibt dabei seine Weichteile frei. Das sind die Teile, an denen das Raubtier gerne ansetzt. Manche Trainer erarbeiten diese Lektion aus dem tatsächlichen Wälzvorgang, indem sie zufällig gezeigtes Wälzen des Pferdes konditionieren. Dabei halten sie ihr Pferd genau in dem Moment an den Beinen fest, in dem es sich über den Rücken wälzt. Das erfordert ein besonderes Timing und auch eine Menge Mut, den das Pferd könnte einen dabei leicht mit den Hufen verletzen. Andere fassen ihr Pferd an den Vorderbeinen und drehen es einfach in die Position, aber das fordert viel Kraft. Bei meinem Pferd Fritz konnte ich das alleine, bei Michel brauche ich einen Helfer, der zusätzlich an den Hinterbeinen mit anfasst.

Geht es dann zum Aufstehen, wird sich das Pferd zunächst aus dem Flachliegen ins Aufrechtliegen begeben. Als Nächstes streckt es nacheinander seine beiden Vorderbeine nach vorne heraus und stemmt sich mit diesen hoch um die Vorderhand aufzurichten. Lernt das Pferd auf ein Zeichen des Ausbilders hin diesen Vorgang durchzuführen und die Bewegung »einzufrieren«, bevor es auch das Hinterteil hochnimmt, sitzt es wie ein Hund auf dem Hintern, wir reden vom Sitzen. Danach wird es dann auch die Hinterhand erheben, um ganz aufzustehen.

So können aus diesem Akt des Hinlegens und Aufstehens sechs verschiedene Zirkuslektion abgeleitet werde: das Kompliment, das Knien, das Aufrechtliegen, das Flachliegen, das Auf-den-Rücken-Drehen und das Sitzen. In den nun folgenden Kapiteln wollen wir uns mit der praktischen Entwicklung dieser Lektionen beschäftigen.

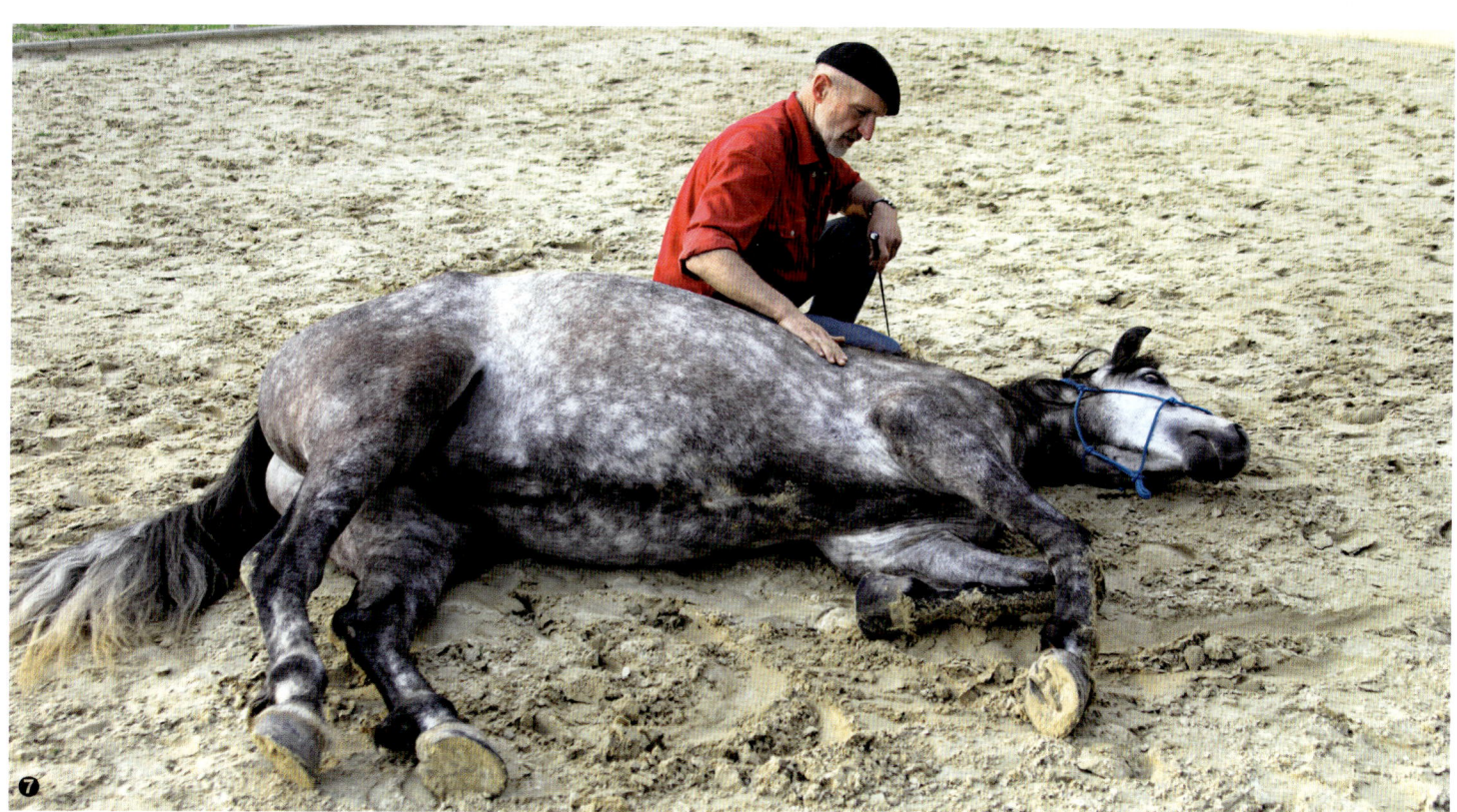

Vertrauensvoll sinkt Justiciero auf die Seite, weiß er doch, dass ihm nichts passiert und dass ich die Verantwortung für seine Sicherheit übernehme.

Hat mein Pferd sich aus der flachen wieder in die aufrechte Liegeposition begeben, geht es nun zum Sitzen. Dabei muss es zunächst beide Vorderbeine nach vorne strecken.

Das Sitzen ist ein unterbrochener Aufstehvorgang. Das Pferd steht mit den Vorderbeinen auf, die Hinterbeine sind dabei noch am Boden.

Hier sitzt Justiciero schon ziemlich aufrecht, wobei ich ihn noch ein wenig am Halfter halte, damit er nicht vorzeitig aufsteht. Schließlich hat er das Sitzen gerade erst gelernt.

11. Das Kompliment, eine Referenz an das Publikum

Zum Erarbeiten des Komplimentes gibt es zwei unterschiedliche Methoden. Die erste Methode nenne ich einmal die »Runterfütter-Methode«. Dabei nimmt der Ausbilder ein Vorderbein des Pferdes mit einer Hand hoch, sodass es im Karpalgelenk nach hinten abklappt. In der anderen Hand hat er ein Leckerli, eine Mohrrübe, ein Apfelstück oder Ähnliches. Mit diesem Futter versucht er nun, den Kopf des Pferdes unter dessen Körper zu locken. Ist das Pferd verfressen genug und versucht, an das ihm vorgehaltene Futter zu gelangen, wird es automatisch in eine Art Kompliment »verfallen«. Wird dieser Ablauf immer wieder nach dem gleichen Muster geübt, kann daraus mit der Zeit tatsächlich ein Kompliment entstehen. Allerdings hat diese Methode wesentliche Nachteile und führt oft nicht wirklich zum Ziel. Auch ich habe in den Anfängen meiner Zirkusarbeit mit dieser Methode begonnen und kam bald an meine Grenzen. Folgende Nachteile können sich bei der Erarbeitung des Kompliments über die Futtermethode ergeben:

- Habe ich ein Pferd, das Futter als Lockmittel verweigert, kann ich mit diesem kein Kompliment erarbeiten.
- Hat mein normalerweise bestechliches Pferd gerade keine Lust auf Leckerli, kann ich auch nicht arbeiten.
- Habe ich ein Pferd, das sehr gefräßig ist, kann es passieren, dass es nicht nur das angebotene Leckerli, sondern die ganze Hand nimmt – es besteht also ein erhöhtes Verletzungsrisiko.
- Bei sehr futterversessenen Pferden besteht die Gefahr, dass sie mit dem Kopf nur noch beim Futter sind und sich nicht mehr auf die Lektion konzentrieren. Leicht werden diese Pferde dann auch aufsässig, respektlos, distanzlos oder sogar bissig.
- Bei dieser Methode muss ich meinem Pferd den Kopf unter den Körper stecken. Beim Kompliment gehört der Kopf frei getragen. Es handelt sich um eine ästhetische und repräsentative Lektion, dabei gehört der Kopf nicht in den Sand.
- Meine einzigste Möglichkeit, das Pferd im Kompliment zu halten, ist das Hinhalten mit Leckerlis, spätestens wenn

Drei Freunde verneigen sich vor ihrem Publikum.

diese aufgefressen sind, steht mein Vierbeiner auf. Ich habe keine andere Möglichkeit, auf die Verweildauer Einfluss zu nehmen. Somit bestimmt das Pferd über die Ausführung der Lektion.

- Die Gefahr ist groß, dass mein Pferd immer ins Kompliment gehen möchte, wenn der Huf angehoben wird. Hat es doch gelernt, dass es in diesem Moment unter seinem Bauch ein Leckerli gibt. Das schafft Probleme bei der Hufpflege oder mit dem Hufschmied.
- Ich muss mich beim »Runterfüttern« unter das Pferd beugen. Schauen wir uns Junghengste beim Spielen oder gar zwei rivalisierende Hengste im Kampf an, heißt die Frage immer: Wer zuerst auf die »Knie« geht, hat verloren. Also könnte diese Methode für den Menschen nachteilige Auswirkungen auf die Dominanzfrage haben.
- Beim Runterfüttern kann ich keine eindeutige Körperposition einnehmen. Dies geht auf Kosten einer klaren Körpersprache. Denn später wissen die meisten Pferde bereits beim Einnehmen der Arbeitsposition, was nun von ihnen erwartet wird.

- Ist die Lektion Kompliment fertig ausgebildet, soll das Pferd diese allein auf das Antippen mit der Gerte am Röhrbein zeigen. Dies sowohl vom Boden als auch vom Sattel aus. Da ich beim Training aber eine Hand brauche, um das Bein des Pferdes hochzuhalten, und die andere, um diesem das Leckerli zu reichen, bin ich nicht in der Lage, dabei auch noch ein Touchierzeichen anzubringen.
- Bei dieser Arbeitsweise muss ich in einer gebückten Körperhaltung stehen, dabei den Huf mit einer Hand halten und gleichzeitig mit der anderen versuchen, dem Pferd das Futter zu reichen. Das ist eine für den Menschen sehr rückenschädigende Arbeitsposition.

Es ist insgesamt mit dieser Methode recht schwierig, einen klaren Ausbildungsweg zu beschreiben, nur selten erreicht man damit wirklich das Endziel. Aus diesem Grund favorisiere ich die Fußlongenmethode. Nur sie lässt einen klaren Lektionsaufbau und systematisches Arbeiten zu. Die Arbeit mit der Fußlonge ist allerdings eine anspruchsvolle Angelegenheit. Gerade in der Anfangsphase kann es damit bei einzelnen Pferden zu Un-

Eine Möglichkeit, einem Pferd das Kompliment beizubringen, ist die »Runterfütter-Methode«.

Hier ist sehr schön zu sehen, wie Isländer Feitur das ihm unter dem Körper angebotene Futter sucht und sich ins Kompliment locken lässt. Allerdings hat diese Methode, wie bereits beschrieben, einige Nachteile.

sicherheiten kommen, die aber bei einer geschickten Arbeitsweise schnell überwunden sind. Diese mögliche anfängliche Unsicherheit mancher Pferde ist der einzige Nachteil dieser Methode. Nimmt man diesen kleinen Nachteil in Kauf, hat man mit ihr die beste Methode. Damit kann ich meinem Pferd deutlich den gewünschten Weg zeigen, kann bestimmen, wo, wann und wie lange es die Lektion zeigen soll, und habe immer eine Struktur, auf die ich zurückgreifen kann, wenn ich nicht weiterkomme. Alle nötigen Argumente liegen in meiner Hand. Auch beim Erarbeiten der fortführenden Lektionen nach unten ist mir die Fußlonge eine wichtige Hilfe.

Habe ich ein Pferd, das sich mit der Fußlonge sehr schwer tut, greife ich auch schon einmal auf die Runterfütter-Methode zurück oder verwende eine Kombination zwischen beiden. Dabei wird das Bein zwar auch mit der Fußlonge hochgenommen, aber das Nach-unten-Führen wird nicht über den Zügel, sondern über das Locken mit Leckerlis vorgenommen. Dazu brauche ich zudem einen Helfer. Es gibt Trainer, die von vorneherein eine Kombination der beiden erwähnten Methoden wählen. Ich halte das aber nicht immer für nützlich, lenkt doch der Helfer mit dem Futter das Pferd allzu oft in seiner Konzentration auf den eigentlichen Ausbilder ab. Es reagiert nicht mehr gut auf dessen Anweisungen, weil das Futter viel interessanter ist. Außerdem steht der Helfer, der sich auf der anderen Seite in Kopfnähe des Pferdes positioniert hat, in der Gefahr, bei unruhigen Pferden während der Futtergaben verletzt zu werden. Hat dieser doch währenddessen seinen Kopf in unmittelbarer Nähe des Pferdehufes.

Möchte ich also meinem Pferd das Kompliment mit Hilfe der Fußlonge beibringen, brauche ich eine Zäumung. Ich benutze dazu ein Knotenhalfter und ein langes Arbeitsseil, aus diesem knote ich einen Zügel. Des Weiteren brauche ich eine circa 4,5 Meter lange Fußlonge. Diese ist aus einem weichen Gurtmaterial mit abgerundeten Kanten hergestellt, um schmerzhafte Einschneidungen am Pferdekörper, aber auch an der Hand des Ausbilders zu vermeiden. Eine Hand voll Leckerli sollte ich nicht vergessen. Später werde ich noch eine ca. 1 Meter lange, weiche Gerte brauchen. Wichtig ist außerdem ein weicher Untergrund, damit das Pferd sich nicht weh tut, wenn es sich auf dem Karpalgelenk abstützt.

Wir bringen dem Pferd das Kompliment auf der linken Seite bei. Zunächst werde ich damit beginnen, diesem die dazu nötigen Bausteine einzeln zu zeigen, um sie dann in Kombination miteinander anzuwenden. Dabei muss es als Erstes lernen, sich auf Zügelanzug rückwärts richten zu lassen. Habe ich die im ersten Teil des Buches beschriebene Druckpunktanwendung auf die Nase schon erarbeitet, ist es dafür gut vorbereitet. Als Nächstes werde ich mein Pferd an die Fußlonge gewöhnen. Dazu präpariere ich sie so, dass an einem Ende eine zuziehbare Schlinge entsteht. Zum Anlegen der Longe stehe ich in Blickrichtung zur Hinterhand, so wie beim Hufeauskratzen. Mit meiner linken Hand halte ich den Huf, mit der rechten lege ich die Longe um die Fessel des Pferdes und ziehe sie fest. Ich lasse den Fuß wieder ab. Nun führe ich die Longe vom Huf ausgehend über den Rücken des Pferdes so, dass das andere Ende auf dessen rechter Seite herunterhängt. Dieses hole ich unter dem Pferdebauch hervor und lege es erneut über den Rücken. So entsteht eine eineinhalbfache Umwicklung um den Pferdekörper. Diese Umwicklung, auch Umlage genannt, macht es mir möglich, das Pferdebein zu halten, auch dann, wenn sich das Pferd in die Longe hineinstützt oder anfänglich etwas unruhig sein sollte.

Zur praktischen Durchführung des nächsten Arbeitsschrittes stehe ich seitlich links neben dem Pferd in Höhe der Sattellage mit Blickrichtung Kopf. Meine linke Hand fasst die Fußlonge, dort, wo sie von der Fessel nach oben strebt. Die rechte Hand fasst den Teil der Longe, der um den Körper des Pferdes gelegt ist. Bereits in dieser frühen Ausbildungsphase beginne ich damit, eine Signalstelle am Körper des Pferdes für das zukünftige Abrufen des Komplimentes anzulegen. Diese Stelle befindet sich seitlich am Röhrbein des linken Vorderbeines. Sie ist insofern für dieses Signal prädestiniert, weil die allermeisten Pferde bereits auf ein Antippen dort reflexartig das Bein heben. Außerdem kann ich sie sowohl vom Boden als auch vom Sattel aus gut erreichen. Da ich in diesem Ausbildungsstadium meine beiden Hände brauche, um Fußlonge und Zügel zu bedienen, werde ich das Signal zunächst durch ein Antippen mit meinem linken Fuß geben, später wird diese Aufgabe durch die Gerte übernommen. Gleichzeitig sage ich als verbales Kommando deutlich das Wort »Kompliment«. Hebt mein Pferd auf dieses Signal hin das Bein, ziehe ich dieses mit meiner linken Hand und mit Hilfe der Fußlonge vollends nach oben. Meine rechte Hand zieht zeitgleich den Teil der Longe nach, der um den Pferdekörper gelegt ist, und hält fest. Mit dieser Technik wird das Pferdebein im Karpalgelenk gebeugt und kann gut fixiert gehalten werden. Jetzt warte ich ab, wie das Pferd sich verhält. Akzeptiert es diese Prozedur, halte ich noch für ein paar Augenblicke die Position, lobe es deutlich und setze das Bein wieder ab. Ist das Pferd aufgeregt und zappelt herum, versuche ich es solange zu halten, bis es sich entspannt, gebe ihm ein Leckerli als besondere Belohnung und lasse dann das Bein wieder herunter. Neben dem Aspekt der Belohnung hat das Kauen auch einen Entspannungseffekt. Diesen Vorgang übe ich so lange, bis das Pferd mit dieser Anfrage kein Problem mehr hat.

In der nun folgenden Ausbildungsphase versuche ich, die beiden zuvor erarbeiteten Bausteine zusammengefügt anzuwenden. Das Pferd soll lernen, sich bei hochgehaltenem Vorderbein rückwärts richten zu lassen. Lässt es sich darauf ein, wird es automatisch in ein Kompliment kommen. Gerade in dieser Phase zeigt sich meist deutlich, ob ich eine gute Vorarbeit geleistet habe.

Bevor ich mit der Durchführung dieser Lektion beginne, werde ich noch meine Zügel durch einen Knoten oberhalb des Widerrists so weit verkürzen, dass sie leicht anstehen. Dadurch habe ich eine bessere Zügelführung und kann das Pferd besser positionieren.

Der Prozess des Beinhochnehmens wird, wie zuvor beschrieben, durchgeführt. Befindet sich das Bein des Pferdes in der erwünschten Position, übernimmt meine linke Hand die Fußlonge. Meine rechte Hand fasst in den Zügel, dort, wo ich zuvor den Knoten angebracht habe. Jetzt versuche ich durch das Annehmen des Zügels, das Pferd nach rückwärts zu verschieben. Dabei baue ich zunächst einen leichten Druck auf, den ich so weit verstärke, bis das Pferd etwas nach hinten nachgibt. Sofort lobe ich es, nehme den Druck weg und lasse es eine kurze Pause machen. Dann beginnt dasselbe von vorne. Ziel ist es, dass das Pferd immer ein wenig weiter nachgibt, mit dem Karpalgelenk Bodenberührung hat und Gewicht darauf aufnimmt.

Gerade in dieser Phase der Ausbildung kann es zu Irritationen von Seiten des Pferdes kommen, erwarten wir doch von ihm, dass es sich gegen den natürlichen Reflex des Sich-abstützen-Wollens nach unten loslässt. Zappelt ein Pferd hierbei, sollten wir uns möglichst nicht beirren lassen und am Thema bleiben. Lasse ich in diesem Moment die Fußlonge los, lernt das Pferd, dass die Lösung im Zappeln liegt, und es wird sich auch weiterhin dieser Strategie bedienen. Wichtig ist, dass die Longe gut gehalten wird, so, dass das Pferd wirklich auch eine Stütze darin findet. Lernt es durch eine gute, gefühlvolle und konsequente Arbeit den Weg in die Tiefe zu finden, wird es das mit ein wenig Übung immer leichter und vertrauensvoller tun. Schon bald werde ich den Zügel nicht mehr einsetzen müssen, weil das Pferd bereits auf das Bedienen der Fußlonge hin den Weg nach unten sucht. Diese wird uns aber noch eine Weile erhalten bleiben müssen.

Als Nächstes gilt es, auch die Longenunterstützung immer mehr abzubauen. In dieser Ausbildungsphase ist es noch primär die Longenführung, die dem Pferd Auskunft über den erwünschten Bewegungsablauf gibt. Aber auch diese sollte mit der Zeit immer weniger werden und letztlich gar nicht mehr nötig sein. Da ich in diesem Stadium die Einwirkung mit dem Zügel nicht mehr oder nur noch sporadisch brauche, habe ich eine Hand frei. So brauche ich das Signal am Röhrbein nicht mehr durch ein Antippen mit meinem Fuß anzubringen, sondern kann dies mit der Gerte tun. Dazu stehe ich wie bisher an der Seite meines Pferdes. Hebt es nun das Bein, ordne ich die Fußlonge so, dass mein Pferd eine gute Stütze darin findet, halte deren Ende jetzt aber mit meiner rechten Hand. Meine linke Hand übernimmt die Touchierarbeit. Dieses Touchieren wird ab jetzt aber nicht nur als ein Anfangsimpuls gegeben, sondern wird solange durchgeführt, bis mein Pferd tatsächlich im Kompliment ist. Hat dieses seine Position eingenommen, höre ich augenblicklich mit dem Touchieren auf und lege die Gertenspitze oberhalb des Karpalgelenkes am Pferdebein an. Solange die Gerte dort liegt, soll das Pferd im Kompliment verweilen. Soll es wieder aufstehen, nehme ich die Gerte weg, gehe einen deutlichen Schritt nach vorne in Richtung Pferdekopf und sage ein klares »Auf«. Jetzt ist der Zeitpunkt des Lobens gekommen. Gerade in den Anfängen des Komplimentes geize ich nicht mit Lob und Leckerli. Wichtig ist mir noch einmal der Hinweis, dass ich tatsächlich durchgängig touchieren muss, bis das Pferd in der gewünschten Position ist. Nur so lernt es mit der Zeit, auch ohne die Hilfe der Fußlonge ins Kompliment zu gehen. Und nur so wird nach und nach die Longenhilfe durch die Gertenhilfe abgelöst. Dieser Prozess dauert allerdings eine Weile, muss das Pferd doch lernen, ohne die Hilfe der Fußlonge und wider den natürlichen Reflex, sich abstützen zu wollen, nach unten zu gehen. Mit der Zeit wird dieser Vorgang aber zu einem festgefügten Verhaltensmuster, ein Automatismus hat sich eingestellt. Ist das Kompliment am Boden gut gefestigt, ist es kein Problem, es auch vom Sattel aus abzurufen. In der Übergangsphase kann es kurzzeitig nützlich sein, einen Helfer zu bitten, mich beim Touchieren vom Boden aus zu unterstützen. Je besser das Pferd die Aufgabe verstanden hat, wird er sich immer mehr zurückziehen und das Touchieren immer mehr dem Reiter überlassen.

Das Kompliment ist nicht nur eine schöne Showlektion, es hat auch einen guten gymnastizierenden Effekt. Es wölbt den Rücken des Pferdes auf, dehnt die Hinterhandmuskulatur sowie die Muskeln des gestreckten Vorderbeines. Ein erfolgreich erarbeitetes Kompliment kann auch im hohen Maße Ihren Leitungsanspruch unterstützen, denn das Pferd ordnet sich Ihnen unter. Und sollten Sie sich an einem erfolgreich teilgenommenen Wettbewerb mit einem Kompliment bedanken, ist das Publikum auf Ihrer Seite.

Zum Erarbeiten des Kompliments habe ich mein Pferd mit einem Knotenhalfter ausgestattet und das dazugehörige Arbeitsseil zu einem Zügel geknüpft. Diesen Zügel verkürze ich nun durch einen Knoten oberhalb des Widerristes. Dadurch habe ich bei der Durchführung der Lektion eine bessere Zügelführung.

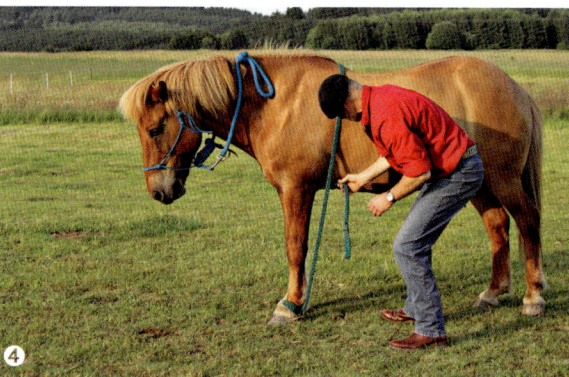

Jetzt wird die Fußlonge von der Fesselbeuge ausgehend über den Rücken des Pferdes gelegt, das auf der anderen Seite herunterhängende Ende unter dem Pferdebauch hervorgeholt und ebenfalls über den Rücken gelegt. Dadurch entsteht die sogenannte Umlage.

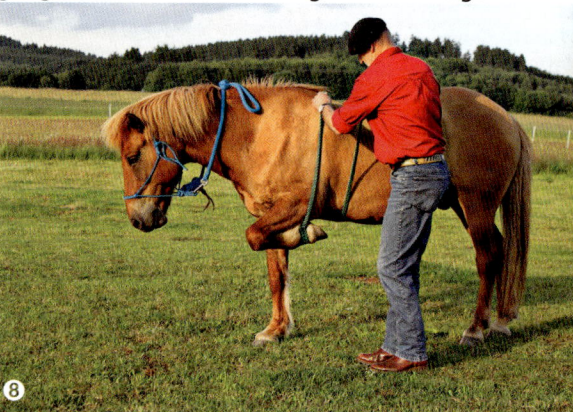

Befindet sich das Bein – unterstützt durch die Fußlonge – weit genug oben, ziehe ich das über dem Pferderücken liegende Longenende nach. So entsteht mit Hilfe der sogenannten Umlage eine stabile Situation, in der mein Pferd mit dem Vorderbein Halt findet.

Als Erstes teste ich, ob mein Pferd sich auf das Anziehen der Zügel rückwärts richten lässt. Wenn nötig, übe ich das zunächst mit ihm.

Nun lege ich meinem Pferd die Fußlonge um die Fessel und überprüfe, ob sie auch von der Zugrichtung korrekt angebracht ist.

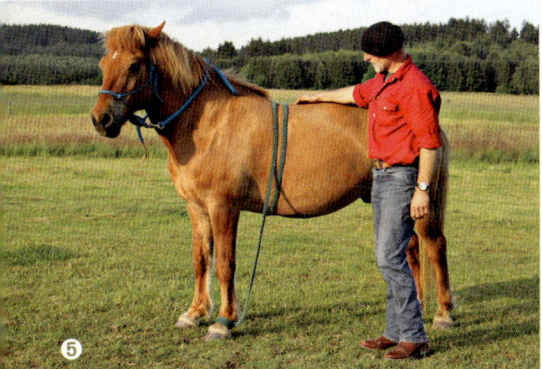  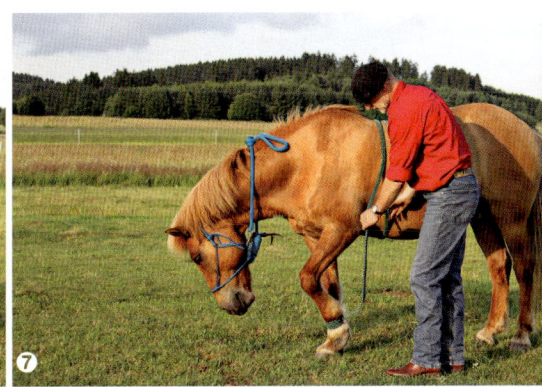

So ist die Fußlonge richtig angelegt, auch der Zügel befindet sich in einer korrekten Position.

Danach überprüfe ich, ob mein Pferd das Hochnehmen des Fußes mit Hilfe der Fußlonge akzeptiert. Dazu tippe ich dieses mit meinem Fuß seitlich am Röhrbein an, um es dazu zu animieren, das Bein zu heben.

Reagiert mein Pferd auf das Antippen mit meinem Fuß mit Anheben des Beins, wird das Bein mit Hilfe der Fußlonge noch weiter hochgehoben.

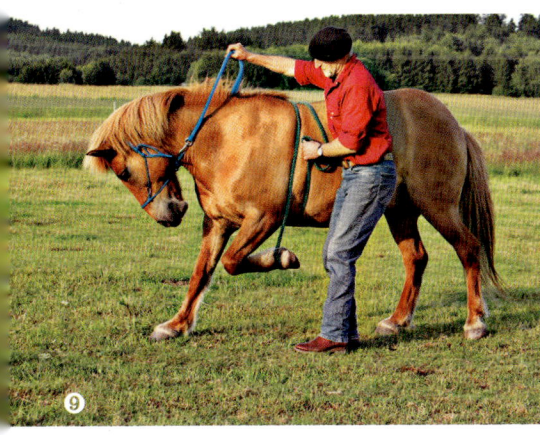  

Akzeptiert mein Pferd den oben beschriebenen Einsatz der Longe, kann ich nun damit beginnen, das Pferd über das Annehmen des Zügels langsam ins Rückwärts zu leiten. Dabei führt meine dem Pferd zugewandte Hand den Zügel, die von ihm abgewandte Hand die Fußlonge.

Mit ein wenig Übung lassen sich die meisten Pferde bald auf dieses Rückwärts ein und kommen dabei automatisch in ein Kompliment. Sollte es anfangs doch einmal zu Turbulenzen beim Pferd kommen, wäre es gut, wenn Sie dabei die Longe nicht sofort loslassen würden.

Die meisten Pferde lernen sehr schnell, in das Kompliment zu gehen, auch ohne das Anziehen des Zügels. Dann wird das Antippen am Röhrbein nicht mehr mit dem Fuß, sondern mit der Gerte durchgeführt.

Das Kompliment, eine Referenz an das Publikum | 221

12. Vom Kompliment zum Knien und Liegen

Für die Fortführung der Lektionen nach unten ist es wichtig, dass mein Pferd das Kompliment auf beiden Seiten lernt. Haben wir uns im vorhergehenden Kapitel damit befasst, dieses auf der linken Seite zu erarbeiten, gilt die gleiche Vorgehensweise auch rechts. Somit schaffe ich mir die Voraussetzung für die nächste Lektion, das Knien. Denn diese ist nichts weiter, als die beiden einzeln erarbeiteten Komplimente miteinander abzurufen. Hat mein Pferd die beiden Komplimente gut verstanden und lassen sich diese auf ein feines Touchieren am Röhrbein der entsprechenden Seite leicht abrufen, sollte es ein Einfaches sein, auch zum

Knien zu kommen. Zum besseren Verständnis für das Pferd werde ich mich jetzt entscheiden, die Lektion Kompliment nur noch auf einer Seite machen zu lassen. Auf der anderen Seite werde ich das zuvor erarbeitete Kompliment in die Lektion Knien umwandeln. Durch diese Differenzierung schaffe ich mehr Klarheit für das Pferd und somit ein besseres Umsetzen beim Abrufen der Lektionen. Es lernt: touchiert werden am rechten Röhrbein heißt Kompliment, touchiert werden am linken Knien. Diese Unterscheidung wähle ich bewusst, denn auf das Knien folgt das Ablegen. Und da sich die meisten Menschen leichter tun, ein Pferd von links zu »bedienen«, ist es naheliegend, diesem beizubringen, sich auf die linke Seite ablegen zu lassen. Natürlich könnte das Ganze auch andersherum angelegt werde.

Möchte ich das Knien abrufen, nehme ich die gleiche Arbeitsposition ein wie beim Kompliment. Ich stehe links in Höhe der Mittelhand neben meinem Pferd und touchiere dessen linkes Röhrbein, gleichzeitig werde ich als verbales Kommando »Knie« sagen. Zunächst wird das Pferd, wie gelernt, ins Kompliment gehen. Hat es Gewicht auf dem linken Karpalgelenk aufgenommen, werde ich nun versuchen, auch das rechte Röhrbein zu touchieren. Dieses kann ich normalerweise gut auch von links erreichen. Die meisten Pferde werden bei entsprechend guter Vorarbeit, nun auch das rechte Vorderbein einschlagen und somit ins Knien kommen. Auch hier wird die Gertenspitze dann oberhalb des Karpalgelenkes am linken Vorderbein als verwahrende Hilfe angelegt. Diese bleibt so lange dort liegen, wie das Pferd im Knien bleiben soll. Möchte ich das Knien beenden, nehme ich die Gerte weg, gehe einen Schritt nach vorne und sage

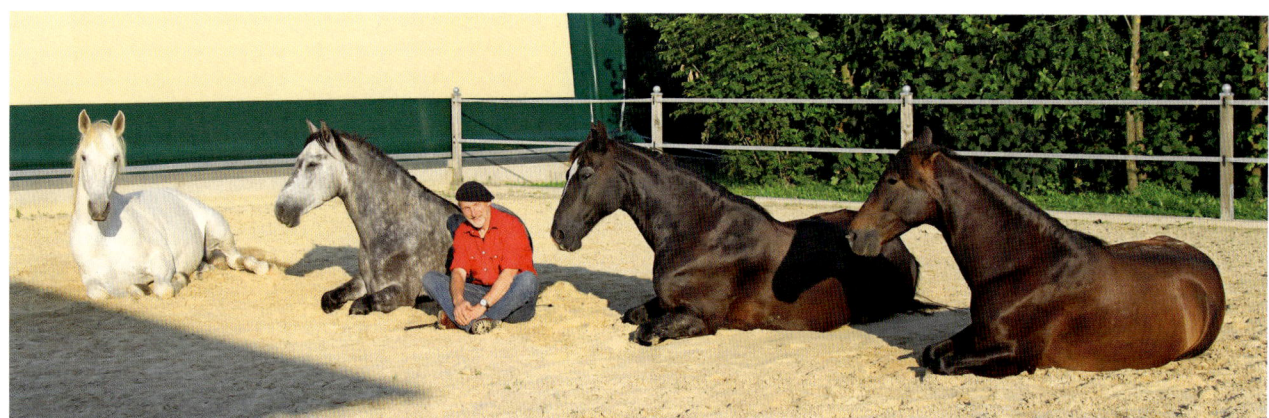

Es ist für mich ein beglückendes Gefühl, gemeinsam mit meinen vierbeinigen Freunden einfach nur im Sand zu liegen.

Beherrscht mein Pferd das Kompliment mit beiden Vorderbeinen, kann daraus das Knien entwickelt werden. Bei manchen Pferden gelingt das, indem man beide Röhrbeine direkt nacheinander antippt. Durch das Einschlagen beider Vorderbeine entsteht dann automatisch das Knien. Anderen Pferden muss dieser Weg aber erst wieder mit Hilfe der Fußlonge gezeigt werden. Dazu braucht es einen Helfer.

Mein Pferd befindet sich im Kompliment. Möchte ich nun mit Hilfe der Fußlonge auch sein anderes Bein in die Beugung bringen, kann es sein, dass das Pferd dabei aufzustehen versucht. Um das zu verhindern, wird das sich im Kompliment befindende Bein nochmals an die Longe gelegt.

Hat mein Helfer das linke Bein fixiert, kann ich nun versuchen, mein Pferd durch einen Gertenreiz dazu zu animieren, das rechte Bein ein wenig frei zu machen, um es dann mit Hilfe der zweiten Longe nach seitlich hinten herumnehmen zu können.

Hat mein Pferd die erwünschte Position eingenommen, ist es sinnvoll, die Longen noch eine kleine Weile zu halten, damit mein Vierbeiner nicht unaufgefordert aufsteht.

Fordere ich mein Pferd nun zum Aufstehen auf, sollte ich mich zuvor mit meinem Helfer abgestimmt haben, damit das Signal auch von beiden Beteiligten gleichzeitig gegeben wird.

deutlich: »Auf«. Dann lobe ich das Pferd ausgiebig. Verfahre ich in Zukunft immer nach diesem Modus, wird das Pferd bald automatisch auch das rechte Vorderbein einschlagen, sobald ich das linke Röhrbein touchiere. Tut sich ein Pferd schwer, auf das Touchiersignal hin das rechte Vorderbein einzuschlagen, werde ich vorübergehend die Unterstützung eines Helfers in Anspruch nehmen müssen. Dem Pferd wird eine Fußlonge um die rechte Fessel gelegt. Der Helfer steht in Höhe der rechten Mittelhand und hält die Longe, kurz gepackt, in seiner linken Hand. In der rechten Hand hält er eine Gerte. Hat das Pferd nun links das Kompliment eingenommen, touchiert der Helfer etwas nachdrücklich das rechte Röhrbein, um dieses dazu zu veranlassen, Gewicht vom gestreckten rechten Bein zu nehmen. Augenblicklich wird der Helfer nun versuchen, mit Hilfe der Longe das linke Vorderbein durch eine seitliche und nach hinten gerichtete Einwirkung in die Beugung zu ziehen. So wird dem Pferd zum besseren Verstehen zunächst manuell der Weg gezeigt. Bei dieser Vorgehensweise ist es bei den meisten Pferden allerdings nötig, kurzfristig auch noch einmal auf die Fußlonge am linken Bein zurückzugreifen. Die Erfahrung hat gelehrt, dass diese Pferde in dem Moment versuchen aufzustehen, in dem der Helfer das rechte Röhrbein touchiert. Passiert das immer wieder, kann die Lektion nicht zustandekommen. Über den Longeneinsatz links kann ich das Pferd in seiner Komplimentposition halten und damit am unkontrollierten Aufstehen hindern. Nur so wird es dem Helfer möglich sein, seinen Einsatz erfolgreich durchzuführen. Auch bei dieser Vorgehensweise wird sich mit der Zeit ein Automatismus einstellen, bei dem das Pferd alleine auf das Touchieren des linken Röhrbeines auch das rechte Vorderbein einschlägt.

Hat das Pferd die Lektion Knien verstanden, ist der Weg zum Ablegen gut vorbereitet. Dazu werde ich wieder die Hilfe der Fußlonge in Anspruch nehmen. Die Vorbereitung entspricht genau der des Komplimentes. Als Zäumung wähle ich allerdings jetzt eine Trense, deren Ringe unter dem Pferdekinn mir einem Lederriemchen verbunden sind. Sehr gut eignet sich für diese Arbeit auch eine Knebeltrense. Dadurch verhindere ich beim seitlichen Abstellen des Pferdekopfes ein Durchziehen der Trense durchs Maul. Der Zügel wird über dem Widerrist zusammengeknotet, dabei sollte er leicht anstehen.

Ich bringe das Pferd wie zuvor durch Touchieren ins Knien. Dabei habe ich aber die Fußlonge im Einsatz, um damit im Bedarfsfall das Pferd am Boden halten zu können. Hat das Pferd die Lektion Knien eingenommen, halte ich mit meiner linken Hand das Ende der Fußlonge. Mit meiner rechten fasse ich weit nach rechts über den Widerrist hinüber in den rechten Zügel. Diesen ziehe ich nun gefühlvoll in einem weit ausholenden Bogen so zu mir her, dass das Pferd eine deutliche Rechtsstellung im Hals erhält. Dadurch veranlasse ich das Pferd, Gewicht auf der linken Schulter aufzunehmen. Diesen Zustand halte ich ein paar Augenblicke, warte, bis das Pferd sich etwas entspannt, lobe es und richte es wieder gerade. In dieser Weise werde ich meine Ausbildung fortsetzen und versuchen, das Pferd immer ein wenig stärker im Hals zu biegen, bis es sich schließlich, dem bequemen Weg folgend, über die linke Schulter ablegt. Sofort lobe ich es begeistert und werde es ausgiebig mit Leckerli belohnen. Um zu verhindern, dass das Pferd unkontrolliert aufsteht, halte ich es mit Hilfe des rechten Zügels gebogen. Soll es dann aufstehen, stelle ich es gerade und sage deutlich »Auf«.

Nehmen Sie sich Zeit für diese Lektion, das Pferd muss nicht am ersten Tag liegen. Das Ablegen ist für die meisten Pferde eine starke Herausforderung, die ihm als Fluchttier nicht leicht fällt. Sparen Sie an dieser Stelle auch nicht mit Leckerli, denn diese sind nicht nur eine starke Belohnung, sondern helfen dem Pferd durch das Kauen, sich besser zu entspannen. Hat es nun auf dem oben beschriebenen Weg gelernt, sich immer entspannter ablegen zu lassen, werden

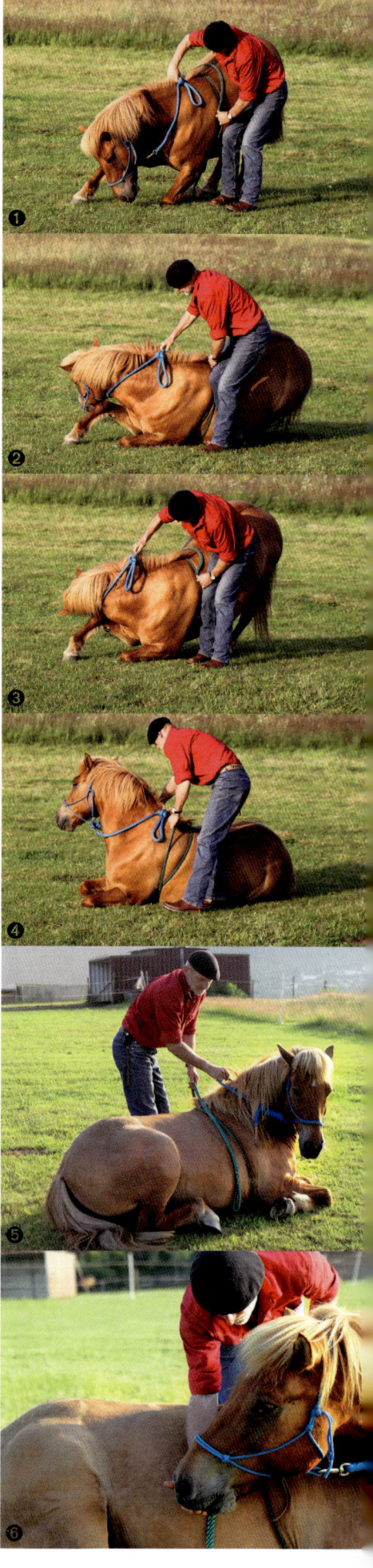

❶ *Das Ablegen stellt besondere Anforderung an das Pferd. Will ich das Ablegen trainieren, statte ich das Pferd wieder mit Fußlonge und Zäumung aus und bringe es ins Knien. Isländer Feitur befindet sich hier im Kompliment, das ist nicht ganz korrekt, geht aber auch.*

❷ *Über meinen Zügel bringe ich nun den Kopf meines Pferdes in eine Außenstellung, warte bis es sich in dieser ungewöhnlichen Position entspannt und lasse es sich wieder gerade richten. Diesen Vorgang wiederhole ich nun des Öfteren, um so über eine Routine immer mehr Losgelassenheit bei meinem Vierbeiner zu erreichen.*

❸ *Lässt sich mein Pferd auf diese Anforderung immer mehr ein, werde ich den Grad der seitlichen Stellung zusehends verstärken. Dadurch wird das Pferd immer mehr Gewicht auf seine linke Schulter schieben. Die Chance ist groß, dass es sich bald einfach auf die linke Schulter abrollt und so ins Liegen kommt.*

❹ *Feitur hat sich überwunden und sich tatsächlich über die linke Schulter ins Liegen begeben.*

❺ *Damit mein Pferd nun nicht vorzeitig und unaufgefordert aufsteht, halte ich es über den Zügel gebogen.*

❻ *Natürlich sollte ich niemals das Loben vergessen. Bei solchen starken Anfragen spare ich nicht mit der Leckerligabe, denn schließlich soll mein Pferd lernen, dass das Sich-Ablegen eine einträgliche Sache und nicht gefährlich ist.*

die dabei verwendeten Hilfsmittel zusehends weniger nötig. Damit es sich einmal ganz ohne sie hinlegt, muss aber auch hier ein »Knöpfchen« eingebaut werden, das als letztes Verständigungsmittel übrig bleibt. Dazu wähle ich zwei Touchierpunkte. Den einen kennt das Pferd bereits, es ist die Stelle am linken Röhrbein für das Knien. Hat es dann das Knien eingenommen, werde ich das Pferd zum Ablegen an der linken Flanke touchieren. Als verbales Kommando dient das Wort »Down«. Wann immer ich in Zukunft mein Pferd ablegen möchte, werde ich in Verbindung mit den erwähnten Hilfsmitteln besagte Stellen touchieren. Irgendwann wird mein Vierbeiner sich schließlich alleine auf die Touchierhilfen hin ablegen. Ein faszinierendes Ergebnis für das Sie viele beneiden werden.

Sitzt ein Pferd gut und verlässlich, kann man auch solche Lektionen wagen.

13. Vom Flachliegen und Sitzen

Hat mein Pferd gelernt, sich auf meine Anforderung hin vertrauensvoll abzulegen und auch entspannt in dieser Position zu bleiben, kann ich die nächste Lektion in dieser Reihenfolge angehen: das Flachliegen. Dabei liegt das Pferd flach auf der Seite, alle vier Beine sind weggestreckt. Um es dahin zu bekommen, werde ich die Halsbiegung des Pferdes nach rechts, die mir bisher als Kontrollmaßnahme für ein unaufgefordertes Aufstehen diente, langsam verstärken. Durch das immer stärkere Annehmen dieses Zügels, wird das Pferd schließlich sanft nach links umkippen und flach ausgestreckt auf seiner linken Seite zum Liegen kommen. Für den Fall, dass sich mein Pferd ungefragt aus dieser Lage entziehen möchte, sollte ich anfangs den Zügel unbedingt in meiner Hand behalten. So kann ich diesen einfach sofort annehmen und mein Vierbeiner wird wieder sanft umkippen. Zum Aufrichten muss das Pferd Schwung mit Kopf und Hals nehmen, über das Annehmen des Zügels kann ich das verhindern. Lernt das Pferd, dass ich es kontrollieren kann, wird es sich kontrollieren lassen und auch in dieser Lage lernen, entspannt liegen zu bleiben.

Wichtig ist aber auch hier wieder, ihm diese Lage so angenehm wie möglich zu machen, eben durch die bereits erwähnten Zuwendungen an Lob und Leckerli. Und auch für das Abrufen ins Flachliegen werde ich bei meinem Pferd wieder eine separate Signalstelle einbauen. Dabei werde ich parallel zum Umlegen durch den Zügel, dessen rechte Halsseite mit der Gerte touchieren. So wird es mit der Zeit lernen, sich ohne Hilfsmittel, nur durch ein Touchieren am Hals, flach auszustrecken.

Soll es aus dem Flachliegen zurück ins Aufrechtliegen gehen, lasse ich den Zügel locker und fordere mein Pferd mit einem munteren »Auf« dazu auf, sich wieder in die aufrechte Position zu begeben. Um zu verhindern, dass es mit einem Mal vollends aufsteht, werde ich dem Pferd sofort wieder eine Rechtsstellung des Halses anweisen. Es ist von Vorteil, es zunächst eine Zeit in dieser Position verweilen zu lassen. So kommt es nicht auf die Idee, gleich aus dem Flachliegen aufspringen zu wollen. Hier ist eine ruhige, mit vielen Pausen durchsetzte Arbeitsweise sehr wichtig.

Als Nächstes ist die Lektion Sitzen angesagt. Dazu muss das Pferd als erstes lernen, die Vorderbeine unter dem Körper heraus nach vorne zu strecken. Auch hierbei stehe ich am Rücken des Pferdes in Höhe der Sattellage und halte die Zügel in meinen Händen wie beim Reiten. War das Pferd bisher noch im Hals gebogen, werde ich es jetzt gerade richten und mit beiden Zügeln etwas nach oben in Richtung Maulwinkel zupfen. Gleichzeitig erfolgt das verbale Kommando »Sitz«. Über dieses Zupfen am Zügel fordere ich es auf, den Aufstehvorgang zu beginnen, sich dabei in der Vorderhand leicht zu machen und eines der Vorderbeine nach vorne herauszustrecken. Sobald dies erfolgt, biege ich es wieder sanft im Hals, um zu verhindern, dass es ganz aufsteht. Ich werde es ausgiebig loben. Hilfreich ist jetzt eine zweite Person, die dem Pferd von der rechten Seite immer dann ein Leckerli gibt, wenn es sich Mühe gegeben und eine deutliche Bewegung in Richtung Sitzen

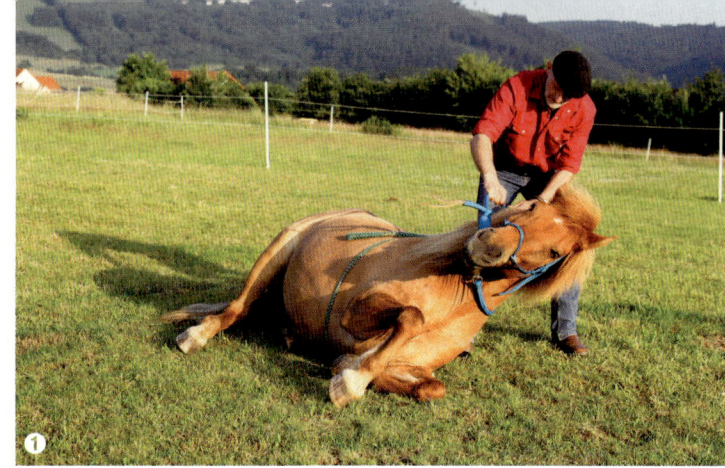

Möchte ich mein Pferd vom aufrechten zum flachen Liegen bringen, werde ich die seitliche Halsstellung noch mehr verstärken. Dadurch wird mein Pferd sanft auf die linke Seite umkippen und sich flach ablegen.

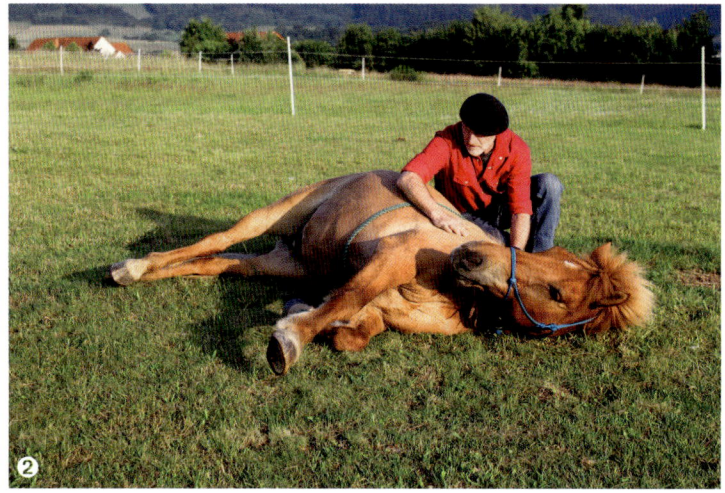

Um auch hier ein unkontrolliertes Aufstehen zu verhindern, behalte ich den Zügel in meiner Hand, um diesen im Bedarfsfall sofort anzunehmen.

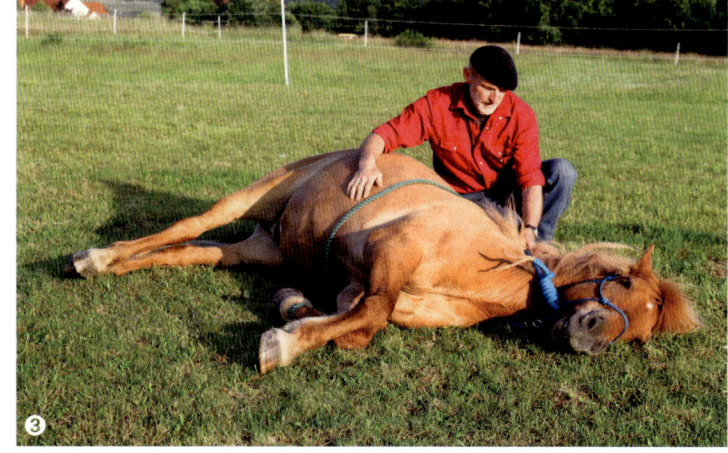

Ganz wichtig beim Erlernen der Lektionen ist eine entspannte Atmosphäre, eine freundliche Zuwendung und ein Angenehmmachen in der entsprechenden Position.

Soll mein Pferd das Sitzen lernen, bringe ich es erst wieder ins aufrechte Liegen. Dabei stehe ich an der Rückenseite des Pferdes und halte die Zügel wie beim Reiten.

War mein Pferd bis dahin im Hals noch etwas seitlich gestellt, richte ich es nun gerade und fordere es durch leichtes Zupfen an den Zügeln auf, nach oben zu kommen und ein Vorderbein nach vorne herauszunehmen.

Ist mir das gelungen, darf das Pferd eine Pause machen und wird gelobt. Anschließend wird es in derselben Weise dazu animiert, das andere Vorderbein nach vorne zu strecken.

Um zu verhindern, dass mein Vierbeiner unaufgefordert aufsteht, werde ich ihn nach jeder kleinen Reaktion in die richtige Richtung wieder sanft nach rechts stellen.

Es kann sehr hilfreich sein, wenn ein Helfer dem Pferd für jede richtige Reaktion von der anderen Seite aus ein Leckerli reicht.

Nun sitzt Feitur schon etwas steiler. Natürlich ist auch das ein Leckerli wert.

gezeigt hat. Steht das Pferd einfach auf, was man manchmal nicht verhindern kann, darf es auf keinen Fall belohnt werden. Es würde die Belohnung mit dem Aufstehen verknüpfen und ich hätte genau das Gegenteil erreicht. War der erste Schritt zum Sitzen erfolgreich, erhält mein Pferd eine kleine Pause. Danach werde ich dieses animieren, in gleicher Weise wie zuvor auch das zweite Vorderbein nach vorne zu strecken. Wieder wird es sanft gebogen, begeistert gelobt, gefüttert und erhält seine kleine Pause. In der Fortführung soll es lernen, sich vorne hochzustemmen. Hier muss man sich wirklich mit ganz kleinen Schritten zufriedengeben. Die Arbeitsweise erfolgt in gleicher Weise wie zuvor durch ein leichtes Zupfen nach oben und das verbale Kommando »Sitz«.

So werde ich dem Pferd in ganz kleinen Schritten den Weg zum Sitzen zeigen. Je höher es sich vorne aufstemmt, umso sanfter muss ich es biegen. Bin ich zu aggressiv beim Biegen, ist die Gefahr groß, dass es die Balance verliert und umfällt. Es gibt Pferde, die bieten einem das Sitzen fast von alleine an, andere tun sich maßlos schwer. Bei Einzelnen braucht man Jahre, bis sie es verstehen. Das Endergebnis soll ein Pferd sein, das gut aufgerichtet und stabil mit den Vorderbeinen abgestützt, erhaben sitzt. Dabei sollen Vorder- und Hinterbeine in einer Spur sein.

14. Steigen ist toll, aber bitte nur auf Abruf

Das Steigen ist für mich eine der ausdrucksstärksten Zirkuslektionen. Ich mag sie sehr gerne, ist sie doch Ausdruck von Kraft, Wildheit und Verwegenheit. Es ist gewaltig, wenn mein Schimmel Michel sich auf ein feines Zeichen hin majestätisch auf die Hinterbeine erhebt und dabei fast drei Meter mit seiner Vorderhand über mir schwebt. Allerdings hat das Steigen auch seine Tücken. Man sollte sich gut überlegen, ob und wann man damit beginnt, seinem Pferd diese Lektion beizubringen. Mit jungen Pferden würde ich sie von vornherein noch nicht erarbeiten. Hier ist zunächst einmal eine solide

Will ich meinem Pferd das Steigen beibringen, gibt es dafür verschiedene Ansätze. Ein Ansatz ist der über den Spanischen Schritt. Beherrscht ein Pferd den Spanischen Schritt und zeigt ihn engagiert und ausdrucksvoll, brauche ich im Grunde genommen nur zu versuchen, die Schritte links und rechts gleichzeitig abzurufen. Das ist der Beginn zum Steigen.

Hier zeigt die Stute Zoe schon eine recht ordentliche Reaktion auf den Touchierreiz. Mit meiner rechten Hand am Führseil versuche ich, die Tendenz nach oben noch ein wenig zu unterstützen.

Das Pferd zeigt das Steigen hier schon gewaltig. Hat es gelernt, um was es geht, reicht als Signal meist nur noch die nach oben gestreckte Gerte. Wer behauptet, dass man Stuten das Steigen nicht beibringen kann, weil sie es in der Natur kaum zeigen, liegt damit falsch.

Grundausbildung dran. Sollte das Pferd dann in zirzensischen Lektionen ausgebildet werden, wäre das Steigen erst ganz hinten an der Reihe. Das Steigen ist vom Grund her eine starke Imponierhaltung, ja, man könnte auch sagen Kampfhaltung. Oft sehen wir sie bei den Kampfspielen der Junghengste und Wallache. Ist ein Pferd im Steigen, kann es mit seinen Vorderbeinen frei zuschlagen, Pferde setzen diese Lektion auch schon mal als Waffe ein. Und natürlich, geraten zwei rivalisierende Hengste aneinander, versuchen sie sich unter anderem steigender Weise mit den Vorderbeinen zu attackieren oder einander an die Kehle zu gehen. Also eine Lektion mit stark aggressivem Inhalt. Dennoch wird das Steigen gerne gezeigt und auch gerne gesehen. Hat ein Pferd Freude am Steigen, zeigt die Tendenz bei jeder passenden oder unpassenden Gelegenheit oder hat es ohnehin schon ein überzogenes Dominanzverhalten, sollte man es sich zweimal überlegen, ob man ihm diese Lektion tatsächlich beibringen will.

Ein steigendes Pferd ist gefährlich, setzt es dieses gar gegen den Menschen ein, ist das ein absolutes No-go. Mit meinem Pferd Michel habe ich das Steigen sehr spät angefangen, hatte ich doch schon im Vorfeld gemerkt, dass er daran viel Freude hat. In der Anfangszeit hat er dann des Öfteren Signale, die für andere Lektionen gedacht waren, bewusst miss gedeutet, um sein Steigen zu zeigen. Auch heute passiert das gelegentlich immer mal wieder. Mein Jungpferd Justus zeigt ebenfalls diese Tendenz, dies fällt besonders beim Trainieren des Spanischen Schrittes auf. Auch bei ihm werde ich noch eine ganze Weile warten, bis ich diese Lektion anpacke. Nicht dass diese Kerle das Steigen gegen mich verwenden würden, beide sind sehr artig im Umgang. Dennoch zeigen sie das Steigen aus einer Art Übermotivation, Übermut oder Lebensfreude heraus. Bin ich nicht darauf vorbereitet, kann das für mich sehr schmerzhafte Folgen haben. Bei anderen, eher trägen Pferden besteht hier meist keine Gefahr. Behauptet jemand, das Steigen könne man nur männlichen Tieren beibringen, weil Stuten von Natur aus nicht steigen würden, ist das Blödsinn. Stuten können dies ebenso lernen.

Habe ich mich tatsächlich dazu entschlossen, meinem Pferd das Steigen als Lektion beizubringen, gibt es dazu unterschiedliche Möglichkeiten. Eine davon habe ich schon angesprochen, es ist die über den Spanischen Schritt. Im Grunde genommen könnte man sagen, im Erarbeiten des Spanischen Schrittes, sowohl links als auch rechts, erwerbe ich mir die

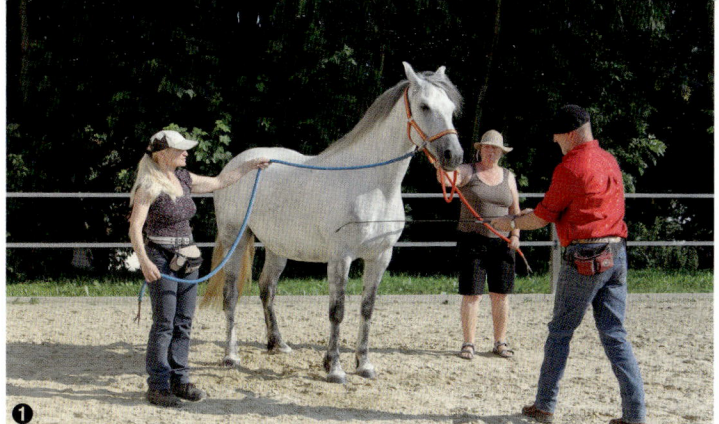

Möchte ich bei meinem Pferd das Steigen lieber von vorne abrufen, kann ich das auch über den Spanischen Schritt machen. Dabei ist es sinnvoll, zwei Helfer zur Unterstützung dazuzuholen. Sie positionieren das Pferd zwischen sich, um von vorneherein ein gradliniges Steigen zu erreichen. Der Ausbilder steht dabei vor dem Pferd und touchiert mit zwei langen Gerten gleichzeitig beide Schulterblattspitzen.

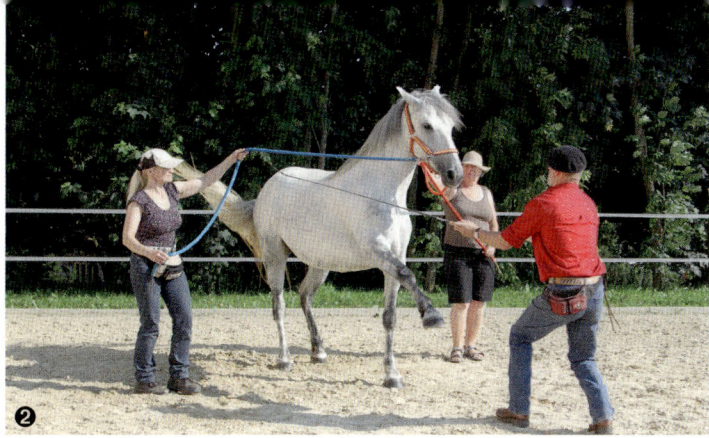

Hier zeigt Zoe einen ersten Ansatz, allerdings hat sie dabei ihr linkes Bein noch am Boden.

Jetzt klappt es schon besser. Wichtig ist, dass das Pferd nach jedem erfolgreichen Ansatz auch sein Lob und somit eine Motivation erhält.

Jetzt nimmt die Stute schon ordentlich Gewicht auf ihrer Hinterhand auf. Die Steighöhe ist beträchtlich.

Einzelbausteine für das Steigen. So wie die beiderseits erarbeiteten Komplimente miteinander abgerufen das Knien ergeben, so ergibt das beidseitige Abrufen des Spanisches Schrittes das Steigen. Diese Methode funktioniert am besten bei den übereifrigen, ungeduldigen oder auch etwas aggressiv veranlagten Pferden. Meine Arbeitsposition ist dabei wie beim Erarbeiten des spanischen Schrittes an der Seite des Pferdes in Höhe der Schulter. Auch die Vorgehensweise ist ähnlich. Ich halte das Pferd mit der rechten Hand am Halfter, die linke führt die Gerte. Meine Signalgebung erfolgt jetzt aber nicht differenziert an den jeweiligen Schulterblattspitzen, sondern mit der zunächst quer geführten Gerte über die ganze Brustbreite. So kann ich andeutungsweise beide Schulterblattspitzen miteinander touchieren. Der Ausdruck beim Touchieren sollte dabei von meiner Seite aus anfeuernd und lebhaft sein. Lässt mein Pferd sich nun dadurch motivieren, beide Vorderbeine miteinander nach vorne zu schleudern, quasi den spanischen Schritt links und rechts gleichzeitig zu zeigen, ist der Ansatz zum Steigen da. Nun lasse ich das Pferd aber nicht, wie beim Spanischen Schritt, mit seiner Bewegung nach vorne raus, sondern versuche, durch ein deutliches Anheben meiner führenden Hand, den Kopf des Pferdes nach oben zu schieben, um diesem so zusätzlich eine Aufwärtstendenz zu vermitteln. Gleichzeitig hebe ich meine

❶ Hier wird eine dritte Variante zur Entwicklung der Lektion Steigen gezeigt. Ich bitte wie zuvor meine Helfer um Unterstützung. In der Zirkuswelt werden diese Kutscher genannt. Sie halten das Pferd mit zwei Leinen in der Position, können dabei aber auch durch das Hochnehmen der Leinen die Aufwärtstendenz noch verstärken. Dem Pferd wird eine Fußlonge um die Fessel eines Vorderbeines gelegt. Ein weiterer Helfer hält diese in der Hand. Nun touchiert der Ausbilder eben dieses Bein, um es zum Anheben zu bewegen.

❷ Hier ist schön zu sehen, wie das Pferd auf den Touchierreiz des Ausbilders das entsprechende Bein hebt.

❸ Im nächsten Schritt zieht der Helfer mit Hilfe der Longe das Bein noch weiter nach vorne und oben in die Streckung.

❹ Jetzt touchiert der Ausbilder das andere Vorderbein, um das Pferd dazu aufzufordern, auch dieses anzuheben. Gelingt das, war dies der erste Ansatz zum Steigen. Wichtig ist, dass der Helfer an der Longe robuste Handschuhe trägt, damit er sich nicht an den Händen verletzt. Auch sollte er sich im Rücken gerade halten, denn beim Hochnehmen des zweiten Vorderbeines kann vorübergehend ziemlich viel Gewicht auf die Longe kommen.

Gerte senkrecht nach oben und lasse sie dabei vibrierenden. Dies wird später das Signal werden, mit dem ich alleine das Steigen abrufe. War meine Aktion erfolgreich, erhält mein Pferd wieder das übliche Lob und seine Pause. Durch entsprechende Wiederholungen wird diese Lektion zusehends gefestigt und ausgebaut. Das Signal mit der erhobenen und vibrierenden Gerte werde ich später nicht nur vom Boden, sondern auch vom Sattel aus verwenden können.

Möchte ich beim Abrufen des Steigens lieber vor dem Pferd stehen, kann ich mir ebenfalls die Vorarbeit über den Spanischen Schritt dafür zunutze machen. In diesem Fall benutze ich zwei, aber deutlich längere Gerten, damit ich bei der Signalgebung nicht zu dicht ans Pferd und in den Aktionsbereich der Vorderhufe komme. Mit diesen beiden Gerten kann ich zeitgleich beide Schulterblattspitzen touchieren. Dabei stehe ich vor dem Pferd und schaue es zunächst auffordernd an. Beide Gerten sind mit der Spitze zum Boden gesenkt. Jetzt gehe ich leicht in die Knie, beim Wiederaufrichten werde ich beide Gerten mit anheben und die entsprechenden Stellen touchieren. Kommt der Steigeansatz, werde ich auch hier wieder meine Gerten als zukünftiges Signal vibrierend in die Höhe halten. Es kann hilfreich sein, hierbei anfangs mit zwei Helfern zu arbeiten. Diese stehen rechts und links in Höhe der Sattellage neben dem Pferd im Abstand von etwa einem Meter. Jeder dieser Helfer hat eine Longe oder ein Arbeitsseil in der Hand, das jeweils seitlich am Halfter des Pferdes befestigt ist. Damit können sie das Pferd gerade ausgerichtet halten, eine Begrenzung nach vorne vorgeben und durch ein Hochnehmen der Seile das Pferd in der Aufwärtstendenz unterstützen. In Einzelfällen kann diese Funktion aber auch durch einen Reiter wahrgenommen werden, der durch eine geschickte Zügelführung die gleichen Vorgaben machen kann.

Lässt sich ein Pferd auf diese Weise nicht zum Steigen herausfordern oder ist die Voraussetzung über den Spanischen Schritt nicht gegeben, kann ich versuchen, einen anderen Weg zu gehen. Dabei bediene ich mich wieder meiner beiden Longenführer links und rechts, die dem Pferd den Rahmen geben. Zusätzlich brauche ich hier aber noch einen dritten Helfer. Dieser sollte robuste Handschuhe tragen und über eine gewisse körperliche Kraft verfügen. Dem Pferd wird eine Fußlonge um die Fesselbeuge des rechten Vorderbeines gelegt, diese nimmt der dritte Helfer in die Hand. Dabei steht er etwa zwei bis drei Meter vor dem Pferd. Durch ein Touchieren am rechten Fesselgelenk animiere ich nun das Pferd dazu, das Bein zu heben. Sogleich zieht der Helfer dieses mit Hilfe der Longe nach vorne in die Streckung. Dabei muss er wirklich gut zufassen und sich auch in seiner eigenen Körperposition stabilisieren, denn als Nächstes werde ich das Pferd am linken Vorderbein touchieren, um über diesen Reiz ein Hochnehmen auch dieses Beines zu erhalten. Dabei wird das Pferd einen starken Druck auf die gespannte Fußlonge bringen, den der Helfer halten muss. Geht das Pferd auf diese Herausforderung ein, ist der erste Steigansatz gemacht. Es wird freudig gelobt und mit vielen Leckerlis belohnt. Auch hier ist es wieder die vibrierende, hoch gehaltene Gerte, die als Zeichen mit hinzukommen muss. Alle diese beschriebenen Vorgehensweisen müssen natürlich geübt und konditioniert werden. Mit der Zeit werden auch hier die unterstützenden Maßnahmen immer weniger werden, letztlich ist es nur noch das Zeichen der erhobenen Gerte, das das Steigen zustande kommen lässt.

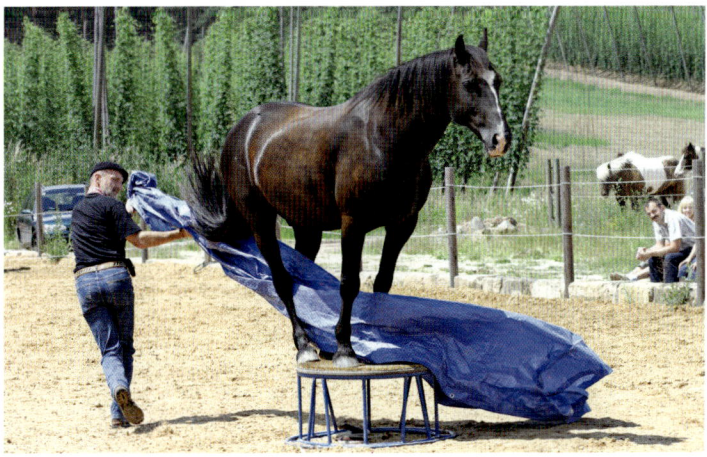

Podestaktionen – Klötzchen lässt sich auch hier durch nichts erschüttern.

15. Der Tanz auf dem Tisch – die Podestarbeit – showy und gymnastisch

Was vor vielen Jahren einmal mit ein paar zaghaften Versuchen auf ein paar übereinandergestapelten Holzpaletten begann, hat sich inzwischen zu einem Trainings- und Showprogramm entwickelt mit viel interessanten, gymnastizierenden Aspekten. Die Arbeit am Podest lässt nicht nur spektakuläre Showlektionen zustande kommen, sie bietet auch die Möglichkeit, ein Pferd auf drei unterschiedlichen Ebenen zu gymnastizieren. Dabei ist es möglich, dieses nur mit den Vorderbeinen auf das Podest zu stellen und dabei unterschiedliche Bewegungsabläufe zu kreieren, oder mit allen vier Beinen oder auch nur mir den Hinterbeinen. Aus dem anfänglich schweren und unhandlichen Palettenpodest sind inzwischen leichte Podeste aus Aluminium geworden. Diese gibt es in den unterschiedlichsten Größen, in runder und in eckiger Form. Um eine gute und rutschfeste Standposition für das Pferd zu ermöglichen, ist die Platte des Podestes mit einer Kokos-Veloursmatte ausgestattet.

Am besten beginnt man mit einem eckigen Podest mit einer Größe von 1 X 1 Meter. Die eckige Form ist deshalb am besten geeignet, weil das Pferd bei ihr eine klare Aufstiegsfront hat. Außerdem sind diese Podeste meist höhenverstellbar, so dass man auch mit einer niedrigen Höhe beginnen kann, um es dem Pferd leichter zu machen. Zunächst biete ich dem Pferd die Möglichkeit, sich mit dem Podest vertraut zu machen. Ich führe es zu ihm hin und lasse es daran schnuppern. Tut es sich schwer damit, können ein paar ausgelegte Leckerlis Abhilfe schaffen. Wurde das Podest als ungefährlich identifiziert, kann es an die eigentliche Arbeit gehen. Dabei fasse ich das Pferd unter dem Kinn kurz am Halfter und führe es an das Podest heran, so, dass es recht nahe mit den Vorderbeinen davor steht, aber nicht so nahe, dass es sich beim Aufstieg das Röhrbein daran anschlagen könnte. Ich gebe ihm eine kleine Pause, damit es sich wieder mit der Situation vertraut machen kann, und fordere es dann auf, einen weiteren Schritt zu gehen. Manche Pferde zögern nicht lange und steigen einfach mit den Vorderbeinen auf, das sind meistens Haflinger oder Norweger, also Pferde, die von ihrem Ursprung her aus dem Gebirge kommen und das Klettern im Blut haben. Andere tun sich schwerer. In diesem Fall experimentiere ich nicht lange herum, ich fasse einfach ein Vorderbein mit der Hand, hebe es an und stelle es ganz unspektakulär auf das Podest. Geht mein Pferd darauf ein, werde ich es loben und am entsprechenden Bein streicheln. Als Nächstes möchte ich auch das andere Vorderbein. Also fordere ich das Pferd dazu auf, noch einen Schritt nach vorne zu gehen. Manche Pferde lassen sich nicht lange bitten und stellen spontan auch das zweite Vorderbein hoch. Bei anderen geht das gar nicht, also übe ich die Lektion in Einzelbausteinen. Ich nehme manuell das eine Bein vom Podest, fasse das andere und stelle dieses hoch. Das werde ich nun einige Male wechselseitig machen. Habe ich den Eindruck, dass das von meinem Vierbeiner verstanden wurde, beginne ich damit, die Einzelbausteine wieder zusammenzufügen. Ich stelle zunächst ein Bein hoch und fordere dann das andere durch ein Antouchieren mit meiner Hand auf, nachzuziehen. Manchmal ist dabei auch ein Helfer sinnvoll, der diesen Job auf der anderen Seite stehend ausführt. Dies wird nun solange geübt, bis der Akt des Aufsteigens kein Problem mehr ist. Tut sich ein Pferd sehr schwer und hat sich endlich zum Aufsteigen überzeugen lassen, darf man diesem gerne auch mal ein paar Leckerlis zustecken. Allerdings rate ich generell davon ab, am Podest mit zu vielen Leckerlis herumzuhantieren. Gerade stark futterorientierte Pferde werden dadurch sehr unkonzentriert und achten vor lauter Gier nicht mehr auf ihren Körper. Da es aber bei der Arbeit am Podest auf eine sehr präzise Positionierung ankommt, geht das nur, wenn das Pferd auch bei der Sache ist.

Erst, wenn mein Pferd gelernt hat, ruhig und diszipliniert mit den Vorderbeinen auf das Podest zu steigen, dort entspannt auszuharren und auch auf meine Anweisung entspannt wieder abzusteigen, ist die Voraussetzung geschaffen, weitere Lektionen in Angriff zu nehmen. Das könnte zum Beispiel der Tanz um den Tisch mit den Hinterbeinen sein. Also eine Vorderhandwendung, wobei sich die Vorderhand auf dem Podest befindet und die Hinterhand am Boden. Hat mein Pferd in einem guten Basistraining gelernt, auf einen Fingerdruck oder die Einwirkung der Gerte mit der Hinterhand seitlich zu weichen, sollte das keine große Herausforderung darstellen. Wichtig hierbei ist, dass ich zum einen mein Pferd gut am Kopf kontrolliere, dass es mit seiner Vorderhand auch in Position bleibt und dass ich langsam vorgehe. Dabei fordere ich immer nur einen Schritt und gebe bei erfolgreicher Durchführung sofort eine Pause. Später, wenn mein Pferd die Idee verstanden hat, wird sie immer weniger nötig sein. Selbstverständlich übe ich diese Vorderhandwendung nach beiden Seiten, denn neben dem Showeffekt geht es ja auch um eine sinnvolle Gymnastizierung – die sollte beidseitig erfolgen. Bei dieser Vorderhandwendung auf zwei Ebenen muss das Pferd sich deutlich mehr anstrengen, seine Hinterhand zum Übertreten zu bringen, als es das auf ebenem Boden tun müsste. Eine andere gute Übung für das Dehnen des Pferdes in der Oberlinienmuskulatur ist, es dann, wenn es mit den Vorderbeinen auf dem Podest steht, dazu aufzufordern, den Kopf tief zu senken. Dadurch wird besonders die Muskulatur im Oberhals, Widerrist und vorderen Rückenbereich angesprochen. Habe ich das Druckpunkttraining im Nacken gut mit ihm geübt, kommt mir das hier zugute.

Möchte ich mit meinem Pferd die Arbeit am Podest beginnen, sollte ich ihm zunächst die Zeit geben, sich mit diesem Ding vertraut zu machen.

Geht es dann ans Aufsteigen, tun sich manche Pferde schwer. Hier kann es hilfreich sein, zunächst einfach ein Bein per Hand auf das Podest zu stellen.

Danach steigen manche Pferde spontan auch mit dem zweiten Vorderbein darauf, bei anderen muss ich auch hier zunächst mit meiner Hand nachhelfen.

Hat mein Pferd das Podest mit beiden Vorderbeinen erklommen, soll es anfangs lernen, hier einfach ruhig und entspannt zu verweilen, bis es zu Weiterem aufgefordert wird.

Kann ich mein Pferd jetzt durch Druckpunkteinwirkung im Nacken dazu auffordern, Kopf und Hals in die Tiefe zu nehmen, hat das eine wunderbare Auswirkung auf die Dehnung im Oberhals-, Widerrist- und vorderen Rückenbereich.

Als Nächstes soll es darum gehen, das Pferd zu animieren, sich mit allen vier Beine auf das Podest zu stellen. Hierzu muss es zunächst lernen, seine Vorderbeine so weit vorne wie möglich auf diesem zu platzieren, damit die Hinterbeine auch genügend Platz haben. Aber nicht so weit, dass es mit den Hufen über der Vorderkante steht, das würde einen sicheren Stand beeinträchtigen. Hat es diese Position eingenommen, versuche ich wieder per Hand ein Hinterbein zu fassen und einfach auf das Podest draufzusetzen. Gelingt das, fordere ich mein Pferd auf, sich andeutungsweise nach vorne in Bewegung zu setzen, um es dazu zu bekommen, auch das zweite Hinterbein nachzuziehen. Sehr hilfreich kann es sein, wenn dabei eine zweite Person versucht, dieses durch ein Anklopfen mit der Hand oder einer Gerte zu unterstützen. Im Augenblick des Hochziehens ist es wichtig, das Pferd vorne am Kopf gut zu positionieren und auch kurz zu halten. Dabei sollte es den Kopf nicht zu tief nehmen, denn das würde ein Vorneüber-Kippen und somit ein vorzeitiges Absteigen begünstigen. Gerade beim Aufstieg mit vier Beinen tun sich viele Pferde anfangs recht schwer. Hier wäre ein größeres Podest von Vorteil. Ich stelle in solchen Fällen schon einmal ein zweites dazu, um einem Pferd die Anfänge leichter zu machen. In einem Extremfall habe ich einem Pferd sogar mal eine Rampe zum Podest gebaut, in dem ich die Platte unserer Wippe zweckentfremdet mit einer Seite auf die Vorderkante des Podestes gelegt habe. Und tatsächlich konnte ich das Pferd über diese Aufsteighilfe zum Aufsteigen auf das Podest herausfordern. Später habe ich diese Rampe so angebracht, dass sie sich mit dem vorderen Teil nur noch in halber Podesthöhe befand. Somit entstand eine kleine Stufe, über die das Pferd aufsteigen konnte. Wenig später stieg es auch ganz ohne diese Unterstützung auf. Inzwischen ist aus diesem Pferd ein ganz begeisterter »Podestbenutzer« geworden.

Gelingt es also, mein Pferd mit allen vier Beinen auf dem Podest zu platzieren, wird es dabei seine Vorder- und Hinterbeine dicht beieinander stehen haben. Man könnte auch sagen: Es hat seine vier Beine auf einer kleinen Fläche unter seinem Körper versammelt. Fordere ich es jetzt noch auf, Kopf und Hals in eine Dehnungshaltung zu nehmen, entsteht ein wunderbarer Spannungsbogen über seinem Rücken. Je kleiner die Grundfläche eines Podestes ist, umso näher muss das Pferd seine Beine zueinander stellen und umso höher wird der Grad der Versammlung. Es entsteht ein Bild, als wenn eine Bergziege auf einem Berggipfel stünde. Diese Übung hat eine im höchsten

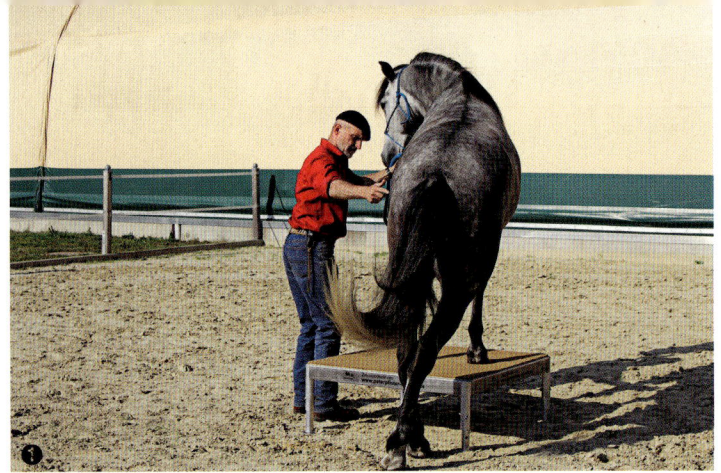 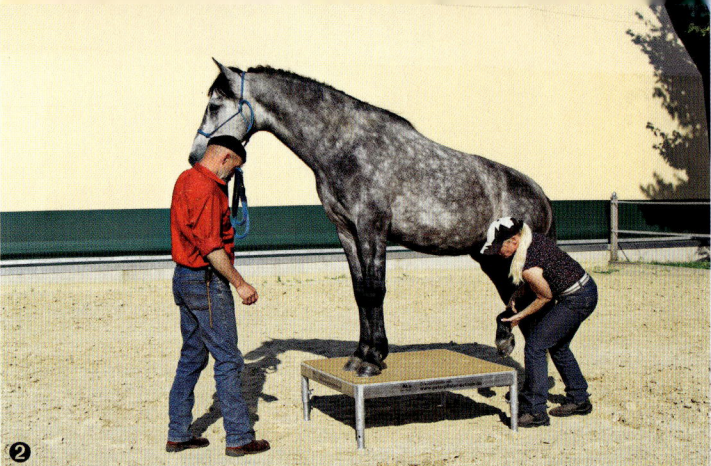

Hat mein Pferd gelernt, verlässlich mit beiden Vorderbeinen auf dem Podest zu stehen, könnte ich es nun zu einer Vorderhandwendung auf zwei Ebenen auffordern. Dies ist nicht nur schön anzuschauen, sondern fordert auch die Hinterhand zu mehr Aktivität beim seitlichen Übertreten auf.

Nun soll mein Vierbeiner lernen, sich mit allen Vieren auf das Podest zu begeben. Hier kann ein Helfer sehr nützlich sein, der dem Pferd einfach per Hand die Anleitung dazu gibt.

Maßes Balance fördernde Wirkung. Eins meiner Pferde schafft es dabei, auf einem 40 Zentimeter hohen, runden Podest mit einem Durchmesser von 32 Zentimeter zu stehen, wohl gemerkt mit allen vier Füßen. Dabei beobachte ich, wie es ständig in Bewegung ist, um sich auszubalancieren, ähnlich wie wir das auch bei einem Seiltänzer beobachten können.

Vor einiger Zeit besuchte ich einen Vortag einer sehr erfolgreichen Kanusportlerin. Diese war inzwischen aus dem aktiven Sport ausgeschieden und arbeitete nun als Trainerin für den Nachwuchs. Sie berichtete über ihr Trainingskonzept. Unter anderem erzählte sie dabei, dass sie ihre Schüler über am Boden liegende Stangen balancieren ließe, um ihre Rumpfmuskulatur zu trainieren. Das konnte ich nicht nachvollziehen. Beim Thema Rumpfmuskulatur dachte ich an die Muskeln, die Bodybilder trainieren, um ihren Körper entsprechend aufzubauen und präsent zu machen. Ich fragte nach und wurde darüber belehrt, dass die Rumpfmuskeln kleine Muskelpartien seien, die für die Balancefähigkeit des Körpers zuständig sind. Und stellt man sich einen Kanuten im Wildwasser vor, kann man verstehen, dass dieser eine Menge Balancefähigkeit haben muss, damit er in seiner kleinen Nussschale nicht absäuft. Das erklärte mir einiges im Hinblick auf die Podestarbeit mit Pferden. Trainieren wir deren Rumpfmuskeln, trainieren wir ihre Balance- und damit ihre Versammlungsfähigkeit.

Ist das Stehen mit allen vier Beinen auf dem Podest für ein Pferd kein Problem mehr, kann es zur nächsten Lektion gehen, der Mittelhandwendung. Es ist spannend zu sehen, wie geschickt Pferde lernen können, sich auf solch einer kleinen Grundfläche, um die eigene Achse zu drehen. Wie geschickt sie mit ihren Hufen tasten lernen, und wie sie lernen, ihre eigenen Gliedmaßen zu koordinieren. Dazu muss man beachten, dass ein Pferd dabei infolge seiner Augenkonstellation seine Hufe nicht sehen kann. Auch diese Übung ist sehr förderlich für das Erreichen einer besseren Körperbalance, sie trainiert die Geschicklichkeit und auch die Körperwahrnehmung. Zum Erarbeiten dieser Lektion fasse ich mein Pferd wieder ganz kurz unten am Halfter. Ich nehme seinen Kopf langsam zur Seite und zwar so weit, bis es versucht, in Folge der Belanceveränderung seinen Körper neu auszurichten. Das beginnt mit der Bewegung eines Hufes zur Seite, sofort höre ich mit meiner Einwirkung auf, lobe mein Pferd und gebe eine Pause. Diese Pause ist nicht nur als positive Lernverstärkung notwendig, sondern gibt meinem Vierbeiner auch die Zeit, sich neu auszubalancieren. Dabei bleibt meine Hand immer am Halfter des Pferdes, denn nur so kann ich diesem eine ganz konkrete Führung und direkte Hilfestellungen geben. Danach geht es in gleicher Weise weiter, immer nur einen Schritt. Gehe ich hier zu schnell vor, würde

Das Pferd auf dem Pizzateller.

❸ *Steht das eine Hinterbein oben, kann es nötig sein, auch dem anderen nach oben zu helfen. Wichtig ist, dass dabei jemand den Kopf des Pferdes etwas nach oben hält, damit das Pferd beim Nachziehen des zweiten Hinterbeines nicht gleichzeitig vorne absteigt.*

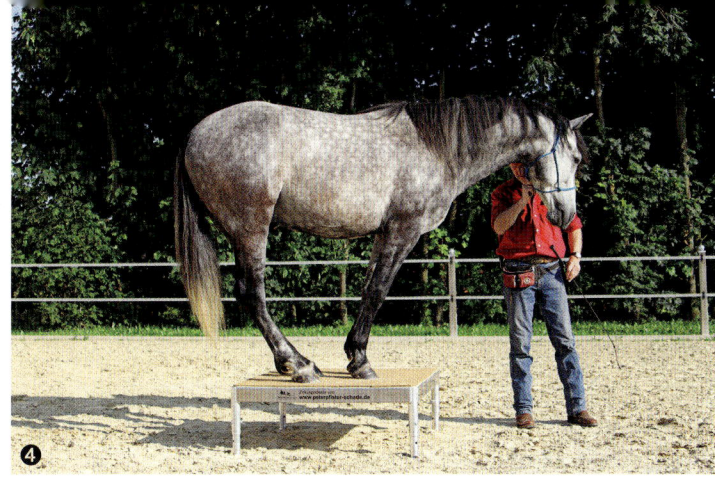

❹ *Der Aufstieg ist gelungen. Schön zu sehen, wie sich Justiciero mit seinen vier Beinen hier so eng zusammenstellt, wie die Ziege auf dem Berggipfel. Dadurch erreichen wir eine enorm versammelnde Wirkung und gleichzeitig ein Anheben des Rückens sowie eine schöne Dehnung in der Oberlinienmuskulatur.*

mein Pferd überfordert, nicht mehr genügend auf seinen Körper achten und ganz schnell die Balance verlieren. Diese Dinge brauchen Zeit und Übung, nur dann können sie sich zu einem regelrechten Tanz auf dem Tisch entwickeln.
Solange mein Pferd nur mit den Vorderbeinen auf dem Podest steht, beende ich die Lektion, indem ich es rückwärts absteigen lasse. Steht es mit allen Vieren darauf, lasse ich es vorwärts absteigen. Das ist zum einen für das Pferd besser zu leisten, zum anderen entwickelt sich daraus die nächste Lektion.
Kommen wir nun zum Absteigen. Ich lasse das Pferd nicht gleich mit allen Vieren, sondern nur mit den Vorderbeinen runterkommen. Manche Pferde lassen sich manuell im entsprechenden Augenblick gut stoppen, bei anderen ist es hilfreich, ihnen zur Ablenkung zusätzlich noch ein Leckerli vor die Nase zu halten. Ist mir das gelungen, befindet sich nun die Vorderhand auf dem Boden und die Hinterhand auf dem Podest, eine lustige Position. In dieser Position wird das Pferd in seiner Kruppen- und Hinterhandmuskulatur, aber auch im hinteren Rückenbereich entsprechend gedehnt. Nimmt es diese Stellung gut an, kann ich langsam daran gehen, nun die Vorderhand des Pferdes seitlich zu verschieben, während die Hinterhand auf dem Podest stehen bleibt. Ich betreibe quasi

❶ *Kommen wir zum »Tanz auf dem Tisch«. Hier lernt das Pferd, sich auf dieser sehr kleinen Fläche in einer Mittelhanddrehung um die eigene Achse zu drehen. Dazu nehme ich den Kopf des Pferdes langsam zur Seite, bis es damit beginnt, unter sein Gewicht zu treten. Sofort belohne ich dies mit einer Pause.*

❷ *Hier ist schön zu sehen, wie sich mein Pferd langsam mit einem Vorderbein tastend den Weg »erfühlt«. Da die Augen bekanntlich weit oben und an der Kopfseite angebracht sind, kann es nicht sehen, wo es in diesem Moment hintritt.*

Der Tanz auf dem Tisch – Podestarbeit – showy und gymnastisch | 235 eine Vorderhandwendung auf zwei Ebenen. Hier sind es nun wieder die Schulter und die Vorderbeine, die vermehrt gefordert und somit zu einer besseren Beweglichkeit gefördert werden. Bei diesem Tanz mit den Vorderbeinen um den Tisch, gehe ich genauso, wie beim Tanz mit allen Vieren auf dem Tisch, nur achte ich darauf, dass mein Vierbeiner nicht seitlich mit der Hinterhand ausschert und sich so vom Podest mogelt. Natürlich übe ich alle diese Lektionen immer nach beiden Seiten, um damit eine gleichmäßige Gymnastizierung zu erreichen.

Hat mein Pferd die unterschiedlichen Übungen am Podest gut verstanden, kann ich mich auch reitender Weise an sie heranwagen oder mit Hilfe der körpersprachlichen Signale, die ich im Teil II bei den Lektionen der Freiheitsdressur beschrieben habe. Da ich unser Podest immer in der Reithalle stehen habe, dient es mir auch als praktische Aufsteighilfe. Und natürlich kann man diese Lektionen sehr schön mit anderen Zirkuslektionen kombinieren, aber dazu kommen wir noch.

Nach dem Tanz kommt der Abstieg. In dieser Position wird wiederum die Hinterhand zu mehr Muskeldehnung aufgefordert. Gut wäre es, wenn mein Pferd jetzt auch noch Kopf und Hals senken würde.

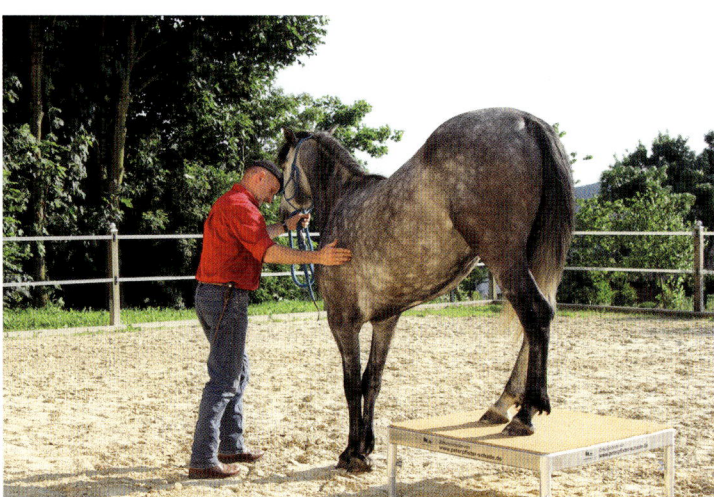

Nun ist die Hinterhandwendung auf zwei Ebenen dran. Hat mein Pferd die reiterlichen Hilfen für die Hinterhandwendung gut vom Boden aus gelernt, sollte auch das mit etwas Übung und Geschick kein Problem sein.

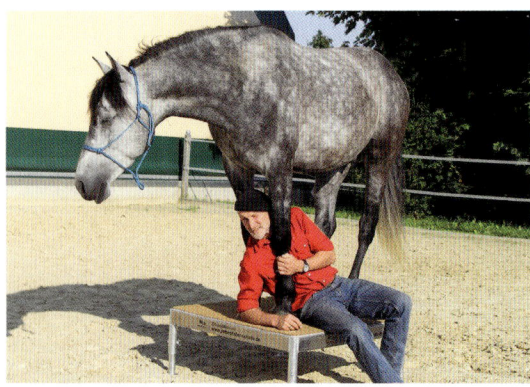

So ein Podest lädt auch gerne einmal zum Verweilen ein. Die meisten Pferde stehen gerne darauf, und wenn sich dann der Mensch noch dazugesellt, kann es richtig kuschelig werden.

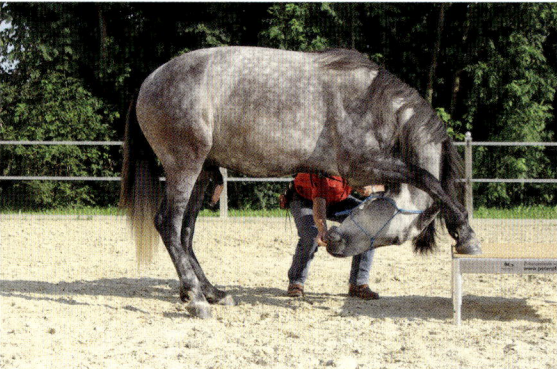

Dieses etwas gewöhnungsbedürftige Foto zeigt ein Plie, bei dem sich die Vorderbeine auf dem Podest befinden. Schön zu sehen ist dabei die gut aufgewölbte Rückenlinie.

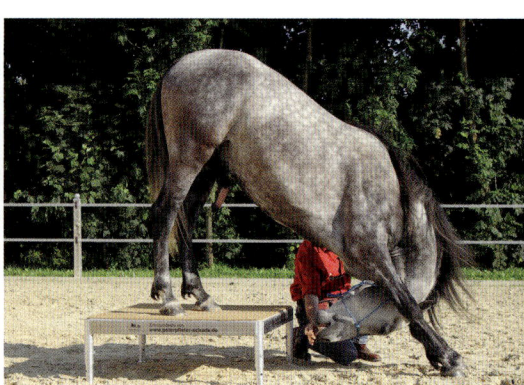

Hier ist ein Plie zu sehen, wobei die Hinterbeine des Pferdes auf dem Podest stehen. Zu solchen Lektionen kann man ein Pferd nicht zwingen, sie sind das Ergebnis einer gut strukturierten Ausbildung, deren gymnastizierende Ergebnisse man nicht unterschätzen sollte.

Vorsichtig führe ich mein Pferd an die Wippe heran, dabei halte ich es kurz, damit ich es gut auf den schmalen Planken positionieren kann.

Kennt mein Pferd die Wippe und hat keine Angst mehr davor, kann ich versuchen, es auch einmal rückwärts darüber gehen zu lassen.

Das in Freiheit Über-die-Wippe-Schicken klappt dabei nicht nur vorwärts, sondern auch rückwärts, siehe Seite 238 oben.

16. Miteinander rauf und runter – die Wippe und ihre Möglichkeiten

Eine Pferdewippe kann man sich leicht selbst zusammenzimmern. Dazu benutzt man drei oder vier nebeneinander liegende und miteinander verbundene Holzbohlen. Diese kann man in jedem Baustoffhandel als sogenannte Gerüstbohlen kaufen. Unter diese Bohlenkonstruktion legt man einen Balken oder einen Baumstamm, schon ist die Wippe fertig. Die Dicke des Baumstammes bestimmt die Wipphöhe. Lege ich diesen leicht aus der Mitte, klappt die Wippe nach dem Überschreiten immer wieder in die gleiche Ausgangsposition zurück.

Zunächst geht es einmal darum, das Pferd vorwärts über die Wippe gehen zu lassen. Manche Pferde machen das auf Anhieb, andere haben ein riesiges Problem damit. Bei diesen werde ich zunächst den Stamm unter der Wippe weglassen und ihnen beibringen, einfach nur über die am Boden liegenden Bohlen zu gehen.

Ich stehe links neben meinem Pferd, fasse mit meiner linken Hand unten dem Halfter an. In meiner rechten Hand halte ich eine Gerte. Mit der Hand am Halfter kann ich gut die Richtung kontrollieren, die Gerte hilft mir bei der seitlichen Begrenzung und beim Vorwärts. Bei einzelnen Pferden kann es eine zusätzliche Hilfe sein, die Wippe anfangs entlang der Bande zu stellen, so sind sie gut »eingerahmt« und können sich nicht nach außen entziehen. Alternativ kann man dazu auch ein gespanntes Seil oder ein Sprunghindernis benutzen. Ich achte darauf, dass mein Pferd lernt, dabei ruhig und nur in langsamen Schritten vorwärts zu gehen. Hat es das verstanden, kann ich durch das Unterlegen eines dünnen Holzes zunächst einen ganz leichten Wippeffekt einbauen. Durch die Verwendung immer dickerer Hölzer werde ich dann mit der Zeit diesen Effekt deutlich verstärken. Ist das Überschreiten der Wippe kein Problem mehr, werde ich versuchen, mein Pferd über dem Kipp-Punkt anzuhalten und es durch leichtes Vorwärts- und Rückwärtsschieben zu einigen Wippbewegungen animieren. Auch hierbei sollte ich das Loben zur rechten Zeit nicht vergessen.

Nach dem Vorwärts ist das Rückwärts angesagt. Dazu lasse ich mein Pferd zunächst einige Schritte vorwärts auf die Wippe gehen, um es dann für einzelne Schritte rückwärts zu richten, dabei werden immer kleine kleinen Pause eingebaut. So werde ich nach und nach dahin kommen, dass mein Vierbeiner lernt, die gesamte Wippe rückwärts gehend zu überqueren.

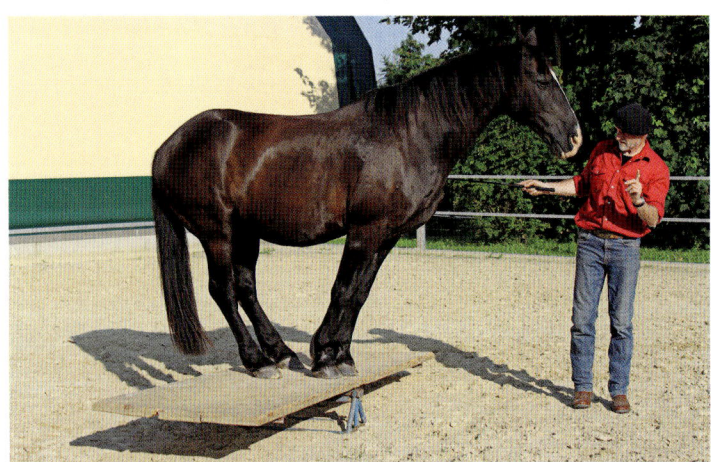

Ganz speziell ist diese Lektion: Klötzchen steigt auf Aufforderung mit allen vier Beinen quer auf die Wippe und lässt sich durch feine Zeichen so dirigieren, dass er perfekt ausbalanciert die Waage halten kann.

Ebenso ist es mit dem Seitwärts. Ein Pferd kann in verschiedenen Variationen seitwärts über die Wippe gehen. Einmal kann sich nur die Vorderhand auf ihr befinden und die Hinterhand bleibt am Boden, ein anderes Mal ist die Hinderhand auf der Wippe und die Vorderhand am Boden. Die Hilfen dazu sollte das Pferd bereits über die Basisübungen gelernt haben. Habe ich dazu im Vorfeld eine gute Podestarbeit gemacht, kann ich es sogar mit allen Vieren quer über den Wipp-Punkt stellen und es durch Einwirkungen aus der Freiheitsdressur dazu auffordern, sein Gewicht leicht nach links oder rechts zu verlagern. So erreiche ich quasi ein Querwippen. Nachdem ich die Lektionen auf der Wippe vom Boden aus erarbeitet habe, kann ich sie auch vom Sattel aus bewältigen oder per Zeichensprache nach den Vorgaben aus der Freiheitsdressur.

Es ist spannend zu sehen, wie Pferde am Wippen Spaß finden können, wie sie von alleine beginnen, den Kipp-Punkt zu suchen und eigenständig das Wippen anfangen. Dabei kann man sich zu seinem Pferd auf die Wippe stellen und so gemeinsam wippen. Ich setze mich dabei auch schon einmal im Schneidersitz unter mein Pferd.

In früheren Zeiten habe ich manchmal kleine Shows vor Kindergruppen gegeben. Dabei war es eine Attraktion, wenn ich mein Pferd auf die eine Hälfte der Wippe stellte und dieses dann mit einer Anzahl Kinder auf der anderen Seite aufwog. Gemeinsam kamen wir dann zum Wippen. Das war für alle Beteiligten ein riesiger Spaß.

Habe ich mein Pferd sowohl gut in den Lektionen der Freiheitsdressur als auch an der Wippe ausgebildet, kann ich versuchen, die unterschiedlichen Lektionen an ihr nur über Handzeichen ausführen zu lassen. Mit etwas Übung geht das im Vorwärts, im Rückwärts oder quer stehend. Ist das Vertrauen zueinander groß genug, kann ich dabei sogar unter meinem Pferd sitzen.

Liebe Leserinnen und Leser, dieses Buch ist nun doch etwas umfangreicher geworden. Dennoch gäbe es noch eine Menge zu schreiben. Es gibt weitere und andere spannende Beschäftigungen mit dem Pferd am Boden. Und natürlich ist da das weite Feld der Reiterei. Auch hierzu wäre noch viel zu berichten. Vielleicht ein anderes Mal. Zunächst wünsche ich Ihnen viel Freude beim Stöbern in diesem Buch. Ich würde mich freuen, wenn Ihnen die eine oder andere Idee zu noch mehr Erfolg im Umgang mit Ihrem Pferd verhelfen würde. Und denken Sie immer daran, es ist ein Geschenk unserer Zeit, dass wir das Pferd haben dürfen und uns mit ihm beschäftigen können.

In diesem Sinne
Ihr

Weitere Infos zu Peter Pfister finden Sie unter:
www.peterpfister-schade.de

Es ist ein **Geschenk** unserer **Zeit**,

dass wir das **Pferd** haben dürfen und uns mit ihm beschäftigen können. *Peter Pfister*